高等院校石油天然气类规划教材

岩浆岩与变质岩简明教程

（第二版·富媒体）

张景军　柳成志　主编

李　捷　主审

石油工业出版社

内 容 提 要

　　本教材系统介绍了岩浆岩与变质岩的岩石类型、物质成分、结构和构造、分类和命名、分布规律、成因与演化、成矿关系等方面的基础知识和基本理论。在岩石类型、分类与命名、成因与演化、野外工作方法以及油气勘探实践等方面进行了必要补充与重点论述，突出"油气"特色，具有简明性、实用性和前沿性。本教材采用"纸质教材+数字资源"的新形态模式，将电子教案、视频、动画、彩图等富媒体资源与纸质教材有机结合，使读者自主学习、查询、参考更为方便。

　　本教材可作为高等院校资源勘查工程、勘查技术与工程、地质学、地球化学、地球物理以及石油工程等专业的本科生教材，也可供相关行业科研和生产人员参考。

图书在版编目（CIP）数据

　　岩浆岩与变质岩简明教程：富媒体/张景军，柳成志主编.
—2版.—北京：石油工业出版社，2020.10（2024.1重印）
　　高等院校石油天然气类规划教材
　　ISBN 978 - 7 - 5183 - 4219 - 8

　　Ⅰ.①岩…　Ⅱ.①张…②柳…　Ⅲ.①火成岩-高等学校-教材②变质岩-高等学校-教材　Ⅳ.①P588

　　中国版本图书馆 CIP 数据核字（2020）第 170499 号

出版发行：石油工业出版社
　　　　　（北京市朝阳区安华里 2 区 1 号楼　100011）
　　　　　网　　址：www.petropub.com
　　　　　编辑部：（010）64523694　图书营销中心：（010）64523633
经　　销：全国新华书店
排　　版：三河市燕郊三山科普发展有限公司
印　　刷：北京中石油彩色印刷有限责任公司

2020 年 10 月第 2 版　2024 年 1 月第 2 次印刷
787 毫米×1092 毫米　开本：1/16　印张：18.75
字数：483 千字

定价：48.00 元

第二版前言

《岩浆岩与变质岩简明教程》是石油地质类专业基础课教材，也是"沉积岩石学""石油地质学""储层地质学""矿床学"等后续课程的基础。本教材主要根据各石油院校相关专业的教学大纲，广泛征求了专业教师的编写意见，并参考了国内外具代表性的岩石学教材以及有关岩浆岩与变质岩岩石学在油气勘探方面的研究成果编写而成。

由于资源勘查工程、勘查技术与工程、地质学等学科专业主要服务于各种矿产资源的勘探开发实践及其相关理论研究，因此，本次修订在进一步夯实岩浆岩与变质岩岩石学基础理论知识的基础上，坚持简明性、实用性与前沿性的原则，着重突出了"油气"与"野外勘查实践"特色，在以下三个方面进行了补充与完善：（1）基本上仍保持了第一版教材的理论知识体系和专业特色，以岩浆岩与变质岩岩石学内容为主，以该学科的基础理论知识为指导，通过岩石标本宏观—微观观察描述方法，详细地论述了两大岩类的物质成分、结构与构造、分类与命名、岩性岩相及有关矿产等基本特征，深入探讨了两大岩类的形成机理及成矿规律，重在突出油气资源勘探与开发方面的理论意义与实用价值；（2）积极引入国内外的较为先进的研究成果，对于岩浆岩与变质岩两大类岩石的分类与命名、变质相系、变质作用与 p-T-t 轨迹、火山岩相与旋回、成因机理以及油气储层综合评价等内容与理论进行了补充与修正；（3）对于教材中部分图片进行了重新制作与调整。本次修订力求内容全面系统、文字严谨简练、理论体系合理，重点突出相关理论与知识体系的完整性、深入性与前沿性。

本教材共十一章。绪论、第一章至第三章、第六章至第八章，属于基础理论与知识部分，注重内容的科学性、系统性和完整性，立足于打好相关理论与知识的基础；第四、五、九、十章则按照野外工作方法与油气勘探过程进行论述，具有针对性和实用性，立足于适应生产实践和科学研究工作的需要。

本教材由张景军、柳成志主编，李捷主审。绪论、第一章、第四章、第六章、第七章由张景军编写，第二章、第三章、第十章由柳成志、杨丽艳编写，第五章、第九章由袁红旗编写，第八章由秦秋寒编写。在编写过程中，东北石油大学李捷教授做了全面、细致的审阅，提出了许多宝贵意见；地球科学学院地质系及岩石学教研组给予了大力支持和热心帮助；研究生王畅溪、张宇薇、刘洪宏、刘瑞鹏、王利军、高梦晨等在文献调研、图件修改等方面做了许多工作；教材借鉴了国外内地质学者的新近研究成果。在此一并表示诚挚的感谢。

由于水平有限，书中难免存在错误之处，欢迎广大读者批评指正。

编　者

2020 年 5 月

第一版前言

　　《岩浆岩与变质岩简明教程》是石油地质专业的一门专业技术基础课教材，是学习"沉积岩石学"及"岩相古地理"等后继课程的基础教材。本教材是根据各石油院校资源勘查工程专业、勘查技术与工程专业的教学计划，以大庆石油学院校内使用的《岩浆岩与变质岩简明教程》教材为基础，广泛征求各石油院校的意见，并参考了国内外代表性的岩石学教材以及国内外有关岩浆岩与变质岩岩石学在油气储集方面的研究成果修编而成的。由于石油工程专业、勘查技术与工程专业、资源勘查工程专业和石油地质的关系密切，所以书中除强调岩浆岩与变质岩基础特征、基本类型、形成与演化等方面的内容外，还加强了岩浆岩与变质岩与油气储集特征问题的研究，为后续课程进一步深入和提高打下了必要的基础。修编后的《岩浆岩与变质岩简明教程》，基本上仍保持了原教材的体系和特色，以岩浆岩与变质岩为主，论述了两大岩类的主要特征、分类和命名、形成及演化，以及显微镜下的主要特征，使宏观与微观结合，突出了石油与天然气地质勘查专业特色；内容力求全面系统、详实具体，增添了大量图片，文字力求严谨简练，深入浅出。

　　本书一至三章，六至八章（基础部分）注重于内容的科学性、系统性和完整性，立足于打好基础；四章、五章、九章则按专题叙述，注重于内容的针对性和实用性，立足于适应生产实践和科学研究工作的需要。

　　本书由李捷主编、王文广主审。参加本书编写的有李捷（绪论、第一章、第六章、第七章、第八章），王海云、吴伟（第五章、第九章），柳成志（第二章、第三章、第四章）。在本书的编写过程中，黑龙江省科技学院孙广义教授、吉林大学葛文春教授提供了大量的地质图片，大庆石油学院地球科学学院的岩矿室也给予了大力支持和热心帮助。大庆石油学院的矿产普查与勘探专业的研究生杨丽华和高华娟在文字录入、画图、打印等方面做了许多工作，在此一并表示诚挚的谢意！

　　由于水平有限，书中存在的缺点和不妥之处，欢迎读者批评指正。

编　者

2008 年 2 月

目 录

富媒体资源目录

绪　论

第一节　岩石的概念及其成因分类

一、岩石的概念

岩石是天然产出的，由矿物或矿物与其他物质（火山玻璃、胶体物质、生物遗骸和岩屑等）组成的固态集合体，是地球内力和外力地质作用的产物。作为构成地壳和上地幔的物质基础，岩石主要包括地壳和上地幔的固态部分（可称为岩石圈），也包括陨石及月岩等宇宙来源的岩石，均具有一定的形状和结构构造特征。

自然界中岩石种类繁多，由一种矿物组成的岩石称为单矿岩，由多种矿物组成的岩石称为复矿岩。岩石这一概念包含了自然属性和固体形态的含义，因此石油与天然气由于不具固体形态，因此不能称为岩石；而由水泥黏结的砂砾、炉渣、各种陶瓷以及耐火材料，虽然具有固体形态，但由于其不具有天然产出和地质作用形成的自然属性，也不能称为岩石，只能称为人造岩石或工艺石品。

二、岩石的成因分类

地壳（或岩石圈）中岩石种类繁多，但各种岩石成因、形成与演化过程都不尽相同，因此自然界中的岩石按成因可分为岩浆岩、沉积岩、变质岩三大类。

（1）岩浆岩（magmatic rock）：主要由地壳或上地幔深处形成的高温熔融的岩浆，侵入地下或喷出地表冷凝而形成的岩石，如花岗岩、玄武岩等，又称火成岩（igneous rock）。

（2）沉积岩（sedimentary rock）：在地壳表层的条件下，由母岩的风化产物、火山物质、有机物质等沉积岩的原始物质成分，经搬运作用、沉积作用和沉积后作用而形成的一类岩石，如砂岩、泥岩、石灰岩等。

（3）变质岩（metamorphic rock）：由地壳上已存在的各种岩石，在较高温压和基本保持固态条件下，经变质作用转化而成的岩石，如片岩、片麻岩、大理岩等。

视频1　岩石圈三大岩类及其地质循环过程

动画1　自然界三大岩类循环系统

岩浆岩与变质岩都是内动力地质作用的产物，又多由结晶矿物组成，故又称结晶岩（crystalline rocks）。三大类岩石成因不同、特征各异，但它们之间又是相互联系、相互转化的（视频1）。岩浆岩和变质岩风化作用后所形成的产物经搬运作用、沉积作用以及沉积后作用可形成沉积岩；沉积岩和变质岩经重熔作用可形成岩浆，经冷凝而形成岩浆岩；而岩浆岩和沉积岩经变质作用可转化为变质岩（动画1）。有的岩石特征相似，成因上呈现逐渐过渡的关系，难以截然区分开，如岩浆形成的花岗岩与交代变质形成的混合花岗岩就是典型的实例；有的岩石成因情况复杂，未经深入研究，往往不易划归何种类型，如岩浆成因的辉石岩和角闪石岩与变质成因的辉石岩和角闪岩常不易区分。

三大类岩石在地表和地壳内部的分布情况各不相同。地壳深处和上地幔上部主要由岩浆岩、变质岩组成。据统计，在地表向下 16km 的范围内岩浆岩与变质岩的体积可达 95%，沉积岩只占 5%。地壳表层以沉积岩为主，约占大陆面积的 75%；洋底几乎全部由沉积物所覆盖。

第二节　岩石学及其研究意义与方法

一、岩石学的概念

岩石学（Petrology）是地质学中一门独立的学科，是研究地壳、上地幔及其他星体所产出岩石的分布、产状、成分、结构、构造、分类、命名、成因、演化和相关矿产等方面的科学。根据研究内容的不同，岩石学又可分为岩类学（Petrography）和岩理学（Petrogenesis）。岩类学，或称描述岩石学或岩相学，它主要是研究岩石的产状、分布、组成、分类、命名等方面的问题。岩理学，又称理论岩石学或成因岩石学，它主要是研究岩石的形成条件及成因机理等方面的问题。实际上二者是互相联系、有机统一的。岩类学是研究岩理学的基础，离开岩类学的研究，任何关于岩石成因的解释只能是脱离实际的、空洞的理论。随着对岩石成因研究的深入，目前岩石学已形成了三个相对独立的分支学科，与三大类岩石相对应，即岩浆岩岩石学、沉积岩岩石学和变质岩岩石学。

（1）岩浆岩岩石学（Magmatic Petrology）。岩浆岩岩石学主要是研究岩浆的起源、运移、演化、结晶及岩浆岩的组成、结构、构造、产状、分布、分类、命名、共生组合、成因机理及其与矿产关系等理论知识体系。近年来，岩浆岩岩石学的研究范畴和内容已扩大到上地幔和宇宙星体岩石，甚至分别发展为单独的学科。

（2）沉积岩石学（Sedimentary Petrology）。沉积岩石学主要是研究沉积岩的物质成分、结构、构造、岩石类型、沉积作用、形成环境以及分布规律等理论知识体系。目前，沉积岩石学着眼于全球沉积地质综合研究，加强全球和大区域的沉积作用机理、事件性沉积以及沉积作用与全球海平面变化、构造作用之间关系的研究。

（3）变质岩岩石学（Metamorphic Petrology）。变质岩岩石学主要是研究变质岩的组分、结构、构造、分布、成因、成矿、原岩性质、变质作用类型和变质作用条件，以及与矿产和地壳演化发展的关系等。超高压变质地质学、早前寒武纪变质地质学、变质作用年代学、变质作用相平衡模拟、极低级变质作用、变质流体以及变质岩化学动力学等方面，是目前变质岩岩石学研究领域中的重点课题和关注焦点。同时，变质岩的研究已经从变质岩石学转变为变质地质学，已经从单一的岩石学研究转变为以变质岩为基础，变质矿物、地球化学、同位素地质、构造地质等多学科的综合研究。

二、岩石学与其他学科的关系

岩石学作为地质学领域里的一门基础学科，具有很强的理论性和实践性。它和地质学及其他自然科学存在着密切的联系。研究岩石，一方面既需要结晶学、矿物学、晶体光学、构造地质学、地史学、古生物学等地质基础知识与理论的有力支撑，同时又需要数学、物理学、化学及计算机等基础学科在岩石学研究中的广泛应用；另一方面，岩石学又是矿床学、石油地质学、煤田地质学、水文地质学及工程地质学等学科研究的重要理论基础，而这些学科的发展又极大地丰富了岩石学内容，加速了岩石学的发展，尤其是某些边缘学科（如地球化学、地球物理学、数学地质、环境地质等）把岩石学和相关学科之间的关系更紧密地结合起来。当前科学发展的总趋势是多学科相互交叉渗透而形成新的分支学科，特别是边缘学科的不断兴起，使学科与学科之间的联系越来越密切。因此，岩石学未来的发展，必须注重多学科交叉并相互渗透的发展理念，更多地依靠相关学科与边缘学科的发展，使本身理论与实践方法得到极大的丰富与创新。

三、岩石学的研究意义与方法

（一）岩石学的研究意义

通过岩石学的研究，在充分了解岩石特征、成因、演化、分布规律及其成矿机理的基础上，可以有效地指导矿产资源的勘探与开发。从目前研究可知，许多岩石本身就是矿产，如煤、油页岩、铝土矿、磷块岩、盐岩等都可直接作为矿产使用；随着矿产资源勘查与应用技术的发展以及人类社会对于矿产资源需求的与日俱增，以往被认为无用的岩石，如石灰岩、大理岩、花岗岩、玄武岩等，目前已广泛应用于建筑工程行业作为建筑材料或其他行业的辅助材料；有的岩石本身虽然不是矿产，但它们与矿产的形成和分布有着密切的联系，如与花岗岩有关的钨、锡、稀有金属以及稀土元素矿床，与超基性岩有关的铬、铁、镍、铂、钒、钛及金刚石矿床，与碳质页岩、油页岩有关的煤、石油、天然气等可燃有机矿产。此外，岩石中的矿物成分、化学组成、结构、构造、物理机械性能及其孔隙度、含水性等方面的特征，能够为工程建设、国防建设、水利建设及环境保护等方面提供有用的基础资料。因此，对岩石学的研究具有重要的理论和实际意义。

（二）岩石学的研究方法

岩石是岩石学分析与研究的主要对象，而岩石研究主要经历野外地质调查、室内实验分析以及理论综合研究等分析与研究过程。

1. 野外地质调查

野外地质调查是进行岩石学宏观研究的最基本的手段，一般包括野外地质填图、剖面实测、露头观察以及典型地质现象素描、照相、样品采集等。无论是在野外地质剖面或重点露头上，都要对岩石的产状、分布、形成时代、成分、结构、构造、岩性、岩相变化及其与地质构造和矿产分布的关系等进行研究并做好详细的描述和记录。同时对于典型的地质现象和重点研究目标必须采集适当数量、具有代表性的标本和样品，以供进一步分析测试之用。尽量收集并利用区域地质测量、物探、化探和遥感等方面的成果，以获得更多的区域地质信息，用于有效地指导野外地质调查工作。

2. 室内实验分析

在野外地质调查的基础上，将采集到的标本和样品，运用偏光显微镜、费德洛夫旋转台、油浸法、X射线衍射分析、差热分析、电子显微镜、电子探针、阴极射线等，详细研究岩石的矿物成分、结构、构造、岩石类型及成因。采用全岩分析、单矿物分析、主元素分析、同位素分析、光谱分析、染色法等技术方法，研究岩石化学成分、微量元素的赋存状态和地球化学特征，了解岩石分布、演化规律及其含矿性特征。为了更深入地了解岩石的形成机理，需要通过模拟实验的方法模拟岩浆作用、变质作用、变形作用以及沉积作用等成岩作用过程和物理化学条件，使自然界的复杂现象经人为的简化后再现和复生，使人们能够直观地理解自然界各种地质现象，进而成为推理的依据与参考。

3. 理论综合研究

理论综合研究是一个从理论—实践—理论的不断发展和改进的过程。根据野外地质调查、室内测试分析以及模拟实验的研究结果，结合已有的岩石学理论，通过系统地统计、归纳、分析和总结的方法，全力发现其内在的规律性，并把这些规律性进行理论分析，提出各种假说和理论，再把它们应用于矿产资源的生产和科学实践中去加以检验，从而不断丰富和发展岩石学理论，为整个地质学的进步作出有益的贡献。

第三节　岩石学的发展简史

岩石学的发展与人类的生存和能源工业的发展密切相关，可大致划分为六个阶段：

第一阶段，18 世纪末，岩石学作为一门独立的学科出现。由于欧洲工业的迅速发展，对矿物原料的要求与日俱增，从而积累了大量的矿物和岩石资料，促使岩石学从地质学科中分出而成为独立的学科。此阶段主要研究的是岩浆岩。

第二阶段，18 世纪末到 19 世纪初，此阶段对岩石的研究途径主要是野外观察和肉眼鉴定，在此阶段，对于地壳中分布最广的花岗岩和玄武岩的成因发生了"水成说"和"火成说"的激烈争论。其中，以魏尔纳（A. C. Werner，1749—1817 年）为代表的"水成说"认为，所有的岩石都是混浊水流在地表依次沉积而成，受到当时教会的支持；以哈顿（J. Hutton，1827—1877 年）为代表的"火成说"则认为，所有的岩石都是由地下热力作用下熔融体冷凝而成。两派争论激烈，各不相让，直至以后人们见到花岗岩贯入于含化石的石灰岩中，于是"火成说"又占了上风。

第三阶段，19 世纪中叶，莱伊尔（S. C. Leyell，1883）总结了水、火之争，高度评价了"火成说"，从而把岩石分成水成岩、火山岩、深成岩和变质岩四大类。1828 年尼柯尔发明了偏光显微镜，后来英国人索比（H. C. Sorby）将岩石制成薄片在偏光显微镜下进行观察并提出了岩石薄片研究方法，对岩石学的深入发展起到了极大的推动作用，使岩石学的研究进入了新阶段。福尔贝斯和沃格桑于 1867 年分别出版了偏光显微镜研究岩石薄片方法的专著，齐尔克出版《矿物和岩石的显微镜性质》，罗森布施出版了《岩石重要矿物的显微镜博物学》，这些专著的相继出版，标志着岩石学真正地进入了应用偏光显微镜研究岩石的新时期。偏光显微镜的应用给岩石学的研究打开了新局面，并为后来岩石学的全面发展奠定了基础。这一阶段持续了近 70 年，在岩石成因理论研究上都有了进一步的发展。

第四阶段，19 世纪末到 20 世纪初，矿产资源事业的显著进步和自然科学的迅速发展，促进了岩石学的更快发展，岩石学已结合矿物学、岩石化学、地球化学、物理化学、地球物理及构造地质学等开展研究，称为显微镜后时期。在这一时期，1889 年费得洛夫旋转台的发明和使用，大大促进了岩石显微镜鉴定技术的发展，对精确测定矿物光学常数和岩石组构起了很重要的作用；1912 年 X 射线晶体衍射实验的成功，进一步为岩石中矿物成分的精确研究开辟了新的领域。

第五阶段，20 世纪 30 年代到 80 年代，特别是 50 年代以后，岩石化学和高温高压人工模拟实验的研究有了更大的发展，创立了各种岩石化学计算方法、岩石化学指数和岩石化学图解，提出了岩石化学成分分类，从不同方面对揭示岩石的特征、矿物共生组合规律、岩石成因及成矿专属性等都做出了重大的贡献，出版了大量的岩石学专著和教科书。

第六阶段，20 世纪 80 年代以来，各种新的高精度的大型集成测试方法的使用、多种边缘学科的相互渗透、计算机技术的快速发展，以及大量区域地质、海洋地质和星际资料的积累，都为岩石学的深入研究开辟了广阔的天地和新的方向，并产生了许多崭新的理论。因此，岩石学正以崭新的面貌进入一个蓬勃发展的新时期。

第四节　岩浆岩及变质岩在油气勘探中的意义

一、岩浆岩及变质岩可作为油气良好储层

通过岩浆活动，岩浆侵入地壳不同深度冷凝则形成侵入岩；岩浆喷出地表则形成火山熔岩和火山碎屑岩，统称火山岩系，简称火山岩。岩浆岩是侵入岩和火山岩的总称。

岩浆岩，尤其是火山岩，具有较发育的原生储集空间（原生气孔、晶间孔、杏仁体内孔、冷凝节理和隐爆裂缝）和次生储集空间（斑晶溶孔、基质溶孔、杏仁体溶孔和构造溶缝），因此，岩浆岩特别是火山岩可作为油气储集性能较好的储层。在国内外，这种特殊类型的储层不乏其例，据不完全统计，火山岩油气储层广泛分布于全球五大洲 20 多个国家 330 余个盆地，其中发现油气藏 169 个。众所周知的是日本新潟盆地有 35 个油气田，其中有 11 个油气田的油气储集在火山岩中（9 个储集在火山碎屑岩，2 个储集在火山熔岩中）；其次在古巴、印度尼西亚、墨西哥、阿根廷、美国、俄罗斯等地也发现大量的火山岩油气藏。在我国中—新生代断陷盆地中也陆续发现一批以玄武岩—英安岩、流纹岩以及多种火山碎屑岩等为储层的裂缝—孔隙型油气藏，如松辽盆地、渤海湾盆地、新疆准噶尔盆地、广东三水盆地、江苏盆地、江汉盆地和内蒙古二连盆地等。近年来对岩浆岩这一特殊储层研究和勘探取得长足进展，并引起我国石油地质工作者极大重视而成为关注的热点。

变质岩是由于变质作用使早期形成的岩石的成分、结构和构造等发生变化而形成的一类岩石。世界上所发现的变质岩油气藏主要为古潜山油藏。自 1909 年美国发现古潜山油藏以来，俄罗斯、西班牙、委内瑞拉、伊朗、哈萨克斯坦等近 20 个国家都发现了变质岩古潜山油田；1959 年我国首次在酒西盆地发现了变质岩古潜山油田。自 70 年代以来，我国陆续在新疆、辽河、胜利、大港、江苏、内蒙古发现一系列的变质岩古潜山油气藏，其主要以结晶成因、物理风化作用成因、构造成因和淋滤成因的各种原生和次生裂缝作为油气储集空间而成为较好的油气储层，如渤海湾盆地辽河坳陷太古宙变质岩裂缝型油气藏、冀中凹陷新河凸起太古宙变质岩潜山裂缝型油气藏。

二、岩浆活动及变质作用是地温场升高及有机质热解的热力来源之一

地下深处高温高压岩浆沿断裂向地壳上部运移，在地壳内不同部位或喷出地表，降温冷凝形成各种岩浆岩。岩浆的高温和构造运动产生的挤压摩擦的热能，加之流体作用使岩石发生变质作用并形成变质岩。因此，可以说岩浆岩和变质岩形成过程，实质上是热能与压力释放并与周围环境达到新的平衡过程。在我国中—新生代断陷盆地中，岩浆活动与构造运动常常是同步进行或相继发生，在形成岩浆岩和变质岩的过程中所释放的热能，无疑扩散到周围的岩石，这不仅使整个盆地或盆地中局部区带地温场升高，而且也使大量聚集于已埋藏的沉积岩中的有机质发生热解向油气转化，即在浅埋条件下也可使有机质早成熟，达到生烃门限。因此，可以说岩浆岩和变质岩形成过程所释放的热能是地温场升高和沉积岩中有机质热演化的热源之一。

三、作为地层或油层划分对比及确定沉积间断或沉积旋回的重要标志

伴随于沉积岩层中的火山岩夹层代表火山喷发期次也代表沉积间断，一个火山岩层即表示一次火山喷发，而在火山岩层之上和之下的沉积岩层则分属于两个不同沉积旋回，其沉积环境和岩性可以相同，也可以不相同。因此，火山岩夹层既可作为地层或油层划分对比的标志，也可作为确定沉积间断或沉积旋回进而判断沉积环境的依据之一。

四、作为沉积岩大类划分和推断物源区的依据

当前，国内外在沉积岩大类分类中都把沉积岩原始物质来源作为大类划分的依据。因组成沉积岩的原始物质主要来源于岩浆岩和变质岩及部分早期沉积岩的风化产物，即碎屑物质、溶解物质和风化中新生物质，这些原始物质决定沉积岩类型、性质以及储层特征，因此也就成为沉积岩大类划分的依据。

如上所述，沉积岩的原始物质主要来源于岩浆岩和变质岩风化产物，也就是说，沉积岩特别是碎屑岩与岩浆岩、变质岩在成分存在"血缘"联系，前者继承了后者的成分（如石英、长石和岩屑）。因此，可利用碎屑岩中的岩屑及石英的不同与源区母岩成分对比，如两者成分（石英、岩屑）相同或相近，则可确定碎屑岩中的碎屑成分来于该种母岩，从而能够确定物源所在，这也是岩相古地理研究中的主要内容之一。

五、沉积岩的原始物质成分控制储层成岩史和孔隙演化史

沉积岩储层的成岩作用及孔隙演化受诸多因素制约，归纳起来主要受控于沉积和成岩两个因素，这两个因素中组成沉积岩的物质成分（岩浆岩与变质岩的风化产物）是控制储层成岩及孔隙演化的物质基础。不同成分的沉积岩储层在相同的成岩环境下或相同成分的沉积岩储层在不同成岩环境下，成岩作用史、孔隙类型、孔隙组合、孔隙结构不尽相同，从而导致储层孔隙性、渗透性、油气饱和性（即储层物性）各异。如碎屑岩中的石英砂岩，因风化搬运作用彻底，稳定石英含量大于90%以上，成岩作用以压实和硅质胶结为主，溶蚀作用不发育，颗粒呈孔隙式接触，原生孔隙成为原始储集空间，因此，孔隙性、渗透性和油气饱和性好，是优质储层。长石砂岩因风化和搬运作用不彻底，沉积时欠稳定的长石和喷出岩岩屑含量均较高，成岩作用以钙质、泥质胶结和溶蚀作用为主，颗粒虽呈孔隙式或接触式胶

结，但原生孔隙保存较少，尤其在深埋成岩条件下更如此，然而由于不稳定的易溶的长石、岩屑及钙质胶结物含量高，在成岩过程中溶解成次生孔隙，因此长石砂岩则以原生缩小孔隙和次生孔隙为油气的主要储集空间，甚至完全以次生孔隙为主要储集空间，孔隙性、渗透性、油气饱和性较好，可成为较好的储层。

从上述两种不同成分的砂岩成岩作用，孔隙演化、储层物性、储层质量均受控于原始物质成分和成岩作用，因此物质成分是导致储层物性和储层质量差异的物质基础。

绪论小结

第一章 岩浆岩的基本特征

第一节 岩浆与岩浆岩的概念

一、岩浆的概念与特征

岩浆（magma）是地壳深处或上地幔部分熔融产生、炽热黏稠、溶有挥发分的熔融体。岩浆一词最早来源于希腊文，指一种类似粥状的物质。通过对现代火山活动及其产物的长期考察发现，在火山活动时不但有气体及碎屑自火山口喷出，而且还有炽热的熔融物质自火山口溢流出来，前者称为挥发物（volatile component）和火山碎屑物质（volcanic clastic material），后者称为熔岩流（lava flow）。这说明在地下深处有高温炽热的熔融物质存在，这种高温炽热的熔融物质就是岩浆。

熔岩流来源于岩浆，虽然它是很接近岩浆的物质，但还不是真正的岩浆，真正的岩浆比熔岩流含有更多的挥发物质。目前一般认为，岩浆是在上地幔和地壳深处形成的，以硅酸盐为主要成分的炽热、黏稠、富含挥发物质的熔融体。现在已发现的岩浆有若干种，最普遍和最主要的是硅酸盐成分的岩浆。此外，还有碳酸盐、氧化物、硫化物等岩浆，即所谓非硅酸盐岩浆。它们数量很少，过去并未被人重视。自从20世纪60年代坦桑尼亚东部火山中喷出碳酸岩熔浆，以及智利基鲁那地区有铁质矿浆喷出地表后，这些少量的非硅酸盐熔浆才被人们所公认。

根据对火山的观察、火山产物的实验研究以及相关地质资料的综合分析，岩浆的基本特征如下。

（一）岩浆的成分

岩浆的成分主要包括氧、硅、铝、铁、镁、钙、钾、钠、锰、钛、磷等多种造岩元素。此外，还有 H_2O、CO_2、CO、SO_2、HCl、H_2S 等挥发性物质及少量的金属硫化物和氧化物。挥发性物质在岩浆中的含量一般超过6%，其中 H_2O 的含量最高，约占挥发分总量的60%~90%。

（二）岩浆的温度

岩浆的温度可以直接从现代火山熔岩流测出，也可间接通过多种岩浆岩或矿物的熔融实验和热力学计算等方法求出。

从人们观测到的火山熔岩流来看，其温度通常在700~1300℃之间，并随岩浆成分不同而有所差异。一般 SiO_2 含量越高，温度越低；反之，温度越高。基性岩浆的温度为1000~1200℃，中性岩浆为900~1000℃，酸性岩浆为700~900℃。同一熔岩流不同部位的温度也不相同，一般熔岩流表层之上温度最高，熔岩流表层下部温度最低，而熔岩流内部温度又趋升高。熔岩流表层上部温度最高，可能与大气接触处强烈氧化有关（图1-1）。

一般来说，岩浆的温度会随深度增加而增加（图1-1），且含水的岩浆的温度要比不含水（干）的岩浆温度低。这种岩浆的温度应在 1000~1100℃以上，否则就会发生结晶作用。而含饱和水的花岗岩岩浆与无水的岩浆相比，温度下降约 100~500℃，且压力越高则相差越大。按上述相同的道理，这种岩浆的温度在 600~800℃以上即可保持为熔融的岩浆状态。所以含水的岩浆可以比不含或少含水的岩浆温度低。

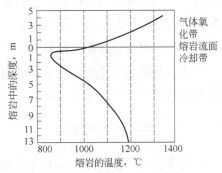

图 1-1　夏威夷岩湖不同深度的温度变化
（据卫管一，1994，修改）

岩浆结晶的温度是指岩浆由熔融状态变为固态时的温度，也就是最后结晶的温度。因此结晶温度除与岩浆的温度有关外，主要与结晶冷却的速度有关。如岩浆的温度为 1000℃，若冷却迅速，结晶结束时温度约为 900℃；若冷却缓慢，则结晶结束时温度可能会达到 700℃。

目前可以用许多方法来计算结晶温度，其中最简单的方法是应用同种矿物同质异相的转变温度来计算，如酸性喷出岩由于冷却迅速，其中的石英往往是具六方双锥的高温石英（β-石英），这种石英需在 573℃以上方能稳定存在；而酸性侵入岩由于冷却缓慢，其中的石英为低温石英（α-石英），在常压下其稳定温度低于 573℃，若它结晶于 10km 的深度，其稳定温度在 600℃以下。

所以，在地下深处正在结晶的岩浆一般要比喷出地表的岩浆温度低。因此许多同质多相的矿物，在深成岩中往往是低温变体，如正长石、微斜长石、α-石英；喷出岩中则往往是高温变体，如透长石、β-石英等。

（三）岩浆的黏度

岩浆的黏度是岩浆的重要特征之一，它反映了岩浆熔融体的流动性能。岩浆的黏度主要取决于岩浆的化学成分、挥发分、温度和压力等因素。

1. 岩浆的化学成分对于岩浆黏度的影响

岩浆中的 SiO_2、Al_2O_3、Cr_2O_3 等成分的含量对岩浆的黏度影响较大，其次是 Fe、Mg、Ca、Sr 和 Ba 等金属的含量。一般来说，SiO_2 和 Al_2O_3 含量越高，则岩浆的黏度也越大，其中尤以 SiO_2 的含量影响最为明显；而 Fe、Mg、Ca、Sr 和 Ba 等金属的含量越高，则岩浆的黏度越小，如酸性的流纹岩浆因富含 SiO_2，贫 Fe、Mg 等金属元素，黏度就大；而基性的玄武岩岩浆因贫 SiO_2，富 Fe、Mg 等金属元素，黏度就小。实验证明，随着岩浆中 SiO_2 含量的增加，硅氧四面体角顶连接数目增多，硅氧所组成的络阴离子团体积也增大，使岩浆的活动性减少，从而增大岩浆的黏度。

2. 岩浆中的挥发分对于岩浆黏度的影响

随着挥发分含量的增加，岩浆的黏度降低。溶于岩浆中的挥发分主要是 H_2O，它能使硅氧四面体中的氧形成 OH^-，有利于降低岩浆的黏度。实验证明，在岩浆中加入适当的氟，在相同温度下，也可降低岩浆的黏度。

3. 岩浆的温度对岩浆黏度的影响

此种影响主要表现为岩浆的温度越高，黏度越小；反之，温度越低，黏度越大。实验已证明，当温度升高时，可使岩浆中硅氧四面体络阴离子结合能力降低，活动能力增大，从而降低岩浆的黏度；反之，温度降低，络阴离子结合能力增大，岩浆的黏度随之升高。

4. 压力对于岩浆黏度的影响

对于基本不含挥发分的干岩浆而言，压力越大，黏度也越大；但对于位于地下深处富含挥发分的岩浆，压力增大，挥发分的溶解度也增大，反而会降低岩浆的黏度。

二、岩浆岩的概念

岩浆岩（magmatic rocks）是指由岩浆冷凝固结而成的岩石。由于在岩浆冷凝和结晶过程中失去了大量挥发分，所以岩浆岩的成分与岩浆的成分是不完全相同的。岩浆可以在不同的地质环境下冷凝固结成岩，通常按成岩环境分为侵入岩和喷出岩。

（1）侵入岩（intrusive rocks），是指由于岩浆侵入活动，在地下不同深度冷凝固结形成的岩石。岩浆主要是通过地壳变动，并沿地壳薄弱地带上升冷却而发生凝结，如果岩浆上升未达到地表即已冷凝，称为侵入活动，由此而形成的岩浆岩被称为侵入岩。侵入岩根据形成深度不同，可进一步划分为深成岩（plutonic rocks）和浅成岩（hypabyssal rocks）。深成岩的形成深度一般大于3km，多形成规模较大的岩体。由于形成于地壳深部，冷凝较慢，挥发分较多，因此矿物的结晶程度一般较好；浅成岩形成的深度一般为0~3km，常呈较小规模的岩体产出。

（2）喷出岩（extrusive rocks）又称为火山岩（volcanic rocks），是指岩浆及其他岩石碎屑、玻屑、晶屑等沿火山通道喷出地表形成的岩石。火山碎屑物质沿构造裂隙上升，由火山通道喷出地表，称为喷出活动。按火山岩的特征又可分为两类岩石，一类是从火山喷发溢流出的熔浆冷凝而成的岩石叫熔岩（lava）。由于熔浆在地表条件下冷凝较快，因此火山熔岩结晶程度一般较差，矿物晶体都比较细小，甚至来不及结晶而成非晶质的玻璃质；另一类是由火山爆发出来的各种火山碎屑物质堆积（冷凝）而形成的岩石，称为火山碎屑岩（volcanic clastic rocks）。此外，与火山作用有关的充填于火山通道中或侵入其周围邻近的浅成—超浅成侵入岩，专称为次火山岩（subvolcanic rocks）。

岩浆岩大部分为结晶质岩石，仅少数为玻璃质，岩石中原生矿物都是高温下结晶的。野外识别岩浆岩的标志是各种岩浆岩体与围岩一般都具有清楚的界限。但是，有时在岩体的边部常含有围岩的碎块或捕虏体，在岩浆岩体与围岩边界处可见由于热力烘烤和物质成分交换而形成的接触变质现象；有时还可见由喷出岩到侵入岩一系列过渡现象。因此，研究岩浆岩岩体的形状、大小、成分变化、围岩接触关系等特征时，必须注意其时空分布和各种地质条件之间的关系。

第二节　岩浆岩的物质成分

岩浆岩的物质成分是指其化学成分和矿物成分而言的。研究物质成分，不仅有助于了解各类岩浆岩的内在联系、成因及次生变化，而且还可作为岩浆岩分类的主要依据和判断沉积岩碎屑成分来源的依据。因此，研究岩浆岩的物质成分及其变化规律，是岩浆岩岩石学的重要任务之一。

一、岩浆岩的化学成分

根据现代地球物理和地球化学资料，地壳中存在的所有元素在岩浆岩中几乎都有发现，概括起来可以分为主要造岩元素、微量元素、稀土元素及同位素等。

（一）主要造岩元素及其氧化物

岩浆岩中主要造岩元素有 O、Si、Ti、Al、Fe、Mn、Mg、Ca、Na、K、H、P 等，其中含量最多的是 O、Si、Al、Fe、Mg、Ca、K、Na 等，它们占岩浆岩元素总量的 99.25%，尤以 O 含量最高，占元素总量的 46.59%。岩浆岩的化学成分常用这些元素的氧化物质量分数来表示。岩浆岩平均化学成分见表 1-1。

表 1-1　岩浆岩的平均化学成分

氧化物	质量分数,%			元素	质量分数,%	
	世界成岩总平均值[①]	诺科尔兹（1954）	黎彤等（1963）		尼格里（1938）	费尔斯曼（1939）
SiO_2	57.03	61.67	63.03	O	46.60	49.13
TiO_2	1.05	0.67	0.90	Si	27.70	26.00
Al_2O_3	15.02	14.87	14.62	Al	8.13	7.45
Fe_2O_3	2.90	2.13	2.30	Fe	5.00	4.20
FeO	4.63	14.07	3.72	Ca	3.63	3.25
MnO	0.14	0.10	0.12	Na	2.83	2.40
MgO	5.06	3.47	2.93	K	2.59	2.35
CaO	6.13	5.17	4.04	Mg	2.09	2.35
Na_2O	3.50	3.47	3.61	H	0.13	1.00
K_2O	2.45	2.83	3.10	Ti	0.44	0.61
H_2O	1.25	0.67	0.92	C	0.03	0.35
P_2O_5	0.26	0.26	0.31	N	—	0.04
CO_2	0.15	—	—	P	0.08	0.12
总计	99.74	99.68	99.60	总计	99.25	99.25

① 据武汉地质学院《岩浆岩岩石学》附录三，1980。

由表 1-1 可知，SiO_2、Al_2O_3、Fe_2O_3、FeO、MgO、CaO、Na_2O、K_2O 和 H_2O 等 9 种氧化物最为主要，它们占岩浆岩平均氧化物含量的 98%，且各类岩石或多或少均有出现。岩浆岩主要由硅酸盐组成，SiO_2 是最主要的成分。按 SiO_2 的质量分数，将岩浆岩划分为四类：超基性岩类（SiO_2 含量小于 45%），基性岩类（SiO_2 含量 45%~52%），中性岩类（包括中性—碱性岩类）（SiO_2 含量 52%~65%）和酸性岩类（SiO_2 含量大于 65%）。部分书籍或文献中基性岩类与中性岩类、中性岩类与酸性岩类的 SiO_2 含量界限分别为 53% 和 66%，需要加以注意。

随着 SiO_2 含量的增加，岩浆岩的酸性程度增高，基性程度降低，其他氧化物作有规律的变化。以 SiO_2 含量为横坐标，其他氧化物含量为纵坐标，可做出 6 种氧化物的变化曲线（图 1-2）。

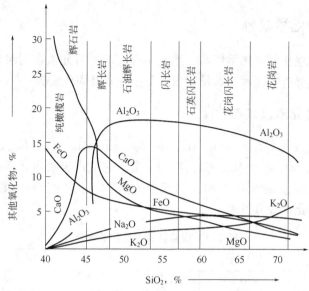

图1-2　岩浆岩中SiO_2与其他氧化物含量之间的变化关系（据邱家骧，1985）

由图1-2可知，MgO、FeO随SiO_2含量的增加而逐渐减少；Na_2O、K_2O随SiO_2含量的增加而增加；Al_2O_3在超基性岩（纯橄榄岩、辉石岩）中极少，在基性岩（辉长岩）中大量增加，而在中性岩和酸性岩中保持相对稳定；CaO在基性岩中大量增加，而在中性岩至酸性岩（闪长岩、花岗岩等）又逐渐减少。由此可见，不同类型的岩浆岩，主要造岩元素的氧化物有规律地改变，矿物成分也必然有差异。

（二）微量元素

在岩浆岩中，微量元素（trace elements）的总量一般不超过1‰，如Li、Be、Nb、Ta、Sr、U、Th、Zr、Hf、Rb、Cs、V、Co、Ni、Cr等。不同岩石中微量元素也呈现有规律的变化，随着岩浆岩酸度的增高，K、Na含量也增高，第一族碱金属微量元素Li、Rb、Cs等含量也随之增加；相反，对于亲铁微量元素，如V、Co、Ni、Cr等，则随着岩浆岩酸度降低而急剧减少。岩石中碱度增高（即K、Na含量增高），一般有利于多种稀有元素的富集。微量元素的含量常以g/t来表示。这些元素虽含量甚微，但在有利的条件下可富集成矿，有的可用以研究岩浆岩的成因与演化，所以具有重要的意义。目前，微量元素的含量以及微量元素之间或与常量元素的比值可以用来探讨岩浆岩的成因和演化，常用的比值有K/Rb、K/Ba、Rb/Sr、Nb/Ta、Th/U、Cd/Zn等。如花岗岩类岩石Rb/Sr比值一般从早期到晚期逐渐增大。其他元素的比值也正在运用于岩石系列的划分和岩石成因研究中。

（三）稀土元素

稀土元素（rare earth element，REE）指原子序数为57~71的镧系15个元素，由于原子序数为39的钇（Y）的地球化学性质与之相近或密切共生，因此把钇也归于此类，统称为稀土元素（REE），包括La、Ce、Pr、Nd、Pm、Sm、Eu、Gd、Tb、Dy、Ho、Er、Tm、Yb、Lu和Y。这是一组化学性质相似、难熔且难于分离的元素，它们在岩浆岩中常紧密共生，不易次生变化，稳定性较高，因此常用作研究岩浆的起源、演化和岩浆岩成因。但不同稀土元素的性质及其在岩浆岩中的行为也略有不同，有La~Sm等6种元素加上Eu，原子量较小的称为轻稀土元素（即 Ce 族稀土），总量以∑LREE 表示；后 9 种元素有 Gd～Lu 加上 Y，称为重稀土元素（即 Y 族稀土），总量以∑HREE 表示。它们在地球重力场作用下，在岩浆形成和演化过程中，由于其本身性质及其在矿物中赋存状态的不同，导致轻、重稀土元素的分离，因此对岩浆岩中稀土元素本身及稀土元素分离状况的研究对判断岩浆岩成因和演化具有越来越广阔的前景。

（四）同位素

质子数相同而中子数不同的同一元素的不同原子互称为同位素（isotope）。目前，同位素地质年代学是一门新兴的边缘学科，已引起了极大重视并广泛应用于地质体形成时代、地质事件发生时代的确定以及地球和行星物质的形成历史与演化规律的研究。同位素地质年代学可广泛应用于岩浆岩岩石学，依据岩浆岩中同位素组成的研究，可以较为准确地明确岩浆岩的形成时代，同时还可广泛应用于阐明岩浆的起源和演化，推断岩浆来源、岩浆形成温度、岩浆岩与成矿关系等问题，因此具有广阔的发展前景。目前研究比较详细并常用的同位素有氧同位素（$^{16}O/^{18}O$）、硫同位素（$^{34}S/^{32}S$）、锶同位素（$^{86}Sr/^{87}Sr$）、钐—钕同位素（$^{147}Sm/^{143}Sm$、$^{143}Nd/^{144}Nd$）及铅同位素（$^{206}Pb/^{204}Pb$）等。

二、岩浆岩的矿物成分

岩浆岩除少数由玻璃质组成外，都是由矿物组成的。矿物成分不仅是岩浆岩分类命名的主要依据，而且对了解岩浆岩的化学成分、生成条件及岩浆岩的成因，以及对于研究推断沉积岩中的碎屑矿物质来源和来源区岩浆岩类型都具有十分重要的意义。组成岩浆岩的矿物，总数不下数百种，但最常见的不过 20 种，这些构成岩浆岩的主要矿物称为造岩矿物。常见岩浆岩类中的矿物成分及其含量，见表 1-2。

表 1-2　常见岩浆岩的平均矿物成分（据 Larsen，1964）

矿物成分，% ＼ 岩石类型		花岗岩	正长岩	花岗闪长岩	石英闪长岩	闪长岩	辉长岩	橄榄辉绿岩	辉绿岩	纯橄榄岩
石英		25		21	20	2				
正长石和微斜长石		40	72	15	6	3				
斜长石	更长石	26	12							
	中长石			46	56	64				
	拉长石						65	63	62	
黑云母		5	2	3	4	5	1		1	
角闪石		1	7	13	8	12	3		1	
辉石	斜方辉石				1	3	6			
	单斜辉石		4		3	8	14	21	29	
橄榄石							7	12	3	95
磁铁矿		2	2	1	2	2	2	2	2	3
钛铁矿		1	1				2	2	2	
磷灰石		微	微	微	微	微				
榍石		微	微	微	微	微				
色率		9	16	18	18	30	35	37	38	98

从表 1-2 中可知，除了纯橄榄岩外，各类岩浆岩中长石的分布最广，其次是石英，因此这两种矿物是岩浆岩鉴别与分类的重要证据。在酸性岩和中酸性岩（以花岗岩和花岗闪长岩为代表）中，矿物成分以石英、长石为主要造岩矿物，还有少量的黑云母和角闪石；在中性岩（以闪长岩和正长岩为代表）中，以长石为主要造岩矿物，还有一定量的角闪石、辉石、黑云母及少量石英；在基性岩（以辉长岩为代表）中，以基性斜长石（拉长石—培长石）和辉石为主要造岩矿物，含有少量橄榄石、角闪石、黑云母；在超基性岩（以纯橄榄岩为代表）中，以橄榄石为主要造岩矿物，含有不等量的辉石，而不含石英。为了便于分析与描述，根据化学成分、颜色、含量和成因，把岩浆岩的矿物成分进行分类。

（一）根据化学成分和颜色划分

1. 硅铝矿物

该类矿物中 SiO_2 和 Al_2O_3 含量较高，很少或不含 FeO、MgO，主要包括石英、长石类及似长石类等矿物。这些矿物的共同特征是颜色较浅，故又称为浅色矿物。

2. 铁镁矿物

该类矿物中 FeO、MgO 含量较高，SiO_2 含量较低，主要包括橄榄石类、辉石类、角闪石类及黑云母类。这些矿物的共同特征是颜色较深，故又称为暗色矿物。

暗色矿物与浅色矿物的比例，是岩浆岩鉴定和分类的重要标志之一。岩浆岩中暗色矿物的含量（体积分数），称为岩石的色率（或颜色指数）。根据岩石的色率，有时就可粗略地推测岩石的种类。一般而言，色率越高，岩石越呈基性；反之，则越呈酸性。一般超基性岩色率为 60%~100%，基性岩色率为 40%~60%，中性岩色率为 20%~40%，酸性岩色率为 0%~20%，但不同学者还有不同的划分标准，不可生搬硬套。

（二）根据矿物在岩浆岩中的含量划分

1. 主要矿物

主要矿物（essential mineral）是指岩浆岩中含量较多的矿物，一般都在 10% 以上。它们对岩浆岩大类的划分和定名起决定性的作用。例如，橄榄岩中的橄榄石占 50% 以上，故应为主要矿物；花岗岩中的石英、长石占绝对优势，故也为主要矿物。

2. 次要矿物

次要矿物（subordinate mineral）是指岩浆岩中含量不多的矿物，含量少于主要矿物，一般小于 10%。它的存在与否不影响岩浆岩大类的定名，而对岩浆岩种属的定名起一定的作用，如钠闪石花岗岩，它的主要矿物是石英和长石，但含有一定量的钠闪石，故将钠闪石冠于花岗岩之前，作为花岗岩种属名称。

3. 副矿物

副矿物（accessory mineral）是指岩浆岩中含量甚微的矿物，一般小于 1%，偶尔可达 5%，如磁铁矿、磷灰石、榍石、锆石、独居石等。它们在岩浆岩分类命名中一般不起作用。但当其含量较多，对岩浆岩成因和成矿有特殊意义时，也可有选择地用作岩浆岩名称的前缀。如独居石花岗岩，指示该花岗岩中较多富含 Ce、La 等稀土元素。副矿物能反映岩浆岩的含矿性和生成条件等方面的特征，对确定岩浆岩形成的时代具有一定的意义。

（三）根据矿物成因划分

岩浆岩中的造岩矿物随着岩浆的物理化学条件的改变而先后结晶析出，形成之后还会随着物理化学条件的改变而变化。因此，按照矿物的岩浆结晶阶段和形成时的物化条件，可将矿物分为以下成因类型。

1. 原生矿物

原生矿物（primary mineral）是指岩浆冷凝过程中结晶形成的矿物，也称为岩浆矿物。按其形成特点，又可分为正岩浆矿物（正常矿物）、残余矿物和反应矿物。

1）正岩浆矿物

正岩浆矿物（orthomagmatic mineral）是指直接从岩浆中结晶出来，同时在成岩过程中相对稳定的矿物，又称为正常矿物，如新鲜的透长石、高温石英等。

2）反应矿物和残余矿物

矿物从岩浆中结晶析出后，由于温度、压力及成分的变化，使早期结晶析出的矿物与岩浆发生反应，转变成新的矿物，称为反应矿物（reaction mineral）；如果这种反应进行得不彻底，原来的矿物还有部分残留，称为残余矿物（relict mineral）。如岩浆早期析出的橄榄石，与岩浆中 SiO_2 发生反应，形成了顽火辉石，则后者称为反应矿物，而未反应完全残留的橄榄石，就是残余矿物。

原生矿物（岩浆矿物）由于形成环境不同，又可分为高温型和低温型。一般喷出岩中的矿物形成温度较高，多是高温型矿物；而侵入岩中的矿物，形成温度相对较低，多是低温型矿物。如喷出岩中多为高温斜长石和透长石（高温变种），而侵入岩中多为低温斜长石和正长石（低温变种）。

2. 岩浆期后矿物

岩浆期后矿物（post-magma mineral）是指在岩浆基本凝固之后，由于受到后期残余气体挥发分或热液的影响而形成的矿物，又称为次生蚀变矿物。它们常交代岩浆矿物或充填于矿物空隙中，其中包括一些气成矿物，如伟晶岩中的电气石、白云母、黄玉等；也包括一些自变质矿物，如橄榄石转变为蛇纹石，辉石转变为次闪石、角闪石，黑云母转变为绿泥石等。

3. 成岩矿物

在岩浆完全冷凝结晶后，由于外界物理化学条件的改变，使原生矿物发生固相转变而新形成的矿物，称为成岩矿物（diagenetic mineral）。如高温 β-石英转变为低温 α-石英，由透长石转变为正长石等，都是成岩矿物。也有一矿物相转变为另两个矿物相的形式，如均一相的钾—钠长石变为两相交生的条纹长石。

4. 他生矿物或混染矿物

他生矿物或混染矿物（allothigenic mineral/contamination mineral）是指由于岩浆同化或捕虏了围岩而形成的一些岩浆中难以晶出的矿物。如花岗岩侵入泥质岩时，产生了堇青石、红柱石、硅线石等富铝矿物；侵入碳酸盐岩时，产生钙铝榴石、硅灰石、方柱石等富钙矿物，都是他生矿物。它们在正常岩浆岩中一般是不会出现的。

5. 外生矿物

外生矿物（exogenetic mineral）主要是指岩浆岩在地表风化过程中新形成的矿物，又称为表生矿物。如碱性长石风化为高岭石、斜长石风化为绢云母等，都是表生矿物。有时岩浆期后矿物的自变质矿物与次生矿物不易区分，可统称为次生矿物。

（四）岩浆岩的矿物共生组合规律及其与化学成分的关系

岩浆岩的矿物成分及其共生组合规律，除受到矿物形成时的温度、压力等物理化学条件控制外，主要取决于岩浆的化学成分。

1. SiO_2 对岩浆岩矿物组合的影响

岩浆岩中 SiO_2 的含量对矿物共生组合有着重要的影响。根据 SiO_2 与其他氧化物的比例，可将岩浆岩分为过饱和岩、饱和岩和不饱和岩。对于 SiO_2 过饱和的岩石，由于 SiO_2 过剩，除与其他元素结合形成各种硅酸盐矿物外，还有游离的 SiO_2 结晶出来形成石英。大部分中酸性岩，均属于过饱和岩。对于 SiO_2 饱和的岩石，由于 SiO_2 与其他元素结合形成各种硅酸盐矿物后，SiO_2 没有剩余，一般不会形成石英，而出现长石、角闪石、黑云母、辉石等 SiO_2 饱和的矿物。大部分基性岩属于饱和岩。对 SiO_2 不饱和的岩石，由于岩浆中 SiO_2 的含量不足，岩石中不会出现石英，也不足以全部形成硅酸饱和矿物，而形成一些 SiO_2 不饱和的矿物，如橄榄石、似长石（霞石、白榴石等）类矿物。其反应式如下：

$$Mg_2SiO_4+SiO_2 \underset{1557℃}{\rightleftharpoons} 2MgSiO_3$$
镁橄榄石 　　　　　　顽火辉石

$$NaAlSiO_4+2SiO_2 \longrightarrow NaAlSi_3O_8$$
霞石 　　　　　　　钠长石

$$KAlSi_2O_6+SiO_2 \longrightarrow KAlSi_3O_8$$
白榴石 　　　　　　钾长石

在反应达到平衡条件下，硅酸不饱和矿物（如橄榄石、霞石、白榴石等）一般不会与原生石英共生。

2. 碱质含量对岩浆岩矿物组合的影响

岩浆岩中碱质（Na_2O+K_2O）含量对岩浆岩矿物组合也有很大的影响。通常把 Na_2O 和 K_2O 含量之和，称为全碱含量。岩浆岩的碱性程度常用组合指数 σ，又称系列指数或里特曼指数（A. Rittman，1957）来表示：

$$\sigma = \frac{[w(K_2O)+w(Na_2O)]^2}{w(SiO_2)-43}$$

依据里特曼指数可将岩浆岩划分为钙碱性岩类（$\sigma<3.3$）、碱性岩类（$\sigma=3.3\sim9$）和过碱性岩类（$\sigma>9$）。碱性程度不同的岩石，其中的矿物组合也不同。

（1）钙碱性岩中，斜长石普遍存在，辉石多为普通辉石，角闪石多为普通角闪石，无似长石和黑榴石；在较酸性的岩石中可出现碱性长石、石英和云母；在喷出岩中可出现富硅的火山玻璃。

（2）碱性岩中，碱性长石普遍存在，可出现似长石、碱性辉石、碱性角闪石、黑榴石等；石英只在最偏酸性的岩石中出现，斜长石成分偏酸性；喷出岩中含碱性火山玻璃。

（3）过碱性岩中，碱性长石和似长石类矿物普遍存在，尚含碱性辉石、碱性角闪石及富铁黑云母，不含石英，斜长石也不多见；在喷出岩中含碱性火山玻璃。

3. Al_2O_3 含量对岩浆岩矿物组合的影响

岩浆岩中 Al_2O_3 的含量对岩浆岩矿物组合也有较大的影响，根据 Al_2O_3 与 K_2O、Na_2O、CaO 的相对含量（w），可分为以下四种类型：

（1）过铝质岩石，$w(Al_2O_3)>w(CaO+Na_2O+K_2O)$，岩石中常出现白云母、黄玉、电气石、锰铝—钙铝榴石及其他富铝矿物。

（2）偏铝质岩石，$w(Na_2O+K_2O)<w(Al_2O_3)<w(CaO+Na_2O+K_2O)$，岩石中常出现铝硅酸盐矿物，如黑云母、角闪石、黄长石等。

（3）亚铝质岩石，$w(Al_2O_3)≈w(Na_2O+K_2O)$，岩石中主要含铝矿物是长石和似长石类矿物。

（4）贫铝质岩石，$w(Al_2O_3)<w(Na_2O+K_2O)$，岩石中常出现碱性辉石和碱性角闪石，如霓石、霓辉石、钠闪石等。

除了上述主要化学成分会影响岩浆岩中矿物共生组合外，还要考虑到岩浆中挥发分的影响。如岩浆中挥发分较多，除形成角闪石、黑云母外，还可出现电气石、黄玉、萤石、绿柱石等气成矿物。此外，如岩浆中稀有、稀土和放射性元素较多，则岩石中还可含较多的锆石、独居石、榍石、钛铁矿、褐帘石及含铀钍矿物等。由此可知，影响岩浆岩矿物成分及其共生组合的因素很多，需在今后的学习与研究中进一步加深理解。

第三节　岩浆岩的结构和构造

岩浆岩的结构和构造是岩浆岩基本特征之一，也是区分和鉴定岩浆岩的重要标志。它们不仅能反映岩浆岩形态上的特点，成为岩浆岩成分和形成条件分析与研究的重要依据，并且也是研究沉积岩中的岩屑来源、源区岩浆岩类型的直接标志。

一般来说，岩浆岩结构所表现出来的特点决定于岩浆岩形成时的物理化学条件（如岩浆的温度、压力、黏度、冷却速度等）；而岩浆岩构造的特点除了岩浆本身的特点外还与岩浆岩形成时的地质因素（构造运动、岩浆的流动等）有关。成分相同的岩浆岩，由于形成条件不同，可以形成结构和构造截然不同的岩浆岩。因此观察岩浆岩的结构和构造时，不仅要认识它的形态特征，更重要的是要了解不同结构和构造的形成条件，以及它们在确定碎屑岩岩屑来源和源区岩浆岩类型和石油地质上的意义。

一、岩浆岩的结构

岩浆岩的结构（texture）是指岩石中矿物的结晶程度、颗粒大小、自形程度、形态特征以及矿物之间的相互关系。

根据上述结构定义，可从以下几个方面来认识和描述岩浆岩的结构。

（一）结晶程度

结晶程度是指岩浆岩中结晶物质和非结晶玻璃质的含量比例，按结晶程度可将岩浆岩结构分为三类。

1. 全晶质结构

全晶质结构（holocrystalline texture）指全部由结晶矿物组成、不含玻璃质的岩石结构 [图1-3(a)]。它表示岩浆是在缓慢冷却的条件下从容结晶而成，多形成于深成侵入岩中。

2. 半晶质结构

半晶质结构（hemicrystalline texture）指既包含结晶矿物，又有非晶质的玻璃质所组成的岩石结构 [图1-3(b)]，多见于火山岩或超浅成侵入岩中。

3. 玻璃质结构

玻璃质结构（vitreous texture）指几乎全由非晶质的火山玻璃组成的岩石结构 [图1-3(c)、图1-4]。此种结构多见于快速冷却的火山岩中。这种结构是岩浆迅速上升到地表或近地表时，温度骤然下降到岩浆的平衡结晶温度以下，来不及结晶所形成的。

图1-3　按结晶程度划分的三种
结构（据卫管一，1994）
（a）全晶质结构；（b）半晶质结构；（c）玻璃质结构

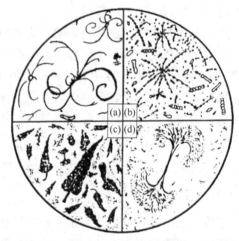

图1-4　火山玻璃中的雏晶（据卫管一，1994）
（a）发雏晶；（b）串珠、球棒雏晶；
（c）叶雏晶；（d）羽雏晶

玻璃质在岩石中常呈现不同的颜色，如黑色、砖红色、褐色、灰绿色等，一般呈玻璃光泽，具贝壳断口，性脆。玻璃质是一种不稳定的物质，随着时间的推移，它们会逐渐转化为结晶物质，这种转化作用称为脱玻化作用（devitrification）。所以，除了时代较新的火山岩中可见玻璃质结构外，那些较老的前新生代的岩浆岩中很少有玻璃质结构的存在。

脱玻化作用最初阶段形成一些极细的雏晶（crystallite）。雏晶是一些形态多种多样的晶芽（图1-4），在正交偏光下不具光性反应，在单偏光下按雏晶的形态可分为发雏晶 [图1-4(a)]、串珠雏晶、棒雏晶 [图1-4(b)]、羽雏晶 [图1-4(d)]、叶雏晶 [图1-4(c)] 等。雏晶进一步发展，可形成骸晶（skeleton crystal）或微晶（microlite）。当火山玻璃中有微晶发育时，它们就可转变为微晶结构或隐晶质集合体，具有粒度细小、形状不规则、晶粒之间界限模糊等特点，可称为霏细结构（felsitic texture）。霏细结构中常伴生呈纤维放射状微晶所组成的球粒，当球粒特别发育时即称为球粒结构（spherulitic texture）。

（二）矿物颗粒的大小

矿物颗粒的大小是指岩浆岩中矿物颗粒的绝对大小和相对大小。

按照矿物颗粒的相对大小，将岩浆岩的结构分为等粒结构和不等粒结构。

1. 等粒结构

等粒结构（equigranular texture）指岩浆岩中同种主要矿物颗粒大小相近［图1-5(a)］。在等粒结构中按照矿物颗粒的绝对大小和肉眼下可辨别的程度，又可划分为显晶质结构和隐晶质结构。

1）显晶质结构

显晶质结构（phanerocrystalline texture）是指矿物晶粒在肉眼或放大镜下可以分辨的结构。它又可按矿物颗粒的绝对大小，划分出五种结构，见表1-3。

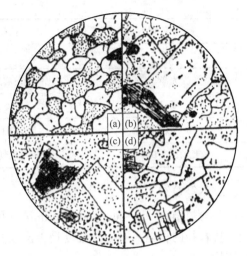

图1-5　按颗粒相对大小划分结构
类型（据卫管一，1994）

（a）等粒结构；（b）似斑状结构；

（c）斑状结构；（d）连续不等粒结构

表1-3　矿物颗粒绝对大小的结构类型和粒径标准

结构	矿物颗粒的粒径大小,mm	肉眼分辨性
粗粒结构	10~5	显晶质,可分辨
中粒结构	5~1	显晶质,可分辨
细粒结构	1~0.1	显晶质,可分辨
微粒结构	<0.1	显晶质,基本可分辨
巨(伟)晶结构	>10	显晶质,易分辨

2）隐晶质结构

隐晶质结构（cryptocrystalline texture）是指矿物晶粒非常细小，用肉眼和在放大镜下不能分辨的结构。根据晶粒在显微镜下能否分辨，又可分为以下两种结构：

（1）显微晶质结构，在显微镜下能分辨出矿物晶粒，但不易准确区分其个别晶粒的成分，如由石英、长石微晶组成的霏细结构。

（2）显微隐晶质结构，在显微镜下也不能分辨出矿物晶粒，如各种雏晶结构。单偏光下可见各种雏晶的形态，但无光性反应。

隐晶质结构常与玻璃质结构难以区分（表1-4），尤其是两者共同作为岩石的基质存在时更加难以确认。

表1-4　隐晶质结构与玻璃质结构的区别

区别依据	隐晶质结构	玻璃质结构
结晶状态	晶质矿物集合体	未结晶的火山玻璃
结晶程度	全晶质结构	玻璃质结构

続表

区别依据	隐晶质结构	玻璃质结构
物性	韧性	脆性
光泽	玻璃光泽不强	强玻璃光泽,有时具油脂光泽
断口	瓷状断口	贝壳状断口
手触	断口粗糙,有颗粒感	断口较平滑
晃动标本观察	有时可见到闪现的反光面	不能见到反光面

2. 不等粒结构

不等粒结构（inequigranular texture）是指岩浆岩中同种主要矿物的粒度有较明显的不同。按粒径的相对大小以及粒度是否连续变化，又可分为连续不等粒结构、斑状结构和似斑状结构。

1）连续不等粒结构

连续不等粒结构（seriate texture）主要表现为岩浆岩中同种矿物的晶粒大小不同，粒度大小依次降低，形成一个连续不等粒系列［图1-5(d)］。

2）斑状结构

斑状结构（porphyritic texture）表现为岩浆岩中所有矿物颗粒和成分明显分为大小不同两个群体，大颗粒散布在小颗粒或玻璃质中，大颗粒称为斑晶（porphyritic crystal），小颗粒或玻璃质称为基质（matrix）。基质由微晶、隐晶质或玻璃质组成［图1-5(c)］。

斑状结构的斑晶和基质是先后两期晶出的产物。在地下深处，岩浆首先晶出斑晶，随后携带斑晶的熔浆上升到地壳浅处或喷出地表，快速冷却形成微晶、隐晶或玻璃质基质。有时，长石、石英斑晶常被熔蚀成港湾状，铁镁矿物（角闪石、黑云母）斑晶由于遭受强烈氧化而形成暗化边结构，这是火山岩或超浅成岩中常见的现象。

3）似斑状结构

似斑状结构（porphyroid texture）与斑状结构相似，但矿物晶体颗粒大小相差不是过于悬殊，基质是显晶质（粗粒、中粒或细粒），且斑晶与基质的成分基本相同。这表明斑晶和基质是在相同或相似的物理化学条件下形成，常过渡为连续不等粒结构，斑晶周围一般看不到熔蚀边和暗化边，常出现在中深成侵入岩中［图1-5(b)］。似斑状结构中斑晶和基质大致同时形成，在某些晚期交代作用的岩石中，交代斑晶也可能是晚期形成的，因此需要根据实际资料具体分析。

关于斑状结构与似斑状结构区别见表1-5。

表1-5　斑状结构与似斑状结构的区别

特征	斑状结构	似斑状结构
基质	隐晶质或玻璃质,少数情况可为微粒结构	显晶质,粒度可为细粒、中粒,甚至粗粒
斑晶	常是高温矿物,如高温石英、透长石	低温稳定矿物,低温石英、正长石
成因	斑晶早期生成、基质晚期生成,常见于浅成岩和火山岩中	斑晶和基质形成时期近于相同,常见于浅成侵入岩和部分中深成侵入岩中

（三）矿物的自形程度

矿物的自形程度是指矿物晶体发育的完整程度，可分为如下三种结构。

1. 自形粒状结构

自形晶（idiomorphic crystal）指矿物晶粒具有完整的晶面，这种晶体多半是在有充分的冷凝结晶时间、有利的生长空间以及晶体生长能力较强的情况下生成的。如果岩浆岩中全部由这种自形晶粒组成，就称为全自形粒状结构（panidiomorphic granular texture）。在许多单矿物岩中，如纯橄榄岩中可见到这种结构类型，其往往是岩浆结晶分异产生的自形晶下沉堆积形成的结果[图1-6(a)]。

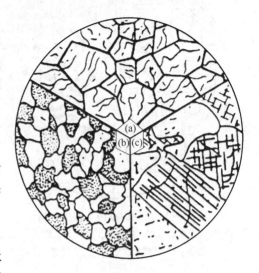

图1-6　矿物晶体自形程度及其结构
类型（据卫管一，1994）
(a) 自形；(b) 他形；(c) 半自形

2. 半自形粒状结构

半自形晶（hypidiomorphic crystal）是指晶体发育不完整，仅有部分晶面完整，部分为不规则的轮廓。这种现象说明：在结晶时，很多矿物都在结晶析出而且生长有先后之分，并且互相干扰，没有足够的自由空间允许它们充分发育。如果岩石中大多数矿物由半自形晶组成或自形程度不等的矿物组成，则称为半自形晶结构（hypidiomorphic granular texture），如图1-6(c)所示。大多数中深成侵入岩都具有这种结构。

3. 他形粒状结构

他形晶（xenomorphic crystal）是指晶体所有晶面都不完整，形状多不规则。呈他形晶的矿物，主要是由于晶体生长时已无自由生长的空间形成的，或岩浆结晶较快，结晶中心较多，来不及形成完整的晶形。若岩浆岩中几乎全部由他形晶粒组成的，则称他形粒状结构（xenomorphic granular texture），如图1-6(b)所示。

由于矿物的结晶习性不同，矿物的形态也不一样，常见的有柱状、针状、纤维状、板状、片状、粒状等，依据它们的形态可命名相应的结构，如粒状结构、纤维状结构等。

（四）矿物颗粒（成分）间的相互关系

岩浆岩中矿物颗粒之间的相互关系和矿物与火山玻璃质之间的关系，主要有反应关系、交生关系和包含关系，依据其划分的结构类型很多，有些在岩浆岩各论中加以介绍，这里仅选择主要者分述如下。

1. 反应关系

早期结晶析出的矿物与残余岩浆发生反应而形成如反应边结构、环带结构等。

1）反应边结构

反应边结构（reaction rim texture）表现为岩浆早期晶出的矿物与周围尚未完全凝固的熔浆发生反应，在其外围形成新的矿物。这种结构在基性、超基性岩石中比较常见。如橄榄石

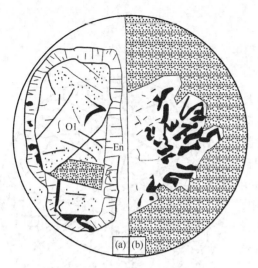

图 1-7　反应边结构、蠕虫状结构

（a）反应边结构（Ol—橄榄石，En—顽火辉石）单偏光，
$d=1.2mm$；（b）蠕虫状结构，正交偏光，$d=1.2mm$

外围有顽火辉石的反应边或橄榄石外围有辉石反应边［图1-7(a)］；辉石外围有角闪石反应边；反应边中相邻的矿物都是岩浆从高温到低温顺序结晶的矿物。岩浆期后由次生蚀变矿物交代原生矿物形成的"边"，并不是反应边结构，而称为次变边结构（kelyphitic borde texture），如橄榄石被蛇纹石交代，辉石被次闪石交代，角闪石被绿泥石交代，均可形成次变边结构。二者不可混淆。

2）环带结构

环带结构（zonal texture）与反应边结构有些相似，不同的是被反应的矿物与反应生成的矿物同属一类矿物。在镜下它是由若干同心环组成，每一环成分不同，光性方位也不同。环带结构在中性斜长石中最发育（图1-8），如中心部分的成分偏基性，向边缘依次变为偏酸性者，称为正环带［图1-8(a)］；反之，则为反环带［图1-8(b)］；还有的斜长石从中心到边缘在成分上周期性的变化，称为韵律环带［图1-8(c)］。环带结构多出现在浅成中性侵入岩和火山岩中。

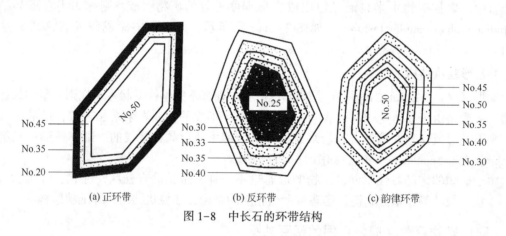

(a) 正环带　　　　　(b) 反环带　　　　　(c) 韵律环带

图 1-8　中长石的环带结构

2. 交生关系

交生关系是指两种矿物彼此交生嵌布在一起。常见的结构有蠕虫状结构、条纹结构和文象结构等。

1）蠕虫状结构

蠕虫状结构（myrmekitic texture）的特点是许多细小的蠕虫状石英（又称蠕英石）分布于斜长石中，多发育在钾长石与斜长石相接触的边缘部分［图1-7(b)］。它的成因主要有两种：一种是钾长石被斜长石交代，析出多余的石英；另一种是固溶体分解，多余的石英呈蠕虫状析出。成因较为复杂，需具体分析。

2）条纹结构

钾长石和斜长石有规律地交生称为条纹结构（perthitic texture）。具条纹结构的长石叫条纹长石。条纹结构有两种成因：一是固溶体分解形成，这是分布最广的一类，这是因为高温下钾长石和钠长石可以形成完全的类质同象固溶体，当温度下降时，这种固溶体就变得不稳定，成为不完全的固溶体，一部分钠长石从高温下形成的固溶体中析出成为单独的矿物相，从而形成以钾长石为主和少量的钠长石的条纹状规则交生体，即条纹长石，此种结构称为正条纹结构。当此两种长石含量相反，即以钠长石为主，钾长石较少时则称为反条纹长石，此种结构称为反条纹结构（图1-9）。另一种成因是岩浆期后钠质交代钾长石形成的，交代作用形成的钠长石条纹常常呈不规则的树枝状分布（图1-10）。

图1-9　反条纹结构

出溶条纹长石，（+），$d=2.5$mm

图1-10　条纹结构

交代条纹长石，（+），$d=2.5$mm

3）文象结构

文象结构（graphic texture）的特征是在钾长石中镶嵌有许多有一定规律排列的且具一定外形（如尖棱形、象形文字形）的细小的石英嵌晶，这些石英嵌晶在正交偏光下同时消光（图1-11）。文象结构的成因是石英、长石二组分的岩浆，当温度下降到共结点时，同时结晶而成。其多出现在酸性侵入岩中。

3. 包含关系

包含关系是指后期晶出的较大矿物把早期晶出的较小矿物包裹其中。常见的包含结构有嵌晶含长结构和包橄结构。包含结构的特征是在较大的矿物主晶中包含有早期晶出的许多较小矿物的客晶，如包橄结构（poikilitic olivine texture）是辉石中包含有橄榄石的小颗粒；嵌晶含长结构（poikilophitic texture）是辉石中包含有许多柱状斜长石的小颗粒。这两种结构都可称为包含结构（图1-12）。它与反应结构不同的是主晶和客晶之间并不是反应关系，而是包裹关系（主要是早期结晶出来的矿物被晚期结晶的矿物所包裹）。这类结构在基性、超基性岩中较为常见。

以上仅是岩浆岩中常见的一般结构，但对各类岩浆岩来说，还有许多自身特殊的结构类型，如花岗结构、二长结构、安山结构、粗面结构、辉绿结构、间粒结构等，将在岩浆岩各论中分别叙述。

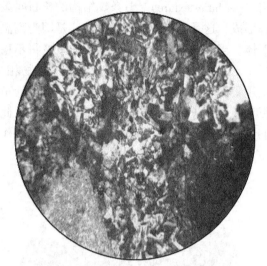

图 1-11　文象结构（花岗斑岩）

图 1-12　包橄结构
透辉石颗粒中包有蛇纹石化圆粒状橄榄石晶体

二、影响岩浆岩结构的主要因素及矿物晶出顺序的确定

（一）影响岩浆岩结构的主要因素

岩浆岩结构类型是岩浆结晶能力的表现，而岩浆冷凝条件则用岩浆所处的过冷温度来描述。因此，岩浆岩结构的解释首先需要讨论岩浆过冷温度与岩浆结晶能力的关系。同时，岩浆的成分、压力等也对于岩浆结构有着重要的影响。

1. 岩浆的成分

岩浆主要由硅酸盐组成，并含有不等量的挥发分。如 SiO_2 含量多时，岩浆的黏度大，分子不易集中，故不易形成完整的晶体，因此酸性喷出岩中常出现隐晶质和玻璃质结构；而同样富含 SiO_2 的酸性岩浆在地下深处时，由于溶解于其中的挥发分较多，可大大降低岩浆的黏度，同样可形成较粗大的晶体，组成各种显晶质结构，如花岗岩、花岗闪长岩等侵入岩。而在 SiO_2 含量较少的基性岩、超基性岩中，常形成粗、中、细粒状显晶质结构。

2. 岩浆的温度

根据塔曼（Tammann）的研究，岩浆的结晶作用只有在过冷却（温度低于矿物结晶温度）时才能发生。结晶时首先形成结晶中心（晶芽），然后围绕结晶中心继续生长。因此，产生结晶中心的数目与晶体生长速度之和就是晶体的结晶能力，它们的变化与过冷却程度有以下密切的关系（图 1-13）：

（1）冷却缓慢的情况下，过冷却温度不大，如图 1-13 中的 a 区所示，晶体生长速度大于结晶中心生成速度，由于结晶中心少，晶体生长快，晶体可迅速长大，形成较粗的晶体，可形成粗粒等粒结构。这与深成侵入岩的结晶条件相似。

（2）冷却速度较快的情况下，过冷却温度较大，如图 1-13 中的 b 区所示，结晶中心生成速度大于晶体生长速度，虽总的结晶能力最强，但只能形成细小的晶体而呈细粒结构。这与浅成侵入体的结晶条件相似。

（3）冷却速度更快的情况下，如图1-13中的c区所示，结晶中心生成速度与晶体生长速度都显著降低，结晶能力很弱，多形成隐晶质结构。这种情况常见于超浅成岩和某些喷出岩中。

（4）冷却速度极快的情况下，过冷却温度极大，如图1-13中的d区，结晶中心产生及晶体生长速度迅速下降，结晶能力趋近于零，因而就产生半玻璃质及玻璃质结构。这种情况常见于喷出岩中。

3. 岩浆的压力

压力的大小直接影响岩浆中挥发分能否保存。在深成条件下，一方面由于冷却缓慢，另一方面由于外部压力较大，挥发分不易逸散而保存于岩浆中，因此常形成晶粒比较粗大的显晶质结构；而在浅成和喷出条件下，由于压力降低，挥发分易于逸散，而形成隐晶质、玻璃质或斑状结构等。

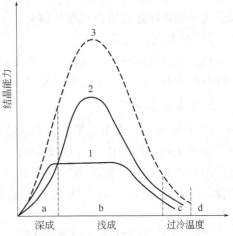

图1-13 过冷却与结晶能力关系示意图
1—结晶生长速度曲线；2—结晶中心生成曲线；
3—结晶能力曲线

由上述可知，影响岩浆岩结构的因素较为复杂，需结合多方面的资料作深入细致的分析，才能得出可靠的结论。

（二）岩浆岩矿物晶出顺序的确定

岩浆岩矿物晶出顺序的确定是岩浆岩成因研究的重要内容之一。一般情况下依据矿物晶体结构特征观察，结合罗森布施法则、鲍文反应原理等矿物结晶析出的理论来判断岩浆岩中矿物的晶出顺序。

1. 根据岩石结构特征确定矿物结晶顺序

1）矿物的自形程度

一般来说，先结晶的矿物自形程度较高，后结晶的矿物自形程度较差。这是由于早结晶的矿物有自由生长的空间，故晶面能发育较好，而晚结晶的矿物因互相干扰，故晶面发育较差。具体判断时，要多观察一些颗粒综合分析，不能只看一个切面，就匆忙下结论。此外，矿物自形程度还受到矿物自身结晶能力大小的制约，结晶能力强的矿物，即使结晶较晚，也可形成自形晶。例如某些岩浆岩中的电气石，由于结晶能力很强，虽然它结晶晚于长石，但晶形却比长石完整，并可穿插到长石中去。因此，应用这一原则时要十分谨慎。

2）矿物的互相包裹关系

一般被包裹的矿物比包裹它的矿物早结晶。如辉石颗粒包裹细小的橄榄石，则可以认为橄榄石比辉石早结晶。但这条原则不可机械地套用，如石英和钾长石组成的文象结构，被包裹在长石中的石英嵌晶则与长石同时结晶而成；又如斜长石中常含有次生矿物（如绢云母和绿帘石等）小晶体，它们的形成却明显晚于斜长石。因此，需在研究时进行仔细的分析。

3）矿物颗粒的相对大小

一般认为岩浆岩中，特别是斑状结构的岩浆岩中，较大的斑晶形成较早，而细粒的基质形成较晚。但对于似斑状结构的岩石，二者却可以同时生成，甚至斑晶的形成晚于基质。所以，这一原则在运用时也应作具体分析。

4）矿物之间的反应关系

在反应边结构中，被反应的矿物结晶总是早于其外围经反应而成的矿物，如橄榄石与顽火辉石形成的反应边，橄榄石总是早于顽火辉石先结晶。

2. 罗森布施法则

19世纪末，罗森布施根据大量岩石的鉴定结果，对岩浆岩中各种矿物的晶出顺序提出了经验法则，即副矿物（如磷灰石、磁铁矿、锆石、尖晶石、榍石等）最先结晶；其次是暗色矿物结晶，其晶出顺序是橄榄石、辉石、角闪石、黑云母等；然后依次晶出的矿物是浅色矿物斜长石（钙长石—钠长石）、碱性长石、似长石；石英和玻璃质最后结晶。

实践证明，上述法则对中酸性侵入岩的结晶过程比较适合，但对基性岩和某些酸性浅成岩和喷出岩的结晶顺序则有许多例外的情况，不可生搬硬套。

3. 鲍文反应原理

1922年，美国著名岩石学家 N. L. 鲍文根据人工硅酸盐熔浆的物理化学实验及自然矿物生成的特点得出结论：岩浆在冷却结晶过程中，早期析出的晶体与岩浆反应形成新晶体，这种规律称为"鲍文反应原理"。鲍文通过实验发现，岩浆在冷却时，主要造岩矿物的结晶遵循一定的顺序进行。根据反应的性质不同，可划分为两个系列，即斜长石的连续反应系列和暗色矿物的不连续反应系列，称为鲍文反应系列（图1-14）。连续反应系列反映岩浆岩结晶过程中浅色矿物的生成顺序，该系列的矿物在结晶过程中成分连续变化，但结晶格架不发生改变，即随温度降低，斜长石由基性变酸性，其原有架状的晶体结构不变。不连续反应系列表示了暗色矿物结晶的先后顺序，结晶过程中成分和结晶格架都发生变化，即依次由岛状的

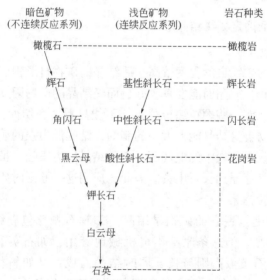

图1-14　鲍文反应系列及矿物与在岩石中的共生关系

（据鲍文，1922，略有修改）

橄榄石变为单链的辉石，再变为双链的角闪石，最后变为层状的黑云母。鲍文反应系列上部的矿物比下部的矿物生成早、结晶温度高。显然，橄榄石和基性斜长石是结晶最早、结晶温度最高的矿物。随着岩浆冷却和温度降低，这两个系列最后合而为一，依次结晶出钾长石、白云母。石英是生成最晚、结晶温度最低的矿物。

由鲍文反应系列可知，随着岩浆的逐渐冷却，可同时析出一种斜长石和一种铁镁矿物。因此，这两个系列通常可生成共结物。例如岩浆温度降低至1270℃时，可同时析出单斜辉石和基性斜长石（拉长石），从而形成基性岩。由于这两个系列存在着一定的共结关系，从而形成了岩浆岩中矿物有规律的共生组合。

鲍文反应系列不仅能解释岩浆岩中矿物的结晶顺序和矿物的共生组合规律，而且还能解释岩浆岩的某些特殊结构，如斜长石的环带结构、暗色矿物的反应边结构以及岩浆岩多样性的原因。这将在以后的章节里分别介绍。

必须指出，鲍文反应原理并非完美无缺，近年来不少学者也发现了许多与鲍文反应系列相矛盾的现象，如斜方辉石在单斜辉石之后析出、不连续系列中存在着连续系列等，而且这两大系列中也不完全是共结关系。以上诸多现象说明，天然岩浆的结晶过程要比鲍文总结的反应系列复杂得多。尽管如此，也不能抹杀鲍文在20世纪20年代所作出的卓越贡献。

随着岩石学研究的深入，1972年 D. N. Hyndman 对鲍文反应系列作了修改，提出了新的反应系列。这个修改后的反应系列可以反映拉斑玄武岩浆和碱性玄武岩浆结晶作用过程中矿物生成顺序和矿物共生规律（图1-15）。两系列在下部汇合成简单的不连续系列，其晶出顺序是钾长石→白云母→石英。一般情况下石英为最终结晶的产物。

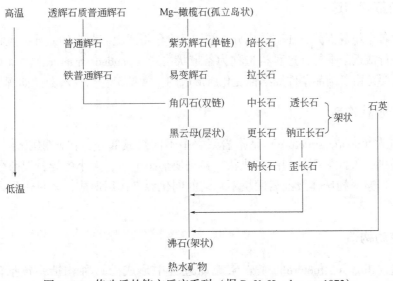

图1-15 修改后的鲍文反应系列（据 D. N. Hyndman，1972）

鲍文反应原理是岩浆岩研究中的一项重要成果，对研究岩浆岩中各种矿物的晶出顺序、矿物共生规律及岩浆的形成和演化有着重要的意义。但不同岩浆中各种造岩元素的浓度、性质以及岩浆结晶过程温度、压力条件经常改变，反应系列中各种矿物的晶出顺序并不是固定不变，在具体运用时仍需结合多方面的因素认真分析。

三、岩浆岩的构造

按岩浆岩中各个组成部分之间空间排列和充填方式，可划分为下列几种常见的构造：

（一）块状构造

组成岩浆岩的各个部分，在矿物成分、结构、颜色上都均匀分布（图 1-16）。块状构造（massive structure）在岩浆岩中分布很广，常见于侵入岩体的中部。

图 1-16　块状构造（闪长岩）　　　　图 1-17　条带状构造

（二）条带状构造

岩浆岩中各个组成部分，在矿物成分、结构及颜色组成上有一定的差异，且相间排列呈条带状，彼此平行或近于平行，这种构造称为条带状构造（banded structure），如图 1-17 所示。条带状构造主要是由于结晶条件周期性变化所形成的，常见于基性侵入岩（如辉长岩）中。

（三）斑杂状构造

斑杂状构造（taxitic structure）是指岩浆岩中不同组成部分，在矿物成分、结构及颜色上有明显的差别，彼此呈不均匀的斑块状，各斑块形态不一，大小各异，混杂分布。这种构造主要是由于岩浆对捕房体及围岩团块不均匀的同化混染作用形成，多见于侵入岩体的边缘部分。

（四）流动构造

流动构造（fluxion structure）是岩浆流动过程中形成的一种构造，包括流面（planar flow）和流线（linear flow）构造。其中，流面构造是岩浆岩中片状、板状矿物及扁平的捕房体、析离体（岩浆早期结晶的暗色矿物团块）定向排列而成；流线构造是单向延长的针、柱状矿物及长形捕房体和析离体定向排列所致（图 1-18）。流面构造、流线构造一般平行于侵入岩与围岩接触面，因而可利用流面、流线测定接触面的产状和岩浆流动方向。流动构造多见于中酸性侵入岩中。

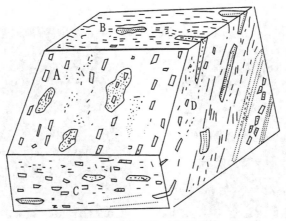

图 1-18　流线和流面构造（据孙鼎等，1985）

A—平行流面构造的面，含有柱状、针状、片状板状矿物及包裹体的团块；B—水平面；

C—平行流面走向的纵切面；D—垂直流面走向的纵切面

（五）流纹构造

流纹构造（rhyolitic structure）是由不同颜色、不同成分的条纹及雏晶、斑晶及拉长的气孔所表现出来的熔岩流纹构造（附录图版 1，图 1-19）。它是酸性喷出岩中常见的构造。

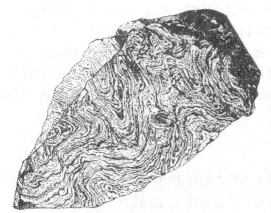

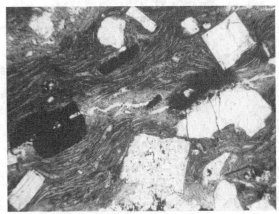

(a) 流纹构造，流纹岩宏观手标本特征

(b) 流纹构造，流纹岩镜下微观特征，具斑状结构，斑晶主要为透长石、石英，基质主要为玻璃质及透长石、石英的微晶，(+)，$d=2.5$mm

图 1-19　流纹构造

（六）气孔构造和杏仁状构造

气孔构造（vesicular structure）和杏仁状构造（amygdaloidal structure）是各种喷出岩中常见的构造，多见于熔岩流的顶部或边部（图 1-20，图 1-21）。岩浆中的成分在喷溢过程中逐渐向大气逸散而在喷出岩中产生大小不同的空洞，称为气孔构造。气孔的形态有圆形、云朵状、水滴状及不规则状等，其拉长方向一般指示熔岩流流动方向。当气孔被岩浆期后矿物充填后，则形成杏仁状构造（附录图版 2）。充填气孔的次生蚀变矿物或岩浆期后矿物，常见的有绿泥石、沸石、蛋白石、玉髓、石英、方解石等。

图 1-20　气孔构造　　　　　　　　　　　　　　　　　图 1-21　杏仁状构造

（七）枕状构造

枕状构造（pillow structure）是海相基性熔岩流中常见的一种构造。熔岩流在水下凝固时，在表面首先结成一层硬壳，硬壳由于冷却收缩及内部压力作用又发生破裂，内部尚未凝固的熔浆又从裂缝中流出，如此发展下去，使原来喷出的岩流分成许多股小岩流，最后冷凝固结，在硬化前受周围物体相互挤压而成椭球状、袋状、面包状的枕状体，称为枕状构造（图 1-22）。它们多数是独立的呈向上凸起的曲面，底面较平或陷入下伏枕状体的凹陷处。各枕状体之间有时可充填火山碎屑物质。

图 1-22　枕状构造

（八）原生节理构造

原生节理构造（primary joint structure）是岩浆冷凝收缩过程中产生的原生平直裂缝，也称冷缩节理。在侵入岩中常见四种原生节理，它们与流面流线之间往往有一定的关系。现分述如下。

1. 横节理

横节理（cross joint）垂直于流线及流面，往往延伸较长，倾斜较陡，节理面粗糙，常为岩脉或矿脉充填，属张性节理。

2. 纵节理

纵节理（longitudinal joint）平行于流线，垂直于流面，节理面较平整，常垂直于侵入体与围岩的接触面。

3. 层节理

层节理（horizontal joint）的节理面既平行于流面又平行于流线，基本上与侵入体和围岩的接触面平行，一般在小岩体（岩床、岩盖等）表现较为明显。

4.斜节理

斜节理（diagonal joint）多见于侵入体的顶部，常有共轭的两组，其锐角平分线平行于流线方向，它进一步发展成正断层，可将充填于横节理中的岩脉和矿脉错断。

在喷出岩特别是基性岩中，常发育一种柱状节理构造（columnar joint structure，附录图版3，彩图1，视频2）。这是一种规则的多边形（四边、五边、七边形等）柱状体，柱体上部断面小于下部断面，柱体长 0.5～12m 不等，多数 1～2m，柱体垂直于熔岩层面（冷却面）。一般认为，柱状节理是由于熔浆在均匀而缓慢冷却的条件下形成的（视频3）。

彩图1　柱状节理（长白山）

视频2　柱状节理（云南）

视频3　柱状节理的形成过程

（九）球状构造

球状构造（orbicular stucture）由矿物围绕某中心呈同心层状分布而成的一种构造。如球状花岗岩的球体，由浅色的条纹长石、石英、酸性斜长石和黑色的黑云母、角闪石组成。

（十）晶洞构造

深成侵入岩中的原生孔洞就是晶洞构造（miarolitic structure），如孔洞壁上有晶面发育良好的矿物排列生长，则称为晶腺或晶簇构造。

（十一）原生片麻构造

原生片麻构造（primary gneissic structure）多见于侵入体的边缘，其特征是有些矿物呈断续定向分布。它们是由于半固结的岩浆受到了较强的机械挤压形成的。

第四节　岩浆岩的产状和相

岩浆岩作为一种地质体，是在一定的地质条件下形成的，必然具有一定的产状和岩相特征。岩浆岩的产状（occurrence）是指岩体的形状、大小及其与围岩的接触关系（彩图2）；岩浆岩相（facies）是指岩浆岩形成环境及在该环境所表现出来的岩石外貌特征的总和，不同岩浆岩相的外貌和特征不同，其形成环境不同。岩相是以岩体形成深度结合岩体产状、分布和岩石特征进行划分的。

彩图2　岩浆岩的产状

一、岩浆岩的产状

（一）侵入岩的产状

根据侵入体与围岩的接触关系，岩浆岩的产状可分为整合侵入体的产状和不整合侵入体的产状两种类型（彩图2）。

1.整合侵入体的产状

1）岩床

岩床（sill）是岩浆沿层面形成与地层产状相整合的板状侵入体，其厚度一般较小，从数厘米到数十米，极少可达百米以上，但分布面积较广。某些较厚的岩床，由于岩浆分异作用，上下成分不完全相同，一般下部偏基性、上部偏酸性。岩床有时单独出现，有时成群出现。岩床在基性岩中较常见（图1-23）。

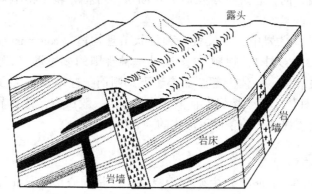

图1-23　岩床和岩墙（据 J. Gilluly，1995）

2）岩盖

岩盖（laccolith）也是一种层间侵入体，与围岩整合接触，呈顶部隆起、底部平坦、中央厚边缘薄、平面近似圆形的特征，有时则呈蘑菇状或似扁豆状（图1-24）。

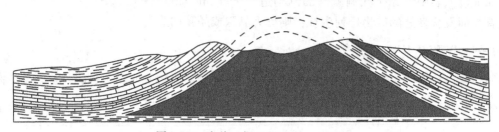

图1-24　岩盖（据 R. A. Daly，1933）

3）岩盆

岩浆整合侵入于岩层之间，其中央部分因受岩浆的静压力而使底板下沉，形成中央部位凹陷的盆状侵入体，即岩盆（lopolith）。岩盆规模大小不等，一般直径为数千米，大者可达数十到数百千米，厚度一般小于1km（图1-25）。

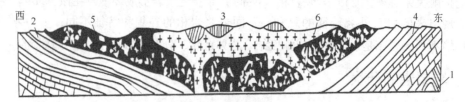

图1-25　布什维尔德岩盆的剖面图（据 A. Holmes）
1—古老的结晶基底；2—托兰斯威尔系；3—罗盘格统（顶板）；4—粗粒玄武岩床；5—苏长岩；6—花岗岩

4）岩鞍

岩鞍（phacolith）是一种产于强烈褶皱区的岩体。在地层褶皱过程中，岩浆挤入背斜鞍部和向斜槽部而形成的一种整合侵入体，其剖面形态呈马鞍形或新月形（图1-26）。岩鞍常成组出现。单个岩体一般都不大，最厚可达数百米。

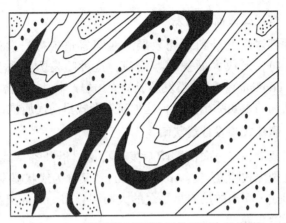

图 1-26　剧烈褶皱变形的层状岩石中的岩鞍

2. 不整合侵入体的产状

岩浆沿斜交围岩的层理和片理的裂隙贯入，侵入岩体常切穿围岩的层理和片理。常见的有以下几种。

1）岩墙

岩墙（dike）是切穿围岩层理和片理的板状不整合侵入体。岩墙的规模大小不一，厚度可从数十厘米到数十米，长度从数十米到数千米，个别可达数十千米。岩墙可以单独出现，也可成群出现，这往往取决于充填裂隙的构造体系（图 1-23）。

此外，还有放射状、环状、锥状等岩墙群。其中，放射状岩墙群的形成是由于岩浆垂直上升时，围岩受自下而上的挤压力而产生放射状张性裂隙系，然后岩浆沿此种裂系贯入而成的；环状和锥状岩墙是由于上升的岩浆顶挤上覆岩层，使之产生张性锥状裂隙，而当岩浆房萎缩时，上覆围岩下塌而产生剪性环状裂隙，然后岩浆沿这些环状裂隙贯入而成。

岩墙又称岩脉（vein），有人把规模较小、形状不规则、厚度不大且具有分叉现象呈脉络状细长的岩墙称为岩脉；也有人把沉积作用和变质作用形成的脉状充填物也称为岩脉。由此可知，岩脉的概念很不确切。

2）岩株

岩株（stock）是一种常见的规模较大的侵入体，在平面上常呈近圆形或不规则状，出露面积小于 $100km^2$。岩株与围岩接触面较陡立，有时是岩基的一部分，边部可见清晰的原生构造。在岩株边部常有一些不规则的枝状岩体伸入围岩之中，称为岩枝（apophysis）。岩株多见于中酸性岩中，如我国云南个旧花岗岩岩株下部与岩基相连，向外又分出许多岩枝，呈不规则树枝状伸入于围岩中。

3）岩基

岩基（batholith）是规模最大的侵入体，出露面积一般大于 $100km^2$，平面上常呈不规则状或长圆形，长数十千米，甚至上千千米，宽几十到几百千米，主要由成分十分稳定的花岗岩类岩石组成。岩基主要分布于褶皱区的隆起带，延伸方向常与褶皱轴向一致。

（二）火山岩的产状

火山岩的产状与岩浆性质及其喷发的方式有关。通常把火山喷发的方式分为熔透式、裂隙式和中心式等三种类型。

视频4 溢流
式火山喷发

彩图3 火山弹

彩图4 破火山口
与火山熔岩
石海

1. 熔透式或面状喷发

深部岩浆上升到地壳表层，使围岩顶板被岩浆熔透而呈溢流式喷发（视频4），形成大面积的熔岩流，这种喷发方式称为熔透式或面状喷发（areal eruption）。这种喷发形成的火山岩产状主要是岩被。推测这是太古宙火山活动的主要喷出方式，这种喷发形式目前尚属推论性的。

2. 裂隙式喷发或线状喷发

岩浆沿一定方向的裂隙喷发，火山口沿断裂呈线状分布，这种喷发方式称为裂隙式喷发（fissure eruption），又称为线状喷发。这种喷发多由基性岩浆形成，喷出的熔岩呈平缓的大面积分布，形成典型的熔岩被、熔岩流、熔岩瀑布等。

3. 中心式或点状喷发

地下上升的岩浆沿一定的管道喷出地表，这种喷发方式称为中心式喷发（central eruption），又称为点状喷发。这种喷发常伴随强烈的爆发作用，除喷出大量的气体外，还从火山口喷出大量火山碎屑物质，如火山弹（彩图3）、火山角砾、火山渣、火山灰及火山尘等，最后有熔岩的溢出。喷发中心或火山口常位于两组断裂的交叉处，具有明显的锥状地貌（火山锥）和凹陷盆地（火山口或破火山口，彩图4）。我国南京方山火山群、山西大同火山群、东北五大连池（图1-27，视频5），均属典型的中心式喷发。

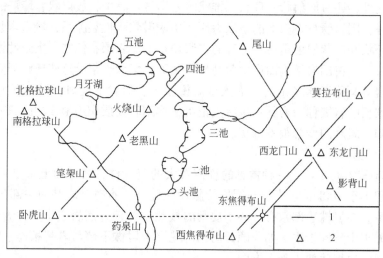

图1-27 五大连池火山群火山锥分布图（据尹德勋，1973）
1—火山的排列方向线；2—火山锥

视频5 五大连池
火山地貌

中心式喷发常见的火山机构主要有火山锥、火山口、熔岩流、熔岩穹等四种。

1）火山锥（volcanic cone）

火山锥以火山口为中心，四周堆积着由火山熔岩及火山碎屑物（包括火山灰、火山砂、火山砾、火山渣和火山弹等）组成的山体，形态主要有锥状火山、盾状火山和低平火山等三种。火山锥是中心式喷发的特征产状。根据喷发物成分的不同，又可分为火山碎屑岩锥、熔岩火山锥和复合火山锥3种类型：

（1）火山碎屑岩锥（动画2），组成火山锥体的物质全部为火山碎屑岩，越靠近火山口粒度越粗，远离火山口粒度逐渐变细。如为间歇性喷发，还可见火山锥是由一层一层火山碎屑组成［图1-28(a)］。

动画2 火山碎屑岩锥

（2）熔岩火山锥（动画3），火山锥几乎全部由火山熔岩组成，岩浆多次溢出，构成宽矮的穹窿。因形如古代的盾牌，故又称为盾（形）火山。其坡角为2°～10°，顶部有火山口，形态低平，四壁较陡［图1-28(b)］。

动画3 熔岩火山锥

（3）复合火山锥（动画4），由火山熔岩和火山碎屑岩互层而组成复合火山锥［图1-28(c)］。许多现代复合火山锥可以形成很高的山峰，坡角小于35°，向火山口方向逐渐变陡。

动画4 复合火山锥

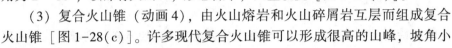

(a) XS1—XS6井区营城组营一段碎屑岩火山碎屑岩锥

(b) 升平地区营城组三段熔岩火山锥

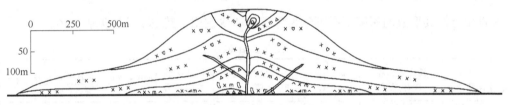

(c) 兴城南—丰乐地区营城组一段符合火山锥

珍珠岩　角砾岩　流纹质集块熔岩　流纹质角砾熔岩　流纹质岩屑凝灰熔岩　流纹质晶屑凝灰熔岩　流纹质晶屑凝灰岩　流纹质凝灰熔岩　凝灰岩　流纹岩　气孔流纹岩　角砾流纹岩

图1-28　松辽盆地营城组各种类型火山锥的示意剖面图（据唐华风等，2007，略有修改）

2）火山口

火山锥顶部火山物质出口的地方，常呈圆形凹陷，称为火山口（crater），见附录图版4。火山熄灭后往往积水，而成火山口湖。我国东北长白山主峰白头山天池即为典型的火山口湖。

火山物质由于大量喷出，使下部岩浆房空虚和萎缩，火山口附近的喷发物常沿环状断裂塌陷而形成破火山口，它可由后期喷发或受后期侵蚀而不断扩大，直径有时可达几千米。

动画 5　熔岩流流动

3）熔岩流

中心式喷发也常见熔岩流（lava flow），见附录图版 5，是由火山口溢出的岩浆沿山坡或河谷顺流而下而形成的。熔岩流可因岩浆黏度不同，有的呈狭长的带状，有的呈宽阔平缓的舌状。熔岩流在流动过程中如遇到地形陡坎，也可像流水一样，倾泻直下形成熔岩瀑布（动画 5）。夏威夷群岛基拉韦亚火山熔岩瀑布就是典型的实例。

4）熔岩穹

在岩浆喷发的晚期特别猛烈喷发之后，由于挥发分大量逸出，使岩浆黏度增大，靠内部压力挤出火山口，即可形成高耸的熔岩穹（lava dome），包括岩钟、岩针等，常见于现代火山中，如马达加斯加东部列雍昂岛的岩钟和马提尼克岛蒙培雷岩针。

二、岩浆岩的相

不同环境条件下形成的岩浆岩，其特征是不一样的，因此，根据岩浆岩的特征可以判断其形成的地质环境。根据岩浆岩形成的地质环境及岩石特征不同，岩浆岩的相大体可以分为侵入岩和火山岩两大相组。

（一）侵入岩相组

侵入岩相组按其形成的深度不同可分为深成相和浅成相，其主要特征见表 1-6。

表 1-6　侵入岩相特征

特征 岩相		形成 深度，km	温度压力和 冷却速度	矿物成分 特征	结构构造 特征	围岩接触 变质作用	岩体产状	其他特征及有关矿产
侵入岩相组	浅成相	0.5~3	岩浆温度较高，压力较小，冷却速度较快，挥发分易于散失	有时有高温矿物，如高温双锥状石英、透长石	细粒—微粒结构，有时为隐晶质、斑状结构和似斑状结构	接触变质作用较弱	多为岩盖、岩盆、岩株、岩脉、岩床	斑岩型铜、钼、锡矿床；玢岩型铁矿床
	深成相	>3	岩浆温度低，压力大，冷却速度较慢，挥发份不易散失	无高温矿物，均为低温稳定矿物	中粗粒结构，有时有似斑状结构，常见块状及带状构造	接触变质作用常较显著	多为岩基、岩株较大的侵入体	花岗岩型钨、锡、钼、稀有、稀土元素矿床；基性—超基性岩型铬铁矿、钒钛磁铁矿矿床

在侵入体的形成过程中，岩体的边缘部位和中央部位形成的物化条件常有所不同，因此岩体的边缘和中央部分在成分和结构上常有明显的差别。有些深成相和浅成相常可根据其中央和边部岩性的不同划分出边缘、过渡和中央三个亚相。一个岩体，往往由于剥蚀深度逐渐加深，其各个岩相带才显露出来，如图 1-29 所示。

（1）边缘相：细粒结构，具较清楚的流面、流线构造，捕房体较多。岩石的成分、结构、构造常不均匀［图 1-29(a)］。

（2）过渡相：在中央相和边缘相之间，其岩性特征也介于中央相和边缘相之间，多为中细粒结构或似斑状结构［图 1-29(b)］。

（3）中央相：为粗粒结构或似斑状结构，捕房体少，岩性较均一，无流线、流面构造［图 1-29(c)］。

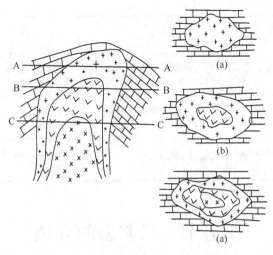

图1-29　岩相带分布与剥蚀深度关系示意图

（a）浅层剥蚀，只显示边缘相带；（b）中深层剥蚀，显示出边缘相带和过渡相带；
（c）深度剥蚀，显示出边缘、过渡、中央相带；A-A、B-B、C-C表示剖面线的位置

（二）火山岩相组

火山岩相组按火山活动产物形成的方式及岩性特征可分为四个主要相，即喷出相、火山通道相、潜（次）火山相和火山沉积相。其中喷出相又可分为爆发相、溢流相和侵出相，各相特征见图1-30及表1-7。

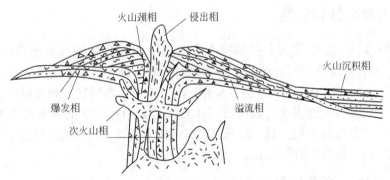

图1-30　火山岩相示意图（据武汉地质学院，1980）

表1-7　各种火山岩相的特征

火山岩相		火山活动产物 形成方式	相应岩石	产　状	备　注
喷 出 相	溢流相	火山喷溢、泛流产物	各种熔岩	岩被、岩流、绳状熔岩等	多见于基性岩浆
	爆发相	火山爆发形成的碎屑物	各种火山碎屑岩	火山碎屑层、火山锥、各种火山碎屑物	多见于酸性黏度大、气体多的岩浆
	侵出相	岩浆由火山通道挤出地表	熔岩、火山碎屑熔岩	岩穹、岩钟、岩针等	多见于中酸性黏度大的岩浆

火山岩相	火山活动产物形成方式	相应岩石	产 状	备 注
火山通道（火山颈）相	岩浆充填在火山通道中的产物	熔岩、火山碎屑熔岩、火山碎屑岩等	圆形、筒状岩颈；单一岩颈、复合岩颈等	形成于地表约0.5km
潜（次）火山岩相	在火山口附近没有喷出到地表的火山物质	熔岩、火山碎屑熔岩、隐爆火山碎屑岩等	岩株、岩枝、岩盆、岩床、岩脉、岩墙等	形成于地表以下约3.0km
火山沉积相	火山作用叠加沉积作用产物	各种沉火山碎屑岩	海相、陆相层状、似层状、透镜状沉积层	形成于地表或水下

第五节　岩浆岩的分类

自然界的岩浆岩种类很多，据统计现有的岩石名称就有1000多种，一方面，它们之间存在着物质成分、结构、构造、产状及成因等方面的差异；另一方面，它们又都是地球演化及岩浆活动的产物，所以它们之间存在着共性与过渡性，显示了岩石之间有着一定的内在联系和变化规律。为了正确认识各类岩浆岩之间的差异与联系，也为了能够反映岩石的成因和便于实际应用，对种类繁多的岩浆岩进行合理的归纳和系统的科学分类是很有必要的。

岩浆岩的分类方案有很多种，并且分类依据多样，一般是根据其化学成分、矿物成分，结构、构造及产状等几方面来考虑的，现简述如下。

一、按化学成分的分类

岩浆岩的化学成分是岩浆岩分类的重要依据之一，一般以SiO_2和碱质的含量来考虑。首先根据SiO_2的含量可分为四大类：超基性岩类、基性岩类、中性岩类和酸性岩类。每一类又根据碱质（K_2O+Na_2O）的含量进一步分为两大系列，即钙碱系列和碱性系列。碱性系列的岩石习惯上也称为碱性岩类，如霞石正长岩，其K_2O+Na_2O的含量约为14%。以岩浆岩的化学成分为依据进行分类，对于隐晶质或玻璃质的岩石比较准确，但由于做一个岩石化学全岩分析成本高，所需的时间较长，一般不宜大量进行。

（一）依据SiO_2含量分类

在岩浆岩化学成分分类中最常用的是以SiO_2的含量（质量分数）为依据的分类方案，见表1-8。

表1-8　以SiO_2含量为依据的岩浆岩分类

含量，%	岩石分类	色率，%	代表岩类实例
>65	酸性岩类	<15	花岗岩—流纹岩、花岗闪长岩—英安岩
52~65	中性岩类	15~40	闪长岩—安山岩、正长岩—粗面岩
45~52	基性岩类	40~90	辉长岩—玄武岩
20~45	超基性岩类	>90	纯橄榄岩、橄榄岩—苦橄岩、辉石岩
<20	碳酸岩类	5~20	碳酸岩

（二）依据里特曼组合指数分类

岩浆岩化学成分中碱质（Na_2O+K_2O）的含量具重要意义。通常用里特曼组合指数 σ 来表示岩浆岩的碱性程度。依据 σ 值可将岩浆岩划分为三大类：钙碱性岩类、碱性岩类和过碱性岩类（详细划分标准及其矿物组合特征见本章第二节）。

化学成分分类方法对那些全部或部分玻璃物质的火山岩很有效，国际地质科学联合会（IUGS）火成岩分类分流推荐了一个硅—碱分类图（图 1-31），根据岩石的 SiO_2 和 Na_2O+K_2O 含量就能够在该图中得到相应的火山岩名称。

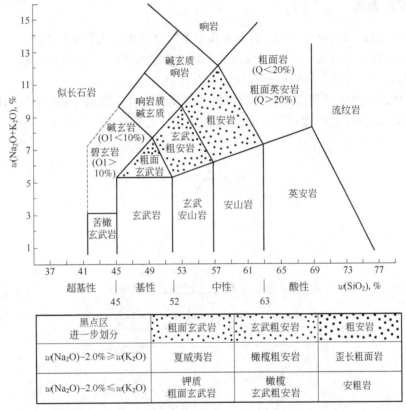

黑点区 进一步划分	粗面玄武岩	玄武粗安岩	粗安岩
$w(Na_2O)-2.0\% \geq w(K_2O)$	夏威夷岩	橄榄粗安岩	歪长粗面岩
$w(Na_2O)-2.0\% \leq w(K_2O)$	钾质 粗面玄武岩	橄榄 玄武粗安岩	安粗岩

图 1-31　火山岩硅—碱（TAS）图解的化学分类和命名

落在黑点区的岩石可以进一步细分，参见图下的表；似长石岩区与细碧岩—碱玄岩之间的界线为虚线，表明必须采用另外的准则来区分这些岩石；Q—标准矿物石英；Ol—标准矿物橄榄石

二、按矿物成分分类

岩浆岩的矿物成分及含量是分类命名的基础，矿物成分主要考虑石英含量、暗色矿物种类及含量、长石的种类及含量（即钾长石或斜长石），以及似长石的有无及含量。超基性岩类以不含石英、基本上不含长石和富含大量暗色矿物为特征；而酸性岩类则以富含石英和贫暗色矿物为特征；基性岩及中性岩类以其所含长石类型及暗色矿物种类加以区别。钙碱性系列的岩石以不含似长石为特征，而且斜长石成分较同类的碱性系列岩石富含 CaO；碱性系列岩石的暗色矿物均为碱性暗色矿物，富含 Na、Ti、Fe，如碱性角闪石、碱性辉石等。

目前被广泛采用的方案是 1972 年 8 月在加拿大蒙特利尔召开的第 24 届国际地质大会上，IUGS 火成岩分类分会通过并推荐使用的一个深成岩矿物定量分类命名方案（Streckisen，1976）。在 1989 年美国华盛顿举行的第 28 届国际地质大会上，IUGS 通过并推荐更为完善与详细的火成岩分类方案，被世界各地推广应用，避免了火成岩分类命名上混乱现象，火成岩的命名基本得到统一。

该方案首先将岩石分为七大类：深成岩类、火山岩类、火山碎屑岩类、黄长岩类、煌斑岩类、碳酸岩类、紫苏花岗岩类等。在根据各大类物质成分不同，分别提出具体分类方案。在本章节中，重点介绍深成岩和火山岩的分类方案。

（一）深成岩类

深成岩类是按矿物成分分类的，首先根据 "M" 含量将侵入岩分为两类：

（1）当 $M=90\%\sim100\%$，为超镁铁质岩，可根据橄榄石、辉石和角闪石等深色矿物进一步的分类和命名，这将在以后的超基性岩类中介绍。

（2）当 $M<90\%$ 时，为除超镁铁质岩以外的各类深成岩，根据 QAPF 双三角图件进一步分类（图 1-32）。图中，Q 为石英；A 为碱性长石（正长石、微斜长石、条纹长石、歪长

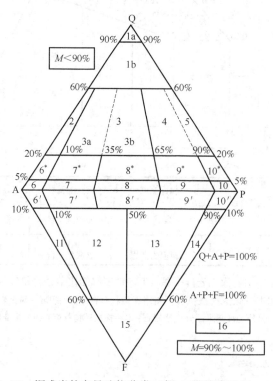

图 1-32 深成岩的定量矿物分类（据 A. 斯特里克森，1976）

1a—硅英岩（英石岩）；1b—富石英花岗岩类；2—碱长花岗岩；3—花岗岩（3a—正长花岗岩；3b—二长花岗岩）；4—花岗闪长岩；5—英云闪长岩；6*—石英碱长正长岩；7*—石英正长岩；8*—石英二长岩；9*—石英二长闪长岩/石英二长辉长岩；10*—石英闪长岩/石英辉长岩/石英斜长岩；6—碱长正长岩；7—正长岩；8—二长岩；9—二长闪长岩/二长辉长岩；10—闪长岩/辉长岩/斜长岩；6′—含似长石碱长正长岩；7′—含似长石正长岩；8′—含似长石二长岩；9′—含似长石二长闪长岩/含似长石二长辉长岩；10′—含似长石闪长岩/含似长石辉长岩/含似长石斜长岩；11—似长石正长岩；12—似长石二长正长岩；13—似长石二长闪长岩/似长石二长辉长岩；14—似长石闪长岩/似长石辉长岩；15—似长石岩；16—超镁铁岩

石、钠长石）；P为斜长石、方柱石；F为似长石类（白榴石、假白榴石、霞石、方钠石、黝方石、钙霞石、方沸石等）；M为暗色矿物（云母族、角闪石族、辉石族、橄榄石族）、不透明矿物、副矿物（锆石、磷灰石、榍石）、绿帘石、褐帘石、石榴子石、黄长石和原生碳酸盐矿物。

当进行分类时，先将岩石中统计的浅色矿物组分 A+P+Q=100% 或 A+P+F=100%，再分别求出 Q 或 F 的百分比；然后再计算长石的相对比率，即 P/(A+P)（斜长石/长石总量）。最后，可根据岩石中的石英或似长石百分数和长石的比率将所有岩石分为 15 类，每类岩石都在图中占有一定区域。$M=90\%\sim100\%$ 的超镁铁岩则为第 16 类，置于双三角图之外。

（二）火山岩类

两种分类方案，当能测出岩石中的实际矿物含量时，采用矿物成分分类的 QAPF 图解（1979 年 IUGS 火成岩分类分会又将上述分类推广延伸并推荐），进行火山岩的分类命名（图 1-33）。图中，Mel 为黄长石；Ol 为橄榄石；Py 为辉石。当岩石中的矿物细小甚至为玻璃质时，采用化学成分分类的 TAS 图解（图 1-31）。

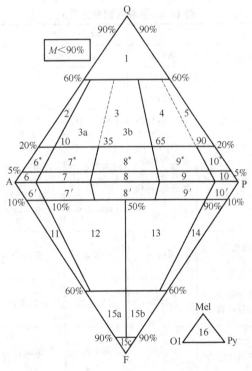

图 1-33 火山岩的定量矿物分类（据 A.斯特里克森，1979，吴利仁略改）

1—富硅流纹岩；2—碱长流纹岩；3—流纹岩；4、5—英安岩；6*—石英碱长粗面岩；7*—石英粗面岩；8*—石英安粗岩；9*—石英粗安岩；10*—石英安山岩；6—碱长粗面岩；7—粗面岩；8—安粗岩；9—粗安岩；10—安山岩（部分拉斑玄武岩）；6′—含似长石碱长粗面岩；7′—含似长石粗面岩；8′—含似长石安粗岩；9′—含似长石粗安岩；10′—含似长石安山岩（部分碱性玄武岩）；11—响岩；12—碱玄质响岩；13—响岩质碱玄岩（橄榄石>10%）、响岩质碱玄岩（橄榄石<10%）；14—碧玄岩（橄榄石>10%）、碱玄岩（橄榄石<10%）；15a—响岩质似长石岩；15b—碱玄质似长石岩；16—超镁铁岩类；碱长流纹岩中见暗色矿物者称碱流岩；流纹英安岩相当于 3b 和 4 区

三、按产状、结构和构造分类

岩浆岩的产状是决定岩浆岩结构特征的重要因素，如果岩石的化学成分、矿物成分相同，但其产状不同，则岩石的结构和构造也不同，因此产状、结构和构造也是重要的分类依据。在以化学成分、矿物成分分类的基础上，可再按产状、结构、构造的不同把各大类岩石进一步划分为深成岩、浅成岩和喷出岩。其中，一些呈脉状产出的浅成岩则归于脉岩类。由火山爆发作用形成的火山碎屑物质经搬运、堆积、固结而成的岩石，则划分为火山碎屑岩类。

四、本书采用的岩浆岩分类

由于单一的分类方法都不能全面反映岩石的所有特征，所以本教材综合上述各分类依据，提出了综合分类方案。首先根据 SiO_2 的含量及碱饱和程度分为五大类，再根据矿物成分、结构、构造和产状作进一步划分（表1-9）。对于经常呈脉状产出的特殊岩石，如煌斑岩、细晶岩、伟晶岩单独作为一类专门叙述。各类岩石主要特征如下所述。

表1-9　岩浆岩综合分类表

系列		钙碱性				碱性
岩类		超基性岩	基性岩	中性岩		酸性岩	碱性岩
SiO_2 含量		<45%	45%~52%	52%~65%		>65%	52%~66%
石英含量		无	无或很少	<5%		>20%	无
长石种类及含量		一般无长石	基性斜长石为主	中性斜长石为主	钾长石为主	钾长石>斜长石	钾长石为主含似长石
产状 暗色矿物 种类及 岩石 含量 名称 主要 结构特征		橄榄石辉石>90%	主要为辉石，可有角闪石、黑云母、橄榄石等<90%	以角闪石为主，黑云母、辉石次之15%~40%	以角闪石为主，黑云母、辉石次之15%~40%	以黑云母为主，角闪石次之10%~15%	主要为碱性辉石和碱性角闪石<40%
深成岩	中粗粒结构或似斑状结构	橄榄岩辉岩	辉长岩	闪长岩	正长岩	花岗岩	霞石正长岩
浅成岩	细粒结构或斑状结构	苦橄玢岩金伯利岩	辉绿岩	闪长玢岩	正长斑岩	花岗斑岩	霞石正长斑岩
喷出岩	无斑隐晶质结构、斑状结构、玻璃质结构	苦橄岩科马提岩	玄武岩	安山岩	粗面岩	流纹岩	响岩

（一）超基性岩类

超基性岩（橄榄岩—苦橄岩）类中 SiO_2 含量小于45%，几乎全由暗色（铁镁）矿物组成，浅色（硅铝）矿物很少。

（二）基性岩类

基性岩（辉长岩—玄武岩）类中 SiO_2 含量为45%~52%，主要由暗色（铁镁）矿物和基性斜长石组成。

（三）中性岩类

中性岩（闪长岩—安山岩、正长岩—粗面岩）类中 SiO_2 含量为 52%~65%，主要由中性斜长石/碱性长石及暗色（铁镁）矿物组成。根据长石的性质及斜长石与碱性长石的含量比，又可分为两亚类：闪长岩—安山岩亚类和正长岩—粗面岩亚类。

（四）酸性岩类

酸性岩（花岗岩—流纹岩、花岗闪长岩—英安岩）类中 SiO_2 含量大于 65%，主要由石英、长石及少量暗色（铁镁）矿物组成。又根据石英含量、长石的性质，可进一步划分为花岗岩—流纹岩、花岗闪长岩—英安岩两亚类。

（五）碱性岩类

碱性岩（霞石正长岩—响岩）类中主要指 SiO_2 含量介于 52%~60%（相当于中性岩），但 K_2O+Na_2O 含量较高的岩石。碱性岩类主要由碱性长石、似长石和碱性铁镁矿物组成，不含石英。对于含量小于 52%，而 K_2O+Na_2O 含量较高的碱性岩，分别在基性岩和超基性岩中予以介绍。

（六）脉岩类

脉岩类包括煌斑岩、细晶岩和伟晶岩，常呈脉状产出，它们具有特殊的成分、产状和成因，故单列一类加以介绍。

（七）火山碎屑岩类

火山碎屑岩类是介于火山熔岩和陆源碎屑沉积岩之间的过渡类型岩石，岩类复杂多样。当前有些学者把它放于沉积岩石学中予以论述，但由于其物质来源、成分组成以及成岩作用的特点，同时考虑到岩浆岩岩石学理论知识体系的系统性，故将其放于本教材中予以论述。

关于岩石命名问题将在后面各类岩石的描述中介绍，这里需要说明的是浅成岩中的"玢岩"和"斑岩"的用法。玢岩指浅成岩中具斑状结构且斑晶以斜长石、暗色矿物为主的岩石；而斑岩则指斑状结构中的斑晶以碱性长石、副长石、石英为主的岩石。

第一章小结

第二章　岩浆岩的主要类型

第一节　超基性岩类

超基性岩（橄榄岩—苦橄岩）类（ultrabasite）是指 SiO_2 含量小于 45% 的一类岩浆岩，属硅酸不饱和的岩石，矿物成分上以富含铁镁矿物、不含石英为特点。

一、概述

本类岩石的化学成分见表 2-1。从表中可看出，化学成分总的特征是贫硅、贫碱而富铁镁。本类岩石中 Cr_2O_3、NiO、CoO、V_2O_5 的含量较其他岩石高得多，常常是铬、镍、钴、钒、铂及金刚石的成矿母岩。

表 2-1　超基性岩类的化学成分（1）　　　　　　　　　　　%

序号	SiO_2	Al_2O_3	TiO_2	Fe_2O_3	FeO	MnO	MgO	CaO	Na_2O
1	37.84	2.81	0	0.34	9.10	0.21	42.98	2.13	0.21
2	2.84	0.24	—	0.46	7.20	0.13	46.77	0.13	0.03
3	42.59	0.47	0.02	0.81	8.41	0.09	46.46	0.38	0
4	51.71	3.91	—	2.54	7.07	0.20	17.64	13.67	0.92
5	53.70	3.35	—	1.14	9.48	0.20	24.46	4.63	0.56
6	42.54	6.91	2.64	6.95	4.41	0.17	18.55	8.74	0.64
7	41.61	2.70	0.31	5.63	4.35	0.17	30.50	4.29	0.15
8	33.16	2.45	1.77	6.81	2.03	0.15	28.00	8.35	0.102
9	36.76	2.27	1.24	7.35	5.37	0.15	33.24	4.10	0.69
序号	K_2O	H_2O	CO_2	P_2O_5	NiO	Cr_2O_3	CoO	V_2O_5	
1	0.09	1.07	—	0.02	0.50	2.57	0.03	0.01	
2	0	1.20	—	0.01	0.29	0.43			
3	0	0	—	0.03	0.34	0.30	0.06	0.10	
4	0.36	0.98	—	0.03	0.08	0.24	0.01		
5	0.34	0.88	—	0.04	0.13	0.45	0.01		
6	0.34	6.14	—		0.50				
7	0.03	—	—						
8	0.673	7.00	4.85	0.04	0.145	0.246			
9	0.40	7.20	—		0.50				

注：1 为纯橄榄岩（西藏大竹卡，1981）；2 为辉石橄榄岩（陕西松树沟）；3 为方辉橄榄岩（西藏大竹卡，1981）；4 为单辉橄榄岩（安徽）；5 为方辉辉石岩（安徽）；6 为苦橄岩（湖北）；7 为科马提岩（南非）；8 为斑状金伯利岩（山东）；9 为玻基纯橄岩（西伯利亚）。

本类岩石化学成分的特点，决定了本类岩石的矿物成分有以下特征：（1）主要矿物为橄榄石、辉石及部分角闪石；（2）次要矿物为黑云母，一般不含硅铝矿物，如有长石最多也不超过10%；（3）副矿物有磁铁矿、钛铁矿、铬铁矿、尖晶石、石榴石、磷灰石及镍、铀矿等；（4）次生蚀变矿物有蛇纹石，假象纤闪石（次闪石）、绿泥石、滑石、菱镁矿、方解石、白钛石等。

本类岩石在地壳中分布极少，只占岩浆岩分布面积的4%，多分布在强烈褶皱带和深大断裂带中。其中，喷出岩更为罕见。本类岩石新鲜者不多见，在地表常温常压下极易遭受不同程度的蛇纹石化、绢石（铁鳞石）化、滑石化等。

二、岩石的主要类型

根据岩石产状，本类岩石分为超基性侵入岩和超基性喷出岩。

（一）超基性侵入岩

超基性侵入岩既可形成单独的岩体，也可与基性岩、碱性岩形成复合杂岩体，其代表性的岩石为纯橄榄岩、橄榄岩和辉石岩等。

1. 岩石的一般特征

本类岩石一般颜色很深，常呈暗绿色、暗黑色、棕色及绿色，色率大于70%，多具中—粗粒结构，致密块状构造，相对密度较大。

1）矿物成分

（1）主要矿物。

超基性侵入岩类中的主要矿物成分为橄榄石和辉石。

橄榄石多为镁橄榄石（Fo = 90% ~ 100%）、贵橄榄石（Fo = 70% ~ 90%）和透铁橄榄石（Fo = 50% ~ 70%），常呈自形或半自形晶，受熔蚀后多为圆粒状。橄榄石在地表极易发生蛇纹石化，蛇纹石首先沿橄榄石的边缘和裂隙交代，然后遍及整体，仅保留橄榄石的假象，所析出的铁质往往沿橄榄石的裂纹或边缘形成次生磁铁矿。

辉石有时为斜方辉石（顽火辉石、古铜辉石和紫苏辉石），有时为单斜辉石（透辉石、异剥石、普通辉石），有时二者兼有。它们通常在橄榄石之后晶出，常包围橄榄石呈反应边结构。在两类辉石中，常见片状或针状磁铁矿、钛铁矿或钛磁铁矿沿一定方向平行排列，称为希列构造。辉石经次生蚀变可发生鳞石（利蛇纹石）化及次闪石化。

（2）次要矿物。

超基性侵入岩类中的次要矿物成分有角闪石、云母。

本类岩石中的角闪石以棕褐色普通角闪石为主，偶尔也可见浅绿色普通角闪石。在某些超基性岩种属中，角闪石也可代替橄榄石和辉石成为主要矿物。

本类岩石中的云母主要为富镁黑云母和金云母，颜色多呈棕褐色或红褐色鳞片状集合体。

（3）副矿物。

超基性侵入岩中常见的副矿物有磁铁矿、钛铁矿、铬铁矿、尖晶石（铬尖晶石、镁铁尖晶石）、石榴子石、磷灰石等。

超基性侵入岩某些种属中可含少量基性斜长石，主要为拉长石和培长石，不含石英。

2）常见结构和构造

超基性侵入岩中，常见的结构有自形或半自形粒状结构，反应边结构及包含结构；此外，还有海绵陨铁结构、网状结构等。

（1）自形粒状结构（idimorphic granular texture）。自形粒状结构的特点是几乎全部由自形粒状橄榄石彼此镶嵌在一起而成。

（2）海绵陨铁结构（sideronitic texture）。海绵陨铁结构是指不规则的他形的金属矿物（如磁铁矿、钛铁矿等）晶粒充填在自形程度较高的橄榄石或辉石颗粒之间形成的结构（图2-1）。

（3）网状结构（netted texture）。网状结构是橄榄岩经蛇纹石化后形成的次生结构（图2-2），即热液沿裂隙交代橄榄石，使橄榄石呈残余细小颗粒的现象。网状结构的特征是蛇纹石构成网脉状，网孔中保留有被交代的橄榄石残晶，如果若干邻近的橄榄石残晶同时消光，表明原属同一颗粒。

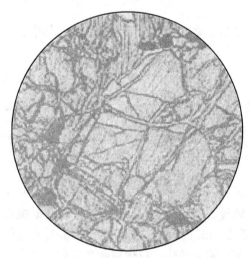

图2-1 海绵陨铁结构

橄榄岩，磁铁矿充填辉石孔隙中，（-），$d=3.7mm$

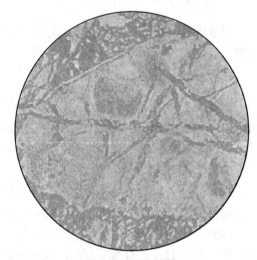

图2-2 网状结构

蛇纹石化橄榄岩，橄榄岩呈细残晶，（-），$d=3.7mm$

超基性侵入岩常见的构造主要有块状构造、层状或条带状构造及流动构造等。不同类型的岩体具有不同的构造特征。

2. 种属划分及主要种属描述

本类岩石依据橄榄石、辉石、角闪石的相对含量，大致划分为纯橄榄岩、橄榄岩、辉石岩和角闪石岩。详细划分方案见表2-2、图2-3和图2-4。

表2-2 橄榄岩类的分类

橄榄石含量，%	>90	90~70	70~40	40~5	<5
岩石种类	纯橄榄岩	辉橄岩	橄榄岩	橄榄辉石岩 橄榄角闪石岩	辉石岩 角闪石岩
岩石类型	纯橄榄岩	橄榄岩类		辉石—角闪石岩类	

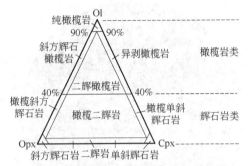

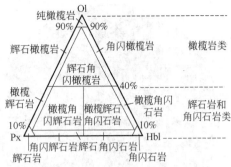

图 2-3　由橄榄石、斜方辉石和单斜辉石组成的
超镁铁岩（不透明矿物含量不大于 50%）

图 2-4　含普通角闪石的超镁铁岩
（不透明矿物含量不大于 50%）

1）纯橄榄岩

纯橄榄岩（dunite）全部或几乎全部由橄榄石组成，可含 10% 以下的斜方辉石、单斜辉石及少量铬铁矿、磁铁矿、钛铁矿、磁黄铁矿、尖晶石等副矿物（图 2-5）。新鲜的纯橄榄岩呈橄榄绿色、黄绿色及浅灰绿色，经褐铁矿化或伊丁石化后，可呈棕褐色或灰褐色，经蛇纹石化后多呈暗绿色或灰黑色。岩石常具自形或半自形粒状结构，富含铁矿物时可呈海绵陨铁结构，蛇纹石化后可呈网状结构。我国西藏、内蒙古、陕西等地均有较新鲜的纯橄榄岩体产出。

2）橄榄岩

橄榄岩（peridotite）是超基性侵入岩中常见的类型，主要由橄榄石和辉石组成，橄榄石占 40%~90%；此外，还可有少量角闪石、黑云母、钛铁矿、磁铁矿等。橄榄岩的颜色多呈浅绿色、暗绿色及灰黑色。常具半自形粒状结构、包含结构、反应边结构以及海绵陨铁结构等。这类岩石在我国内蒙古、河北、四川、江苏等地均有分布。

橄榄岩按辉石种类不同和是否含角闪石，可将橄榄岩分为斜方辉石橄榄岩或方辉橄榄岩（斜方辉石占 10%~40%）、单斜辉石橄榄岩或单辉橄榄岩（单斜辉石占 10%~40%）、二辉橄榄岩（单斜辉石和斜方辉石含量大致相等，共占 10%~40%）以及角闪橄榄岩等四个种属，它们还可根据岩石中所含次要矿物、副矿物或蚀变矿物进一步命名。

（1）斜方辉石橄榄岩（harzburgite），或称为方辉橄榄岩（图 2-6），主要由橄榄石和斜方辉石（顽火辉石、紫苏辉石、古铜辉石）组成，且斜方辉石含量在 10%~40% 之间，辉石（斜方辉石+单斜辉石）总量不小于 95%。次要矿物常见的有透辉石、普通辉石、褐色角闪石等。斜方辉石变种可直接参加命名，如顽火辉石橄榄岩。

（2）单斜辉石橄榄岩（clinopyroxene peridotite），或称单辉橄榄岩，主要由橄榄石、单斜辉石组成，且单斜辉石含量在 10%~40% 之间，是辉石（斜方辉石+单斜辉石）总量的不小于 95%。其次可见少量褐色角闪石、黑云母。单斜辉石变种可直接参加命名，如异剥橄榄岩、斜顽辉石橄榄岩等。

（3）二辉橄榄岩（lherzolite），主要由橄榄石（40%~90%）和单斜辉石、斜方辉石组成，两类辉石含量近于相等，且每种辉石含量都需不小于 5%。

（4）角闪橄榄岩（hornblende peridotite），主要由橄榄石和褐色角闪石组成，其中角闪石含量占角闪石和辉石总量的 95% 以上；其次可见少量金云母、黑云母。当岩石中的辉石含量增加，角闪石含量在辉石和角闪石总量的 5%~95% 之间时，可称为辉石角闪橄榄岩。

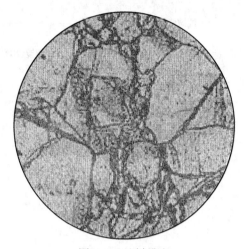

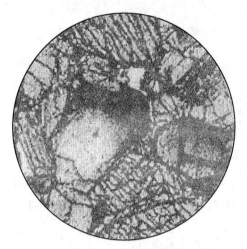

图 2-5　纯橄榄岩

自形粒状结构，（-），$d=3.7$mm

图 2-6　方辉橄榄岩

粒状结构，（-），$d=3.7$mm

3）橄辉岩

橄辉岩（olivine pyroxenite）主要由辉石（包括斜方辉石或单斜辉石）和橄榄石组成（图 2-7），辉石含量可占 60%～90%，橄榄石占 5%～40%，可含少量金属矿物及副矿物。根据辉石种类不同，又可分为橄榄方辉辉石岩、橄榄单辉辉石岩、橄榄二辉辉石岩等。橄辉岩在我国西藏、内蒙古、河北、辽宁等地均有分布。

4）辉石岩

辉石岩（pyroxenite）主要由辉石组成，单斜辉石和斜方辉石总量可占 90%～100%，可含少量橄榄石、角闪石、黑云母、铬铁矿、磁铁矿、钛铁矿等。辉石岩一般颜色较深，多呈暗绿色至黑色；具自形—半自形粒状结构（图 2-8）。根据辉石种类不同，辉石岩又可分为单辉辉石岩、方辉辉石岩、二辉辉石岩等。橄辉岩在我国四川、河北、甘肃、宁夏等地均有分布。

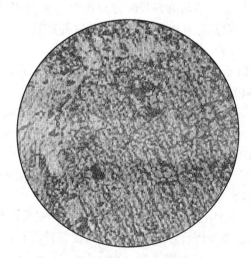

图 2-7　橄榄辉石岩

辉石晶体中包含有浑圆状橄榄石小晶体，
组成包含结构，$d=4.8$mm

图 2-8　辉石岩

透辉石晶体组成半自形粒状结构，透辉石晶粒之间
有大量磁铁矿充填，$d=4.8$mm

5）角闪石岩

角闪石岩（hornblendite）如图 2-9 所示，主要由普通角闪石组成，其含量一般大于 60%，有时可含小于 40%的辉石、橄榄石或斜长石，还可见铬铁矿、钛铁矿、磁铁矿等金属矿物。根据橄榄石和辉石含量多少，又可分为橄榄角闪石岩、辉石角闪石岩及橄榄辉石角闪石岩等。角闪石岩以其侵入体的产状和结构构造特征，区别于变质作用形成的角闪岩。角闪石岩在我国山东、吉林、河北等省均有产出。

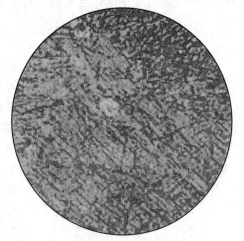

图 2-9　角闪石岩
（+），$d=4.8\text{mm}$

3. 次生变化

超基性侵入岩在岩浆期后或外来热液的影响下，极易发生次生变化（蚀变）。较为常见的次生变化主要有橄榄石或斜方辉石的蛇纹石化，包括鳞石（lizardite）化和铁鳞石（ferrolizardite）化，并伴生水镁石化、菱镁矿化和滑石化；单斜辉石的假象纤闪石（或次闪石）化及紫苏辉石的铁鳞石化等。在表生条件下还可形成氧化铁和黏土与二氧化硅、碳酸盐的混合物，并富集一些镍、铁、钴等有用组分。

4. 有关矿产

超基性岩常可形成与发育铂、铬铁矿、镍钴矿、钒钛磁铁矿、磷灰石以及金刚石等矿床。如南非 Bushveld 层状铬铁矿矿床、甘肃大道尔吉铬铁矿矿床、西藏罗布莎铬铁矿矿床等。超基性侵入岩经次生变化后可形成石棉、滑石、蛇纹石、金云母等非金属矿产。由此可见，超基性岩的分布虽少，但工业价值很大。

（二）超基性喷出岩

超基性喷出岩自然界分布更少，目前已发现的主要有苦橄岩、苦橄玢岩、玻基纯橄岩、科马提岩及与之有关的金伯利岩等。

1. 岩石的一般特征

本类岩石为细粒、隐晶质和玻璃质的暗色岩，色率大于 70%，常与拉斑玄武岩、碱性玄武岩共生。矿物成分与超基性侵入岩相似，富含橄榄石、辉石等铁镁矿物，不含或含很少斜长石，不含石英。某些种属还含有一定量的玻璃质。

2. 种属划分及主要种属描述

根据岩石的产状、结构、构造及组成成分，超基性喷出岩（包括部分浅成或超浅成侵入岩）可以划分为以下四种。

1）苦橄岩/苦橄玢岩

苦橄岩/苦橄玢岩（picrite/picrite porphyrite）是借用日文译名而来，日文"苦"是镁的意思。苦橄岩含镁较高，成分接近于辉石橄榄岩，往往产于基性喷出岩（玄武岩）的底部。岩石的矿物成分除辉石、橄榄石外，尚有少量基性斜长石，角闪石和金属矿物等。当岩石具有典型的斑状结构时，Baker（1979）称之为斑状苦橄岩（porphyritic picrite）或称苦橄玢岩

（picrite porphyrite），如图 2-10 所示。当基质为玻璃质时，称玻基斑状苦橄岩；当基质为辉石微晶组成时，称微晶苦橄岩。IUGS 将苦橄玢岩归入苦橄岩。苦橄岩中橄榄石含量可达 50%~70%。岩石呈淡绿色至黑色，具无斑隐晶结构、微晶结构和嵌晶结构。

图 2-10 苦橄玢岩
玻基斑状结构，斑晶为斜长石，
（+），$d=3.7mm$

2）玻基纯橄岩

玻基纯橄岩（meymechite）又称为麦美奇岩，是相当于纯橄榄岩而具有玻基斑状结构的超基性熔岩。岩石主要由橄榄石斑晶和黑色玻璃基质组成，有时在玻璃基质中有少量含钛普通辉石微晶。如辉石含量较多时，可称为玻基辉橄岩。玻基纯橄岩的化学成分相当于纯橄榄岩，SiO_2 含量占 20%~40%，$Al_2O_3 + Na_2O+K_2O$ 的含量小于 10%，Na_2O 略大于 K_2O。典型的玻基纯橄岩产于远东堪察加半岛，而最早发现地为俄罗斯西伯利亚北部麦美奇河，故此命名。此种岩类在我国浙江天台、山东莱芜及西沙群岛均有发现。

3）科马提岩

科马提岩（komatiite）是于 1969 年在南非特兰斯瓦巴伯顿科马提河太古宙绿岩带变质岩系中首次发现而得名，故又称镁绿岩。科马提岩是由高镁橄榄石（Fo=90%~95%）、辉石、基性火山玻璃和少量金属矿物组成。常具枕状构造，并发育独特的鬣刺结构（spinifex texture），其特点是橄榄石或辉石呈细长的锯齿状骸晶，近平行排列或丛生，状如鬣刺草，是超基性熔岩快速冷凝而成。鬣刺结构是本类岩石的主要特征，即使在较深变质的条件下，也能清晰地保存下来。在加拿大、澳大利亚、印度以及我国的辽宁鞍山群、河北迁西群、内蒙古集宁群及山东泰山群中也先后发现具有变余鬣刺结构的科马提岩。目前已发现与之伴生的矿产有镍、铜、金矿等。

4）金伯利岩

金伯利岩（kimberlite）于 1870 年首先在南非金伯利镇发现而得命。它是一种具有特殊的矿物组合，特殊的结构、构造和产状的弱碱性超基性岩。它的矿物成分复杂，常见的原生矿物主要有橄榄石、镁铝榴石、金云母、铬铁矿、钙钛矿、金刚石等。因其经常富含金刚石而世界闻名并倍受重视。岩石常产于与火山岩或次火山岩有关的爆发岩筒或岩墙群中，多具斑状结构和角砾状构造。金伯利岩按结构可划分为以下三种类型。

（1）斑状金伯利岩：岩石常组成爆发岩筒和岩墙的主体，具次火山岩的特点，是一种常见的岩石类型。新鲜岩石绿色或蓝黑色，风化后呈黄绿、棕褐色；具斑状结构，斑晶主要由蛇纹石化橄榄石组成，其次为金云母和镁铝榴石，偶见铬透辉石、铬铁矿和金刚石等。橄榄石和金云母具有多世代的特征，基质为微晶质或隐晶质，主要由橄榄石、金云母、磷灰石、铬铁矿、钛铁矿等微晶集合体组成，一般不含玻璃质（图 2-11）。

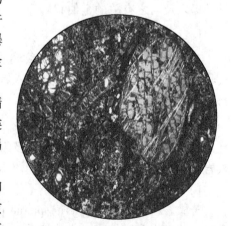

图 2-11 斑状金伯利岩
斑晶为碳酸盐化或蛇纹石化橄榄石，基质
具微晶结构，（+），$d=4.8mm$

（2）细粒金伯利岩：岩石多分布于斑状金伯利岩的边部，岩石呈暗绿、灰绿、紫、黑灰等色；具细粒或显微斑状结构，块状构造或岩球构造。岩球构造中球体多呈圆球形或椭球形，球心多为蛇纹石化橄榄石，外壳由细粒金伯利岩组成，矿物呈同心圆状分布。我国辽宁产出的细粒金伯利岩中的岩球大小不等，大者可达 10~20cm，一般为 0.5~2cm，俗称"凤凰蛋"。金伯利岩极易发生碳酸盐化、硅化和褐铁矿化，外貌常与石灰岩和"铁帽"相似，只有在镜下才能准确区分。

（3）金伯利角砾岩：岩石中含有较多的大小不等的角砾，其成分为金伯利岩岩屑、橄榄岩包体及围岩碎块，胶结物可为斑状金伯利岩，也可为细粒金伯利岩。一般认为是岩浆上升到地表浅处经隐爆作用形成。

3. 有关矿产

世界上金伯利岩成因的金刚石矿床主要分布在扎伊尔、南非、博茨瓦纳、纳米比亚等国家和地区；我国的山东、辽宁、湖南、湖北及江苏等省均先后发现金伯利岩，尤其是山东金伯利岩，含有丰富的金刚石矿床。

三、产状及分布

超基性岩体常与基性岩一起，组成各种类型的基性—超基性杂岩体，有时也可形成单独的岩体单独或成群产出，其产状常有岩盆、岩盖、岩株、岩床和岩墙等。超基性岩体的形成时代自前寒武纪到古近—新近纪。岩体都不大，一般只有几十米至上千米，达 10km 者很少。根据其产出的构造环境、产状和共生组合，一般可划分为以下四种类型。

（一）阿尔卑斯型

阿尔卑斯型岩体产于地槽褶皱带或岛弧区，常呈透镜状、似层状或不规则状，沿区域构造线方向断续延伸数百至上千千米，以纯橄榄岩和方辉橄榄岩为主，镁铁比值常大于 7，富含铬铁矿矿体。这一类型岩体在我国西藏、内蒙古、陕西、甘肃、青海等地有着广泛的分布，其中内蒙古超基性岩带沿加里东—海西褶皱带东西延伸约 1400km。

（二）层状侵入体

层状侵入体产于较稳定的地台区，多呈岩盆、岩床产出，并与其他侵入岩相互共生，规模大小不等，由数平方千米至数万平方千米。这类岩体自下而上常见从纯橄榄岩—辉石橄榄岩—辉石岩—苏长岩—辉长岩—斜长岩—闪长岩—花岗岩连续过渡的分带现象。其中超基性岩镁铁比值常小于 7。世界上著名的层状侵入体是南非的布什维尔德杂岩体，我国西南"康滇地轴"也有广泛的分布。与层状侵入体有关的矿产主要为铜镍硫化物、钒钛磁铁矿、铬铁矿和铂矿矿床等。

（三）环状侵入体（阿拉斯加型）

本类岩体的主要特征是常产于造山带，并沿构造线成群分布。岩体大致呈同心圆状，各类岩石围绕岩体中心呈同心环状分布，一般中心部位为超基性岩，外围常为辉长岩类包围。与阿尔卑斯型岩体不同之处在于环状侵入体中所含单斜辉石的钙质较高，不含斜方辉石和斜长石，而含角闪石。本类岩体主要分布于阿拉斯加东南部和乌拉尔等地。有关矿产主要有钒钛磁铁矿和铂矿。关于本类岩体的形成，一般认为是基性岩浆深部分异多次侵入的结果。

（四）超基性岩包裹体

超基性岩包裹体主要是产于碱性玄武岩和金伯利岩中的二辉橄榄岩包体。在世界各地碱性玄武岩和金伯利岩中发现大小不一呈浑圆状、棱角状产出的超基性岩包体，直径可达数十厘米至数米，其矿物成分主要为橄榄石、斜方辉石、单斜辉石、铬尖晶石，具粒状或碎斑结构，分布十分广泛。一般认为它们可能是上地幔的碎块，被岩浆喷出时带到地表，代表上地幔的物质组成。这些超基性岩包裹体对研究上地幔的物质组成有着重要的意义，因此越来越受到人们的关注。

此外，在阿尔卑斯型超基性岩体的研究中，常发现橄榄岩（蛇纹岩）、层状基性岩、席状岩墙群、枕状熔岩及海相放射虫硅质岩组成一套特殊类型的岩石共生组合，称为"蛇绿岩套"（ophiolite suite）。板块构造学者把蛇绿岩套出现的位置视为大洋板块与大陆板块碰撞的证据，引起地质学界的普遍重视。在我国西藏地区也发现过数条蛇绿岩套，形成于燕山运动末期至喜马拉雅运动期，被认为是中—新生代以来印度板块与欧亚板块的缝合带，具有重要的板块构造研究意义。

第二节　基性岩类

基性岩（辉长岩—玄武岩）类是指 SiO_2 含量占 45% ~ 52% 的一类岩浆岩，属于硅酸不饱和或饱和岩。其矿物成分以辉石和基性斜长石为主，不含或含极少量的石英、碱性长石和橄榄石等。

一、概述

本类岩石无论在化学成分上，还是矿物成分上，均与超基性岩有密切过渡的关系，表现在化学成分上 SiO_2、CaO、Al_2O_3 的含量有所增加，且 CaO 的含量在所有岩浆岩中为最高（仅碳酸岩除外）。但是 MgO、FeO 含量则有明显减少，Na_2O、K_2O 含量仍然很少。有代表性的基性岩化学成分见表 2–3。

表 2–3　基性岩类的化学成分　　　　　　　　　　　　　　　　%

序号	SiO_2	TiO_2	Al_2O_3	Fe_2O_3	FeO	MnO	MgO	CaO	Na_2O	K_2O	H_2O	P_2O_5
1	48.24	0.97	17.88	3.16	5.95	0.13	7.51	10.99	2.55	0.89	1.54	0.28
2	47.36	0.76	13.25	3.08	9.63	0.21	12.75	11.52	1.67	0.46	0.12	0.17
3	47.62	1.67	14.52	4.09	9.37	0.22	6.47	8.75	2.97	1.18	2.02	0.46
4	50.40	0.15	28.30	1.06	1.12	0.05	1.25	12.46	3.67	0.74	0.75	0.05
5	47.75	1.60	13.42	1.57	12.77	0.25	5.97	9.89	3.95	0.85	2.43	0.15
6	44.71	2.11	15.10	5.33	6.66	0.20	7.15	9.32	3.96	1.77	2.76	0.87
7	48.80	2.19	13.98	3.59	9.78	0.17	6.70	9.38	2.59	0.69	1.80	0.33
8	48.28	2.11	14.99	4.18	6.95	0.20	7.00	8.07	3.40	2.51	1.26	0.60
9	48.70	0.91	14.46	15.44	3.23	–	2.93	11.18	4.10	0.24	—	—

注：1 为辉长岩（戴里）；2 为橄榄辉长苏长岩（济南）；3 为辉长岩（济南）；4 为斜长岩（戴里）；5 为辉绿岩（云南）；6 为拉斑玄武岩（汉诺坝，邱家骧）；7 为高原玄武岩（戴里）；8 为玄武岩（黎彤等）；9 为细碧岩（白银厂，宋淑和）。

在矿物成分上，本类岩石主要由基性斜长石和辉石组成，基性斜长石主要为拉长石和培长石，辉石主要为透辉石、普通辉石、异剥石和斜方辉石；次要矿物有橄榄石、角闪石、黑云母，个别种属可有少量碱性长石和石英；副矿物常见的有磷灰石、磁铁矿、钛铁矿、铬铁矿、石榴子石、尖晶石等。

该类岩石色率（40%～70%）较高，相对密度也较大，向超基性岩过渡的种属中可含较多的橄榄石，向中性岩过渡的种属中可出现石英，向碱性岩过渡的种属中可出现碱性长石。基性岩类在地壳上分布最广，尤其是基性喷出岩（玄武岩）在本类岩石中占绝对优势，也是地壳上分布较广的一类喷出岩。从海洋到岛弧、从大陆边缘到大陆内部，都有各种类型的玄武岩出露，而侵入岩—辉长岩则分布较少。

二、岩石的主要类型

根据产状，本类岩石可分为基性侵入岩和基性喷出岩。

（一）基性侵入岩

基性侵入岩代表性的岩石为辉长岩、苏长岩和辉绿岩，岩石类型较多，但分布面积较小，它只相当于基性岩总量的 1/5 左右。

1. 岩石的一般特征

基性侵入岩的共同特征是色率较高，常呈粒状结构，块状或条带状构造。

1）矿物成分

基性侵入岩的矿物成分，按其含量多少分述如下。

（1）主要矿物。

主要矿物有基性斜长石、辉石。

① 基性斜长石通常为拉长石或培长石，偶见钙长石，向中性岩或碱性岩过渡的种属中可出现中长石。常呈白色或灰色自形—半自形板状或等轴半自形粒状，具（001）、（010）两组较清楚的解理，玻璃光泽，风化面呈土状。聚片双晶发育且双晶个体宽，环带结构少见。

② 辉石主要为普通辉石、透辉石，常呈绿色、黑色短柱状或粒状，并具（110）、（1$\bar{1}$0）、两组解理，交角 87°或 93°。有时透辉石中发育平行（100）面的细密裂理，称异剥石。某些种属中可含不等量的紫苏辉石或古铜辉石，常具希列构造，表现为铁钛氧化物的针状包体沿一个或几个方向平行密集定向排列。

（2）次要矿物。

次要矿物有橄榄石、普通角闪石、黑云母、碱性长石、石英等。

① 橄榄石多为贵橄榄石，常呈黄绿色或棕褐色粒状，解理不发育，但常具不规则裂纹。多出现在向超基性岩过渡的种属中。

② 普通角闪石常呈黑色或棕黑色柱状或粒状，（110）、（1$\bar{1}$0）两组解理夹角为 56°或 124°，多出现在向中性岩过渡的种属中。普通角闪岩可呈大晶体包裹橄榄石、辉石，也可呈辉石、橄榄石的反应边。

③ 黑云母在含石英的辉长岩、苏长岩中可作为次要矿物出现，多呈黑色或棕褐色鳞片状。可呈角闪石反应边或生长在磁铁矿边缘。

④ 碱性长石常为正长石，呈他形粒状，多出现在向碱性岩过渡的种属中。

⑤ 石英一般很少出现，呈他形粒状，只发育在向中性岩过渡的种属中。

（3）副矿物。

基性侵入岩的副矿物主要有磁铁矿、钛铁矿、钒钛磁铁矿、磷灰石、尖晶石等。

2）常见结构和构造

基性侵入岩的主要结构有辉长结构、辉绿结构、嵌晶含长结构、辉长辉绿结构等。

（1）辉长结构。

辉长结构（gabbro texture）的特征是岩石中基性斜长石和辉石的自形程度和含量大致相等，粒度相近，均呈半自形—他形等轴粒状，分布均匀，表示这两种矿物几乎同时形成，是共结条件下的产物。辉长结构是基性深成侵入岩（辉长岩、苏长岩）的典型结构（附录图版6）。

（2）辉绿结构。

辉绿结构（diabasic texture）的特征是基性斜长石和辉石颗粒大小相近，但斜长石自形程度较高，且在较自形的板柱状斜长石所组成的近三角形间隙中充填有他形辉石颗粒。此种结构反映斜长石结晶相对较早，是基性浅成侵入岩（辉绿岩）的典型结构（附录图版7）。

图 2-12 嵌晶含长结构

辉绿岩，（+），$d=8$mm

（3）嵌晶含长结构。

嵌晶含长结构（poikilophitic texture）也称含长结构（ophitic texture），其特征是在较大的他形辉石颗粒中，包含有自形程度较高的斜长石晶体（图 2-12），与辉绿结构的结晶条件相似，但晚期辉石的晶出量较多。此种结构主要见于辉绿岩中，在辉长岩中也可见。

（4）辉长辉绿结构。

辉长辉绿结构（gabbro diabasic texture）的特征是斜长石自形程度较好，辉石形程度稍差。此种结构介于辉长结构和辉绿结构之间的过渡类型。此外，基性侵入岩中还发育反应边结构、海绵陨铁结构等。

基性岩中常见有块状构造、条带状构造及球状构造等。球状构造（orbicular）是指岩石中基性斜长石、辉石或角闪石等矿物构成同心圆状球体，在岩体的某些部位均匀分布（图 2-13）。

2. 种属划分及主要种属描述

按矿物成分可划分出基本种属有辉长岩、苏长岩、橄长岩、斜长岩、辉绿岩，它们之间连续过渡，常见的过渡种属有辉长苏长岩、苏长辉长岩等；此外，向中性岩过渡的有石英辉长岩，向碱性岩过渡的种属有正长辉长岩、碱性辉长岩等。现将主要种属特征介绍如下。

1）辉长岩

辉长岩（gabbro）是辉长岩类中分布较广的一种岩石，主要由基性斜长石和单斜辉石组成，不含或很少含橄榄石、斜方辉石。色率小于 35%者，称为浅色辉长岩（leucogabbro）；色率大于 65%者，称为暗色辉长岩（melagabbro）；具有球状构造者，称为球状辉长岩。岩石中可含少量橄榄石、斜方辉石、普通角闪石及黑云母，有时还含极少量的碱性长石和石

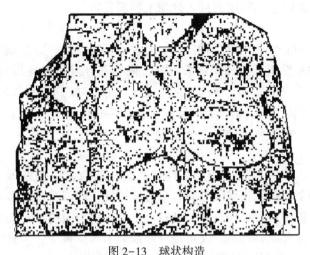

图 2-13　球状构造
球状辉长岩，无色矿物为基性斜长石；有色矿物为辉石或角闪石，大小为实物的 9/16

英。辉长岩中典型的结构为辉长结构（附录图版 6），还可见中—粗粒粒状结构、辉绿辉长结构、反应边结构等；常具块状构造、条带状构造，有时还有流动构造和球状构造。根据次要矿物及"前少后多"的原则，可将辉长岩进一步命名，如橄榄辉长岩、角闪辉长岩等。

2）苏长岩

苏长岩（norite）的颜色多为灰褐色、黑灰色等。矿物成分主要为斜方辉石（含量需达到斜方辉石和单斜辉石总量的 50% 以上）和斜长石（拉长石，含量>10%），次要矿物为单斜辉石、橄榄石、角闪石、黑云母等。斜方辉石无论是顽火辉石、古铜辉石还是紫苏辉石，均称为"苏长岩"。与辉长岩一样，也可按色率大小，进一步划分为浅色苏长岩和暗色苏长岩。苏长岩的结构为中—粗粒粒状结构、辉长结构、反应边结构、嵌晶含长结构等。当次要矿物为单斜辉石，称为辉长苏长岩（gabbro-norite），斜方辉石和单斜辉石含量均大于 5%，单斜辉石少于斜方辉石。

3）苏长辉长岩

苏长辉长岩是介于辉长岩和苏长岩间的过渡种属，斜方辉石和单斜辉石含量均大于 5%，且斜方辉石少于单斜辉石。如果单斜辉石少于斜方辉石，则称为辉长苏长岩。

4）橄长岩

橄长岩（troctolite）是一种比较少见的岩石，主要由橄榄石（多为贵橄榄石）和基性斜长岩组成，其中斜长石含量较少，但多大于 10%。岩石中可含少量辉石（一般<5%）、角闪石、金云母等。如辉石含量超过 5%，则称为橄榄辉长岩。橄长岩的结构为中粗粒粒状结构、包橄结构、辉长结构、反应边结构，构造为块状构造。

5）斜长岩

斜长岩（anorthosite）几乎全部由基性斜长石组成，含量可达 90% 以上；此外，还含少量普通辉石、斜方辉石、角闪石及磁铁矿、钛铁矿等金属矿物，它们往往充填于斜长石间隙中或形成分凝团块。常见的结构为中或粗粒半自形粒状结构、填隙结构。斜长岩可以构成巨大的独立岩体，产于地盾、地台基底，只见于前寒武纪。斜长岩也可呈层状侵入体产出，多分布于岩体旋回的上部，是由基性岩浆分异而成。我国河北大庙—黑山一带分布有大量的斜长岩。它与钒钛磁铁矿的形成有着密切的联系（图 2-14）。在月球的高原地带可见斜长岩

（斜长石 An＝90%～95%），其粒度要细于地球上的斜长岩。

6）碱性辉长岩

碱性辉长岩（alkaligabbro）是一种向正长岩或二长岩过渡、富含碱质且硅酸不饱和的特殊辉长岩。岩石中除基性斜长石和单斜辉石外，尚有不等量的碱性辉石（霓石、霓辉石）、碱性角闪石、碱性长石（正长石、条纹长石、歪长石）和极少量的似长石（霞石、方沸石等），它们常呈他形粒状充填于斜长石的间隙中。在某些种属中，可含少量橄榄石。碱性辉长岩常具二长结构，块状构造，地壳上分布较少。

7）辉绿岩

辉绿岩（diabase）是一种浅成相的基性侵入岩，颜色常呈暗绿或黑绿色，粒度细小，矿物成分与辉长岩相似，但长条状斜长石自形程度较好，而辉石颗粒多呈他形粒状充填于斜长石三角形空隙中，组成辉绿结构（图2-15）。次要矿物为橄榄石、斜方辉石、角闪石、黑云母、石英等。根据次要矿物种类，又可进一步命名为石英辉绿岩、橄榄辉绿岩、黑云橄榄辉绿岩等；如果斜长石呈斑晶出现时，又可称为辉绿玢岩（diabase-prophyrite）。辉绿岩常呈岩墙、岩脉或岩床产出，可与辉长岩或玄武岩共生，在地表上分布较广。

图 2-14　斜长岩

全由基性斜长石组成，全自形粒状结构

（＋），d＝4mm

图 2-15　辉绿岩

由自形的长板状基性斜长石呈不规则状分布，其间隙以辉石颗粒

部分已变为绿泥石，为间片—辉绿结构，（－），d＝4.8mm

3. 次生变化

基性侵入岩在岩浆期后气化热液的影响下，常发生下列次生变化（蚀变）。

1）钠黝帘石化

它是基性斜长石经常发生的一种蚀变现象，其特征是基性斜长石被极细粒的钠长石、黝帘石、绿帘石、绿泥石、绢云母等集合体交代。由于这些矿物晶粒细小，突起高低不一，使斜长石表面浑浊不清，又称"糟化"现象。在基性侵入岩中，钠黝帘石化经常发育。

2）次闪石化

它是纤维状次生角闪石（主要成分类似透闪石和阳起石）集合体交代辉石的现象，有时保留辉石的假象，又称假象纤闪石化。它也是基性侵入岩中常见的蚀变现象。此外，基性侵入岩中也可发育橄榄石的蛇纹石化、鳞石或铁鳞石化，以及辉石、角闪石的绿泥石化等。

3）绢云母化

斜长石被绢云母所交代，形成交代残留与交代假象。

4. 有关矿产

与基性侵入岩有关的矿产主要有铜镍硫化物和钒钛磁铁矿以及冰洲石、玛瑙等，此外也有少量铬铁矿、铂族元素、金、银等矿产。新鲜的辉绿岩、辉长岩可作为良好的建筑石料，辉绿岩也可作铸石原料。

（二）基性喷出岩

基性喷出岩中，有代表性的岩石为玄武岩、碱性玄武岩和细碧岩，是地壳上分布最广的喷出岩。

1. 岩石的一般特征

基性喷出岩与侵入岩一样，色率较高，常呈黑灰色、暗绿色，氧化后可呈紫红色或猪肝色；此种岩类以无斑隐晶质或显微斑状结构为主，气孔构造和杏仁状构造发育，海底喷发者可具枕状构造。

1）矿物成分

基性喷出岩的矿物成分与基性侵入岩基本相似，主要矿物为基性斜长石和辉石，有时可含较多的橄榄石，次要矿物有角闪石或黑云母，副矿物有磁铁矿、钛铁矿、赤铁矿、磷灰石等；某些种属可含少量的碱性长石、石英、似长石等。

（1）斜长石多为拉长石，但斑晶中可为培长石或钙长石，有序度较低，多为高温变种，有时相互拼合构成聚合斑晶，偶见环带结构；基质中以中—拉长石为主，有时也有中—更长石；基质与斑晶中斜长石号码相差10~20号（通常用斜长石中所含钙长石分子An的数值作为斜长石号码）。斜长石普遍发育符合钠长石律、肖钠长石律和卡钠复合律的双晶。

（2）辉石主要为普通辉石、透辉石、易变辉石和紫苏辉石，碱性玄武岩中出现富钠的霓辉石和霓石及富钛的普通辉石。其中，普通辉石最为常见，既可为斑晶又可为基质。斑晶中有时含有黑云母、磁铁矿和磷灰石微晶及玻璃质包裹体；易变辉石是贫钙的单斜辉石，属高温变种，只出现在基质中。紫苏辉石却只呈斑晶不呈基质，有时在其周围可见橄榄石或辉石和磁铁矿组成的暗色反应边。

（3）橄榄石在斑晶和基质中均可出现。斑晶以贵橄榄石为主，多呈半自形粒状，有时被辉石包围形成反应边结构；基质为相对富铁的橄榄石。

此外，少数基性喷出岩可含少量褐色角闪石和黑云母，但只出现于斑晶中，并往往具有暗化边和熔蚀现象，这是由于角闪石和黑云母首先在地下深处结晶，喷至地表后经强烈的氧化和熔蚀而成。基性喷出岩除含上述矿物外，常含绿色、暗绿色至黑色的"橙玄玻璃"，分布于基质中，折射率大于树胶（$N=1.54$），均质体，在鉴定时应注意分辨。

2）常见结构和构造

玄武岩类在总体上比中酸性喷出岩的结晶程度要高，结构类型较多，常见的结构类型有斑状结构、显微斑状结构和聚斑结构、玻基斑状结构。基质为微晶结构和细粒—隐晶质—玻璃质等。基质的结构特点具有重要的鉴定意义，其结构主要有间粒结构、间隐结构、拉斑玄武结构（填间结构）、交织结构和玻璃质结构等。

（1）间粒结构（intergranular texture）。间粒结构在以往文献中又称为煌绿结构、粗玄结构或粒玄结构。其特点是在不规则排列、较自形的长条状斜长石微晶所组成的多角形空隙中充填有他形的辉石或磁铁矿的细小颗粒（附录图版 8）。这种结构较好地反映了斜长石先结晶、辉石等矿物后结晶的现象。

（2）间隐结构（intersertal texture）。间隐结构表现为在杂乱分布的长条状斜长石微晶所组成的多角形空隙中，充填有隐晶质和玻璃质，这是在斜长石结晶之后岩浆迅速冷凝的结果。如充填的是绿泥石等片状矿物，称为间片结构。

（3）填间结构（intersertal texture）。填间结构又称为拉斑玄武结构（附录图版 9）或间粒—间隐结构，表现为在杂乱分布的长条状斜长石所组成的多角形空隙中，既充填有辉石和磁铁矿等小颗粒，又充填有隐晶质或玻璃质，是介于间粒结构和间隐结构之间的过渡类型。

（4）交织结构（pilotaxitic texture）。交织结构的特征是大量斜长石长条状微晶呈平行或半平行排列，其间夹有辉石或磁矿等粒状微晶，有时也可含少量隐晶质或玻璃质。交织结构多出现在向中性喷出岩过渡的种属中。

（5）玻璃质结构（vitreous texture）和玻基斑状结构（vitro basic porphyritic texture）。玻璃质结构表现为岩石几乎全由褐色"橙玄玻璃"组成，反映其是在岩浆冷却极快的条件下形成的；玻基斑状结构表现为岩石中除含隐晶质和玻璃质外，尚有大于 5% 的斜长石或其他矿物斑晶（图 2-16）。

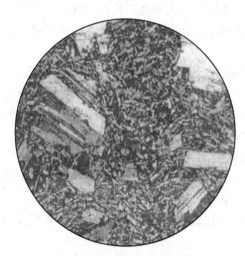

图 2-16　玻基斑状结构

多斑玄武岩，斑晶为基性斜长石，基质为微晶斜长石、辉石及磁铁矿等，（+），×41，下石炭统，新疆油田古 61 井，864.9m

基性喷出岩常见的构造有气孔构造、杏仁状构造、熔渣状构造及绳状构造等；在海底或水下喷发的基性熔岩中，尚有枕状构造。此外柱状节理也是基性熔岩常见的原生节理构造。

2. 种属划分及主要种属描述

基性喷出岩由于晶粒细小，多为细粒、隐晶质甚至玻璃质，一般不用定量矿物作种属划分。通常根据碱性程度，可分为钙碱性（$\sigma \leqslant 3.3$）和碱性（$\sigma = 3.3 \sim 9$）两大系列。以玄武岩为代表的基性喷出岩，钙碱性种属有拉斑玄武岩和高铝玄武岩，它们是玄武岩中分布最广、数量最多的一种；而碱性种属主要为碱性玄武岩，分布比较局限。

目前对基性喷出岩种属划分尚无统一的方案。一般根据化学成分、矿物成分、结构、构造和产状进行综合划分，主要种属类型及其特征如下。

1）拉斑玄武岩

拉斑玄武岩（tholeiite basalt）是最常见的钙碱性玄武岩，主要矿物成分为斜长石（斑晶多为拉—倍长石，基质为中—拉长石）、普通辉石、易变辉石及紫苏辉石，也可出现透辉石和少量橄榄石。橄榄石有时作为斑晶产出，并常见熔蚀现象和辉石的反应边，以此可区别于碱性橄榄玄武岩。拉斑玄武岩常具显微斑状结构，基质中可见石英和玻璃质，呈现间粒结构、填间结构或间隐结构。常见气孔构造和杏仁构造。依据火山岩命名原则，可进一步命名为气孔（或杏仁）拉斑玄武岩。

当拉斑玄武岩中出现少量石英时，可称为石英拉斑玄武岩（quartz tholeiite basalt）；当含少量橄榄石（大于5%）时，可称为橄榄拉斑玄武岩（olivine tholeiite basalt）。拉斑玄武岩分布广，在大洋岛屿、深海盆地和大陆内部均有分布。

2）高铝玄武岩

高铝玄武岩（high alumina basalt）的矿物成分与拉斑玄武岩相似，但斜长石号码及数量均高于拉斑玄武岩，Al_2O_3 含量可高达16%以上，其是介于拉斑玄武岩与碱性玄武岩之间的过渡类岩石。高铝玄武岩主要分布于造山带、岛弧或活动大陆边缘，常与安山岩、高钙英安岩及流纹岩等共生。

3）碱性玄武岩

碱性玄武岩（alkali basalt）常分布于板块内部较稳定的构造环境中，如大陆板内裂谷带或板内大洋岛屿上。化学成分的特点是 SiO_2 偏低，Na_2O+K_2O 偏高，属硅酸不饱和的玄武岩；矿物成分除中基性斜长石和单斜辉石外，尚可有不等量的橄榄石、碱性长石（歪长石、透长石）。与拉斑玄武岩相比，碱性玄武岩中的长石号码偏低，多为中—拉长石，甚至更长石。岩石中如橄榄石含量小于5%，又出现似长石矿物（如霞石、白榴石等）时，称为碱玄岩（tephrite）；如橄榄石含量达5%~25%，又出现似长石时，又可称为碧玄岩（basanite）。

4）粒玄岩或粗玄岩

孙鼐、周新民等建议用粒玄岩而不用粗玄岩，以区别于粗面玄武岩（trachybasalt）。粒玄岩（dolerite）是一种显晶质粒度较粗的玄武岩，与其他玄武岩相比，它的结晶程度高，为全晶质结构，肉眼即可辨认矿物颗粒（粒径一般大于5mm）；矿物成分主要由基性斜长石和辉石组成，常见间粒结构（粒玄结构、粗玄结构）和辉绿结构。根据其喷出岩的产状，可与辉绿岩相区别。

5）细碧岩

细碧岩（spilite）是一种海底或水下喷发的基性熔岩，常具枕状构造。它的矿物成分以钠质斜长石（钠长石或钠—更长石）为主，单斜辉石多蚀变为阳起石、绿泥石、绿帘石、赤铁矿等，可有多已发生了蛇纹石化的橄榄石。有时岩石中可见变余的基性斜长石残晶。岩石普遍发生水化和碳酸盐化，结构上除发育间隐结构、间粒结构外，还常见间片结构。间片结构主要表现为在长条状斜长石微晶所组成的多角形空隙中，充填有次生的片状矿物，如绿泥石、绿帘石、蛇纹石等，又称为细碧结构。

细碧岩（图2-17）多产于地槽区，常与角斑岩或石英角斑岩共生，组成细碧角斑岩建造。关于它的成因，争论较大，有人认为地下深处存在一种细碧角斑岩岩浆，在海底喷发后直接冷凝而成。但目前多数人认为，细碧岩是由海底火山喷发的产物，并受到海水中钠质的交代作用而发生钠长石化、水化和碳酸盐化等蚀变作用或轻微变质作用形成。关于细碧岩成因方面的最后结论尚有待进一

图2-17 细碧岩
板条状钠长石无向排列，其格架间填以粒状绿帘石磁铁矿和片状绿泥石及少量碳酸物盐矿，（-），$d=2.2mm$

步探索。

3. 次生变化

基性喷出岩在水热作用下极易发生次生蚀变，其主要蚀变类型有斜长石的钠黝帘石化、绢云母化；辉石的纤闪石（或次闪石）化、绿泥石化；橄榄石除蛇纹石化、鳞石化外，尚广泛发育伊丁石（iddingsite）化。

伊丁石化是基性熔岩在极强的氧化条件下，由橄榄石转变为伊丁石的过程。伊丁石（$H_4MgFe_2[Si_3O_{12}] \cdot 2H_2O$），实际上是一种硅酸盐与Fe、Mg氧化物的混合物，组分中含有较多的水，其组成矿物主要为赤铁矿和针铁矿、非晶质的镁硅酸盐、蒙脱石—绿泥石混层矿物，还有石英、方解石、云母等；镜下常呈黄褐—红褐色，高正突起，干涉色可达Ⅲ~Ⅳ级，常沿边缘或裂隙交代橄榄石，交代完全时，可形成橄榄石的假象。在含橄榄石的玄武岩中，伊丁石化广泛发育。当玄武岩含有较多的伊丁石时，可称为伊丁玄武岩（iddingsitiged basalt）。

4. 有关矿产

与玄武岩有关的固体矿产有铜矿、冰洲石、玛瑙、黏土矿物及一些次生矿产。玄武岩是良好的铸石原料，还可用玄武岩制成玄武岩纤维用于混凝土中。另外，由于裂隙与孔隙等储集空间较为发育，因此玄武岩既可作为良好的油气运移通道，又可作为良好的油气储集层。如松辽盆地、渤海湾盆地、准噶尔盆地等均已发现以玄武岩为储集层的火山岩油气藏。

三、产状及分布

（一）基性侵入岩

基性侵入岩在世界各地区的分布要多于超基性侵入岩，一般可形成独立的岩体，也可与超基性岩形成层状杂岩体，它们的规模大小不一。常见的产状有岩盆、岩盖及岩株，也有岩墙、岩床。世界著名的南非布什维尔德层状基性—超基性杂岩体，面积达20000km²，总厚度近7000m，底部为橄榄岩和铬铁矿床，中部为辉石岩、苏长岩、斜长岩，上部为辉长岩、闪长岩；我国南京蒋庙基性侵入岩面积约5km²，自内向外，角闪橄榄辉长岩、橄榄辉长岩过渡为闪长岩、正长岩；我国西南地区"康滇地轴"，也广泛分布着基性侵入岩和基性—超基性杂岩体，分布面积达500000km²，曾有许多学者作过研究。我国基性侵入岩体在区域和地质时代上分布均较为普遍，遍及许多地台区和褶皱带，也几乎出现在各个时代的地层中。其中，较为典型的实例主要有：前寒武纪的河北大庙—黑山、大别山及武当山等岩体；加里东期的祁连山、陕西紫阳等岩体；海西期的我国西南及西北天山—北山等岩体；燕山期的我国东部燕辽地区的岩体。但总的来看，每个岩体的规模都相对较小。

（二）基性喷出岩

基性喷出岩分布最普遍的是各种类型的玄武岩，其分布几乎遍及世界各大洋及各大洲，既可发育于洋中脊和洋岛上，也可存在于大陆边缘和稳定大陆内部。玄武岩几乎是所有其他熔岩的5倍还要多，因此是自然界中最常见的熔岩。它多呈现出中心式喷发和裂隙式喷发，并常形成巨大的熔岩流和熔岩被。著名的印度德干高原泛流玄武岩，形成于白垩纪至新近纪，分布面积达52×10^4km²，厚度可达2000m；美国哥伦比亚高原玄武岩，形成于始新世至中新世，面积约 $9×10^4km^2$，厚度可达 3000m；我国西南地区川滇黔等省大面积分布的"峨眉山玄武岩"，形成于晚二叠世，受南北向深大断裂控制，分布面积约 $26×10^4km^2$，一般厚度为 600~1500m，最大厚度可达 3000m 以上，其成分属拉斑玄武岩，但 TiO_2 明显偏高；河北张家口北部的汉诺坝玄武岩，共有 24 次拉斑玄武岩和碱性玄武岩交互喷溢，面积达 1000km²，厚 295m；黑龙江五大连池第四纪火山群，分布面积 800km²，其上有 14 座火山锥，1917 年最后一次喷发形成的老黑山和火烧山火山锥保留完整，火山现象十分壮观，各种形态的绳状熔岩、熔渣状熔岩、火山口和火山口湖、熔岩隧道等均保存完整，不仅是疗养胜地，也是研究现代火山的典型场所。此外，我国山西大同第四纪火山群，也是著名的近代玄武岩质火山岩研究的胜地。

第三节　中性岩类

中性岩（闪长岩—安山岩、正长岩—粗面岩）类是指 SiO_2 含量介于 52%~65% 之间的一类岩浆岩，主要包括闪长岩—安山岩亚类和正长岩—粗面岩亚类。对同属此酸度范围的霞石正长岩—响岩类，因其含碱金属高，而将其归属于碱性岩类。

一、概述

本类岩石在化学成分上的特点是 SiO_2 含量中等，属硅酸饱和岩；在矿物成分上的特点表现为浅色矿物以长石族矿物为主，石英可少量出现或不含石英，有时还可出现少量似长石族矿物（如碱性正长岩）；暗色矿物的含量比基性岩中少，且以角闪石为主，其次为辉石和黑云母。根据岩石中斜长石占全部长石的比例，可将本类岩石进一步划为闪长岩—安山岩亚类、正长岩—粗面岩亚类及其过渡性岩石（即二长岩—粗面安山岩亚类），见表 2-4。

表 2-4　中性岩类各亚类的划分

斜长石/长石 岩石	>2/3	1/3~2/3	<1/3
深成岩	闪长岩	二长岩	正长岩
浅成岩	微晶闪长岩、闪长玢岩	二长斑岩	正长斑岩
喷出岩	安山岩	粗面安山岩	粗面岩

中性岩一般很少形成独立岩体，常常与酸性岩或基性岩共生过渡，现仅将闪长岩—安山岩类和正长岩—粗面岩亚类的一般特征简介如下。

（一）闪长岩—安山岩亚类

本亚类岩石的化学成分及其特点，见表 2-5。从表中可知，SiO_2 含量为 52%~65%，一般为 55%~60%，仅有向酸性岩或向基性岩过渡的种属才可超出此范围；与基性岩相比较，铁、镁、钙的含量显著减少，而碱金属的含量则明显增多；Na_2O 明显多于 K_2O，这与基性岩相近似，但与酸性岩不相同。闪长岩与安山岩的化学成分极为相似，但前者的碱金属含量稍高于后者。

在矿物成分上，闪长岩的主要矿物成分有中性斜长石及普通角闪石；次要矿物主要有黑云母，向基性岩过渡的种属可出现辉石，向酸性岩过渡的种属则含有少量的碱性长石和石英；副矿物常见的有磷灰石、磁铁矿、榍石等。

表 2-5　我国中性岩类的化学成分　　　　　　　　　　　%

化学成分	1	2	3	4	5	6	7	8	9	10	11
SiO_2	57.25	60.95	55.86	59.16	64.75	65.59	58.17	56.46	60.74	60.78	60.54
Al_2O_3	16.94	16.66	16.06	17.81	16.49	15.54	17.26	16.84	16.82	17.66	17.51
Fe_2O_3	3.38	3.01	2.57	3.10	2.67	2.78	3.07	5.74	2.52	4.57	4.99
Fe	3.79	2.61	4.09	3.19	1.13	1.87	4.17	1.91	3.81	0.63	2.73
MgO	3.50	2.05	3.33	1.76	0.66	1.93	3.23	3.29	2.14	0.90	0.19
CaO	5.79	5.08	5.81	3.62	2.06	2.58	6.93	5.03	5.16	3.46	1.11
Na_2O	4.40	3.96	4.99	4.10	3.25	4.67	3.21	4.36	4.04	4.72	4.45
K_2O	2.90	3.22	3.74	4.80	7.54	3.38	1.61	3.01	2.44	4.61	4.43
TiO_2	0.81	0.73	0.71	1.25	0.69	0.66	0.80	1.07	0.84	0.81	0.85
MnO	0.10	0.13	0.15	0.11	0.07	0.06	—	0.12	0.07	0.18	0.05
H_2O	0.75	—	1.12	0.50	0.80	0.67	0.20	0.52	0.43	0.20	2.86
P_2O_5	0.40	—	0.23	0.59	0.09	0.26	1.24	1.67	1.04	0.31	0.55
总和	100.01	100.03	99.28	99.99	100.01	99.99	99.89	100.02	100.05	98.83	100.26

注：1 代表闪长岩（北京地区，孙绳宗）；2 为石英闪长岩（同1）；3 为辉石闪长岩（安徽钟九）；4 为黑云母闪长岩（北京花塔）；5 为正长岩（北京地区）；6 为石英二长岩（湖北铁山）；7 为安山岩（蔡斯）；8 为安山岩（北京地区）；9 为安山岩（山西临县）；10 为粗面岩（河北张家口）；11 为粗面岩（宁芜地区）。

　　本亚类岩石矿物成分的特点是铁镁矿物较基性岩略有减少，其含量为 20%～35%，多数在 30% 左右，属于典型的中色岩；而硅铝矿物则有所增加，主要为中长石，环带结构发育，环带的核心部分为拉长石，在安山岩中则为高温斜长石。

　　闪长岩类岩石在分布上与基性岩类相似；喷出岩大大超过深成岩，且分布广泛。据统计安山岩约占全部岩浆岩出露面积的 23%，仅次于玄武岩，而闪长岩仅占 1.8%。本类岩石常与铁、铜、金及黄铁矿等金属矿床密切有关。

（二）正长岩—粗面岩亚类

　　从表 2-4 中可知，本亚类的化学成分及其特点是：SiO_2 含量一般在 60% 左右，多数种属稍高于闪长岩—安山岩亚类；碱金属含量较高，可达 8%～10%，且多数是 K_2O 多于 Na_2O，这点与闪长岩—安山岩亚类不同。

　　在矿物成分上，本类岩石的主要矿物为碱性长石；次要矿物有斜长石、普通角闪石、黑云母、普通辉石和石英等，在碱性系列岩石中出现碱性角闪石、碱性辉石及少量似长石类矿物；副矿物主要有磷灰石、磁铁矿、榍石和锆石等。

　　综上所述，矿物成分上的特点是，硅铝矿物以碱性长石为主，这与闪长岩—安山岩亚类完全不同；此外，铁镁矿物含量较低，一般为 20% 左右，也与闪长岩—闪长岩亚类不同。

　　正长岩—粗面岩亚类岩石在地壳中出露较少，仅占岩浆岩的 0.6%，是一类较少见的岩石。本亚类岩石常与铁、铜和稀有元素、放射性元素矿床有密切的关系。

（三）中性岩类与其他岩类的过渡关系

　　中性岩一般不形成独立岩体，常与酸性岩及基性岩共生过渡，这种过渡关系及过渡类型的岩石在深成岩体中表现得最为明显（图 2-18）。

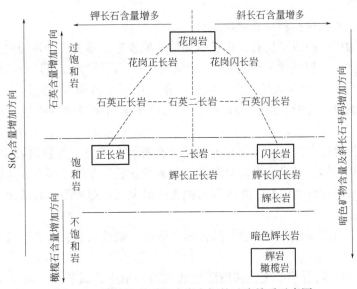

图 2-18　钙碱性系列深成岩之间的过渡关系示意图

（1）中性岩类中，当 SiO_2 含量增加时，可出现石英，可使闪长岩与正长岩分别过渡为石英闪长岩、石英正长岩；若石英含量较多时，石英闪长岩可过渡为花岗闪长岩，并进一步过渡为花岗岩。此外，石英正长岩也将随石英含量增多而逐渐过渡为花岗岩。中性岩和酸性岩之间的这种相互过渡关系，不仅表现在石英含量的增减上，而且还表现在长石性质的变化和斜长石的号码以及暗色矿物性质和含量的变化等方面。

（2）闪长岩与正长岩之间的过渡关系，主要表现在岩石中所含钾长石与斜长石的含量比例变化而显示出来。当两种长石含量近似时，可组成典型的二长岩（又称为闪长正长岩）。

（3）中性岩类中，当 SiO_2 含量减少时，闪长岩是随斜长石号码及其含量的增高可过渡为辉长闪长岩，最后随 SiO_2 含量继续减低可过渡为辉长岩；同样，正长岩由于斜长石号码增大、含量增高，也可经过辉长正长岩而过渡为辉长岩，这就是中性岩与基性岩之间的过渡关系。

中性岩类深成岩的代表岩石为闪长岩和正长岩，二长岩则为它们之间的过渡类型；相应的浅成岩为闪长玢岩及正长斑岩，过渡性岩石为二长斑岩；喷出岩的代表岩石为安山岩和粗面岩，过渡类型为粗面安山岩。

二、岩石的主要类型

中性岩类岩石包括侵入岩和喷出岩。依据产状的不同，中性侵入岩又可分为深成岩和浅成岩。

（一）中性侵入岩

1. 岩石的一般特征

本类岩石的一般特征主要表现为矿物成分、结构、构造、次生变化等方面的特征。

1）矿物成分

（1）主要矿物。

侵入岩的主要矿物包括斜长石和角闪石。

斜长石一般为中长石或更长石。中长石环带结构发育，多为正常环带或韵律环带，晶体常呈半自形厚板状。在似斑状的浅成岩中，斑晶中斜长石号码高于基质中的斜长石，其差值有时可达 20~30 号。斜长石双晶发育，常见的有钠长石双晶和卡—钠复合双晶。斜长石常发生绢云母化和钠黝帘石化，并且经过次生变化后环带结构显得更清楚，而双晶则变得不明显。

角闪石一般为普通角闪石，颜色多为绿色，有时可见褐色，少数岩石中可见颜色环带。多呈半自形长柱状晶体，有时发育简单双晶。在碱性正长岩中的角闪石，为针状及长柱状的钠闪石、钠铁闪石等碱性角闪石。角闪石易蚀变为绿泥石或绿帘石，并析出少量磁铁矿。

（2）次要矿物。

中性侵入岩中的次要矿物主要包括黑云母、辉石、碱性长石、石英以及某些碱性正长岩中还含少量似长石。

① 黑云母常和角闪石相伴生，在偏酸性的岩石种属中含量较多，往往呈褐色，在碱性正长岩中为红褐色的铁云母或铁锂云母。黑云母遭受蚀变时，其产物主要为绿泥石或蛭石等。

② 辉石常见于与辉长岩共生过渡的闪长岩和二长岩中，主要为透辉石和普通辉石，有时偶见少量紫苏辉石；在碱性正长岩中则出现霓石、霓辉石等碱性种属。辉石的次生变化产物主要有纤闪石、绿泥石、碳酸盐类矿物等。

③ 碱性长石一般为正长石及微斜长石，在碱性正长岩中还有钠长石（An<5%）。在闪长岩中碱性长石含量较少，常呈他形颗粒充填于主要矿物颗粒之间；在二长岩中，碱性长石与斜长石含量大致相近；在正长岩中碱性长石则为主要矿物。

④ 石英在本类岩石中含量很少，一般不超过 5%，呈他形粒状充填于其他矿物颗粒之间。当石英含量达 5%~20% 时，就应在岩石命名时予以考虑，如石英闪长岩、石英正长岩和石英二长岩。

⑤ 似长石仅在碱性正长岩中可出现少量的霞石、方钠石、蓝方石、黝方石等似长石类矿物，其含量一般不超过 10%。其中，蓝方石和黝方石只偶尔出现于超浅成岩石中。

（3）副矿物。

本类岩石中所含副矿物种类不多，主要有磷灰石、榍石、磁铁矿、钛铁矿和锆石。有些副矿物在一些岩石中有两期产出，早期形成的粒度小而晶形完整，常被角闪石或斜长石所包裹；晚期的副矿物是因暗色矿物遭受蚀变时形成的，如角闪石绿泥石化的同时就可析出少量磁铁矿小晶粒。

2）常见结构和构造

本类侵入岩常见的结构为半自形粒状结构（图 2-19）。一般情况下总是角闪石、黑云母等暗色矿物首先结晶，然后为斜长石，碱性长石和石英最后结晶。在辉长闪长岩中，可出现辉长辉绿结构。

浅成岩具细粒结构和似斑状结，偶见斑状结构。在二长岩中，则具有典型的二长结构（图 2-20），其特点是斜长石比碱性长石自形程度高，较自形的板状斜长石或嵌于他形碱性长石晶体中，或是他形钾长石分布于斜长石间隙中组成半自形粒状结构。

图 2-19　半自形粒状结构

闪长岩，由单斜辉石、角闪石和中长石组成，

（+），$d=4.8$mm

图 2-20　二长岩

他形正长石内嵌有斜长石，构成二长结构，

（+），$d=2.6$mm

本类侵入岩常见的构造有块状构造、晶洞构造和条带状构造，在同化混染作用发育较强的地区也可出现斑杂状构造。

2. 种属划分及主要种属描述

闪长岩与花岗岩及正长岩之间都有过渡种属。若闪长岩中碱性长石含量增加，可过渡为二长岩至正长岩。若闪长岩中碱性长石和石英增加，可过渡为花岗闪长岩至花岗岩。闪长岩也可由于暗色矿物含量增加（如辉石增加）、斜长石号码增高，而过渡为辉长闪长岩至辉长岩。

1）闪长岩亚类

闪长岩亚类岩石一般呈灰色、深灰色及灰绿色，半自形粒状结构，块状构造。闪长岩的矿物成分主要由斜长石和角闪石等一种或几种暗色矿物组成，斜长石占长石总量的 2/3 以上，有时可出现少量碱性长石和石英。根据本亚类岩石与其他岩类的过渡关系及结构特征，可划分为下列五个种属。

（1）闪长岩。闪长岩（diorite）呈灰色、深灰或灰绿色，半自形细—中粒结构，块状构造。岩石的矿物成分主要由绿色（或褐色）普通角闪石和中性斜长石所组成，次要矿物有黑云母或辉石、碱性长石、石英等。其中，角闪石多呈深绿色长柱状晶体，有较好的解理面，呈玻璃光泽。斜长石为浅灰或灰白色长板状晶体，解理明显，具玻璃光泽，可见聚片双晶纹，变化后为土状，颗粒轮廓变得模糊，颜色也微带淡绿色。有些变种可含少量肉红色的碱性长石和烟灰色具油脂光泽的石英。此外，还可出现极少量的辉石（主要为透辉石）。如我国邯郸地区产出的闪长岩，含角闪石 28.1%、斜长石 69.2%、石英 2.4%、碱性长石 2.2%。根据闪长岩中暗色矿物的种类不同，依据岩浆岩进一步命名原则，闪长岩常见的有角闪闪长岩（简称闪长岩）、黑云母闪长岩、辉石闪长岩和石英辉石闪长岩等。

（2）石英闪长岩。石英闪长岩（quartz diorite）是一种浅色的闪长岩，石英含量占岩石浅色组分的 10%~20%（石英含量只有 5%~10% 时，称为含石英闪长岩），暗色矿物（角闪石、黑云母、辉石）含量占 15%~20%，斜长石（中长石）为主要矿物，含量 60% 以上。

如安徽铜官山产出的石英闪长岩（图2-21），侵入于二叠纪白云质灰岩中，其中由斜长石（具环带结构的中长石占70%～75%）、绿色普通角闪石（10%）、普通辉石（5%）、石英（10%）及少量钾长石所组成，岩石具典型的半自形粒状结构，块状构造。

（3）辉长闪长岩。辉长闪长岩（gabbro diorite）是闪长岩向辉长岩过渡的种属。暗色矿物以单斜辉石为主，含少量角闪石及斜方辉石，一般色率大于30，浅色矿物主要为中基性斜长石（号码为An=45～55），一般An<50%。它与辉长岩的区别主要是斜长石号码及暗色矿物的含量的不同，当斜长石An≤50%时属闪长岩，An>50%时则应定为辉长岩。如南京宁芜地区的辉长闪长岩，矿物成分有斜长石（70.5%，平均An=49%）、单斜辉石（21.7%）和角闪石（4.3%），可见微量的紫苏辉石、磷灰石和磁铁矿（共3.5%）等。

（4）微晶闪长岩。微晶闪长岩（malchite）是闪长岩类的浅成或超浅成岩。岩石的主要特点是矿物粒径细小（约为0.2mm），分布均匀，具细粒或微粒等粒结构；矿物成分主要为斜长石、角闪石、黑云母，有时含少量石英或辉石。

（5）闪长玢岩。闪长玢岩（dioritic porphyrite）是闪长岩类的浅成或超浅成岩，具斑状结构（图2-22）。它的矿物成分与闪长岩相似，斑晶矿物成分为中长石、角闪石，有时可见黑云母、辉石；基质成分与斑晶基本相同，但粒径细小常呈微晶。

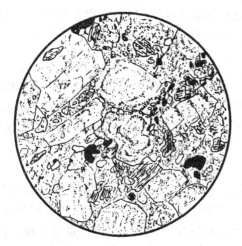 

图2-21　石英闪长岩

由角闪石和辉石及少量石英颗粒组成，具典型的
半自形粒状结构，(-)，d=4.8mm

图2-22　闪长玢岩

斑状结构，斑晶为中长石，基质由细粒的角闪石、
黑云母、斜长石和磁铁矿组成，(-)，d=4.8mm

2）正长岩亚类

本亚类岩石颜色一般较浅，为灰、灰白、肉红或灰绿等色；岩石具等粒结构，有时为似斑状结构。岩石中碱性长石占长石总量的2/3以上，浅色矿物中还有少量斜长石和石英；暗色矿物含量约占20%，主要为黑云母、角闪石和少量辉石等，均为次要矿物。根据岩石中是否含似长石及暗色矿物的种属，正长岩类可进一步划分为钙碱性正长岩和碱性正长岩两个类型，然后再根据次要矿物细分其种属。

（1）钙碱性正长岩类。

岩石含正常的暗色矿物，不出现似长石类矿物，可含少量斜长石和石英。根据暗色矿物种属可划分岩石种属，常见种属有以下五种：

① 正长岩。正长岩（syenite）主要由碱性长石（正长石、歪长石和微纹长石）、少量斜长石（更—中长石）及暗色矿物（角闪石、黑云母或少量辉石）所组成。当碱性长石占长石总量的2/3以上时，不含或仅含少量石英（小于5%）；当石英含量达5%以上时，为石英正长岩。再依据暗色矿物的种作进一步命名，如黑云母正长岩（图2-23）、角闪正长岩及辉石正长岩等。岩石具半自形—他形粒状结构，块状构造。

② 石英正长岩。石英正长岩（quartz syenite）为一种向酸性岩过渡的种属。石英含量为5%~20%，呈他形粒状分布于长石之间，其他矿物成分同正长岩。根据暗色矿物的种类，可进一步命名为黑云母石英正长岩、角闪石英正长岩及辉石石英正长岩。岩石具半自形粒状结构，碱性长石与石英常组成显微文象结构，块状构造。

③ 钠长岩。钠长岩（albitite）为正长岩亚类中的一种特殊岩石。主要由钠长石组成，有时可含少量钾长石和石英，暗色矿物含量很少或没有，为一种呈灰、灰白或灰红的浅色岩石。若钠长岩中的斜长石是更—中长石时，则称为钠长闪长岩。关于钠长岩的成因，目前存在两种观点：一些人认为是晚期富钠残余岩浆结晶而成；但更多人认为，它可能是富钠的气水溶液交代闪长岩而成，即钠长岩是闪长岩钠石化的产物。

④ 正长斑岩。正长斑岩（syenite porphyry）是指钙碱性正长岩的浅成岩，其矿物成分与相应的深成岩正长岩相似；岩石具似斑状或斑状结构，斑晶主要为碱性长石（正长石及透长石），偶见暗色矿物斑晶；基质为微粒—细粒的显微晶质结构，粗面结构，少数为隐晶质（图2-24）。当石英含量大于5%时，称为石英正长斑岩。当岩石不具斑状结构，而呈微—细粒半自形粒状结构时，称为微晶正长岩。

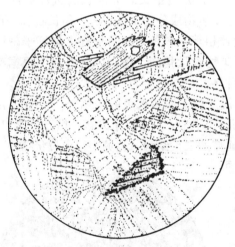

图2-23 正长岩
由高岭土化的正长石组成，含少量黑云母和
绿帘石，（-），*d*=4mm

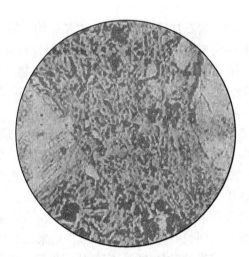

图2-24 正长斑岩
斑状结构，斑晶主要为碱性长石，基质为
粗面结构，（+），*d*=4mm

⑤ 微晶正长岩。微晶正长岩（microlithic syenite）为钙碱性正长岩的浅成侵入岩，其矿物成分与相应的深成岩正长岩基本相同，所不同的是因结晶环境改变而形成具微粒—细粒半自形粒状结构的特征。

（2）碱性正长岩类。

碱性正长岩（alkali syenite）是指由碱性长石和一些碱性暗色矿物及少量似长石类矿物

组成的岩石，不含 An>5% 的斜长石。碱性正长岩类的主要矿物为碱性长石和碱性暗色矿物，其中碱性长石含量可达 70%~80%，常见的有正长石、微斜长石、歪长石、钠长石；碱性暗色矿物为霓石、霓辉石、钠闪石、钠铁闪石、棕闪石等；次要矿物有富铁黑云母、普通辉石，有时含有异性石或少量闪叶石。碱性正长岩是随其中似长石含量增加而向碱性岩过渡。根据岩石中所含暗色矿物种类及碱性长石的性质，碱性正长岩可划分为以下三种常见种属。

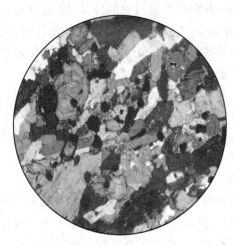

图 2-25　霓辉正长岩

具环带结构的霓辉石，钾长石呈他形，含少量
方钠石和磁铁矿，(+)，$d=4.8mm$

① 霓辉正长岩。霓辉正长岩（aegirine-augite syenite）主要由霓辉石和碱性长石组成，含少量似长石。如山西临县产出的霓辉正长岩，主要由正长石、霓辉石和少量的长石及棕闪石组成，具半自形中—粗粒结构（图 2-25）。

② 碱闪正长岩。碱闪正长岩（umptekite）主要由钾长石和钠铁闪石组成，有时还含少量针状霓石和霞石。如四川南江的碱闪正长岩，由微斜长石、条纹长石和钠铁闪石及棕闪石组成，还含少量黑云母和钠长石，暗色矿物占 3%~10%。

③ 歪长正长岩。歪长正长岩（anorthoclase syenite）主要由歪长石（具细密的格状双晶）、霓辉石、钛辉石、棕闪石、铁锂云母等组成。

3）二长岩亚类

二长岩亚类是正长岩向闪长岩过渡或向辉长岩过渡的岩石种属，具典型的二长结构。岩石的主要矿物成分为碱性长石、斜长石和一种或数种暗色矿物。其中，碱性长石和斜长石含量大致相等，斜长石的自形程度略好于碱性长石；有时可出现少量石英和似长石类矿物，暗色矿物含量稍高，约占 30% 左右。根据次要矿物特征，本亚类岩石可进一步划分为下列常见种属。

（1）二长岩。二长岩（monzonite）是一种呈浅灰色、浅玫瑰色的浅色岩，主要由 An=30%~50% 的斜长石和近等量的钾长石及普通辉石（常含钛）、普通角闪石、黑云母等组成，某些种属可出现少量石英或似长石类矿物；常具典型的二长结构，也见半自形粒状结构、似斑状结构，块状构造。关于二长岩的概念尚有不同的认识，有人认为二长岩即是闪长正长岩（斜长石为更—中长石），另一些人认为二长岩即是辉长正长岩（斜长石为中—拉长石），后来二长岩这个概念应用范围扩大之后，它包括闪长正长岩和辉长正长岩这两种岩石。

（2）石英二长岩。石英二长岩（quartz monzonite）是指石英含量占浅色组分为 5%~20% 的二长岩（图 2-26）。它是向花岗岩过渡的种属，暗色矿物含量较少。当石英含量不大于 5% 时可称为含石英二长岩。国外（美国和日本）把斜长石和碱性长石大致相等的花岗岩（二长花岗岩）也称为石英二长岩，这和我国的习惯用法不同，在阅读外文

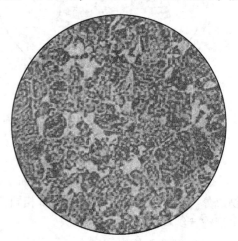

图 2-26　石英二长岩

(+)，$d=2.2mm$

资料时应予以注意。

（3）二长斑岩。二长斑岩（monzonite porphyry）是指二长岩的浅成相岩石。它的矿物成分与深成岩相的大致相同，只是结构不同，一般为（似）斑状结构。斑晶为钾长石（正长石、条纹长石）和斜长石（中长石、钠—更长石）。有时只有斜长石斑晶，但在斜长石边缘常被正长石所包围，构成正边结构；基质成分与斑晶成分相同，由两种长石微晶和少量暗色矿物组成，具显微晶质结构和隐晶质结构。当斑晶与基质出现少量石英时，称为石英二长斑岩（quartz monzonite-porphyry），其成分同二长斑岩，基质可见球粒结构和霏细结构。

3. 次生变化

闪长岩类岩石在后期热水溶液作用影响下，其中的暗色矿物常发生次生蚀变，如角闪石、黑云母发生绿泥石化或绿帘石化；辉石发生纤闪石化；斜长石则发生钠长石化（使斜长石号码降低）、绢云母化和钠黝帘石化（钠长石、绿泥石、绿帘石、黝帘石和方解石的混合物）；此外，还可发生碳酸盐化（被方解石所交代）。正长岩类和二长岩类岩石的次生变化主要是钠长石化、绢云母化、高岭土化、绿泥石化和碳酸盐化。

（二）中性喷出岩

中性喷出岩主要代表岩石为安山岩、粗面岩和粗面安山岩（粗安岩或安粗岩），它们分别相应于闪长岩、正长岩和二长岩，属于 SiO_2 饱和或弱饱和的岩石。中性喷出岩常具斑状结构，基质结晶较细，肉眼观察多为隐晶质或玻璃质，常见气孔状及杏仁状构造。它们的颜色以灰色、灰绿色、紫褐色等为主，均较玄武岩类浅，色率为 $35\% \sim 65\%$，属于中色岩。

1. 岩石一般特征

1）矿物成分

中性喷出岩的矿物成分与相应的深成岩基本相似，但由于喷出岩是在高温低压下快速结晶而成，因此也有某些差异。岩石的主要矿物有斜长石、碱性长石、石英、角闪石和黑云母等；次要矿物辉石和橄榄石等；副矿物主要有磁铁矿、钛铁矿、赤铁矿、磷灰石、榍石等。

（1）斜长石。斜长石为安山岩和粗面安山岩的主要矿物组分（其含量在 $45\% \sim 80\%$），在粗面岩中也可少量存在。斜长石在斑晶和基质中均可出现，斑晶斜长石呈板条状，常具正常环带或韵律环带结构。安山岩中的斑晶主要为中长石和拉长石，其环带核部可出现倍长石；粗面安山岩中的斑晶多为中长石，其环带核部可为拉长石；粗面岩中斑晶多为更长石。基质中的斜长石则为更长石—中长石，缺乏环带，属高温斜长石。

（2）碱性长石。碱性长石为粗面岩的主要矿物组分，在斑晶和基质中均可出现，主要为正长石和透长石；在碱性粗面岩中，还可含歪长石和钠长石；粗面安山岩中斑晶主要为斜长石，一般不含碱性长石，有时碱性长石构成斜长石斑晶的外壳。在安山岩中，碱性长石不出现在斑晶中，仅有少量充填于斜长石微晶之间。碱性长石斑晶中有时可见暗色矿物、副矿物和玻璃质的包体。

（3）角闪石。在粗面岩和粗面安山岩中多为褐色普通角闪石，绿色的种属较少；多色性显著，呈自形长柱状晶体，常见熔蚀及暗化边现象；角闪石主要构成斑晶，基质中无。在碱性粗面岩中，为碱性角闪石（钠闪石、钠铁闪石），在斑晶和基质中均可出现。在蚀变的中性喷出岩中，角闪石可部分或全部变为绿泥石、方解石及金属矿物。

（4）石英。中性喷出岩中的石英含量一般较少，只出现于基质中，有时在气孔中还有高温石英、鳞石英、方英石充填。

（5）黑云母。黑云母在安山岩和粗面安山岩中较少见，而在粗面岩中则较常见。黑云母常和角闪石共生出现在斑晶中，基质一般没有，常见熔蚀和暗化边现象，一般具有褐色的多色性，可见六边形横切面。

（6）辉石。辉石在中性喷出岩中较少见。在安山岩和粗面安山岩中，主要为普通辉石、透辉石和易变辉石，易变辉石仅见于基质中；在碱性粗面岩中的辉石为霓石、霓辉石；辉石常见反环带结构。在发生蚀变岩石中，辉石常被交代分解形成绿泥石、绿帘石和方解石的混合物。

（7）似长石。在碱性粗面岩中，常可见到少量似长石类矿物，如霞石、白榴石、方钠石、蓝方石、黝方石等，多分布于斑晶中，基质中也可少量存在。

（8）橄榄石。橄榄石在较基性的玄武安山岩和玄武粗面安山岩中一般含量较少，可作为斑晶和基质形式出现。

2）常见结构和构造

在中性喷出岩中，岩石一般具斑状结构，而基质结构则是多种多样。在安山岩及粗面安山岩中，有玻基交织结构和交织结构；在粗面岩中，有粗面结构、球粒结构、霏细结构，而玻璃质结构较少见。出现在中性喷出岩中的斑晶，常见暗化边结构、正边结构、熔蚀结构、熔蚀反应边结构等。

（1）玻基交织结构。玻基交织结构（hyalopilitic texture）为安山岩中常见的结构，又称为安山结构，其特点是在玻璃基质或隐晶质中，散布着许多无定向分布的斜长石微晶（图2-27）。

（2）交织结构。交织结构（pilotaxitic texture）在安山岩和玄武安山岩中常见，其特点是基质中呈定向、半定向排列的斜长石微晶间分布少量的辉石、橄榄石和磁铁矿等微晶颗粒。

（3）粗面结构。粗面结构（trachytic texture）是指在粗面岩基质中长条状碱性长石微晶呈平行或半半行流状分布，就像在河流中的木排一样，几乎不含玻璃质（图2-28）。

图2-27 玻基交织结构

角闪安山岩，斑状结构，斑晶为中长石和角闪石（具暗化边），基质由长条状斜长石微晶和磁铁矿及玻璃质组成玻基交织结构，(-)，$d=2.6mm$

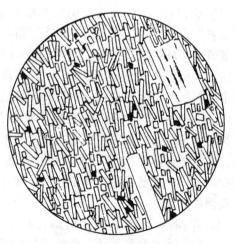

图2-28 粗面结构

斑状结构，斑晶为透长石，基质由众多的板状透长石和一些玻璃质组成粗面结构，(-)，$d=1mm$

（4）球粒结构。球粒结构（spherulitic texture）中的球粒是由长石和石英放射纤维状雏晶组成，镜下具十字形消光。目前，球粒结构可以有两种成因：一种是过冷却结晶形成；另一种是玻璃质脱玻化作用而形成。

（5）霏细结构。霏细结构（felsitic texture）仅见于石英粗面岩中。霏细结构中，长石和石英颗粒极细小，呈等轴粒状，光性不易观察，有时界线也不很清楚。此外，还有少量形成隐晶质及玻璃质结构。

（6）正边结构。正边结构（orthorim texture）是指斜长石斑晶周边具碱性长石环边的现象。

中性喷出岩中，常见的构造有气孔构造、杏仁状构造和流动构造等。

2. 种属划分及主要种属特征

1）安山岩亚类

安山岩是相当于闪长岩成分的喷出岩。通过肉眼观察，新鲜面呈深灰—褐灰色，风化面呈浅黄、浅褐及浅紫红等颜色；岩石主要为斑状结构，基质为交织结构或玻基交织结构，无斑隐晶质或玻璃质结构少见。斑晶成分主要为斜长石、角闪石及少量黑云母或辉石，其中斜长石斑晶为中长石，少数为拉长石，具长方形断面，常见聚片双晶及环带结构；角闪石斑晶呈暗绿色长柱状或针状；辉石斑晶的光泽比角闪石稍强一些，呈黑色或黑绿色短柱状；黑云母斑晶为褐色片状，蚀变后为暗绿色。安山岩的基质多为隐晶质，可呈各种颜色，次贝壳状或平坦断口。安山岩常具块状、气孔状及杏仁状构造。

通过镜下观察，斜长石可呈斑晶及微晶两种形式出现，斑晶主要为中—拉长石，基质中斜长石微晶一般为中长石，其号码比斑晶中小，也就是更显酸性；辉石常为普通辉石、易变辉石或透辉石，可同时出现在斑晶和基质中，但易变辉石多出现在基质中；角闪石（普通角闪石、玄武闪石）一般呈褐色（少数绿色），黑云母为褐色，这两种矿物都仅呈斑晶出现，常见熔蚀和暗化边现象。

安山岩的种属划分主要根据斑晶中暗色矿物种类及特征结构，常见种属有辉石安山岩、角闪安山岩、黑云母安山岩等。

（1）辉石安山岩。大多数的辉石安山岩（pyroxene andesite）具较低的 SiO_2 的含量（53%~56%），也称玄武安山岩，为安山岩中偏基性的种属，在自然界中比较常见。岩石具斑状结构，斑晶成分主要有斜长石、辉石，偶见角闪石、橄榄石等。斜长石斑晶（An ≤ 60%）为拉长石，可见环带，核心部分为拉长石，外缘为中长石；辉石斑晶为普通辉石或紫苏辉石；基质中成分为更—中长石、易变辉石或普通辉石、橄榄石及玻璃质等，常见间粒结构、交织结构或玻基交织结构。常见的构造为气孔、杏仁状构造。河北宣化产出的辉石安山岩（图 2-29），斑晶为普通辉石及中长石，基质中有斜长石微晶和少量磁铁矿及部分玻璃质，具玻基交织结构。

（2）角闪安山岩。角闪安山岩（hornblende andesite）较为常见，SiO_2 的含量一般在56%~63%之间。具斑状结构，斑晶由中长石和角闪石组成，角闪石多为棕色玄武闪石，具暗化边（图 2-30）或全部暗化仅保留其假象。斜长石常具环带结构，且多数发生绢云母化或碳酸盐化。基质由斜长石微晶（呈半定向排列）、磁铁矿及玻璃质组成，具典型的玻基交织结构。

（3）黑云母安山岩。黑云母安山岩（biotite andesite）具斑状结构，斑晶由中长石和黑云母组成，有时含少量角闪石，且黑云母、角闪石均具熔蚀及暗化边；基质由微晶斜长石

（中—更长石）及磁铁矿颗粒组成，可含少量玻璃质。

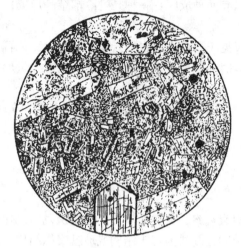

图 2-29　辉石安山岩

斑晶为普通辉石和绢云母化的中长石，基质由斜长
石和已重结晶的玻璃以及少量的磁铁矿组成，为玻基
交织结构，(-)，$d=4.8mm$

图 2-30　角闪安山岩

斑晶为中长石和角闪石，基质由斜长石微晶和
磁铁矿矿物与玻璃组成，为玻晶交织结构，
(-)，$d=2.6mm$

（4）玄武安山岩。玄武安山岩（basalt andesite）为玄武岩与安山岩之间的过渡类岩石。岩石多为灰黑—灰绿色，具斑状结构，基质为间粒结构、交织结构或玻晶交织结构，有时为细粒—隐晶质结构或玻璃质结构。斑晶多为基性斜长石和普通辉石或紫苏辉石，少量角闪石，偶见橄榄石或黑云母；基质为更—中长石、辉石和橄榄石等。常见气孔、杏仁状构造。

2）粗面岩亚类

粗面岩是相当于正长岩成分的中性喷出岩，它以出现大量的碱性长石（>60%）为鉴别特征。通过肉眼观察，粗面岩多呈暗灰色，风化面一般呈浅灰黄、褐灰色、褐红色等颜色，常为斑状结构或玻基斑状结构，基质多为隐晶质；常具块状构造，有时可见气孔状构造、杏仁状构造、流纹构造等。粗面岩的斑晶成分主要为透长石，可有少量高温斜长石（更长石），暗色矿物主要有黑云母和少量角闪石、辉石。镜下观察，斑晶中黑云母和角闪石也常见熔蚀及暗化边，基质中以透长石为主，长条形透长石微晶呈半定向平行排列构成典型的粗面结构，当发生重结晶后，可形成由钾长石组成的球粒。

粗面岩的种属划分主要是根据暗色矿物的种类以及似长石和斜长石是否出现，可分为钙碱性粗面岩（正常种属，简称为粗面岩）和碱性粗面岩。

（1）钙碱性粗面岩。

钙碱性粗面岩（calc-alkalic trachyte）不出现似长石和碱性暗色矿物，可含少量斜长石，有时还含少量石英。粗面岩可进一步划分为以下种属：斑晶几乎全为斜长石时，可称为斜长粗面岩；含少量石英（小于 10%）时，称为石英粗面岩。依据暗色矿物斑晶种类又可分为黑云母粗面岩、角闪粗面岩、辉石粗面岩等。其中，较为常见的种属有粗面岩和石英粗面岩。

① 粗面岩。粗面岩（trachyte）成分相当于正长岩。岩石具斑状结构，基质为粗面结构；斑晶成分主要由透长石、斜长石（多为中长石）和少量黑云母组成，角闪石和辉石较

少见，基质主要由透长石微晶和少量玻璃质组成。

② 石英粗面岩。石英粗面岩（quartz trachyte）成分相当于石英正长岩。它与粗面岩的主要区别是出现了少量石英斑晶，有时石英仅存在于岩石的基质中，呈他形或半自形粒状充填于透长石微晶之间，有时石英与长石呈文象状交生，形成显微文象结构。

（2）碱性粗面岩。

碱性粗面岩是一类不含斜长石（An>5%的斜长石），而含少量碱性暗色矿物和似长石类矿物的粗面岩，其成分相当于碱性正长岩。碱性粗面岩常见的种属有以下两种：

① 碱性粗面岩。碱性粗面岩（alkali trachyte）常具斑状结构，斑晶主要由碱性长石（正长石、歪长石、An<5%钠长石）和少量碱性暗色矿物（如霓石、霓辉石、钠闪石、钠铁闪石等）组成；此外，还含少量似长石（霞石、白榴石、方钠石、蓝方石、黝方石等）。当似长石含量大于10%时，则过渡为响岩（碱性岩类喷出岩）。碱性粗面岩可根据暗色矿物种类进一步详细命名，如霓辉粗面岩、钠闪粗面岩；也可根据似长石种类进行命名，如方钠石粗面岩、黝方石粗面岩等。

② 角斑岩。角斑岩（keratophyre）是一种海底火山作用形成的中性喷出岩。岩石呈灰色或灰绿色致密角质状。角斑岩通常为斑状结构，基质多为隐晶质；斑晶主要为钠长石或钠长石化的更长石，有时出现少量歪长石及微斜长石，偶见少量黑云母和辉石等，但多已绿泥石化。通过镜下观察，基质具粗面结构（图2-31）或霏细结构，主要由钠长石或钠—更长石微晶组成，其次还有钾长石、绿泥石和方解石等。角斑岩以不含碱性暗色矿物和似长石区别于碱性粗面岩，并常和细碧岩共生组成细碧—角斑岩建造，构成岛屿构造带特有的岩石组合。

3）粗面安山岩亚类

该亚类岩石为成分相当于二长岩的熔岩，是介于安山岩与粗面岩、玄武岩与粗面岩之间的过渡类岩石。岩石具斑状结构，基质常具有安山结构和粗面结构的双重特点。粗面安山岩的主要矿物成分斜长石和碱性长石，且含量相近，次要矿物为暗色矿物和石英。根据石英的含量可分为粗安岩和石英粗安岩两个主要类型。在TAS图解分类中根据SiO$_2$和碱的质量分数的含量可分为玄武粗安岩和粗安岩，依据Na$_2$O与K$_2$O质量分数进一步分为钠质的橄榄粗安岩、钾质的橄榄玄武岩等。

（1）粗面安山岩。粗面安山岩（trachyandesite）简称为粗安岩（图2-32），呈灰、灰黄、灰白或肉红等色。岩石具斑状结构，斑晶成分有斜长石和角闪石、黑云母或辉石等暗色矿物；基质中矿物成分有斜长石、透长石或正长石、少量辉石和磁铁矿，常可含数量不等的玻璃质，常具粗面结构、交织结构或玻基交织结构。粗安岩与安山岩、粗面岩的区别在于，在粗安岩中可同时出现斜长石和碱性长石等两种长石且二者含量近相等。有时，在某些粗面安山岩中，无论是斑晶或基质都不出现碱性长石，钾质仅赋存于隐晶质或填隙的玻璃基质

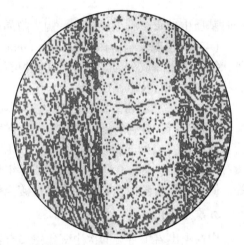

图 2-31　角斑岩
斑状结构，斑晶为钠更长石，沿解理及裂隙
钾长石化，钾长石为微斜长石，基质由钠长石
微晶组成，（+），$d=4.8$mm

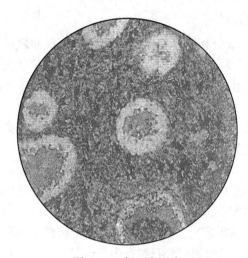

图 2-32　粗面安山岩

主要成分为斜长石，具粗面结构，杏仁体外围
为石英，核部为绿泥石，(-)，$d=2.4mm$

中，此时与安山岩难于区别，只有通过化学分析才能确定。

（2）钠粗面安山岩。钠粗面安山岩（doreite）为一种富含钠质的粗面安山岩，其化学成分中 K_2O 与 Na_2O 的含量相当。此种岩石以含较多紫苏辉石为其特征。它相当于紫苏辉石二长岩的喷出岩，是粗面安山岩亚类中的一种特殊岩石。

（3）石英粗安岩。石英粗安岩（coloradoite）为粗面岩向流纹岩过渡的岩石。岩石中的斜长石和碱性长石含量近相等，斜长石成分为更—中长石，作为斑晶的主要成分，碱性长石主要出现于基质中或环绕斜长石构成正边结构。石英粗安岩与粗安岩的区别是基质中含有较多的石英，一般含量为 5%～20%，它们或以填隙物形式充填于长石粒间，或包裹细小长石微晶构成显微嵌晶结构。有时基质中长石、石英极细小，构成隐晶质结构。

（4）橄榄粗安岩。橄榄粗安岩（mugearite）为玄武粗安岩的钠质变种，常见流动构造，斑状结构。斑晶成分为普通辉石和橄榄石及少量磁铁矿，基质成分为更长石、普通辉石和填隙状的碱性长石及磁铁矿等。

（5）橄榄玄粗岩。橄榄玄粗岩（shoshonite）为玄武粗安岩的钾质变种，矿物成分为拉长石、透长石、普通辉石、橄榄石，副矿物为磷灰石和金属矿物；岩石具有斑状结构，斑晶为普通辉石（或紫苏辉石）和橄榄石，偶见金云母和角闪石斑晶；基质由具透长石边的拉长石和橄榄石、辉石少量暗色玻璃质等组成，常见粗面结构，有时出现少量方沸石和白榴石等。橄榄玄粗岩随橄榄石的增多可过渡为橄榄粗面玄武岩。

3. 次生变化

中性喷出岩中常见的次生变化主要有：暗色矿物的绿泥石化、绿帘石化和碳酸盐化等；斜长石钠长石化、黝帘石化和绢云母化；碱性长石的高岭土化和绢云母化等。安山岩常发生青磐岩化，生成灰色致密块状岩石。安山岩在热液作用下，常发生青磐岩化形成绿色的青磐岩，其矿物组合为钠长石、绿泥石、绿帘石、黝帘石、绢云母、方解石和黄铁矿等；此外，有时也可发生高岭土化和叶蜡石化等次生蚀变。粗面安山岩和粗面岩常见的次生变化有绢云母化、高岭土化、明矾石化及沸石化。

三、产状及分布

（一）中性侵入岩

中性侵入岩很少组成独立的岩体，往往以小型岩体与基性岩、酸性岩或碱性岩体相伴生或成为这些岩体的边缘部分；即使形成独立的岩体，也是一些小型岩株、岩盖、岩床或脉状侵入体。根据生成条件，中性侵入岩有以下三种地质产状。

1. 与辉长岩相伴生的岩体

这类岩体在我国分布较广。例如，我国山东济南鹊山的辉长岩体，其南端渐变为闪长岩，侵入于济南石灰岩中；南京的蒋庙辉长岩体，其边缘部分已过渡为闪长岩；四川会理的正长岩，常分布在基性—超基性岩体的上部，或呈小岩脉侵入其中。这类中性岩体可能是玄武岩浆结晶分异的产物。

2. 与花岗岩关系密切的中性岩体

这类岩体通常成为花岗岩体的边缘部分或在花岗岩体附近呈独立小岩体出露。例如，我国湖北大冶一带的闪长岩和石英闪长岩，侵入于大冶灰岩中，其北边为花岗岩体，向南逐渐过渡为石英闪长岩、闪长岩。由于同化混染作用，局部还有正长岩出露。我国安徽的黄山和九华山的花岗岩基，常伴生许多小岩体，当侵入于石灰岩中时，则形成闪长岩或石英闪长岩。这类闪长岩小岩体，可能是花岗岩受同化混染作用而形成的。河南桐柏的正长岩和二长岩呈小岩体伴生于花岗岩体旁边。

3. 独立产出的岩体

这类岩体一般均为小型岩体，常出现在区域断裂带上。如我国江苏、安徽两省间的宁芜地区所产出的闪长岩、闪长玢岩脉状小岩体，与安山岩共生，其中闪长玢岩常为闪长岩的边缘相。

（二）中性喷出岩

中性喷出岩以安山岩分布最广，分布面积仅次于玄武岩，在活动大陆边缘、造山带及岛弧地区广泛分布，尤其是在环太平洋年轻的造山带内最发育，因此被称为板块聚敛边缘的典型岩石。按照现代板块理论，在大洋板块与大陆板块的碰撞带上广泛分布以安山岩为主的火山熔岩，如环太平洋"安山岩线"。世界上安山岩的主要产地在南美西部的安第斯山，因而得名安山岩。该地的安山岩主要是辉石安山岩，与玄武岩相伴生。我国东部，北自大、小兴安岭，南至东南沿海，广泛分布着中生代形成的安山岩。

安山岩在我国各个地质时代几乎都有分布。例如，山西五台前震旦纪变质岩系中，局部夹有安山岩流，多已变成钠长斑岩；天津蓟州、北京平谷一带下震旦统的大红峪石英岩中也夹有安山岩；此外，山西中条山和四川会理、河南熊耳山等地均有安山岩的分布；在我国南方长江中下游及闽浙一带大片中生代火山岩系中，也夹有部分安山岩。

粗面岩及粗面安山岩分布较少，多与玄武岩或安山岩共生，主要分布在大洋内部岛屿及大陆内部的深大断裂带附近。我国中生代在东南沿海一带有大规模的中、酸性火山喷发，其中就夹有不少粗面岩和粗面安山岩，如宁芜地区上侏罗统火山岩系中的粗面岩及粗面安山岩与安山岩和响岩相伴生。

四、有关矿产

与闪长岩有关的矿产主要是铜铁夕卡岩矿床，主要分布于闪长岩和碳酸盐岩的接触带上，如湖北大冶铁山的铁矿、铜绿山的铜矿，安徽官山的铜、铁矿床等；闪长岩也可作为较好的建筑材料。与正长岩有关的矿床为霞石—烧绿石—稀土元素矿床。

与安山岩有关的矿产主要是和青磐岩化相伴的金、银矿床，其次也有铁、铜矿床。如安徽和江苏等地和火山岩有关的铁矿可能也与其有关。在油气勘探方面，以安山岩、粗面岩为代表的中性喷出岩，由于气孔、裂隙等较为发育，常可成为储集性能良好的油气储层。如我国渤海湾盆地辽河油田和胜利油田、松辽盆地徐深气田等均已发现以安山岩、粗面岩储集层的火山岩油气藏，并具有良好油气显示与产能。

第四节　酸性岩类

酸性岩类（花岗岩—流纹岩、花岗闪长岩—英安岩类）是指 SiO_2 含量（大于65%）很高的一类岩浆岩，可出现大量的石英，属于硅酸过饱和的岩石，习惯上称为酸性岩。

一、概述

酸性岩类岩石的化学成分，见表2-6。从该表中可知，SiO_2 含量高，一般为65%～78%；K_2O 和 Na_2O 的含量也较高，平均各占3%～4%；而 MgO、$FeO+Fe_2O_3$ 和 CaO 含量则较低，一般均小于2%～3%（比中性岩低）。按碱质含量不同，花岗岩—流纹岩亚类可分为钙碱性和碱性两个系列。酸性喷出岩的成分与相应的酸性侵入岩基本相同，但 SiO_2 含量比相应的深成岩略高一些，这和其他岩类的喷出岩有些相似之处。

表2-6　酸性岩类的化学成分　　　　　　　　　　　　　%

序号	SiO_2	TiO_2	Al_2O_3	Fe_2O_3	FeO	MnO	MgO	CaO	Na_2O	K_2O	H_2O	P_2O_5
1	71.27	0.25	14.25	1.24	1.60	0.08	0.80	1.62	3.79	4.03	0.59	0.16
2	76.67	0.09	12.96	0.45	1.31	0.01	0.27	1.10	3.84	4.66	0.53	0.05
3	74.85	0.32	14.15	0.75	0.52	0.05	0.21	0.61	3.57	4.55	—	0.12
4	64.98	0.52	16.33	1.89	2.49	0.09	1.94	3.70	3.67	2.95	0.83	0.32
5	72.08	0.40	16.47	1.35	2.11	0.04	0.36	1.45	2.15	2.10	0.94	0.14
6	78.08	0.12	12.51	1.25	0.78	—	0.16	—	4.59	4.70	0.20	0.01
7	62.72	0.70	16.64	1.80	3.00	—	2.08	5.14	3.80	3.10	0.30	0.78
8	61.74	0.70	16.84	0.90	4.74	—	1.90	5.12	3.50	3.20	0.28	1.00
9	62.32	0.61	17.08	2.21	3.01	—	2.14	3.29	4.46	3.67	—	—
10	73.67	0.14	11.94	2.51	0.11	0.16	0.12	0.86	3.36	4.39	2.86	—
11	73.51	0.29	11.43	2.97	1.08	0.04	0.16	0.28	4.65	4.53	1.02	0.04
12	72.36	0.94	12.76	3.36	0.30	0.17	0.10	0.60	3.34	4.49	2.25	0.06
13	70.69	0.19	12.76	1.46	0.93	0.12	—	1.16	3.40	3.89	3.49	0.08
14	73.06	0.17	12.54	1.48	0.61	0.03	0.36	0.99	3.31	3.08	4.41	0.01
15	65.70	0.65	15.24	2.88	1.56	0.10	1.57	4.00	3.13	2.83	2.18	0.16

注：1为花岗岩（221个平均，黎彤等），2为花岗岩（云南个旧，6个平均），3为花岗岩（西华山，4个平均），4为花岗闪长岩（41个平均，黎彤等），5为更长环斑花岗岩（北京密云，4个平均），6为白岗岩（安徽九华山），7、8为花岗闪长岩（安徽铜官山），9为花岗闪长岩（北京周口店），10为流纹岩（河北张家口），11为碱性流纹岩（R. A. Daly），12为黑曜岩（河北张家口），13为松脂岩（河北张家口），14为珍珠岩（河北张家口），15为英安岩（3个平均，黎彤等）。

酸性岩类在矿物成分上的特点，表现以浅色矿物占绝对优势，一般在85%以上，主要为长石类矿物（碱性长石和酸性斜长石）及石英（大于20%）；其次有少量黑云母、角闪石或辉石等矿物（5%～15%），花岗岩可出现碱性角闪石和碱性辉石；副矿物主要有锆石、磷灰石、磁铁矿、榍石、电气石、萤石等矿物。

本类岩石在自然界分布极广，尤其是酸性深成岩几乎占所有岩浆岩的50%，而酸性喷出岩分布相对较少。这点与基性岩类和中性岩类恰恰相反。深成相的岩石常呈大规模的岩基和岩株产出。

二、岩石的主要类型

本类岩石包括花岗岩、花岗闪长岩以及它们的浅成岩和喷出岩。

（一）酸性侵入岩

酸性岩类的深成侵入岩有花岗岩和花岗闪长岩，浅成侵入岩有花岗斑岩、花岗闪长斑岩、微晶花岗岩及微晶花岗闪长岩等，以上岩石可统称为花岗岩类。

1. 岩石的一般特征

本类岩石颜色一般较浅，多呈肉红色、灰红色、灰白色或白色，色率一般小于15%，属于浅色岩。具细粒—粗粒等粒或不等粒结构以及似斑状结构；一般都具块状构造，有时还可出现球状构造、斑杂构造，在某些岩体的边缘部分可以有似片麻状构造。

1）矿物成分

本类岩石的矿物成分主要有常呈肉红色的碱性长石（正长石、微斜长石、条纹长石）、灰白色的斜长石和无色或呈烟灰色的石英，石英含量较多（大于20%）；暗色矿物有黑云母和少量角闪石或辉石。

（1）主要矿物。

本类岩石中钙碱性系列花岗岩和花岗闪长岩主要矿物有碱性长石、斜长石和石英；碱性系列花岗岩则以碱性长石和石英为主。岩石中主要矿物含量一般不小于85%。

① 碱性长石。碱性长石包括钾长石和An<5%的钠长石。其中，钾长石有单斜晶系的正长石，三斜晶系的微斜长石、歪长石，还有条纹长石。测定钾长石中钠长石的含量，对确定花岗岩的成因很有意义。有人认为，钾长石中钠长石的含量小于15%者，多为交代花岗岩；钠长石含量大于15%者，多为岩浆成因的花岗岩。

② 斜长石。在酸性侵入岩中的斜长石多为更长石或中长石，一般 An = 10%～35%，聚片双晶纹细而密，在花岗岩中斜长石环带较少见，而在花岗闪长岩中斜长石环带比较发育，多为正环带或韵律环带。在酸性岩中，斜长石的自形程度常较碱性长石要高一些。

③ 石英。在花岗岩中，石英含量一般为25%～40%；在花岗闪长岩中，石英含量为20%～25%。在酸性侵入岩中，石英是结晶最晚的矿物，故多呈不规则粒状充填于其他矿物间隙之中，有时也可与钾长石形成规则的文象连生体。石英中常可有气态、液态和某些固态矿物的包裹体。

（2）次要矿物。

酸性侵入岩中，次要矿物主要是各种铁镁矿物，含量一般在15%以下，常见的有以下三种：

① 黑云母。黑云母为本类侵入岩中最常见的铁镁矿物，呈暗褐色或暗绿色，多色性和吸收性明显，常含磷灰石、锆石或磁铁矿等包体。黑云母常蚀变成绿泥石，有时可被白云母所取代。在碱性花岗岩中多为富铁的黑云母。

② 角闪石。角闪石在花岗岩中较少见，而在花岗闪长岩中则较常见，它常常是随斜长

石含量增加、黑云母含量减少而有所增加。在正常花岗岩中,角闪石多为绿色的普通角闪石,呈半自形柱状;在碱性花岗岩中,则为碱性角闪石(钠闪石、钠铁闪石等)。普通角闪石常被蚀变为绿泥石或绿帘石。

③ 辉石。辉石在花岗岩中较少见,多为普通辉石或透辉石;在碱性花岗岩中,则常出现霓石、霓辉石等碱性辉石。紫苏辉石为紫苏花岗岩中的特有矿物。

(3) 副矿物。

酸性侵入岩中的副矿物种类繁多,含量一般小于1%,有时可达3%,常见的有锆石、磷灰石、榍石、磁铁矿和一些含稀有元素或放射性元素的矿物。近年来,对花岗岩类中的副矿物的研究已越来越引人注意。详细研究副矿物的光学性质、化学成分及其组合特征,对于花岗岩类岩石的分类命名、时代对比、岩浆演化以及探讨岩石的成矿专属性等方面都具有重要意义。

2) 常见结构和构造

酸性岩类中常见的结构有半自形细粒至粗粒等粒结构(又称为花岗结构)、似斑状结构和极少见的斑状结构,而更长环斑结构则是似斑状结构中的一种特殊变种,其特点是斑晶中的钾长石边缘有白色斜长石的边环(图2-33)。此外,酸性岩类中还可出现钾长石和石英交生形成的文象结构以及斜长石交代钾长石而形成的蠕虫状结构。

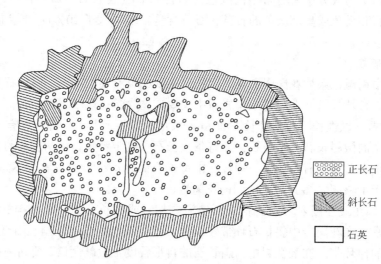

	正长石
	斜长石
	石英

图 2-33 更长环斑状长石(据卫管一,1994)

本类岩石多呈块状构造,岩体边部有时有斑杂构造,它是由于含捕房体或析离体而出现矿物成分、结构或颜色上不均一的结果。此外,有时可见球状构造、条带状构造及似片麻状构造等。

2. 种属划分及主要种属描述

根据岩石中斜长石(An>5%)和碱性暗色矿物的有无,花岗岩可划分为碱性花岗岩和钙碱性花岗岩两个系列。其中,碱性花岗岩几乎不含斜长石或含量极微,但含碱性暗色矿物,一般为霓石和霓辉石、钠闪石、钠铁闪石,可按所含暗色矿物种类进一步命名,如霓辉花岗岩、钠闪石花岗岩等;钙碱性花岗岩(一般简称花岗岩),通常含一定数量斜长石,但不含碱性暗色矿物,按照其所含碱性长石和斜长石的比例,可分为碱长花岗岩、花岗岩

（正常花岗岩）和斜长花岗岩。在自然界中，碱性花岗岩分布稀少，而钙碱性花岗岩则分布极为广泛。

在实际工作中，一般根据岩石中的矿物成分（主要是暗色矿物或副矿物）、结构或特殊构造作进一步命名，加在基本名称之前。习惯用法是：矿物名称按含量少者在前，多者在后的顺序排列。如角闪黑云花岗岩，表示黑云母的含量多于角闪石。现将酸性侵入岩主要岩石种属描述于下。

1）碱性花岗岩

碱性花岗岩（alkali granite）在化学成分上以富含钠质为特点。岩石的主要矿物有石英、碱性长石；次要矿物为碱性暗色矿物，并含少量铁云母或铁锂云母等；副矿物主要有磷灰石、锆石、磁铁矿、星叶石等。碱性暗色矿物一般比长石结晶稍晚或者同时，因此常呈他形晶，并包含浅色矿物或充填于浅色矿物间隙中，这与钙碱性花岗岩有所不同。

根据长石性质，碱性花岗岩可分为两种，即钾质花岗岩（含正长石、微斜长石及条纹长石）和钠质花岗岩（含歪长石和An<5%的钠长石）。再根据碱性暗色矿物种类不同，又可进一步细分为霓石花岗岩、霓辉石花岗岩、钠铁闪石花岗岩等。几乎不含暗色矿物（含量不超过5%）的碱性花岗岩，称为碱性白岗岩。

碱性花岗岩分布较少，出露面积一般不大。常呈小岩珠、岩床产出，常与钙碱性的碱长花岗岩构成环状侵入体。

2）碱长花岗岩

碱长花岗岩（alkali feldspar granite）的主要矿物为石英、碱性长石，而斜长石含量少，一般小于10%，以此区别于正长花岗岩。它是一种弱碱性花岗岩，与碱性花岗岩的区别是不含碱性暗色矿物。碱长花岗岩中碱性长石多为微斜长石、条纹长石，正长石少见。斜长石以更长石为主。当岩石几乎全由碱性长石和石英组成时，称为白岗岩（alaskite），是碱长花岗岩的浅色变种。

3）花岗岩

花岗岩（granite）颜色较浅，为灰白色、灰色和肉红色。其主要矿物为石英（含量为25%～40%，一般为30%左右）、碱性长石和酸性斜长石，其中碱性长石占长石总量的2/3以上（主要为正长石、微斜长石或条纹长石）；暗色矿物含量较少，一般为5%～10%，常见的有黑云母、角闪石或少量的辉石。可按暗色矿物的种类进一步命名，如黑云母花岗岩（图2-34）、角闪花岗岩、二云母花岗岩等。当暗色矿物含量小于5%时，则称为白岗岩。根据岩石中碱性长石和斜长石的含量可进一步划分为二长花岗岩（monzonite granite）和正长花岗岩（syenogranite）。

二长花岗岩是指碱性长石和斜长石含量相近的种属，若斜长石多于碱性长石（仅占长石总量1/3以下）的种属则过渡为斜长花岗岩。其中，以黑云母花岗岩最为常见。

图2-34 黑云母花岗岩
由自形程度较高的酸性斜长石和含条纹连晶的钾长石以及他形的石英、黑云母组成，副矿物为榍石和磁铁矿，具典型的半自形粒状结构（花岗结构），(-)，d=4.8mm

4）英云闪长岩

英云闪长岩（tonalite）呈灰色或暗灰色。过去我国沿用苏联的花岗岩名称，称之为"斜长花岗岩（plagiogranite）"，现在已被国际地质科学联合会废弃。岩石主要由石英、斜长石和暗色矿物组成，斜长石成分以中长石为主或以更长石为主（奥长花岗岩），占长石总量的90%以上，碱性长石很少，暗色矿物为黑云母、绿色角闪石，有时可见少量辉石岩，含量一般不超过10%。岩石主要为细—中粒花岗结构，块状构造。英云闪长岩易与石英闪长岩相混，不同点在于，前者的石英含量大于25%，后者的石英含量小于20%。

英云闪长岩、奥长花岗岩、斜长花岗岩仅从矿物分类命名看，它们应属于同一种岩石，只是奥长花岗岩（trondhjemite，也称更长花岗岩）较英云闪长岩中的斜长石更富钠，通常为更长石，因此其可视为英云闪长岩的浅色变种。"斜长花岗岩"虽已被弃用，但它与英云闪长岩、奥长花岗岩常代表某些构造环境或时代特点而仍被国内外学者所使用。

5）花岗闪长岩

花岗闪长岩（granodiorite）是酸性深成岩中的重要种属，呈现灰绿色、暗灰色。与花岗岩相比，花岗闪长岩含有相对较少的碱性长石和石英（20%~25%）；斜长石多为中长石（占长石总量的2/3以上），且常具环带结构；暗色矿物含量较多，一般为10%~20%，多为角闪石，黑云母也较常见，有时含少量辉石，常具半自形中—细粒结构或似斑状结构。我国的北京周口店、福建诏安等地均有花岗闪长岩产出。

6）更长环斑花岗岩

更长环斑花岗岩（rapakivite）是花岗岩的特殊结构变种，也称为奥长环斑花岗岩或斜长环斑花岗岩。岩石呈暗灰色、肉红色，具似斑状结构。更长环斑花岗岩具特征的环斑结构，即呈卵球状、椭球状或不规则状的碱性长石（多为正长石）斑晶周围被白色斜长石（多为更长石）环绕，形成美观的环斑结构。更长环斑花岗岩按其成分应属钾长花岗岩，在我国的北京密云、河北赤城、江西乐平等地均有产出。其中，以北京密云产出的更长环斑花岗岩最为美观。

7）紫苏花岗岩

紫苏花岗岩（charnokite）也是花岗岩类中比较特殊的种属，泛指含紫苏辉石的、与麻粒岩相变质岩在空间密切伴生的中—酸性岩石系列。岩石的颜色较深，肉眼观察其外貌有些像粗粒片麻岩。紫苏花岗岩的主要矿物有石英、碱性长石；此外含有少量的酸性斜长石（为更长石或中长石）、紫苏辉石和石榴石。碱性长石多为微斜长石和条纹长石，且以条纹长石最常见，其特征是条纹长石中的条纹成分不是钠长石而是更—中长石。此外，还可见反条纹和中条纹长石。紫苏花岗岩在我国河北迁安、广西大容山早前寒武纪地层中可见。

关于紫苏花岗岩的成因目前还有争议，有人认为它是花岗岩浆同化黏土质沉积岩的产物；但一般认为它不是岩浆成因的，而是在深带变质条件下花岗岩化作用形成。

8）花岗斑岩

花岗斑岩（granite porphyry）是花岗岩的浅成相岩石，其矿物成分与相应的深成岩基本相同，所不同的是具斑状结构，基质为显微晶质或隐晶质结构，斑晶与基质成分相同，主要为石英、碱性长石和少量斜长石，有时也可出现少量黑云母和角闪石斑晶。花岗岩的浅成相岩石主要种属除花岗斑岩外，还有石英斑岩（斑晶以石英为主）、花斑岩（基质具显微文象结构）、碱性花岗斑岩（含碱性暗色矿物）和似球粒花岗岩（斑晶为放射状球粒）。

9）花岗闪长斑（玢）岩

花岗闪长斑（玢）岩（granodiorite porphyry），如图 2-35 所示，是一种成分相当于花岗闪长岩的浅成岩，呈灰色、暗灰色。岩石具斑状结构，斑晶以斜长石为主，其次为石英和暗色矿物，碱性长石一般只出现于基质中，以此区别于花岗斑岩；基质成分与斑晶基本相似，但含量有所不同，具显微晶质结构、显微文象结构和隐晶质结构。

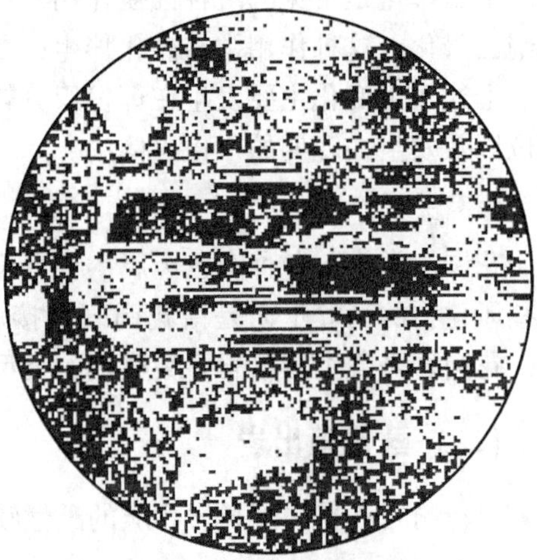

10）微晶花岗岩、微晶花岗闪长岩

微晶花岗岩（microlitic granite）、微晶花岗闪长岩（microlitic granodiorite）是具细粒等粒结构的浅成岩，其成分相当于花岗岩及花岗闪长岩，在自然界比较少见。

11）斑状花岗岩

斑状花岗岩（porphyry granite）一般为肉红色或灰色，具似斑状结构，斑晶一般为碱性斜长石（微斜长石、正长石、条纹长石），有时为斜长石，但石英少见；基质为中粗粒或中细粒花岗结构，由石英、碱性长石、少量黑云母或角闪石组成。

图 2-35　花岗闪长斑岩

斑状结构，斑晶由中长石、石英等组成，基质为微粒结构，（+），$d=4.8$mm

3. 次生变化

花岗岩类岩石在岩浆期后气化热液作用影响下，往往会发生不同程度的变化，有些次生变化（蚀变）与矿化作用关系密切。常见的变化有以下七种。

1）钾长石化

钾长石化主要是斜长石被富钾的溶液交代形成钾长石而出现交代斑状结构，新生钾长石为交代斑晶，从而改变了花岗岩的面貌。

2）钠长石化

钠长石化表现为早期形成的斜长石和钾长石部分被钠长石交代。钠长石化常与稀有金属矿化，特别是钨、锡、钼、铌、钽矿化关系密切。

3）云英岩化

云英岩化是指花岗岩受高温热液作用使钾长石分解形成石英和白云母，或石英、白云母交代长石和黑云母的蚀变作用，并常伴有萤石、电气石和黄玉等气成热液矿物。与云英岩化有关的矿化为钨、锡、钼、铍等。

4）高岭石化

高岭石化表现为花岗岩在低温热水溶液作用或外生作用下，长石被分解形成高岭石和绢云母。高岭石富集时，可构成高岭石矿床，如我国江西景德镇生产瓷器使用的高岭土。

5）绿泥石化、绿帘石化

这两种次生变化是指花岗岩及花岗闪长岩中的暗色矿物黑云母和角闪石等，在热水溶液作用下蚀变为绿泥石或绿帘石，并有金红石、榍石和磁铁矿等析出。

6）电气石化

电气石化常伴随云英岩化和白云母化，并与绿柱石或锂辉石的产出有关，主要交代斜长石。

7) 绢云母化

绢云母化是常见的一种蚀变作用，主要表现为斜长石的绢云母化，强烈时碱性长石也发生绢云母化，这种作用常与硅化伴生，二者强烈时形成绢英岩。

上述次生变化主要发生在挥发组分较集中的岩体的顶部、突出的岩瘤、舌状体、岩枝等部位以及发生在晚期的小侵入体中。

4. 有关矿产

花岗岩类常与各种有色金属、稀有金属、稀土及放射性元素矿床有着密切的成因联系。有些风化型的高岭土矿是由花岗岩直接风化形成的，同时花岗岩也是重要的建筑石材。因此，花岗岩是各类岩浆岩中最重要的类型之一，对于矿产勘查、评价具有重要的经济意义。

（二）酸性喷出岩

与花岗岩和花岗闪长岩相应的酸性喷出岩是流纹岩、英安岩及各种玻璃质岩石。

1. 岩石的一般特征

酸性喷出岩在矿物成分上与相应的深成岩相似。一般具有斑状结构，基质为隐晶质及玻璃质结构，还有部分为无斑隐晶质及全玻璃质结构；构造通常是流纹构造、气孔状及杏仁状结构以及多孔构造（浮岩），还有块状构造和珍珠构造等。岩石的颜色较浅，色率为 0%~35%。

1) 化学成分

流纹岩、英安岩类是分别相当于花岗岩、花岗闪长岩成分的酸性熔岩，SiO_2 含量不小于 62%，且流纹岩中 SiO_2 含量往往大于 70%，Na_2O+K_2O 含量约为 8%。

2) 矿物成分

酸性喷出岩的矿物成分，除与相应的深成岩具有相似的特点外，由于其结晶条件不同，因而也有一些不同的特点，现讨论如下：

（1）石英，在斑晶中通常为六方双锥状的高温石（β-石英），常见部分被熔蚀而呈浑圆状或具港湾状的边缘，有时含有玻璃质、熔融物或气液包体；基质中的石英可能为鳞石英或方英石。

（2）碱性长石，斑晶中主要出现透长石（高温钾长石），其次有正长石和少量歪长岩。透长石极不稳定，如生成时代较老则向正长石转化。碱性长石是斑晶和基质中的主要组分，变质火山岩中可出现微斜长石。

（3）斜长石，多出现在斑晶中，基质中较少见，多为高温斜长石，其成分主要为更长石或中长石，后者常发育环带。斜长石主要见于英安岩中，流纹岩中较少见。

（4）铁镁矿物，主要有黑云母和褐色角闪石，只出现在斑晶中，常有熔蚀和暗化边，有时可全部暗化仅保留这两种矿物外形而呈假象。在碱性系列喷出岩中，可含碱性铁镁矿物（霓石、霓辉石或钠闪石等）。

（5）副矿物，主要为赤铁矿和磁铁矿，常部分或全部氧化成褐铁矿，有时还可出现少量磷灰石、锆石及榍石等副矿物。

3) 常见结构和构造

酸性喷出岩多具斑状结构，基质为隐晶质或玻璃质，无斑隐晶质结构较少见，基质中还可出现球粒结构、霏细结构以及出现较多玻璃质结构。玻璃质不稳定，易脱玻化及重结晶转化为上述的球粒结构或霏细结构。

在酸性喷出岩中，常见流纹构造，为拉长的气孔或基质中不同颜色条带作定向流状排列而形成的，是表示熔浆流动方向的定向构造；此外，还有气孔状构造、杏仁状构造及珍珠构造等。珍珠构造是由于酸性玻璃在凝结或水化时的张力，产生弧形及近同心圆形的裂纹，把玻璃分割成许多小圆球，易呈珍珠状脱落而得名（图2-36）。

2. 种属划分及主要种属描述

根据斜长石的有无、碱性长石性质及暗色矿物种类，酸性喷出岩可划分为流纹岩、碱性流纹岩和英安岩等，现将常见种属描述于下。

1）流纹岩

流纹岩（rhyolite），见附录图版10、图版11，指成分与花岗岩相当的喷出岩，一般呈灰色、灰红色或粉红色。岩石具斑状结构，斑晶成分主要为透长石、石英，有时含少量黑云母或角闪石斑晶。斑晶石英多为六方双锥状，常具熔蚀边、熔蚀港湾或熔蚀穿孔等熔蚀现象；暗色矿物斑晶多具暗化边；斑晶透长石表面光洁，可见熔蚀边或熔蚀穿孔。基质为隐晶质结构、玻璃质结构，有时见有球粒结构或霏细结构，基质成分为长石、石英隐晶质混合体，有的为玻璃质，在基质中常

图2-36 珍珠岩

除了少量的石英和透长石斑晶外，其余全为酸性火山玻璃，具典型的珍珠裂纹，$(-)$，$d=4.8\text{mm}$

含较多的磁铁矿或赤铁矿，但多已氧化成褐铁矿。流纹岩常见的构造主要有流纹构造、气孔状、杏仁状构造和石泡构造等。一般斑晶含量不多，呈隐晶质结构或霏细结构，具霏细结构者可称为霏细岩（felsite）；如流纹岩中斑晶含钠透长石、歪长石、钠长石，暗色矿物含钠闪石、钠铁闪石、霓石、霓辉石等的钠质流纹岩，称为碱性流纹岩。

2）斑流岩

斑流岩（nevadite）为一种斑晶数量较多的流纹岩。斑晶含量一般超过30%，斑晶成分以透长石和石英为主。

3）霏细岩

霏细岩（felsite）为一种肉眼看不到斑晶的无斑或少斑隐晶质流纹岩，颜色较浅。镜下观察可见霏细结构（玻璃质脱玻化后由极细小的石英颗粒、长石骸晶或微晶组成的隐晶质结构）。在肉眼观察时，可以把所有无斑隐晶质且致密块状的浅色酸性喷出岩统称为霏细岩（附录图版12）；当含少量长石斑晶时，称为霏细斑岩。

4）石英角斑岩

石英角斑岩（quartz keratophyre）为一种海底喷出形成的浅色钠质酸性熔岩，富含钠长石（含量可达60%以上）。岩石呈浅绿色、浅灰色、灰白色，比较致密，为全晶质，很少见玻璃质。石英角斑岩具斑状结构，斑晶主要为钠长石或由钠长石和石英组成；基质具霏细结构，由钠长石和石英混合组成。常见绿泥石化、绿帘石化、黝帘石化等蚀变。石英角斑岩常常是细碧—角斑岩建造中的酸性成员。在我国西部祁连山和秦岭地区，就有石英角斑岩分布。

5）英安岩

英安岩（dacite）相当于花岗闪长岩的喷出岩。英安岩颜色比流纹岩稍深一些，多呈灰红色、灰绿色或浅紫红色。岩石具斑状结构，斑晶主要为斜长石、石英和少量透长石或正长石；暗色斑晶较少，偶见辉石或暗化边的黑云母或角闪石；斜长石斑晶特点与安山岩中有些相似，多为中长石，有时可达拉长石，常具环带结构。基质有霏细结构、玻璃质结构或玻基交织结构，基质成分为更长石、透长石和石英微晶。常见流纹构造。英安岩以较多的斜长石斑晶区别于流纹岩，又以出现石英斑晶区别于安山岩。

6）碱性流纹岩

碱性流纹岩（alkali rhyolite）又称为钠质流纹岩，为碱性花岗岩相应的喷出岩。其化学成分上，SiO_2 含量高（大于72%），富碱性（Na_2O+K_2O 含量大于10%）。岩石具斑状结构或无斑隐晶质结构，斑晶为碱性长石（透长石、歪长石、An<5% 钠长石）和石英（双锥状），暗色矿物为碱性角闪石和碱性辉石，偶尔见少量黑云母；基质常为显微文象结构、玻璃质结构和显微花岗结构等。

7）玻璃质喷出岩

玻璃质喷出岩为一些全玻璃质的岩石，其化学成分相当于流纹岩。根据岩石的含水量和结构、构造特征，可分为以下四个种属：

（1）松脂岩（pitchstone），具有松脂光泽的酸性玻璃，因貌似松脂而得名。岩石颜色多变，有黑灰、浅绿、褐、红褐等颜色，有时因颜色不均而呈现条带状构造；具贝壳状断口，以含 H_2O 高达6%~10%为特征，有时因脱玻化而出现球粒结构或针状雏晶。

（2）珍珠岩（pearlite），为一种具珍珠状裂纹构造的酸性玻璃质岩石，颜色为浅灰、蓝绿、红或褐等色，多具玻璃光泽。岩石可含少量透长石、石英或黑云母斑晶，基质中发育珍珠构造（图2-36），含 H_2O 量偏高，约为2%~6%。

（3）黑曜岩（obsidian），为一种致密块状的酸性玻璃质熔岩，呈深褐、灰黑或黑等色，具玻璃光泽和贝壳状断口。黑曜岩含 H_2O 量偏低，一般小于2%。当含少量透长石斑晶时，称为黑耀斑岩。

（4）浮岩（pumice），为一种质轻而硬度较大的玻璃质岩石，呈白色或灰色。浮岩的特点是光泽暗淡，具多孔状构造，貌似蜂窝状，能浮于水面，因而得名浮岩。过去浮岩被认为成分相当于流纹岩的玻璃质岩石，但现研究认为在中—基性岩中也可见到。

3. 次生变化

酸性喷出岩在岩浆期后热水溶液作用下易发生蚀变，常形成次生石英岩，这种作用称为次生石英岩化。

次生石英岩是一种呈浅灰或灰白色细粒致密状岩石，主要由细粒石英（含量为70%~75%）和一些富铝矿物（刚玉、红柱石、明矾石、叶蜡石和绢云母等）组成。次生石英岩化常可指示寻找斑岩铜—钼矿和叶蜡石、明矾石、刚玉等矿产。

在另一些情况下，酸性喷出岩也可产生绢云母化和高岭石化。在外生作用条件下，酸性喷出岩可变为高岭土等。

4. 有关矿产

与酸性喷出岩有关的矿产主要有铜、银、铁、铅、锌、铀等；其次为黄铁矿、明矾石、叶蜡石、刚玉等。流纹岩、松脂岩和珍珠岩等酸性火山岩也可作为良好的建筑材料。流纹岩也可作为良好的油气储层，如松辽盆地在深部白垩系火山岩中发现了徐深气田、松南气田，储层岩性主要为流纹岩类，天然气勘探与开发潜力巨大。

三、产状及分布

（一）酸性侵入岩

花岗岩类岩石在地壳中分布极为广泛。据统计，我国华南地区的花岗岩约占全区面积的1/4，多为燕山期侵入的花岗岩，其中主要是钙碱性花岗岩类，碱性花岗岩极少。例如，我国安徽黄山和九华山、山东崂山、浙江英千石及天台山、江苏苏州的灵岩山和天平山、河南登封的箕山等处，都有大型的花岗岩体分布；此外，如秦岭、五台山、大别山、武功山、桐柏山、弓长岭等地也有花岗岩体分布。它们的形成，有些是岩浆成因的，也有一部分可能与花岗岩化作用有关。

花岗岩类的产状主要为大的岩基和岩株，也有一部分是小型的岩株、岩盖、岩墙等。从长期大量区测工作证明，较大的岩体往往是不同期次、甚至是不同时代形成的复式岩体。有些较小的岩体，也可以是不同期次侵入的产物。如我国北京周口店的房山花岗闪长岩岩株，面积约 $65km^2$，就是两次侵入的复式岩体。

（二）酸性喷出岩

酸性喷出岩比侵入岩分布少。由于酸性熔岩黏度大不易流动，故多形成岩钟或岩针等火山岩体，有时也形成岩流。流纹岩常与英安岩、安山岩或玄武岩等共生。此外，由于岩浆含大量挥发性气体，常发生爆发式喷发，因此常常伴有各种火山碎屑岩的形成和分布。

流纹岩在我国各个地质历史时期均有分布，前震旦纪的有山西中条山、四川会理和盐边等地的变质流纹岩；祁连山、秦岭一带则有加里东期的酸性喷出岩分布；兴安岭、内蒙古、张家口等地有海西期的流纹岩和英安岩的分布；闽浙沿海一带分布有大面积的燕山期流纹岩和英安岩，与安山岩和粗面岩共生产出，并夹有少量珍珠岩等玻璃质岩石。

第五节　碱性岩类

一、概述

碱性岩类岩石属于一类硅酸不饱和岩石，碱质（K_2O+Na_2O）含量很高，反映在矿物成分上以不含石英而含一定数量（大于10%）的似长石和碱性铁镁矿物为特点。根据 SiO_2 的含量，碱性岩类可分为以下三个亚类：

（1）中性碱性岩（霞石正长岩—响岩）亚类。本亚类 SiO_2 的含量为52%~65%（一般为52%~57%），岩石主要由碱性长石、碱性铁镁矿物和似长石类矿物组成。

（2）基性碱性岩（碱性辉长岩—碱性玄武岩）亚类。本亚类 SiO_2 的含量为45%~52%（一般低于正常的辉长岩类），岩石主要由斜长石、碱性铁镁矿物和似长石类矿物组成。

（3）超基性碱性岩（霓霞岩—霞石岩）亚类。本亚类 SiO_2 的含量小于45%（一般为

38%~43%），岩石主要由碱性铁镁矿物和似长石类矿物组成，几乎不含长石。

此外，还有一类极罕见的特殊类型——碳酸岩类，SiO_2 的含量很低（小于20%），主要由各种碳酸盐类矿物组成，少含或不含硅酸盐矿物。

碱性岩类岩石在地壳中分布稀少，出露面积仅占岩浆岩的1%。因此，本节仅讨论较为常见的中性碱性岩类，即霞石正长岩—响岩类。重点对该类岩石的一般特点、岩石类型及其特征、次生变化以及产状分布和有关矿产作简要叙述。碱性岩类岩石总的特征是碱金属含量高，硅酸一般不饱和，富含稀有元素及挥发组分，化学成分变化大。表现在矿物成分上的特点是：碱性长石和似长石类矿物较多，不含石英；暗色矿物主要是碱性暗色矿物；副矿物种类繁多，岩石中各种矿物含量变化大。

现将较常见的霞石正长岩—响岩类的一般特征叙述于下。

（一）化学成分及其特点

霞石正长岩—响岩类的化学成分见表2-7。从表中可知，本类岩石在化学成分上的特点是：SiO_2 含量一般为52%~57%，属 SiO_2 不饱和，相当于某些中性岩的含量；但 K_2O+Na_2O 和 Al_2O_3 含量高，SiO_2 不能满足铝硅酸盐的需要，故多属碱过饱和的岩石；CaO 和 MgO 的含量都很低，且 $FeO>MgO$，多数为 $FeO>Fe_2O_3$，这些与其他各岩类都不同。

表2-7 碱性岩类的化学成分 %

序号	SiO_2	TiO_2	Al_2O_3	Fe_2O_3	FeO	MnO	MgO	CaO	Na_2O	K_2O	H_2O	P_2O_5
1	56.28	0.05	21.84	3.36	2.05	—	0.29	0.88	9.91	4.53	0.75	0.05
2	55.55	0.13	21.32	2.95	1.12	0.05	0.26	0.82	9.35	5.20	1.79	0.65
3	52.35	1.05	16.07	3.94	3.15	0.12	0.21	3.36	5.69	9.35	1.49	0.50
4	53.35	0.72	16.14	4.84	2.77	0.06	0.44	2.31	8.64	8.56	1.26	0.07
5	54.01	0.90	12.56	7.29	2.07	0.29	1.55	3.95	8.79	5.50	2.77	0.06
6	54.98	0.38	20.51	3.33	0.63	0.02	0.41	1.39	7.45	5.90	4.23	0.02
7	49.92	1.03	14.50	3.36	5.03	0.15	3.30	7.33	3.05	7.55	1.29	0.64
8	54.25	0.37	13.41	3.83	2.98	0.02	0.71	8.55	3.60	7.10	4.30	0.47
9	53.86	0.92	17.20	4.24	2.28	0.22	2.11	2.54	1.56	10.92	3.59	0.22
10	52.40	0.69	18.64	5.81	1.32	0.10	0.41	2.82	3.46	12.46	1.23	0.50
11	54.89	—	21.28	3.04	1.49	0.01	0.66	3.31	5.62	8.39	2.31	—
12	52.78	0.50	14.95	5.54	3.84	0.40	1.99	3.95	4.14	9.00	0.78	0.55
13	57.45	0.41	20.60	2.35	1.30	0.13	0.30	1.50	8.84	5.23	2.04	0.12
14	56.81	—	19.11	5.01	0.88	0.18	0.48	2.12	10.55	4.90	1.32	0.45

注：1为霞石正长岩（四川会理）；2为正霞正长岩（原阳，吴钟骇）；3为辉石云霞正长岩（辽宁凤城）；4为流霞正长岩（辽宁凤城）；5为异性霞石正长岩（辽宁凤城）；6为流霞正长岩（原阳，吴钟骇）；7为暗霞正长岩（山西临县）；8为暗霞正长岩（云南永平）；9为霞石正长斑岩（山西临县）；10为霞石正长斑岩（山西临县）；11为白榴石响岩（R.A.Daly）；12为假白榴石响岩（辽宁凤城）；13为响岩（R.A.Daly）；14为黝方石响岩（江苏铜井，王德滋）。

（二）矿物成分及其特点

本类岩石的矿物成分特点是：以碱性长石为主，常含有一定数量（大于10%）的似长石，这是与正长岩—粗面岩类的根本区别。由于似长石的普遍存在，因而不会有石英出现，这是因为在岩石结晶时一旦有过剩的 SiO_2，这就与似长石反应而变为长石，其反应式如下：

$$Na[AlSi_2O_6] + SiO_2 \longrightarrow Na[AlSi_2O_8]$$

$\qquad\qquad\qquad$ 霞石 $\qquad\qquad\qquad\qquad$ 钠长石

暗色矿物多为富含钠的矿物种属，如碱性辉石和碱性角闪石，色率一般为 15%～20%，比花岗岩类高些，但多数仍属浅色岩。

在矿物成分上，霞石正长岩—响岩类的主要矿物为碱性长石（正长石、条纹长石、歪长石和 An<5% 的钠长石）和似长石（侵入岩中为霞石和方钠石，喷出岩中多为白榴石和黝方石）；次要矿物为碱性角闪石（钠闪石和钠铁闪石）、碱性辉石（霓石和霓辉石）和少量的透辉石、钛辉石，黑云母为富铁黑云母；副矿物种属极为丰富，常见的有锆石、磷灰石、独居石、褐帘石、异性石、萤石、黑榴石、磁铁矿、钛铁矿、榍石等；次生矿物主要有钙霞石、水霞石、沸石类、绢云母、绿泥石、高岭石等。

此外，本类岩石的成分和结构构造变化很大，这不仅表现在一个小岩体中，甚至在一块不大的标本上也能显示出这一特点。霞石正长岩岩体一般都很小，且常与碱性正长岩或碱性花岗岩相伴生；响岩一般不单独产出，常夹在碱性粗面岩和碱性玄武岩中。本类岩石虽然分布稀少，但却与类型繁多的稀有元素、稀土元素及放射性元素矿床有密切的关系。

二、岩石的主要类型

本类岩石包括侵入岩和喷出岩。侵入岩按产状不同，又分为深成侵入岩和浅成侵入岩。

（一）碱性侵入岩

本类侵入岩的代表岩石有霞石正长岩、霞石正长斑岩。

1. 岩石的一般特征

本类岩石一般为浅灰、肉红或浅绿等色的粒状结构岩石，其矿物成分和结构构造变化很大。由于霞石易风化，所以在野外风化露头上，岩石表面可呈现蜂窝状。

1）矿物成分

本类岩石的矿物成分主要有碱性长石和各种似长石类矿物；碱性辉石、碱性角闪石和富铁黑云母等暗色矿物。现将矿物成分分述于下。

（1）主要矿物。

霞石正长岩的主要矿物为碱性长石和似长石。

① 碱性长石，主要有正长石、歪长石、微斜长石、条纹长石和钠长石（An<5%），有时也可出现透长石（主要在次火山岩中），它们多呈长板状的自形晶存在。

② 似长石，多为含钠的矿物种属，主要为霞石和方钠石。霞石常为他形晶，有时也较自形。易风化成凹凸不平的表面，新鲜的霞石较少见，因蚀变被钙霞石、水霞石、白霞石等替代。

（2）次要矿物。

本类岩石的次要矿物主要为碱性暗色矿物和富铁黑云母等。

① 碱性辉石，最常见的是霓石和霓辉石，它们常呈自形程度较高的柱状或针状单晶或束状集合体。辉石常具环带结构，中心为色浅的透辉石，边缘则为深绿色的霓石或霓辉石，这是在它们的形成过程中碱质不断富集的结果。此外，有时还有钛普通辉石。

② 碱性角闪石，主要为蓝绿色且具反吸收和负延性的钠闪石和钠铁闪石，有时也有少量的普通角闪石存在。

③ 黑云母，为红褐色、富铁的铁锂云母和铁云母。

（3）副矿物。

本类岩石副矿物的种类极为丰富，其中大多是含 Ti、Zr 的硅酸盐和富含稀有元素的矿物，常见的有锆石、榍石、磷灰石、萤石、独居石、褐帘石、异性石、黑榴石、闪叶石、星叶石等；此外，还有钙钛矿、铌铁矿、钛铁矿和磁铁矿等。在副矿物含量增加的情况下，可参与岩石的定名，有时还可形成具工业价值的矿床。

2）结构和构造

霞石正长岩类中常见的结构主要有半自形粒状、嵌晶状和似粗面结构等。

（1）半自形粒状结构。此结构表现为各种矿物自形程度及形态不一，一般碱性暗色矿物呈自形程度较高的柱状或针状，正长石为自形程度较高的板状，霞石多为自形程度较高的粒状充填于长石颗粒的间隙中，在少数情况下霞石比长石自形些。

（2）嵌晶结构。此结构表现为钾长石与霞石、方钠石及霓石呈嵌晶状连生，在较大的微斜长石和霞石颗粒之间充填这细粒的霞石、方钠石及其他矿物。

（3）似粗面结构。此结构表现为长石晶体呈近似平行排列，其间充填有霞石和霓石等矿物。

常见的构造有块状构造、斑杂构造、条带状构造以及似片麻状构造。

2. 种属划分及主要种属描述

由于岩性变化大，霞石正长岩类岩石种属划分和命名很不统一。一般可根据长石和似长石的性质和含量，进一步再按暗色矿物种属和含量及特征矿物等进行划分（表2-8）命名，如果岩石中有两种似长石含量都超过5%，都可参加命名，并且含量多的放在后面，如方钠霞石正长岩，说明霞石多于方钠石。若霞石正长岩中含有两种超过5%的碱性暗色矿物，也可按含量少者在前含量多者在后的原则作进一步命名，如霓辉钠闪霞石正长岩等。现将常见的种属描述如下。

表 2-8　霞石（似长石）正长岩类主要种属划分

长石种属	似长石种属（大于10%）	岩石种属名称	岩石的主要特征
钾长石为主（正长石或微斜长石）	霞石	正霞正长岩	正长石为主,含少量霞石及碱性暗色矿物,粒状结构
		流霞正长岩	正长石为主,含少量霞石、钠长石及碱性暗色矿物,似粗面结构
		云霞正长岩	正长石为主,含少量霞石、铁云母及碱性暗色矿物,粒状结构
		暗霞正长岩	正长石为主,含较多铁云母及碱性暗色矿物(大于30%),粒状结构
		异性霞正长岩	正长石为主,含异性石,粒状结构或似粗面结构
	方钠石	方钠正长岩	正长石或歪长石为主,似长石为方钠石
	方沸石	方沸正长岩	正长石为主,似长石为方沸石,代替了霞石
	钙霞石	钙霞正长岩	霞石几乎全部被钙霞石所代替
钠长石为主	霞石	钠霞正长岩	钠长石为主,含少量霞石、霓石及铁云母等
歪长石为主	霞石	歪霞正长岩	歪长石为主,含少量霞石及碱性暗色矿物

1）深成侵入岩

（1）正霞正长岩。正霞正长岩（juvite）是一种浅色的霞石正长岩，呈肉红色、灰白色，具半自形粒状结构。岩石由较多的正长石（一般大于50%）、少量霞石（20%左右）及碱性暗色矿物（一般小于30%）组成；暗色矿物含量较少，以霓石为主，有时可见黑云母；副矿物为磷灰石、榍石、磁铁矿等。若暗色矿物为富钛—铁的黑云母，则称为云霞正长岩。岩石中的碱性长石除正长石外，含有钠长石（约占长石总量的15%），或长石种属在镜下无法区别，可称为"霞石正长岩（nepheline syenite）"。一般广义的霞石正长岩主要指的是正霞正长岩及云霞正长岩（miaskite）。

（2）流霞正长岩。流霞正长岩（foyaite）具似粗面或半自形粒状结构（图2-37）。矿物成分以正长石（约60%）和霞石（约20%）为主，可含少量的钠长石和方钠石；其次为碱性暗色矿物，含量达10%左右，主要为霓石、碱性角闪石以及富铁黑云母。若不具似粗面结构，且暗色矿物以霓石为主，则称为霓霞正长岩（图2-38）。

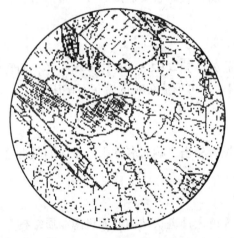 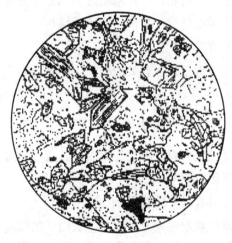

图2-37　流霞正长岩　　　　　　　　　　图2-38　霓霞正长岩
板状的钾长石和自形的霞石及长条状霓石近于　　　主要成分是长条状的霓石和霞石及钾长石，霞石部分
平行排列，具似粗面结构，（−），$d=4.8mm$　　　变成钙霞石，半自形粒状结构，（−），$d=4.8mm$

（3）钠霞正长岩。钠霞正长岩（canadite）的矿物成分以钠长石和霞石为主，几乎不含正长石，暗色矿物为霓石及少量铁云母；岩石具半自形粒状结构或似粗面结构。

（4）歪霞正长岩。歪霞正长岩（lardalite）的矿物成分以歪长石和霞石为主，其中歪长石可达1/2~1/3，有时还含极少量正长石，暗色矿物为霓石及铁锂云母，有时则以碱性角闪石为主；岩石具半自形或他形粒状结构。

（5）异性霞石正长岩。异性霞石正长岩（lujavrite）为一种含异性石的霓霞正长岩。它的矿物成分主要有碱性长石（正长石、微斜长石、条纹长石）、似长石（霞石为主）、碱性暗色矿物（霓石、霓辉石）以及异性石等。其中，碱性长石含量约40%，霞石成分较多（达20%~25%），暗色矿物15%~20%，异性石常为自形晶体，含量在10%~15%左右。岩石具粒状结构及似粗面结构。

（6）云霞正长岩。云霞正长岩（miaskite）的矿物成分是富铁黑云母（大于10%）、碱性长石（正长石和钠长石，后者含量较高，约达15%~20%）、似长石（以霞石为主，可含少量方钠石）以及碱性暗色矿物（霓石、霓辉石、钠质角闪石），并以富铁黑云母和钠长石的含量较高区别于其他的霞石正长岩类。岩石具半自形—他形粒状结构，常见带状构造、似片麻状构造。

2）浅成侵入岩

浅成侵入岩的成分与深成岩相同，但岩石粒度较细，多呈似斑状或斑状结构。常见以下三个种属。

（1）霞石正长斑岩。霞石正长斑岩（nepheline syenite porphyry）是霞石正长岩的浅成岩，具似斑状或斑状结构，斑晶与基质成分相同，主要为碱性长石和霞石及少量暗色矿物；基质具微粒或细粒半自形粒状结构。此种岩石可见于山西临县的碱性杂岩体中。

（2）白榴斑岩。白榴斑岩（leucite porphyry）为霞石正长斑岩的变种，具似斑状或斑状结构，基质为细粒状结构；斑晶主要为粗大自形的白榴石，但常被沸石交代而成假象。

（3）霓霞斑岩。霓霞斑岩（ijolite porphyry）为一种深色的浅成岩，具似斑状结构，斑晶为碱性长石和霞石；基质成分为碱性长石、较多的针状霓石或霓辉石及少量霞石，它们在岩石中呈近平行排列构成似粗面结构。

3. 有关矿产

与碱性侵入岩有关的矿产主要是稀有金属和放射性元素矿床。矿床类型多样，而且较为丰富，如 Nb、Ta、Rh、Th、U 等。有时，碱性岩中也可形成可观的磷灰石矿床。

（二）碱性喷出岩

碱性喷出岩以响岩为代表，其成分与霞石正长岩相当。响岩名称来源于人们敲击这种岩石能发出清脆的响声。

1. 岩石的一般特征

碱性喷出岩一般为浅灰、灰白、灰褐或灰绿等色，具斑状结构或无斑隐晶质结构。基质具似粗面状结构或隐晶质结构；斑晶主要为碱性长石和似长石类矿物，基质成分与斑晶相似或稍有差异。

1）矿物成分及其特征

响岩的矿物成分与霞石正长岩基本相似，但由于结晶环境不同，也有某些差异。

（1）碱性长石，以透长石和歪长石为主，其次为正长石和条纹长石，还可有少量钠长石（An<5%）。这些矿物含量多时，在斑晶和基质中均可出现；含量少时，则仅见于基质中。碱性长石可部分呈熔蚀港湾状或破碎状。

（2）似长石，常见的有霞石、白榴石、方钠石、蓝方石、黝方石等，多呈斑晶出现，常有熔蚀边缘和包裹体存在。白榴石往往被正长石和钾霞石交代而成假白榴石。

（3）铁镁矿物，主要为碱性角闪石和霓石、霓辉石，还可有透辉石和钛辉石及黑云母。碱性角闪石和黑云母仅见于斑晶中，且往往有暗化边。霓石常晚于透辉石结晶而形成深绿色的边缘或形成细长针状晶束。

（4）副矿物，成分比较复杂，其中榍石是最常见的副矿物，其次有磷灰石、尖晶石、钛铁矿、磁铁矿、萤石等，富含 Zr、Nb、Ta、Ce 等稀有和稀土元素的矿物。

2）结构构造特征

岩石多具斑状结构，无斑隐晶质结构或玻基斑状结构较少见，玻璃质的更为罕见。基质结构种类较多，主要有细粒状结构、似粗面结构、隐晶质结构、交织结构等。常见块状构造、气孔（杏仁）状构造。

2. 主要种属描述

根据似长石的种类，可把响岩划分为以下主要种属。

1）霞石响岩

霞石响岩（nepheline phonolite）是一种普通响岩，一般简称为响岩。这种岩石多具斑状结构，少数为无斑隐晶质结构。斑晶主要是碱性长石（透长石、歪长石）和霞石（有时兼有白榴石、蓝方石、方钠石或黝方石）；暗色矿物斑晶较少，有时可见具环带结构的辉石斑晶，中央部分为透辉石，外缘为色泽较鲜艳的绿色霓石或霓辉石，有时见少量黑云母和碱性角闪石，多有暗化现象。基质成分与斑晶相似，以碱性长石为主，近于平行排列，霞石、碱性辉石等矿物充填其间，构成似粗面结构。

2）白榴石响岩

白榴石响岩（leucite phonolite）呈浅灰色—暗灰色，具斑状结构，斑晶主要为白榴石（某些岩石仅出现于基质中）和透长石，无霞石斑晶（图2-39），偶见霓石、霓辉石、富铁黑云母和蓝方石等暗色矿物斑晶；基质多呈灰—深灰色，比较致密，其成分和斑晶相同。白榴石是不稳定矿物，常变成假白榴石（钾霞石和正长石的混合物），此时称为假白榴石响岩。

3）黝方石响岩

黝方石响岩（nosean phonolite）呈深灰—灰黑色，具斑状结构，斑晶主要为透长石、黝方石、霓石、透辉石或富铁黑云母（棕红色），并常见黑榴石，偶见钠闪石。透长石与黝方石的鉴定特征是：透长石常为自形板状或柱状，镜下呈条状或略呈方形；黝方石多呈四方形、长方形或六方形断面，中间有呈二组对角线分布的细密包体（多为钛铁矿、磁铁矿、赤铁矿）而呈棋盘格子状，边缘常因熔蚀而呈圆滑状或港湾状，同时具暗化边（图2-40）。基质主要为粗面结构，其特点为细条状碱性长石（透长石）微晶呈定向排列，其间充填有细粒状的霓石和霓辉石，几乎不含玻璃质；有些岩石基质呈显微晶质结构或隐晶质结构。

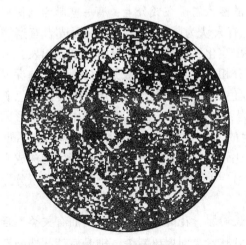

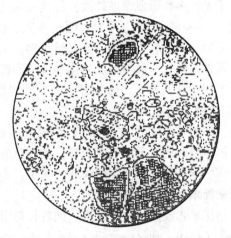

图2-39　白榴石响岩

斑状结构，斑晶为透长石、白榴石及碱性辉石，基质为隐晶质，由透长石、白榴石、辉石及磁铁矿组成，（−），$d = 1.4$mm

图2-40　黝方石响岩

斑状结构，斑晶为钾长石及具网格状包体的黝方石、酸性斜长石和霓石，基质为隐晶质，（−），$d = 4.8$mm

3. 有关矿产

与碱性喷出岩有关的矿产主要是金矿、铜矿等，并主要产于响岩中。

三、产状及分布

霞石正长岩分布很少，且规模不大，以小岩体为主，其产状多种多样，常呈小规模岩株、岩床、岩盆、岩脉等产状。碱性岩很少呈独立岩体产出，多构成杂岩体。通常有两种共生类型：一种是霞石正长岩与碱性正长岩或碱性花岗岩共生；另一种是霞石正长岩与碱性辉长岩类共生。从时间上，霞石正长岩形成时间要晚于与其共生岩体。

我国著名的碱性侵入岩产地有山西临县紫金山霞石正长岩环状岩体、四川南江坪河的霓霞正长岩岩体。此外，近二十年来又在云南个旧、四川宁南、河南原阳、辽宁凤城等地都有发现。

响岩在我国发现较少，主要呈岩钟和小岩流分布在中生代火山岩及碱性岩体中，面积都很小。已知的有江苏铜井娘娘山的黝方石响岩、山西临县紫金山碱性杂岩体中的假白榴响岩、辽宁凤城和西藏巴毛穷宗等地均有少量分布。

第六节　脉岩类

一、概述

在岩浆岩体，尤其在深成岩体内部或附近的围岩中，常见到一些呈脉状产出的浅成岩，它们在化学成分和矿物成分上以及时间和空间分布上都和一定的深成岩体有密切的关系，这类岩石统称为脉岩。这些脉岩的宽度一般不大，从几厘米到几十米；延长较远，一般几米至几十千米，多数形成深度较浅，属浅成—超浅成的侵入岩。在成分上，有一些脉岩与深成岩相似，另一些脉岩则与深成岩明显不同。因此，有人认为脉岩与其共生的深成岩有亲缘关系，脉岩与深成岩之间既反映出继承性，又反映出演化后的差异性。从这种观点出发，人们将继承性的脉岩，即与深成岩化学成分和矿物成分相似的脉岩称为未分脉岩；而把与深成岩成分不同的脉岩称为二分脉岩。二分脉岩依据颜色及其矿物特征又可分为两类：浅色矿物（硅铝矿物）比较集中形成的岩石，称为浅色脉岩；暗色矿物（铁镁矿物）比较集中形成的岩石，称为暗色脉岩。它们的平均成分与相伴生的深成岩相近，是岩浆进一步分异后形成的。但从目前已拥有的资料来看，各种脉岩成分比较复杂，有的可能与其相伴生的深成岩有关，有的则可能与相伴生的深成岩无关，而属于另一种成因。因此，单纯以分异和未分异的机制来简单划分是不够全面的。

与深成岩成分相似的脉岩，如辉长玢岩、闪长玢岩、花岗斑岩等已在前面有关类型岩浆岩中作了描述，现仅将与深成岩成分不一致的二分脉岩，即煌斑岩类、细晶岩类和伟晶岩类单列一节加以讨论。

二、煌斑岩类

（一）岩石的基本特征

煌斑岩是一种暗色矿物含量较高的暗色脉岩，多数为浅成相，常具有明显的斑状结构和全自形结构。此种岩类的主要特点是：

（1）一般颜色较深，呈黑灰色、褐灰色；色率为35%~90%，属于中—暗色岩。

（2）在化学成分方面，SiO_2含量较低（28%~52%），且变化大，而碱金属（K_2O+Na_2O）含量较高，同时含较多的Fe_2O_3、FeO、CaO、MgO；全岩成分富含挥发分（H_2O和CO_2）。

（3）在矿物成分方面，含暗色矿物较多，色率一般大于40%，主要为黑云母和角闪石，其次为辉石及极少量橄榄石，这些暗色矿物不论是在斑晶还是在基质中，常呈完好的自形晶；这种结构是煌斑岩类所特有的，故又称为煌斑结构。有的煌斑岩不具斑状结构且结晶较细时往往与辉绿岩难于区分，这时一般可统称为暗色脉岩或基性脉岩。浅色矿物主要是钾长石和斜长石，还有少量似长石。这些浅色矿物主要分布在基质中，很少呈斑晶出现。

（4）煌斑岩是一种分布较广泛的岩石，多呈岩脉、岩墙产出，岩体规模不大。

（二）岩石的种属划分

由于煌斑岩类矿物成分复杂，且含量变化较大，加之经常蚀变，因此，进行矿物定量分类有一定的难度。目前，各种分类方案较多，尚无统一的分类方案。一般根据长石的性质和暗色矿物的种类进行分类，本教材采用的分类方案见表2-9。

表2-9　煌斑岩分类简表

长石或似长石性质 / 岩石名称 / 暗色矿物	正长石为主（正煌岩）	斜长石为主（斜煌岩）	似长石为主、不含或极少含长石（碱煌岩）	
			黄长石	其他似长石
黑云母为主（云母煌斑岩）	云母正煌岩（正煌岩）	云斜煌岩（斜云煌岩）	黄长煌斑岩	云母碱煌岩
角闪石为主（角闪煌斑岩）	角闪正煌岩	角闪斜煌岩（闪斜煌斑岩）	—	角闪碱煌岩
辉石为主（辉石煌斑岩）	辉石正煌岩	辉石斜煌岩（拉辉煌斑岩）	—	辉石碱煌岩
黑云母及辉石为主（云辉煌斑岩）	云辉正煌岩	云辉斜煌岩	—	云辉碱煌岩
角闪石及辉石为主（闪辉煌斑岩）	闪辉正煌岩	闪辉斜煌岩	—	闪辉碱煌岩
棕闪石、钛辉石	—	棕闪斜煌岩		

根据长石的有无及其性质，可分为正煌岩（以钾长石为主）、斜煌岩（斜长石为主）、碱煌岩（无长石而有似长石）。根据暗色矿物种类，当煌斑岩基质中长石成分无法鉴定时（主要指肉眼观察标本），可按暗色矿物进行分类，据此可分为云母煌斑岩（以黑云母为主）、角闪煌斑岩（以角闪石为主）、辉石煌斑岩（以辉石为主）、云辉煌斑岩（以黑云母

及辉石为主）、闪辉煌斑岩（以角闪石及辉石为主）等。在野外肉眼鉴定时，常采用此种分类命名方法。煌斑岩在进一步命名时，主要考虑次要暗色矿物，并按前少后多的原则命名。

（三）主要种属描述

1. 云母正煌岩

云母正煌岩（minette）又称云煌岩（图2-41），常呈灰褐色，为最常见的一种煌斑岩。它的主要矿物成分为褐色黑云母和正长石，次要矿物为透辉石、橄榄石、角闪石。岩石具斑状结构，斑晶主要为六方片状黑云母；基质由正长石和黑云母组成，偶见少量角闪石或辉石。当含少量霓石或霓辉石时，称为钠云煌岩。我国河北涞源的云煌岩，主要由黑云母和长板状钾长石组成。

2. 闪辉正煌岩

闪辉正煌岩（garganite）是闪正煌岩（vogesite）的变种，主要由普通角闪石、普通辉石、正长石以及极少量斜长石、黑云母所组成，具斑状结构。

3. 云斜煌岩

云斜煌岩（kersantite）主要由黑云母和斜长石及少量辉石组成。斜长石为中长石或更长石。有时因长石强烈变化，无法区分斜长石和钾长石时，则统称为云母煌斑岩。

4. 角闪斜煌岩

角闪斜煌岩（spessartite）又称闪斜煌斑岩，具细粒或斑状结构。角闪斜煌岩主要由普通角闪石和斜长石组成，角闪石在斑晶和基质中均呈自形晶产出，其含量可达40%以上，还可有少量黑云母、橄榄石、石英、磷灰石及不透明矿物等。我国青海茶卡的闪斜煌斑岩，具全自形粒状结构（图2-42）。我国青海茶卡的角闪斜煌岩，具全自形粒状结构。

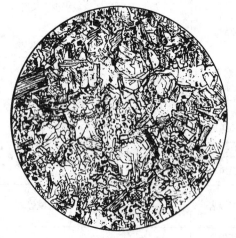

图 2-41 云煌岩

由自形的黑云母和钾长石组成，部分黑云母已变成了
绿泥石，煌斑结构，（−），$d=4.8mm$

图 2-42 闪斜煌斑岩

由自形的褐色角闪石和长板状斜长石组成，
具煌斑结构，（−），$d=2.5mm$

5. 辉石斜煌岩

辉石斜煌岩（odinite）又称拉辉煌斑岩（图2-43），具斑状结构。辉石斜煌岩主要由

辉石及拉长石组成斑晶，基质由斜长石和自形的角闪石及少量黑云母组成，与辉长玢岩的成分相似，但辉石斜煌岩基质中含自形柱状角闪石，而在辉长玢岩基质中为辉石，不含角闪石。

6. 棕闪斜煌岩

棕闪斜煌岩（camptonite）又称棕闪煌斑岩（barkevikite），岩石外表呈黑色，颇似玄武岩。斑晶为短而粗的自形棕闪石及少量钛辉石或橄榄石，基质由针状棕闪石、斜长石（中—拉长石）、钛辉石和少量黑云母、似长石、磁铁矿、磷灰石等组成。棕闪石是一种富钠的碱性角闪石，它与一般的棕色角闪石的区别是具有特征的多色性（Np 为浅褐至黄色，Nm 为红褐色，Ng 为深褐色），而且光轴角也较小（40°~50°）。

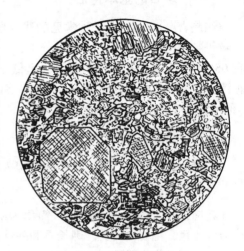

图 2-43　拉辉煌斑岩

煌斑结构，斑晶为自形的单斜辉石，基质由自形角闪石、基性斜长石、辉石和少量黑云母组成，（−），$d = 4.8$mm

7. 黄长煌斑岩

黄长煌斑岩（alnoite）是一种含黄长石（含量一般小于 40%）的碱煌岩（alkali-lamprophyry），呈黑灰色、灰色，色率约在 60%~90% 之间。岩石具斑状结构，斑晶为黄长石、黑云母（或金云母）、橄榄石及辉石；基质呈细粒致密状，由黑云母、黄长石及碳酸盐矿物组成，有时含少量霞石及钛辉石，不含长石。我国河北平泉、广东新丰等地均有黄长煌斑岩脉产出。

（四）煌斑岩的成因

关于煌斑岩的成因目前说法不一，综合起来有岩浆分异说和同化混染说两种。

1. 岩浆分异说

岩浆分异说认为煌斑岩是岩浆在液态时发生结晶分异或熔离分异作用形成的。由于分异作用，使岩浆中偏基性组分富集于岩浆下部成为煌斑岩浆，待上部岩浆冷凝固结之后，下部的煌斑岩浆沿上部岩体及围岩裂隙贯入而成。岩浆分异说的主要证据是一些煌斑岩总是与花岗岩体相伴生，呈岩脉、岩墙分布于岩体内及附近围岩中，故认为是花岗岩浆分异的产物；另一些与碱性基性岩相伴生的煌斑岩，其所含微量元素也不同于花岗岩，可能是碱性玄武岩浆的分异产物。

2. 同化混染说

同化混染说认为煌斑岩是岩浆同化混染早期的岩石而形成的。同化混染的方式可以不同，有一些煌斑岩可能是由花岗质岩浆同化混染较基性岩石而形成的；另有一些煌斑岩可能是由基性岩浆同化混染酸性花岗岩而形成的；还有某些煌斑岩被认为是由碱性岩浆同化混染基性岩而形成的。

由此可知，煌斑岩的成因非常复杂，既可由岩浆分异形成，也可能是同化混染作用的产物。具体一个地区的煌斑岩是哪一种成因，则需根据具体情况进行深入的分析研究，才有可能得出比较符合客观实际的结论。

三、细晶岩类

(一) 岩石的基本特征

细晶岩（aplite）是一种常见的浅色脉岩，它以较小岩脉产出、缺乏暗色矿物并具他形细粒等粒结构为特征。在矿物成分上，细晶岩主要由浅色矿物（长石、石英）组成，一般在95%以上，暗色矿物很少或无，远低于相应的深成岩的暗色矿物正常含量，因此颜色都很浅，主要为灰白、灰黄及肉红等色。细晶岩断面似砂糖粒状，一般都具有典型的细晶结构（他形细粒等粒状结构）。

(二) 常见种属

根据其矿物成分特征，结合相应侵入岩，可把细晶岩分为以下三种常见的种属。

1. 花岗细晶岩

花岗细晶岩（granite aplite）简称为细晶岩，是一种最常见的细晶岩。岩石呈白、浅黄或肉红等色，主要由石英、钾长石和酸性斜长石组成，暗色矿物只有极少量（小于5%）的黑云母，副矿物有磁铁矿、磷灰石、榍石、黄玉、电气石及萤石等。细晶岩常呈细脉状分布于中—酸性侵入体内，如我国北京房山周口店花岗闪长岩体中就穿插有花岗细晶岩脉。

2. 闪长细晶岩

闪长细晶岩（diorite aplite）的成分近似于闪长岩，浅灰绿色，主要由他形细粒的斜长石和极少量角闪石组成。闪长细晶岩与微晶闪长岩的区别是角闪石含量低，色浅。

3. 辉长细晶岩

辉长细晶岩（gabbro aplite）的成分近似辉长岩，浅灰至暗灰色，主要由他形细粒斜长石和少量辉石组成。镜下观察呈他形细粒等粒结构，即细晶结构。

(三) 细晶岩的成因

细晶岩的成因，一般都认为是由大部分岩浆岩结晶之后的残余岩浆冷凝而成。细晶岩颗粒细小的原因并非由于冷却迅速所致，而是由于围岩破裂、残余岩浆失去挥发组分而降低了长石和石英在残余岩浆中的可溶性，使相应组分趋于过饱和，于是结晶中心大量出现，从而形成他形的细粒结构。此外，细晶岩中含云母、角闪石等矿物很少甚至没有，这也说明形成细晶岩的残余岩浆缺乏挥发组分。有些细晶岩被认为是由交代作用形成的，部分也可能与岩浆的同化混染有关。

(四) 有关矿产

细晶岩主要与一定类型的硫化矿床有时空上的关系。1970年，湖南某地发现富含铌、钽矿床的蚀变细晶岩脉，这是铌、钽矿床的一种新的类型。

四、伟晶岩类

(一) 岩石的一般特征

伟晶岩是一种晶粒特别粗大的浅色脉岩，一般为巨粒结构，因而得名。伟晶岩的种类很多，各种成分的深成岩都有相应成分的伟晶岩，如花岗伟晶岩、正长伟晶岩、霞石正长伟晶岩等。它们与相应成分的侵入岩在形成时间、空间分布和成因上有着密切的联系。伟晶岩常产于这些深成岩体之中，或在附近的围岩中，除呈脉状产出外，还可呈不规则的透镜体及串珠状等。伟晶岩的脉体大小变化很大，脉宽一般数厘米至数十米，长数米至数十米或数百米。

在各种成分的伟晶岩中，分布最广、具有重大工业价值的是花岗伟晶岩，其他成分的伟晶岩类分布较少，且多数工业价值不大。因此，一般所指的伟晶岩往往是指花岗伟晶岩而言。尽管伟晶岩有各种各样的成分，但都具有以下特征：

（1）矿物颗粒特别粗大，而且粒度很不均匀，所以伟晶岩的结构命名等方面一般是凭肉眼观察即可进行。由于伟晶岩晶粒粗大，一般对岩浆岩的粒级划分已不适应，故有人建议划分为：粒径小于 0.5cm 者为细粒，0.5~2cm 者为中粒，2~10cm 者为粗粒，粒径大于 10cm 者为块状，因而分别为细粒伟晶结构、中粒伟晶结构、粗粒伟晶结构和块状伟晶结构。相应的伟晶岩就可命名为细粒、中粒、粗粒和块状伟晶岩。

（2）具有一般岩浆岩所没有的特殊结构和构造，如各种规模的文象结构或伟晶结构（参见第一章）；常见的构造有晶洞构造、晶线构造及脉体的带状构造。

（3）具有复杂的矿物共生组合，即除出现与相应深成岩相同的一般矿物外，还含有大量稀有元素和富含挥发组分的矿物。如花岗伟晶岩，主要由石英和碱性长石组成，还含有少量白云母、锂云母、电气石、绿柱石、黄玉、铌钽铁矿、萤石等矿物。世界上绝大部分的铯、铍、锂、钽，都是从伟晶岩中开采出来的。

（4）交代作用非常明显，由于交代作用使母岩中一些矿物发生重结晶，因而使矿物晶粒变大，并且有许多矿物就是通过交代作用而形成的，如稀有元素矿物是在交代作用过程中陆续晶出的。

（二）种属划分及常见种属描述

根据伟晶岩矿物成分特征及其与各类侵入岩的相似性，可划分为花岗伟晶岩、正长伟晶岩、霞石正长伟晶岩、辉长伟晶岩等。由于各种伟晶岩基本相似，这里仅介绍几种较常见的伟晶岩。

1. 花岗伟晶岩

花岗伟晶岩（granite pegmatite）是伟晶岩中分布最广、经济意义最大的一种。它的基本成分与花岗岩一样，也是主要由石英、碱性长石组成，有时有斜长石和少量白云母，还有锂云母、电气石、绿柱石、萤石等富含挥发组分的矿物。这些矿物往往有较好的晶形，穿插充填于长石和石英中，有时在晶洞壁上形成梳状晶簇，粗大的长石和石英可以穿插生长形成伟晶结构或交生形成文象结构。具文象结构者，称为文象伟晶岩。

根据花岗伟晶岩中的矿物成分特征，又可分为以下两种类型：

（1）简单伟晶岩，主要由长石和石英及少量白云母组成。简单伟晶岩的交代作用不明显，成分简单，长石类主要是微斜长石、条纹长石，钠长石或更长石，云母呈片状集合体出现且常常变形或弯曲，另有少量长柱状电气石晶体。

（2）复杂伟晶岩，矿物共生组合较为复杂，除含石英、长石、云母等造岩矿物外，还含有一系列含挥发组分的矿物和稀有、稀土元素矿物。复杂伟晶岩的交代作用十分发育，且往往都有明显的分带性（一般从核心到边缘可分为四个带——核心带、过渡带、内缘带、边缘带），即从伟晶岩的边缘带至核心带，矿物成分和结构均呈有规律的变化。

在野外常常发现简单伟晶岩与复杂伟晶岩互为过渡，因此有些人认为复杂伟晶岩是由简单伟晶岩受到含挥发分较多的热液交代而形成的。

花岗伟晶岩的命名原则，除具特殊结构（如文象伟晶岩）者外，应根据其矿物共生组合特征进行命名，如黑云更长微斜长石伟晶岩；或按如白云母—锂辉石—钠长石伟晶岩的形式进行命名。

2. 霞石正长伟晶岩

霞石正长伟晶岩（nepheline syenite pegmatite）是一种成分与霞石正长岩相似，在空间上与霞石正长岩相伴生的伟晶岩。主要由霞石和碱性长石（正长石、微斜长石、条纹长石、歪长石）所组成，副矿物有钛铁矿、磷灰石、锆石及多种稀土元素矿物。这类伟晶岩分布较少，但常伴随一些稀土元素矿床的形成，故也有较高的经济价值。

3. 正长伟晶岩

正长伟晶岩（syenite pegmatite）的成分与正长岩大致相似，几乎全由碱性长石（正长石、条纹长石等）组成，不含或含很少石英，还有极少量暗色矿物存在。

4. 辉长伟晶岩

辉长伟晶岩（gabbro pegmatite）是伴随辉长岩体产出的伟晶岩，其成分与辉长岩或碱性辉长岩相似，主要由粗大的板状的斜长石及柱状辉石或碱性辉石组成。如我国四川攀枝花辉长岩体内广泛发育有辉长伟晶岩，山东济南辉长岩体内则产出有碱性辉长伟晶岩。

（三）伟晶岩的成因

关于伟晶岩的成因，目前意见不一，归纳起来有以下两种不同观点。

1. 岩浆成因说

岩浆成因说认为，伟晶岩是由富含挥发组分的残余岩浆侵入到母岩体或围岩的裂隙中，在相对更高的温度和压力条件下，通过缓慢冷却和分异而形成的。那些与深成岩浆岩体相伴生的伟晶岩脉，可作为这一观点的例子。

2. 交代成因说

交代成因说认为，伟晶岩是岩浆期后分泌出的富含挥发组分的气化热液，沿裂隙对母岩（细晶岩、花岗岩或其他岩石）进行交代和重结晶而形成矿物颗粒粗大的伟晶岩。这种观点可解释那些发育在变质岩系中的伟晶岩以及在伟晶岩体内普遍发育的交代和重结晶现象。目前根据多方面的资料表明，伟晶岩除少部分属于岩浆成因外，大多属于交代成因的产物。

（四）有关矿产

伟晶岩具有极为重要的经济价值，因为许多伟晶岩，尤其花岗伟晶岩与许多矿产（金属元素、稀有元素、稀土元素以及放射性元素）有紧密关系。其中，以稀有元素（Nb、Ta、Be、Li）、稀土元素（Ce、La、Y、Lu、Sc 等）以及某些非金属元素矿产（白云母、水晶、长石、刚玉等）最为重要。如我国内蒙古乌兰察布市的褐帘石锆石矿床，就产于五台系变质岩中的伟晶岩内，共有数条含矿伟晶岩脉，分带现象明显。此外，还有内蒙古官村、四川丹巴和辽宁海城等地的白云母矿床，西藏拉萨附近的刚玉矿床，辽宁林西、海南五指山等地的水晶矿，辽宁海城的长石矿床，都是比较著名的伟晶岩矿床。

五、脉岩的产状及其分布

脉岩的产状多以脉状形成于各类侵入体的内部及其附近的围岩中，有规则的和不规则的，可单独出现或成群出现。

脉岩分布广泛，各种岩体附近或变质岩地区均可见到。一般情况下，酸性脉岩（如细晶岩、伟晶岩）常形成于侵入体内或其附近围岩中，而基性脉岩和煌斑岩，则较多形成于离岩体较远的地方。在古老的变质岩系发育地区，伟晶岩脉也有广泛的分布。

第七节　火山碎屑岩类

一、概述

火山碎屑岩（pyroclastic rock）是指主要由火山爆发所产生的同期火山碎屑物质，经空气或水介质的搬运、降落、堆积、经固结或熔结等成岩作用而形成的岩石。火山碎屑岩是介于火山熔岩和沉积岩之间的过渡类型岩石，岩类复杂。火山碎屑物质来源于地下岩浆的爆炸破碎以及火山通道周围岩石的破碎。火山碎屑岩既可形成于陆地环境，又可形成在水下环境，如海洋、湖泊、河流等。

由火山活动形成的火山碎屑物质可以在火山口附近就地形成原地堆积，也可以乘气流或水流的携带而搬迁到远离火山口的任何可能的地方形成异地沉积，另外还可以在地下较浅处由隐爆活动构成隐爆堆积。而那些先前已存在的火山岩经破坏、搬运和沉积后作用形成的碎屑岩类，在某些方面可能与火山碎屑岩类很相似，但它们是正常的陆源碎屑岩类，而不是火山碎屑岩类。

火山碎屑岩的形成作用具有双重性：其物质主要来自地下熔浆，但火山碎屑物被抛至空中或水中时，其搬运及沉积机理却具有沉积岩的特色，与正常沉积陆源碎屑岩类似。

与火山碎屑岩相伴生的还有火山熔岩、次火山岩（或超浅层侵入岩）和正常沉积岩类。火山碎屑岩在自然界中分布十分广泛，从前寒武纪至第四纪均有分布。我国东部地处环太平洋火山活动地带，中—新生代沉积中有着较为发育的火山岩系。对火山碎屑岩的研究可用以解释火山喷发的历史、喷发环境及喷溢次数等。

火山碎屑岩中经常赋存着铁、铜、钼、镍、铂及铀等矿产，与国民经济密切相关。此外，未脱玻化的凝灰岩可作膨胀珍珠岩代用品，浮石状凝灰岩可作优良水泥的混合材料等，广泛运用于各种工业中。

火山碎屑岩（以火山角砾岩、凝灰岩为主）可作为良好的油气储集层。经过近60年的火山岩油气藏勘探与开发，目前已成为我国中—新生代陆相含油气盆地（松辽盆地、渤海湾盆地、塔里木盆地、三塘湖盆地等盆地）重要油气储集层类型之一。尤其是近30年来，对火山作用、火山碎屑岩及其含油气性能的研究，均取得了较大的进展。

二、一般特征及分类

（一）物质成分

火山碎屑物质是指由火山爆发所产生的各种碎屑物质，按其组成及结晶状况分为岩屑（岩石碎屑）、晶屑（晶体碎屑）和玻屑（玻璃碎屑）三种。此外，也还有一些其他的物质成分，如正常沉积物、熔岩物质。现将火山碎屑物质的特征分述如下。

1. 岩屑

岩屑（detritus）形状多样，大小不一，可由微细粒的岩屑至数米的火山集块，依其物理性质可分为刚性、半塑性和塑性岩屑。

1）刚性岩屑

刚性岩屑（rigid detritus）指早先固结的熔岩（包括各种微晶质及玻璃质熔岩）、火山通道围岩及火山基底岩石（包括沉积岩、变质岩和火成岩）等，经火山爆发作用而破碎的岩石碎屑。代表火山管道及其基底的围岩，其成分常具区域性特征，这种岩屑称外来岩屑；若来自火山同期岩石的碎屑称同源岩屑。

图 2-44　火山弹（据赵澄林，1993）

2）半塑性岩屑

半塑性岩屑（semiplastic detritus，火山弹和火山砾）是一种未完全固结的熔岩团块，成分以基—中性为主，具有一种特定形态和内部构造，直径可达 64mm 以上。从火山口抛出的基性或中性熔浆团，由于表面张力而呈球状，在空中飞行时，往往发生旋转，形成不同程度的扭曲，冷凝后呈纺锤形、梨形、麻花形、条带状及面包壳状。当落地撞击地面时，若仍具塑性可被压扁成饼状火山弹。火山弹的断面，可见空心类型及带核的实心类型，表现具旋扭纹理和裂隙，并具一层淬火边（图 2-44）。火山弹具气孔构造，边部往往多而小，中间则少而大，有的气孔呈同心层状分布。

3）塑性岩屑

塑性岩屑（plastic detritus）（火焰石）又称饼状体或浆屑，粒径一般大于 2mm。当未凝固的炽热塑性熔浆团由于熔浆的黏度较大在气体作用下喷出时，熔浆经撕裂、溅落而形成塑性岩屑。因喷发高度不大，于火山口附近堆积压扁拉长而形成火焰状、透镜状及枝杈状等各种形状的火焰石（图 2-45）。火焰石的颜色多样，可见斑晶和气孔。在中酸性、酸性和碱性的熔结火山碎屑岩中较为常见。

2. 晶屑

晶屑（crystal fragment）是指火山爆发时，熔浆中已结晶的斑晶和已成岩石所含的晶体被崩碎而成的矿物碎屑。晶屑大小一般不超过 2~3mm，常呈棱角状，有时也保持原来的部分晶形，有的因受熔浆的熔蚀而呈圆形或港湾状（图 2-46），其成分多为石英、长石、黑云母、角闪石、辉石等。由于中酸性的岩浆易于爆发，所以经常见到的晶屑主要是石英、钾长

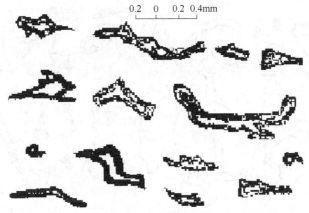

图2-45 火焰石的形状（据孙善平等，1980）

石及斜长石，其次是黑云母和角闪石，辉石和橄榄石则非常罕见。石英晶屑表面极为光洁，具不规则裂纹及港湾状熔蚀外形；长石晶屑主要为透长石、酸性至基性斜长石，有较高的自形程度，可见沿解理破裂及明显的裂纹，扫描电镜下更为清晰；黑云母和角闪石晶屑常具弯曲、断裂及暗化现象；辉石主要出现在偏基性的火山碎屑岩中。

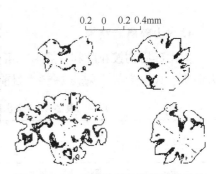

图2-46 火山碎屑岩中的晶屑的形态（据孙善平等，1980）

3. 玻屑

玻屑（vitric fragment）是火山爆发过程中形成的火山玻璃质碎片。玻屑通常大小在 0.01~0.1mm 之间，很少超过 2mm；0.01~2mm 者称为火山灰，小于 0.01mm 者称为火山尘。按其物态可分为刚性玻屑和塑性玻屑。

当地下熔浆上升到地表附近时，熔于其内部的挥发分，特别是 H_2O 和 CO_2 骤然出熔膨胀，形成泡沫状岩浆，而后气孔壁被炸裂破碎冷凝而成刚性玻屑。酸性熔浆挥发分含量较高，所以玻屑在酸性岩石中较发育，而中性、基性熔浆形成玻屑的情况较少。

刚性玻屑有弧面棱角状（图2-47）和浮石状两种。弧面棱角状的刚性玻屑出现普遍，形状多样，镜下常用弓形、弧形、镰刀形、月牙形、鸡骨状、管状、海绵骨针状、不规则尖角状等词来描述。综观其共同特点，不外乎是由一些不完整的气孔壁和贝壳状断口等所组成的。

浮石状的刚性玻屑不甚普遍，是没有彻底炸碎的弧面棱面状玻屑，内部保留较多的气孔，状如浮石，在中基性火山碎屑岩中出现较多。若弓形、弧面多角形玻屑未被抛入空中或喷发高度不大，堆积时处于高温可塑状态，在上覆堆积物的压力作用下，彼此压扁拉长叠置定向排列，且相互黏连熔结在一起而成塑性玻屑。强烈塑变的玻屑常显流纹状，通称为假流纹构造。

（二）结构构造特征及颜色

火山碎屑岩的结构与构造，不仅为这类岩石分类命名的一种依据，并能反映火山碎屑岩堆积的环境（陆上或水下）及其固结方式等。

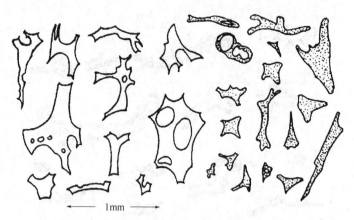

图 2-47　弧面棱角状玻屑（据冯增昭，1993）

具暗影者表示轻微磨蚀现象，取自张家口—宣化一带中生代凝灰岩

1. 火山碎屑岩结构

火山碎屑物按粒度和自然形态可分为火山集块、火山角砾、火山砾、火山弹、火山砂、火山灰、火山尘等，见表 2-10。目前，关于火山碎屑物粒度界限还没有一个统一的规定。

表 2-10　火山碎屑物分类表（据孙善平等，2001）

粒度，mm	同源			异源
	塑性	半塑性	刚性	异源刚性
>64	浆屑、塑变岩屑	火山弹	火山岩块	异源火山岩块
2~64	浆屑、塑变岩屑	火山砾	火山角砾	异源火山角砾
2^{-7}~2	塑变玻屑	火山灰	火山砂	异源火山砂
<2^{-7}	火山尘	火山尘	火山尘	异源火山尘

本教材中所采用粒度界限为中国石油行业目前通用的粒级划分标准，依据此标准将火山碎屑物划分为火山集块（>100mm）、火山角砾（100~2mm）、火山灰（2~0.01mm）、火山尘（<0.01mm）。根据火山碎屑物的粒级和其含量多少，可将火山碎屑岩的结构分为以下一些基本类型：

（1）集块结构，火山集块含量大于 50%；

（2）火山角砾结构，火山角砾含量大于 50% 或 75%；

（3）凝灰结构，火山灰含量大于 50% 或 75%；

（4）火山尘结构，由细小的火山尘组成，外貌似泥质岩石。

此外尚有一些过渡性的变种，如主要由塑变火山灰组成的塑变碎屑结构（主要由塑变碎屑组成）；火山碎屑岩与熔岩间的过渡结构——碎屑熔岩结构（基质为熔岩结构）；火山碎屑岩和沉积岩之间的过渡类型——沉凝灰结构（指混入正常沉积物而言）和凝灰沉积结构（如凝灰砂状、凝灰粉砂状、凝灰泥状结构）等。

火山碎屑物的分选及圆度都很差，这是由于未经长距离搬运或就地堆积所致。

2. 火山碎屑岩构造

在火山碎屑岩中，常见的构造有：

（1）层理构造，水携或风携的火山碎屑沉积中，可出现小型和大型交错层理以及平行层理。

（2）递变层理，主要出现在沉积物重力流火山碎屑岩类中，可以有正递变、反递变和叠覆递变层理，反映其形成于重力流水道微环境。

（3）斑杂构造，是火山碎屑物质在颜色、粒度、成分上分布不均且无排列性而表现出来的一种杂乱构造。

（4）平行构造，泛指由伸长形的火山碎屑物，如透镜体、饼状体、熔岩团块和条带状等定向排列所组成的构造。它的连续性及平行性不及假流纹构造。

（5）假流纹构造，由于塑变玻屑的变形拉长形成了貌似熔岩中的流纹状构造的构造。它与流纹构造的区别见表2-11。

表 2-11　假流纹构造与流纹构造的区别

对比参数	假流纹构造	流纹构造
流纹的成分	由颜色不同的塑变玻屑定向变形而成	由颜色不同的熔岩条纹和拉长的气孔或杏仁及斑晶定向分布而成的流动构造
流纹的形态	纹理宽窄不定，断续延伸且有分叉现象，有塑变残迹	纹理细密，延伸很长，无分叉现象
气孔或杏仁	无或极少	常见
斑晶	晶屑成分复杂，碎屑不完整，无定向分布	成分单一，晶体完整，平行流纹分布
基质结构	由明显的塑变玻屑组成	玻璃质、结晶质、球粒霏细质和显微晶质等
岩屑	常见	少见
岩石类型	为中酸性熔结凝灰岩所持有	熔岩，以中酸性熔岩为常见

（6）火山泥球构造，从外表上看是一个个球形的豆状体，剖面中具有同心圆构造（球的中心碎屑颗粒较粗，分布无序，向外粒度变细，并呈平行球面排列），直径一般为1.5~20mm，也有达5cm以上者。火山泥球主要由玻屑和火山尘组成，也可含少量晶屑和圆度较好的细粒陆源碎屑物。它的形成过程一般认为是，当大气水滴（包括雨水）过火山灰云时，黏附了一些细粒火山灰，降落到地面松散火山灰层上，而后又随风力或斜坡滚动，黏着的火山灰越滚越多，使球体不断增大，因而具同心层状构造。火山泥球构造主要见于中酸性陆相降落成因的凝灰岩和沉凝灰岩层中。

（7）豆石构造，是一种黄豆大小的球体，散布于凝灰岩中，有同心层或无，其主要由已重结晶的硅质物质组成，有的还有碳酸盐物质层或核心，表皮有火山灰层。豆石构造可能是由于在火山灰物质沉积的同时，水体中的分散硅质或碳酸盐物质凝聚滚动增大而成。

除上述构造外，有时还见气孔状、杏仁状构造等，甚至在某些火山细屑岩中见有生物搅动构造及实体化石。

3. 火山碎屑岩颜色

火山碎屑岩常具有特殊鲜艳的颜色，如浅红、紫红、嫩绿、浅黄、灰绿等。颜色是野外鉴别火山碎屑岩的重要标志之一。火山碎屑岩的颜色主要取决于物质成分，如中基性火山碎屑岩色深，为暗紫红、墨绿等色；中酸性者色浅，常为粉红、浅黄等色。其次，火山碎屑岩的颜色取决于岩石的次生变化，如绿泥石化则显绿色，蒙脱石化则显灰白或浅红色。

（三）分类与命名

火山碎屑岩一般根据其成因、碎屑物质百分含量、成岩方式以及主要碎屑物质的粒度大小分类。广义的火山碎屑岩类的分类和命名原则是：

（1）首先根据物质来源和生成方式，划分为火山碎屑岩类型、向熔岩过渡类型和向沉积岩过渡类型三种成因类型。

（2）再根据碎屑物质相对含量和固结成岩方式，划分为火山碎屑熔岩、熔结火山碎屑岩、火山碎屑岩、沉火山碎屑岩和火山碎屑沉积岩等五种岩类。

（3）再根据碎屑粒度和各粒级组分的相对含量，划分为三个基本种属，即集块岩、火山角砾岩和凝灰岩，之间的过渡类型为凝灰角砾岩、角砾凝灰岩等。

（4）最后再以碎屑物态、成分、构造等依次作为形容词，对岩石进行命名，如晶屑凝灰岩、流纹质晶屑凝灰岩、含火山泥球流纹质玻屑凝灰岩等。次生变化也常作为命名的形容词，如硅化凝灰岩、蒙脱石化凝灰岩、沸石化凝灰岩和变质流纹质晶屑凝灰岩等。

本教材所采用的火山碎屑岩类的分类命名方案参见表2-12。

表2-12　火山碎屑岩的分类表[①]

类　　型	向熔岩过渡类型	火山碎屑岩类型[②]		向沉积岩过渡类型	
岩　　类	火山碎屑熔岩类	熔结火山碎屑岩类	火山碎屑岩类	沉火山碎屑岩类	火山碎屑沉积岩类
碎屑相对含量	熔岩基质中分布有10%~90%的火山碎屑物质	火山碎屑物质含量大于90%，其中以塑变碎屑为主	火山碎屑物质含量大于90%，无或很少塑变碎屑	火山碎屑物质占50%~90%，其他为正常沉积物质	火山碎屑物质占10%~50%，其他为正常沉积物质
岩石名称　成岩方式 碎屑粒度	熔浆黏结	熔结和压结	压积	压积和水化学物胶结	
主要粒级大于100mm	集块熔岩	熔结集块岩	集块岩	沉集块岩	凝灰质巨砾岩
主要粒级为100~2mm	角砾熔岩	熔结角砾岩	火山角砾岩	沉火山角砾岩	凝灰质巨砾岩
主要粒级小于2mm	凝灰熔岩	熔结凝灰岩	凝灰岩	沉凝灰岩	2~0.1mm　凝灰质砂岩
					0.1~0.01mm　凝灰质粉砂岩
					<0.01mm　凝灰质泥岩

注：①据浙江省地质局，1976，略有修改；②指狭义的火山碎屑岩类。

三、主要岩类及其特征

（一）火山碎屑熔岩类

火山碎屑熔岩（pyroclastic lavas）是火山碎屑岩向熔岩过渡的一个类型，是经过熔浆胶结成岩作用方式而形成的一种火山碎屑岩。火山碎屑物质含量变化范围较大，一般熔岩物质含量可达10%～90%，火山碎屑物含量达50%～30%。火山碎屑物质主要是岩屑、晶屑，玻屑少见，它们被熔岩（浆）所胶结。当成分相近时，往往不易区分岩屑与熔岩基质，而误认为熔岩。岩石具碎屑熔岩结构，块状构造。熔岩基质中可含数量不定的斑晶，呈斑状结构，气孔状、杏仁状构造。按主要粒级碎屑划分为集块熔岩（agglomerate lava）、角砾熔岩（brecciated lava）和凝灰熔岩（tufflava）。

（二）熔结火山碎屑岩类

熔结火山碎屑岩（welded volcaniclastic rock）类是以熔结（焊结）成岩作用方式而形成的一类火山碎屑岩。本类岩石的火山碎屑物含量达90%以上，其中以塑变碎屑为主。本类岩石具熔结火山碎屑结构或熔结凝灰结构，其特征是岩石中除含一定量的晶屑和刚性岩屑外，还含有大量塑性岩屑和塑性玻屑（一般小于2mm）。塑性火山碎屑常被压扁、拉长，呈透镜状、分叉状、撕裂状、火焰状等，并定向紧密排列，显示熔结的特点。常见典型的假流纹构造，其与流纹构造的区别见表2-11，也可见柱状节理、熔结珍珠构造。

根据塑性碎屑物的粒径，可将熔结火山碎屑岩类进一步划分为熔结集块岩（welded agglomerate）、熔结角砾岩（welded breccia）和熔结凝灰岩（welded tuff/ignimbrite）。本类岩石主要产于火山颈、破火山口、火山构造洼地和巨大的火山碎屑流与侵入状的熔结凝灰岩体中，其中较粗粒的熔结集块岩和熔结角砾岩分布不广，主要组成近火山口相。

细粒的熔结凝灰岩分布很广，可组成厚大的火山碎屑岩层。这类岩石的名称较多，如火山灰流（ash flow）、火山碎屑流（pyroclastic flow）、热云（nuee ardente）、热云岩（ignimbrite）、阿苏熔岩（aso lava）、砂流（sand flow）等，国内较通用的译名为熔结凝灰岩或火山灰流凝灰岩，更多的趋于使用熔结凝灰岩（ignimbrite）。火山碎屑以相互熔结压紧成岩，因此可根据熔结（焊接）强度划分亚类。

（三）火山碎屑岩类

此类岩石是指狭义的火山碎屑岩（volcaniclastic rock）类，也称为普通火山碎屑岩（common volcaniclastic rock），火山碎屑物含量达到90%以上，经压积或压实作用成岩。火山碎屑岩在成岩过程中常叠加有水化学胶结作用，胶结物多为火山灰分解物质、由蛋白石和黏土矿物经重结晶后变成的玉髓和水云母集合体。火山碎屑岩类按粒度大小分为集块岩、火山角砾岩和凝灰岩等岩石类型。

1. 集块岩

集块岩（agglomerate）具火山集块结构，由火山弹及熔岩碎块堆积而成，也常混入一些火山管道的围岩碎屑，一般未经过搬运而呈棱角状，分选极差，由细粒级角砾、岩屑、晶屑及火山灰充填压实胶结成岩。集块岩分布范围较窄，多分布于火山通道附近构成火山锥，或充填于火山通道之中，是古火山口的标志之一。

2. 火山角砾岩

火山角砾岩（volcanic breccia）具火山角砾结构，主要由大小不等的熔岩角砾组成，分选差，不具层理，通常为火山灰充填，并经压实胶结成岩。火山角砾岩较为常见，常与火山集块岩共生，多分布在火山口附近，如河北宣化白垩纪火山口的中心，就为流纹质火山角砾岩所充填；有时也可分布于距火山口稍远的地区。

3. 凝灰岩

凝灰岩（tuff）具凝灰结构，其中的"凝灰"是指主要由小于 2mm 的火山碎屑组成的结构而言。按碎屑粒级，进一步分为粗（2~1mm）、细（1~0.1mm）、粉（0.1~0.01mm）和微（≤0.01mm）四种凝灰岩。碎屑成分主要是火山灰，按其物态及相对含量，可分为单屑凝灰岩（玻屑凝灰岩、晶屑凝灰岩、岩屑凝灰岩）、双屑凝灰岩（两种物态碎屑均在 25%以上）和多屑凝灰岩（三种物态碎屑均在 20%以上）。其中以玻屑凝灰岩、晶屑—玻屑凝灰岩最常见，具典型凝灰结构，熔岩成分多为流纹质，次为英安质。河北宣化白垩系陆相地层中有较为新鲜的流纹质玻屑凝灰岩；张家口附近的白垩系普遍见流纹质晶屑—玻屑凝灰岩；下花园附近白垩系中的多屑凝灰岩中，三种物态成分都有，其中岩屑也主要是流纹质的，该岩石去玻化作用强烈。

岩屑凝灰岩主要由熔岩碎屑组成，较少见，有时易与岩屑砂岩相混，需视有无搬运磨圆、有无玻屑存在加以区分。

（四）沉火山碎屑岩类

沉火山碎屑岩（sed-volcanic pyroclastic rock）是火山碎屑岩和正常沉积岩间的过渡类型，火山碎屑物占 50%~90%，其余的 10%~50%为正常沉积物质，经压积和水化学物胶结而成岩。本类岩石常发育层理构造，故有时也称层火山碎屑岩类。本类岩石与陆源火山碎屑沉积物的区别是新鲜、棱角明显、无明显磨蚀边缘及风化边缘。正常沉积物除陆源砂泥外，还可有化学及生物化学组分以及生物碎屑等。

（五）火山碎屑沉积岩类

火山碎屑沉积岩（pyroclastic sedimentary rock）以正常沉积物为主，火山碎屑物占 10%~50%，岩性特征基本与正常沉积岩相同。当碎屑主要是陆源的砂屑时，称为凝灰质砂岩；主要为泥屑时，称为凝灰质泥岩；主要为碳酸盐时，称为凝灰质石灰岩或凝灰质白云岩。

（六）自碎火山碎屑岩

自碎火山碎屑岩（autoclastic volcaniclastic rock）主要包括两种成因类型：熔岩流自碎碎屑（熔）岩和侵入自碎碎屑（熔）岩。它们的碎屑状结构是由于熔岩流中软硬两部分摩擦或富水的射气流隐爆而形成的，产生于有限空间之内。为使其区别于一般火山爆发和火山灰流中的碎屑形成方式，称这样的火山碎屑形成为自碎。自碎火山碎屑岩的成分、结构、构造特征及其成因与火山作用密切相关，且分布广泛。更具地质意义的是，侵入形成的自碎火山碎屑岩与许多大型金属矿产有关。在内蒙古二连盆地阿北油田白垩系中—基性熔岩油气储层中发现，每期熔岩流上部和下部的自碎熔岩角砾岩储油物性最好，其储集空间主要是自碎角砾间的孔缝以及未被充填的部分气孔，因此，这是一种特殊的油气储集层类型。在我国其他中—新生代火山岩和火山碎屑岩储层中，也存在这种储集岩类型。因此，无论从科学意义还是实际意义上，都有必要将这类火山碎屑岩单独作为一种成因类型。本类岩石划分为自碎火山集块岩、角砾岩和凝灰岩等三个亚类，如同熔结火山碎屑岩那样，进行单独描述、分类和命名。

四、火山碎屑物（岩）的成岩、后生变化

火山碎屑物中大量的火山玻璃碎屑是一种准稳定物质，在成岩作用及交代蚀变作用中极易发生变化，最常见的有脱玻化作用、水化作用及交代蚀变作用。

（一）脱玻化作用

火山玻璃是一种极黏稠的过冷熔体，内部原子排列是无规律的。因此，在缓慢冷却过程中逐渐趋向于结晶状态，由非晶质转化成晶质，这种现象称为脱玻化作用。时间、温度、压力等因素都会促进脱玻化作用的进行。

火山玻璃经脱玻化后，常具微弱光性，形成霏细结构或微晶长石、石英。塑性岩屑的内部脱玻化程度常比边部高些，同一剖面内，处于中部比顶部的脱玻化程度强。随着脱玻化作用的加强，碎屑的外形渐模糊，且晶屑有可能形成同质异象变体（如透长石转变为低温钾长石；方英石和鳞英石转变为低温石英）。脱玻化后，原生火山碎屑结构难以辨认。

（二）水化及水解作用

地表或盆地底部堆积的玻璃质及火山灰（尘），在渗流水、降水及海水作用下发生分解称为水化作用。水化作用的结果是使火山玻璃富含水，其反应式可以写为：玻璃+水＝含水玻璃+水。如基性火山灰含水形成碎云玻璃（sideromelane）及橙玄玻璃（palagonite），碎云玻璃是基性含水玻璃，呈半透明状；橙玄玻璃是呈黄色至橙黄色的非晶质准稳定物，由基性火山灰水化而成。

水解作用是指当火山玻璃处在渗流带，由于大气水流作用，发生溶解并形成土壤（泥化）的过程。火山玻璃可变为黏土、蛋白石、方解石和斜发沸石等矿物。基性火山灰经水解作用可变为皂石及绿泥石。

（三）交代蚀变作用

在火山作用的晚期和期后的喷气和热液作用下，火山碎屑岩中的原生矿物被一系列新生矿物所取代的作用称为喷气、热液蚀变作用，也称为交代蚀变作用，其结果使火山碎屑岩的化学成分、矿物成分和结构构造都发生了变化。

火山碎屑岩的交代蚀变作用主要有次生石英岩化、泥化、泥英岩化、沸石化、青磐岩化。沸石化几乎是火山碎屑岩特有的交代蚀变产物，与其共生的有黏土矿物、硅质矿物、绿泥石等，沸石富集可形成矿产。

第八节　次火山岩类

次火山岩（subvolcanic rock）是指在火山喷发过程中，岩浆的喷溢受阻而停留在地下较浅处的裂隙或层间空隙中冷凝形成的岩石。由于它们产于近地表，而又没有喷出地表具有潜伏的特点，故又称为潜火山岩。邱家骧（1995）总结次火山岩与火山岩之间关系，提出"四同"：同时间但一般稍晚，同空间但分布范围较大，同外貌但结晶程度较好，同成分但变化范围及碱度较大。随着侵位的深度由浅到深，岩石结构构造、某些矿物的有序度等特点

也表现为从类似火山岩变化到类似浅成相岩石。由于其形成环境介于喷出岩与侵入岩之间，因此次火山岩具有火山熔岩的外貌和侵入岩的产状。

尽管有关次火山岩的研究还不够多，但近年对某些矿种的研究表明，次火山岩与铁、铜、金甚至石油等有密切关系，应引起岩矿工作者的足够重视。

一、分类命名

由于次火山岩是介于火山岩和浅成岩之间的岩石，因此，它们的基本分类依据与熔岩或浅成岩的分类相同。由此，对次火山岩的命名一般是以熔岩或浅成岩的名称为基础再根据岩石外貌特征和产状进一步命名，有三种情况：

（1）侵位较浅具熔岩外貌的次火山岩，按相应的熔岩名称作基础，前面冠以"次"或"潜"字，如次（潜）安山岩；或以熔岩名称作词头，以"斑岩"或"玢岩"（用"斑"还是"玢"见第一章）作词尾，如流纹斑岩、安山玢岩。一般人们习惯应用后者。

（2）侵位较深者，其外貌似浅成岩，一般是在浅成岩名称前加"次"或"潜"字，如次（潜）闪长玢岩、次（潜）花岗斑岩。

（3）具角砾结构的次火山岩，一般按角砾含量命名：当角砾小于10%时，称含角砾×××岩（次火山岩名称），如含角砾安山玢岩、含角砾次花岗斑岩。当角砾含量为10%~30%时，将"含"字去掉，称为角砾×××岩（次火山岩名称），如角砾次闪长玢岩、角砾流纹斑岩。当角砾大于30%时，称为×××（次火山岩名称），角砾岩，如流纹斑岩角砾岩、粗面斑岩角砾岩、次花岗斑岩角砾岩等。按角砾岩成因可分为隐爆角砾岩、侵入角砾岩、震碎角砾岩、崩塌角砾岩等。

二、一般特征

如前所述，次火山岩既与火山岩有着密切关系，又具有侵入岩产状，因此，无论野外还是镜下都具有与熔岩和浅成岩不尽相同的特征。

（一）矿物成分特征

（1）次火山岩中的斑晶主要为角闪石、黑云母和斜长石，并可见角闪石、黑云母的暗化现象、斜长石的环带和斑晶的熔蚀，但一般不如熔岩明显，基质中可出现绿色角闪石、黑云母。

（2）与熔岩、浅成岩相比，次火山岩斑晶除自形者外，常见碎屑状。

（3）钾长石的三斜度、斜长石的有序度比熔岩高，比浅成岩低，钾长石的光轴角（$2V$）介于二者之间。

次火山岩与火山岩、浅成岩中的主要矿物成分及其特征的不同特点见表2-13。

表2-13　次火山岩、火山岩、浅成岩中几种矿物对比表（宁芜地区）

矿物	火山岩	次火山岩	浅成岩
斜长石	高温型，有序度小于0.4	过渡型，有序度0.4~0.8	低温型，有序度1.0
钾长石	$2V$ 小于 63°，三斜度小于 0.4，一般无条纹	$2V$ 为 55°~85°，三斜度 0.4~0.7，可见隐微条纹	$2V$ 大于 80°，三斜度 0.6~1.0，细条纹较发育

矿物	火山岩	次火山岩	浅成岩
角闪石	褐色,见于斑晶,具暗化边或全部暗化	褐色也可为绿色,见于斑晶和基质,弱暗化或无暗化	一般为绿色,斑晶和基质中均可出现,无暗化
黑云母	棕褐色见于斑晶,强暗化,多数全部暗化	红褐色,斑晶和基质中均可见,弱暗化或无暗化	褐色,斑晶和基质中均可见出现,无暗化现象

(二) 结构特征

次火山岩的结构具多变性,与熔岩、浅成岩相比,以下结构在次火山岩中更常见。

1. 多斑结构

次火山岩中的斑晶数量一般较多,当斑晶含量大于50%时称为多斑结构 (polyporphyritic texture),基质为微粒结构、隐晶质结构、交织结构等。当斑晶含量大于85%,称为连斑结构 (oryptic texture),各斑晶几乎相连,杂乱分布,少数基质则充填于斑晶间,类似胶结物。

2. 不等粒多斑结构

不等粒多斑结构 (seriate polyphyric texture) 表现为斑晶多且粒径大小不等,连续变化,综合反映了斑晶是在不同环境下连续晶出的现象。

3. 聚斑结构

次火山岩中的同成分斑晶聚集构成聚斑结构 (glomeroporphyritic texture)。如果成分不同的斑晶 (如辉石、斜长石) 聚集产出,称为联斑结构 (combine porphyre texture)。熔岩中也可见这两种结构,不同的是次火山岩的基质略粗,多为显微晶质结构或微晶结构。

4. 自碎斑结构

由于岩浆内部压力突然减小,而导致爆裂,使已形成的斑晶出现爆裂纹,甚至破裂成棱角状 (碎屑状),但多数无位移,只有少数明显位移。这些爆裂成棱角状的自碎斑,可见再生边或溶火边。黑云母斑晶边部可见撕裂成 "火焰状"。自碎斑结构 (autoclastic porphyritic texture) 在中酸性次火山岩中常见。

5. 角砾结构

角砾结构 (breccia texture) 表现为碎屑粒径2~100mm,多为棱角状—半棱角状,有时圆化,形态可为圆状、长条状、三角状、不规则状等。多数情况下,角砾与次火山岩同成分,少数角砾为围岩碎块。它们被同期或略晚的次火山岩胶结。矿化较强时,角砾和胶结物全部蚀变和矿化。根据成因可分为以下四种结构:

(1) 隐爆角砾结构 (blind explosion breccia texture)。角砾成分主要为岩体自身碎块,少数为围岩或深部岩石碎块。角砾呈棱角状、次棱角状,个别浑圆,被自身成分和某些气液矿物 (电气石、萤石、黄玉等) 胶结。此种结构的岩石主要产于火山口附近或次火山岩体顶部,因强爆破而形成。

(2) 侵入角砾结构 (intrusive breccia texture)。角砾成分主要为较早期的次火山岩,少数为围岩碎块,被较晚的次火山岩胶结。此种结构的岩石主要分布于次火山岩的构造薄弱带。

（3）震碎角砾结构（shatter breccia texture）。角砾成分主要为围岩碎块，以尖棱角状为主，位移小，被次火山岩胶结。此种结构的岩石多分布于隐爆次火山岩体边部。

（4）崩塌角砾结构（devoluted breccia texture）。角砾成分较复杂，主要为顶盖围岩碎块，包括先喷出的火山岩角砾，被下面的熔浆胶结而成。角砾呈棱角状、次棱角状，有位移但很少磨圆。

三、主要岩石类型

由于多数次火山岩分类原则是在成分相当的熔岩或浅成岩名称前加"次"或"潜"，也常用"玢岩"或"斑岩"命名。因此，次火山岩类型相当多，这里只选择部分常见类型。

（一）玄武玢岩

玄武玢岩（basalt porphyrite）具多斑结构、巨斑结构和聚斑结构等，斑晶以橄榄石、辉石为主，少量斜长石（中—拉长石）；基质为自形的斜长石微晶，少量橄榄石、辉石以及隐晶质，常具间粒结构、间隐结构。河北象山安山玄武玢岩中的斜长石呈巨斑，粒径 5~20m，基质为间隐结构。

（二）安山玢岩

安山玢岩（andesite porphyrite）常具多斑结构、连斑结构、自碎斑结构、聚斑结构、联斑结构。岩石的主要矿物与同成分熔岩相同，斑晶以斜长石（拉—中长石）为主，少量辉石、角闪石或黑云母。其中，斜长石除板状自形晶外，可见碎屑状，有时见熔蚀麻点结构；角闪石或黑云母可见暗化边。基质由斜长石长条状微晶、少量角闪石、黑云母及隐晶质组成，常具交织结构。岩体边部有时可见气孔状、杏仁状构造。根据暗色矿物或结构等可进一步命名，如辉石安山玢岩、角闪安山玢岩、（含）角砾安山玢岩。它是次火山岩常见类型之一。

此外，常见玄武玢岩与安山玢岩过渡类型可命名为玄武安山玢岩，该岩石斑晶以斜长石为主，以此区别于玄武玢岩（斑晶一般为橄榄石、辉石）。与安山玢岩不同的是，玄武安山玢岩的暗色矿物以角闪石、黑云母为主，基质为交织结构、间隐结构。详细确定名称还需化学分析。

（三）粗面斑岩

粗面斑岩（trachyte porphyry）常见自碎斑结构、多斑结构，主要矿物为碱性长石（组成斑晶和基质），少量黑云母、角闪石，向碱性系列过渡时出现霓辉石、霓石；而碱性粗面斑岩则出现黝方石、白榴石等似长石。基质为粗面结构、间隐结构等。我国宁芜地区的黝方石粗面斑岩中的钾长石斑晶多呈碎屑状，并见特征的再生边结构，少量霓石、黑云母斑晶，常见逆反应边结构。

（四）流纹斑岩或英安斑岩

流纹斑岩（thyolite porphyry）或英安斑岩（dacite porphyry）具自碎斑结构、多斑结构、连斑结构等，斑晶为石英、长石，有时见少量黑云母、角闪石（有时暗化）。石英具熔蚀结构，长石常自碎成碎屑状。当长石斑晶以碱性长石为主时，称为流纹斑岩，若以斜长石为主时，称为英安斑岩。它们的基质多为隐晶质结构、显微嵌晶结构，有时也见球粒结构。

（五）次闪长玢岩

次闪长玢岩（subdiorite porphyrite）具多斑结构、不等粒多斑结构、连斑结构、自碎斑结构和聚斑结构，斑晶为斜长石、角闪石或黑云母，角闪石绿色或褐色，有时可见暗化边。基质成分与斑晶基本相同，具显微晶质结构、显微嵌晶结构。当基质中见有一定量的石英（原生）时，称为次石英闪长玢岩。该岩石是次火山岩常见类型之一。

（六）次花岗斑岩和次花岗闪长斑岩

次花岗斑岩（subgranite porphyry）和次花岗闪长斑岩（subgranodiorite porphyry）具多斑结构、连斑结构、自碎斑结构，斑晶成分主要为石英、碱性长石、斜长石，少量黑云母或角闪石（绿色）。石英常见熔蚀现象，长石多呈碎屑状。基质主要由长石、石英组成，具显微晶质结构、显微嵌晶结构。

第九节　其他特殊岩类

一、碳酸岩类

火成成因的富含碳酸盐矿物的岩石统称为"碳酸岩"（carbonatite），而沉积作用形成者则称为"碳酸盐岩"（carbonate rock）。

（一）分类

IUGS 推荐的碳酸岩分类有两种，一是根据化学成分分类，二是根据矿物成分分类。

根据碳酸岩的化学成分分类，其中要求碳酸盐含量大于50%、SO_2 含量小于20%。由此划分为钙质碳酸岩（calciocarbonatite）、镁质碳酸岩（magnesiocarbonatite）和铁质碳酸岩（ferrocarbonatite）。若 SO_2 含量大于20%，称为硅质碳酸岩（silicocarbonatite）。

根据矿物成分分类要求碳酸盐矿物含量大于50%，再根据岩石中所含碳酸盐矿物种类划分为方解石碳酸岩（calcite-carbonatite）、白云石碳酸岩（dolomite-carbonatite）、铁碳酸岩（ferrocarbonatite）和钠碳酸岩（natrocarbonatite）。其中，方解石碳酸岩和白云石碳酸岩又根据矿物粒度分为粗粒方解石碳酸岩、中—细粒方解石碳酸岩和白云碳酸岩、镁云碳酸岩；铁碳酸岩是指主要碳酸盐矿物为富铁变种；钠碳酸岩是指主要碳酸盐矿物成分为钠、钾、钙的变种，这种岩石到目前为止仅在坦桑尼亚 Oldoinyo Lengai 火山发现。

当碳酸盐矿物含量为10%～50%时，则在岩石基本名称前加主要碳酸盐矿物名称，如方解石霓辉岩。若不能分出碳酸盐变种时，加"碳酸"前缀，如碳酸霓辉岩。当碳酸盐矿物含量小于10%时，以含某碳酸盐矿物为前缀，如含白云石霓霞岩。

碳酸岩类中常见矿物是方解石、白云石，因此，IUGS（1979）建议根据这两种矿物含量比进一步划分（表2-14）。

表 2-14　碳酸岩矿物成分分类表

岩石名称	方解石碳酸岩	白云方解碳酸岩	方解白云碳酸岩	白云碳酸岩
方解石含量	>90%	50%~90%	10%~50%	<10%
白云石含量	<10%	10%~50%	50%~90%	<10%

以上均为侵入相碳酸岩类名称。若为火山熔岩的分类方案基本同上述侵入相，只需在"碳酸岩"的"岩"字前加"熔"（carbonatite lava）即可，如方解石碳酸熔岩。若为火山碎屑碳酸岩，国内外无统一方案，但一些资料表明，基本依据火山碎屑岩分类原则，常用的有碳酸岩质凝灰岩、碳酸岩质熔结凝灰岩、碳酸岩质火山角砾岩、碳酸岩质熔结角砾岩和凝灰质碳酸（熔）岩、火山角砾碳酸岩等。

（二）一般特征

碳酸岩颜色较浅，多为灰白色、浅棕色、黄棕色，化学成分以富 CO_2（25%~40%）、贫 SO_2（小于20%）为特征，常含稀土元素、稀有元素。碳酸岩（碳酸熔岩）的矿物成分复杂且多样，但主要为方解石、白云石、铁白云石、菱铁矿、菱镁矿、菱锰矿以及菱锶矿等，它们的含量达60%以上；其次为黑云母（或金云母）、碱性暗色矿物、碱性长石、磷灰石、似长石、黑榴石等。此外，还含有一些较稀少的矿物，如斜锆石、烧绿石、独居石、铌金红石以及稀土碳酸盐矿物。

侵入碳酸岩常见结晶粒状结构，其中方解碳酸岩多为粗粒粒状结构，粒径为2~5m或更大；白云石碳酸岩则多为中—细粒粒状结构，粒径一般为1~2m甚至更小。侵入碳酸岩主要为块状构造，有时也见条带状构造；碳酸熔岩主要为斑状结构，除块状构造外，常见流动构造、气孔状构造；爆发相的碳酸熔岩，具火山碎屑结构（包括火山灰、火山砾、火山弹）。

（三）主要岩石类型

根据上述碳酸岩分类命名原则，其主要岩石类型如下。当碳酸盐矿物无法确定时，可称之为碳酸岩（或碳酸熔岩）。

1. 粗粒方解碳酸岩

粗粒方解碳酸岩（黑云碳酸盐，sövite）呈灰白色，中—粗粒半自形粒状结构，块状构造或条带状构造。岩石主要由50%的方解石组成，次要矿物为黑云母、磷灰石、磁铁矿、黑榴石，副矿物为铌铁矿、铌金红石、独居石、烧绿石等。一般为脉状产出，侵位相对较深。

2. 细粒方解碳酸岩

细粒方解碳酸岩（方解碳酸岩，alvikite）呈浅灰白色，具中—细粒半自形粒状结构，块状构造。岩石主要矿物为方解石，其含量大于70%，次要矿物为黑云母、金云母、磷灰石等，但含量较黑云碳酸岩要低，副矿物铌金红石、铌铁矿较黑云碳酸岩要多。一般为脉岩，侵位较浅。有时呈火山熔岩产出，称之为方解碳酸熔岩。

3. 镁云碳酸（熔）岩

镁云碳酸（熔）岩（beforsite）呈褐灰色、灰白色，主要矿物为白云石（含量大于50%），其次为褐色黑云母（或金云母），常呈斑晶产出。岩石一般具斑状结构，基质中除白云石外，含黑云母、重晶石、钛铁矿和磁铁矿等。岩石多呈脉状产出，当呈熔岩产出时称为镁云碳酸熔岩。

4. 白云碳酸岩

白云碳酸岩（rauhaugite）呈灰白色，具半自形粒状结构，粒度从细粒到粗粒均可见。岩石主要矿物为白云石、铁白云石，含量达90%，次要矿物为磷灰石、菱铁矿、碱性长石、黄铁矿、重晶石，副矿物为氟碳铈矿、氟碳钙铈矿、独居石等。

5. 铁碳酸（熔）岩

铁碳酸（熔）岩（ferrocarbonatite）呈暗灰色、褐灰色，一般具中—细粒半自形粒状结构。岩石主要由富铁的碳酸盐矿物铁白云石、菱铁矿等组成，常含有稀土、放射性矿物。根据所含碳酸盐矿物（两种以上矿物以前少后多为原则）进一步命名，如菱铁碳酸岩；若为熔岩时则称为菱铁碳酸熔岩。

6. 角砾状碳酸岩

角砾状碳酸岩（breccia carbonatite）呈暗灰色、灰褐色，具角砾状结构。岩石主要成分为方解石或白云石或铁白云石，次要矿物有辉石、黑云母、磷灰石，有时含碱性长石、霞石等。岩石中含有同源或围岩角砾，角砾大小不一，角砾被碳酸盐矿物胶结。角砾状碳酸岩属火山喷发碳酸岩。

7. 碳酸质凝灰岩或熔结凝灰岩

碳酸质凝灰岩或熔结凝灰岩（carbonatitic tuff/Ignimbrite）呈灰绿色、灰色，具凝灰结构或熔结凝灰结构。碳酸质凝灰岩由玻屑、晶屑、岩屑组成，而熔结凝灰岩则由塑性玻屑、塑性岩屑、晶屑组成。当玻屑、塑性玻屑、塑性岩屑脱玻化后，由细小的隐晶—微晶碳酸盐矿物组成。碳酸质凝灰岩中的胶结物为重结晶的微晶碳酸盐矿物。

（四）产状及分布

碳酸岩侵入体在野外多呈岩株、岩墙、岩脉、岩筒等产出。它们常见于环状碱性侵入体的中部，与碱性岩、超基性碱性岩共生，产于大陆裂谷环境。岩体中常含有围岩捕虏体和深源包体。我国四川南江的黑云碳酸岩，呈脉状或透镜状产于霓霞岩中。喷出的碳酸熔岩以中心式喷发为主，以熔岩流和层状火山碎屑岩形式产出，有时作为火山颈相产于碱性火山熔岩中，主要见于东非裂谷的坦桑尼亚、肯尼亚等地。我国甘肃天水—礼县新生代断陷盆地中见有火山喷发的碳酸岩（喻学惠等，2004），出露的岩石主要为碳酸质火山泥球（泥球由隐晶—微晶方解石构成环状构造）凝灰岩、碳酸质火山角砾岩和方解碳酸熔岩。

二、埃达克岩

埃达克岩（adakite）是指由地质年龄不大于25Ma的洋壳俯冲形成的一套岛弧岩浆岩系（Defant et al.，1990）。由于，这种岩石首次发现于阿拉斯加阿留申群岛中的埃达克岛（Adak Island），因而被称为埃达克岩。埃达克岩是形成于岛弧环境下高铝、高锶、贫稀土的一种特殊类型的岩石组合，主要岩石类型包括岛弧安山岩、英安岩、流纹岩或英云闪长岩和奥长花岗岩，它是板块俯冲作用开始的标志。埃达克岩的最初定义主要包括以下含义：（1）埃达克岩是一套火山岩和侵入岩组合，并非仅仅是一种岩石类型；（2）埃达克岩的矿物成分变化较大，主要矿物组合是斜长石和角闪石，可以出现黑云母、辉石和不透明矿物；（3）埃达克岩的岩石类型主要有安山质、英安质、流纹质岩石等；（4）埃达克岩的化学成分以 $SiO_2 \geqslant 56\%$、$Al_2O_3 \geqslant 15\%$（很少低于此值）和 MgO 通常小于 3%（极少大于 6%）为特点，Sr 含量较高，同位素上主要表现为 $^{87}Sr/^{86}Sr < 0.7040$；（5）埃达克岩主要形成于岛弧地区，是由地质年龄不大于 25Ma 的热俯冲洋壳熔融形成的。

由以上分析可知，埃达克岩主要是从地球化学特点出发的，而不是按矿物组合类型来划分的岩石类型，因此野外我们不可能确定岩石是否是埃达克岩。

（一）埃达克岩鉴别方法

从埃达克岩的定义可知，埃达克岩不是一种具体的岩石，而是特点和成因相同的一套岩石组合。从岩石学的角度看，它与我们经常见到的岛弧安山岩—英安岩—流纹岩基本一致。这就决定了单纯从岩石学角度，我们无法可靠地对它进行鉴别。因而，需要较多地采用地球化学的方法，目前普遍采用 $(La/Yb)_N - Yb_N$（Martin，1999）和 Sr/Y–Y（Defant et al.，1990）的判别图解方法。埃达克岩以较高的 Sr/Y 比值和 $(La/Yb)_N$ 比值而区别于通常情况下的岛弧系列岩石。

（二）埃达克岩的成因

Defant 和 Drummond（1990）认为，埃达克岩不可能是由基性岩浆的分离结晶，地壳岩石的熔融、分离结晶和混染、岩浆混合以及地幔楔（受俯冲板片的流体交代过）的熔融形成，只可能是俯冲的玄武质洋壳熔融的结果。它主要产于岛弧环境，如环太平洋地带。

一般年龄大于 25Ma 的洋壳俯冲一般不产生埃达克岩。当俯冲洋壳板片较为年轻（小于25Ma）时，板片相对较热，当它俯冲到发生榴辉岩相变质深度时（75~85km），板片可发生部分熔融（而并不是通常情形下的板片脱水），熔融的残留相以"石榴子石＋角闪石＋辉石"为主，由于石榴子石和角闪石呈残留相存在，导致形成的熔体具有埃达克岩的地球化学特点。因此，岛弧环境是埃达克岩产生的重要大地构造背景。但在正常的岛弧环境下，由于俯冲板片年龄较老，从而不具备在形成深度上发生部分熔融的条件（板片脱水作用），导致上覆的地幔楔在 100~200km 深度左右发生部分熔融，并形成玄武质岩浆。此种情形下，熔融的残留物为橄榄石和辉石，并由于此玄武岩浆在上升过程中与地壳发生强烈的相互作用，从而导致形成的一系列岩石并不具有埃达克岩的地球化学特点。

源岩和源区压力是决定埃达克岩地球化学特殊性的基本控制因素，不论是热洋壳或冷洋壳的熔融，或是加厚陆壳的基性下地壳熔融，只要源区压力足够大，使得源岩中大部分斜长石和一定量角闪石发生分解，石榴子石在残余固相中占有较大的比例，含角闪石的榴辉岩或无斜长石的石榴子石角闪岩、麻粒岩或榴辉岩，通过脱水熔融即可形成具有埃达克岩地球化学特征的岩石。因此埃达克岩的真谛在于熔融残留相为石榴子石，而斜长石少或无。

（三）我国埃达克岩的分布及其特征

张旗等（2003，2004）对我国东部地区的研究认为，我国东部燕山期广泛分布着埃达克岩，特别是华北地台及其周边地区，包括北部的冀北—辽西、南部的长江中下游，主要岩石组合为粗安岩—粗面岩—粗面安山岩—英安岩—流纹岩和闪长岩—花岗闪长岩—石英二长岩—二长花岗岩。其中，八达岭花岗岩和河北涞源王安镇花岗岩是我国东部中生代较典型的具埃达克岩特征的花岗质侵入岩。他们通过总结我国埃达克岩分布特点，提出了两种形成环境：一为 O 型埃达克岩，与板块消减作用有关；二是 C 型埃达克岩，主要为地壳加厚条件下，中基性岩部分熔融的产物。

此外，有些研究者提出在我国其他地区，如西藏高原（古近纪和新近纪）、天山北部（石炭纪）、吉林和内蒙古（二叠纪为主）等地也存在着埃达克岩或埃达克质岩，而且发现许多地区埃达克岩（埃达克质岩）与金、铜矿有关。

综上所述，概括各家观点，埃达克岩有以下特点：

（1）埃达克岩的重要标志是其地球化学特征，总体具有高硅、铝，富锶，贫重稀土，无负 Eu 异常等特征。

（2）埃达克岩代表的主要岩石组合为安山岩—英安岩—流纹岩及其相应的侵入岩闪长岩—花岗闪长岩—花岗岩。它们不与玄武岩或玄武安山岩共生。高压环境下形成的高 Sr 低 Yb 的花岗岩和太古宙 TTG 质岩石（奥长花岗岩、英云闪长岩、花岗闪长岩）中富 Sr 部分花岗岩也属于埃达克岩（张旗等，2006）。

（3）埃达克岩不仅形成于岛弧环境，也产于板块消减带或陆内环境，埃达克岩为壳源。

（4）我国东部地区分布的埃达克岩与典型埃达克岩的地球化学特征基本相似，但 Sr 不具明显正异常，高 K 而 Mg^{2+}、Al_2O_3 偏低。它们的形成主要与下地壳或底侵基性岩的部分熔融有关，有人建议用"埃达克质岩"表示。

第二章小结

第三章 岩浆岩的形成及演化

第一节 关于原始岩浆问题

根据目前研究，岩浆起源于上地幔和地壳底层，并把直接来自于上地幔或地壳地层的岩浆称为原始岩浆。自然界岩浆岩种类繁多，是否每一种岩石都有相应成分的原始岩浆呢？这一直是地质界长期争论的问题，对于这个问题的认识也经过了一个长期的发展过程。

19世纪中叶，布恩森（Bonson，1851）曾提出有玄武岩浆和花岗岩浆两种原始岩浆的主张，但关于花岗岩浆的论点一直未受重视。

从20世纪初期到中期，岩石学家先后对原始岩浆的种类提出了不同的看法。以鲍文（N. L. Bowen）为代表的一些岩石学家认为，自然界只存在一种原始岩浆——玄武岩浆，而所有的岩浆岩都是由玄武岩浆派生出来的，即"一元论"。1928年鲍文根据玄武岩熔融实验提出的"反应原理"就是一元论观点的概括，即玄武岩浆结晶时，首先晶出的矿物是较原始岩浆富含铁、镁、钙等的基性物质，且贫硅质，由于它们的密度较大，下沉到岩浆房的底部与熔体分离，这样残余熔体中酸度不断增大，一直达到花岗岩成分。一元论的观点因具有实验基础，同时又与当时已知地壳中玄武岩大量存在的事实相符，因而得到广泛的支持。但后经研究表明，地壳上分布最广的岩石除玄武岩外，还有数量更大的花岗岩。根据列文生—列信格（Левинсон-Лессинга）的计算，通过玄武岩浆分异只能得到5%的花岗岩。如果说花岗岩都是由玄武岩浆分异而来，令人费解。

20世纪30年代，由于一元论观点受到与地质事实不符的挑战，以列文生—列信格和戴里（R. A. Daly）为代表的岩石学家又提出二元论的假说。他们认为自然界存在两种原始岩浆，即玄武岩浆和花岗岩浆，其主要依据是地球上玄武岩和花岗岩分布最广。其中，花岗岩的分布面积比其他侵入岩高20倍，玄武岩比其他喷出岩高5倍，并且花岗岩几乎不与玄武岩共生；同时根据地球物理资料，莫霍面以上的地壳可分为花岗岩层和玄武岩层。因此，推断在整个地质时代中，存在着熔融的花岗岩浆和玄武岩浆。二元论的观点虽解释了地壳上玄武岩和花岗岩分布最广的事实，但还不能解释地球上褶皱带中独立存在的巨大的超基性岩体岩浆的来源。

20世纪30~50年代，以赫斯（H. H. Hess）和库兹涅佐夫（Е. А. Кузнецов）为代表的岩石学家认为，地球上巨大超基性岩体的单独出现不可能都是由玄武岩浆和花岗岩浆派生而来，又提出三元论的假说，即自然界存在三种不同的原始岩浆——玄武岩浆、花岗岩浆和超基性岩浆，其他多种多样的岩石都是由这三种岩浆派生而成，暂时平息了对原始岩浆来源的争论。

近年来，通过全球地质构造、地球物理、地壳化学及高温高压模拟实验研究，特别是环太平洋带广泛分布的安山岩及某些地区碳酸盐岩浆的发现，不少学者又提出原始岩浆多元论的观点，认为地球上原始岩浆不可能只是2~3种，更不可能只有一种，而是许多种，这取决于许多复杂的地质构造背景。

根据近代地球物理资料，地球内部存在着两个明显的不连续面，一个为莫霍面（M），另一个为古登堡面（G）。两个不连续界面把地球自内而外分成三个圈层，它们分别是地核、地幔和地壳，不同层圈有不同的组分、温度和密度。

在地质构造运动的作用下，上地幔和下地壳物质可选择局部熔融产生超基性岩和基性岩浆，上地壳可局部熔融产生酸性岩浆，而地壳深处相当于其他成分的岩石，也可选择熔融形成不同成分的岩浆，如安山岩浆、碱性岩浆及碳酸盐岩浆等。总的来说，地球上各壳层的物质组成基本均匀，这就决定自然界原始岩浆虽不限于 $1 \sim 3$ 种，但也不会太多。

局部熔融是现代岩浆成因方面的一个基本概念，即在岩石开始融化至全部融化的温度区间内，岩石中的易熔组分（酸性组分）先熔化，产生酸性熔体，残留体为较基性的难熔固体物质；随着温度增高，熔体数量增加，其基性成分也逐渐增加；当温度达到或超过岩石全部熔化的温度时，岩石全部熔化，熔体成分和被熔化的原岩成分一致。岩石的局部熔融作用又叫重熔作用或深熔作用。温度高低是岩石局部熔融重要的影响因素，而地球深处压力的突然降低和岩石成分的变化（H_2O、CO_2 增加）能够导致熔融源区岩石初熔温度的降低，有利于局部熔融发生而产生岩浆。

目前认为，种类繁多的岩浆岩就是由超基性岩浆（橄榄岩浆）、基性岩浆（玄武岩浆）、中性岩浆（安山岩浆）、酸性岩浆（花岗岩浆）通过复杂的演化作用形成的（肖渊甫等，2009）。这几种原始岩浆是由上地幔或地壳底层固态物质在一定条件下通过局部熔融产生的。

第二节　原始岩浆的演化机理

原始岩浆在地球内动力和构造作用下，沿地壳的断裂带不断向上运移，侵入地层或喷出地表。在其形成和运移的过程中，由于物理化学条件和周围环境的改变，由一种或几种性质不同的原始岩浆，可演化出许多不同成分的派生岩浆，从而形成各种各样的岩浆岩。根据近几十年来大量的研究资料，认为岩浆演化的机理主要有岩浆分异作用、同化混染作用和岩浆混合作用。

一、岩浆分异作用

岩浆分异作用（magmatic differentiation）是指原来成分均匀的岩浆，在没有外来物质加入的情况下，依靠自身的变化，使单一成分的岩浆分化为多种成分的岩浆，统称为岩浆分异作用。岩浆分异作用主要通过以下四种方式进行。

（一）分离结晶作用

分离结晶作用（fractional crystallization）又称结晶分异作用（动画6）。它是指岩浆在结晶开始后，随着温度的下降，按一定顺序先后晶出的矿物分别集中而形成不同成分的矿物集合体。主要分离方式有以下三种。

动画6　岩浆分离结晶作用

1.重力分异作用

重力分异作用（gravitative differentiation）是指早期析出的矿物因密度较大而下沉，晚期析出的矿物因密度较小而上浮，从而形成不同成分的岩浆岩。如玄武岩浆首先晶出的是橄榄石，因密度较大，下沉到岩浆房底部形成橄榄岩层；由于橄榄石的析出，熔体中便相对富含 SiO_2，于是有辉石和斜长石的析出，形成辉长岩层；残余岩浆更富含 SiO_2，可形成闪长岩和花岗岩成分的中酸性岩石停滞在岩浆房的上部，从而产生不同成分的层状杂岩体（图 3-1）。

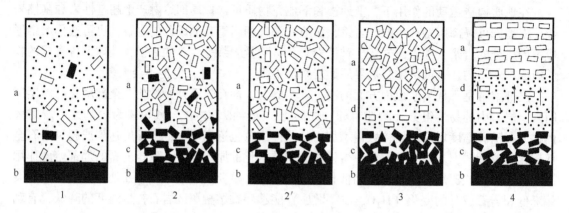

图 3-1　岩浆结晶分异及重力聚集理想模式示意图（据姚凤良等，1983）

1—在冷凝带形成后，早期岩浆结晶；2—早结晶的铁镁质矿物和矿石矿物向下沉坠，随后结晶的硅酸盐矿物位于上部；2′—不同密度的矿物按重力关系占据各自位置；3—含矿岩浆向下（通过粒间孔隙）集中；4—较晚结晶密度小的硅酸盐晶体向上漂浮，结果在下部形成矿体；a—镁铁质岩浆结晶；b—冷凝带；c—铁镁质矿物结晶；d—含矿残余熔浆

晶体的重力沉降分异，需要克服岩浆对晶体的浮力和来源自于岩浆之间的黏滞摩擦力。在对流岩浆房中或处于上升过程的岩浆中，晶体要从岩浆中沉降分离，还需要可克服岩浆上升的速度（图 3-2）。因此，晶体能否从岩浆中分离出来，取决于晶体与岩浆的密度差、晶体直径的大小和岩浆的黏度。

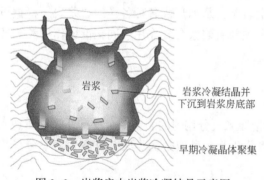

图 3-2　岩浆房中岩浆冷凝结晶示意图

2. 压滤分异作用

压滤分异作用（pressure filtration differentiation）类似于浸了水的海绵，稍加挤压，水分即从海绵孔隙中挤出。在岩浆早、中期析出的晶体，如橄榄石、辉石、斜长石等首先结晶形成晶体网，残余熔浆充填其间；此后，由于受到外界压力，如上覆岩层的负荷压力或褶皱运动的侧压力，可使早期先形成晶体网发生变形，而使充填其间相对富含 SiO_2 的残余熔浆向压力减小的方向运移，离开晶体网贯入到另一空间，从而形成不同成分的岩浆岩。有人认为在某些大岩体附近的围岩中，常发育各种细晶岩、伟晶岩或煌斑岩，这很可能是由于压滤作用形成的。

3. 流动分异作用和摩擦作用

流动分异作用（flow differentiation）是指岩浆在结晶作用的同时有流动作用的产生，致使晶体向高速带集中，导致先晶出的矿物与熔体分离。流动分异作用主要发生在流速变化较大的岩浆通道内。摩擦作用（fractional action）是指岩浆及其早期析出的晶体，在流动过程中与围岩接触带发生摩擦，使早期析出的晶体滞留于岩体的边部，形成一种岩石，而残余熔浆可继续流动，在别处冷凝结晶而形成另外一种岩石。

(二) 熔离作用

熔离作用 (liquation) 是指原来成分均匀的岩浆，在冷却过程中分成几种成分不同互不混熔的派生岩浆。格里戈里耶夫 (А. Т. Григоръев, 1935) 曾做了加入氟化钙的硅酸盐熔浆的熔离实验，高温时熔体成分相当于碧玄岩成分，在冷却到一定温度时，均匀的熔体则分离成互不混熔的几层熔体，上部为相当碱流岩的玻璃质层，中部为相当于白榴橄榄岩的乳浊层，下部为橄榄岩成分的玻璃质层。该实验证明，硅酸盐熔体中如有挥发分存在时，可以发生熔离作用。

很多岩石学家把斜长岩和辉长岩中条带状构造以及玻璃质岩石中的球粒结构，都看作是熔离作用的证据；有人把岩浆成因的碳酸岩，也认为是岩浆熔离作用的结果。

实验证明，不仅硅酸盐熔体本身可产生熔离作用，而且某些金属硫化物和氧化物也可从硅酸盐熔体中熔离出来形成矿床（图 3-3）。Vogt 指出，由于岩浆温度的降低或由于岩浆中 MgO、FeO 组分的减少，SiO_2、Al_2O_3、CaO 组分的增高，都会使硫化物在岩浆中的溶解度下降，从而促进硫化物自硅酸盐浆熔离出来，他用这种观点解释了挪威某些苏长岩中铜、镍硫化物矿床的成因。A. R. Philpotts (1967) 曾用实验证实，含磁铁矿、磷灰石的闪长岩熔浆，在温度降低时，可熔离出富含磷灰石、富含磁铁矿及富含硅酸盐三种不同成分的熔体，并以此解释瑞典基鲁那铁矿的成因。由此可知，熔离作用在岩浆分异过程中起着重要作用。

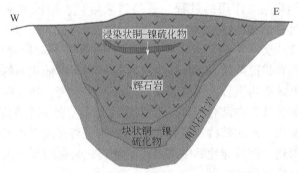

图 3-3　铜镍硫化物矿床形成示意图

(三) 扩散作用

岩浆在冷凝过程中，其中心和边缘部分在温度上常存在一定的差别，高熔点的难熔组分常向温度较低的边缘部分集中，称为扩散作用 (diffusion)。实验证明，透辉石和斜长石熔浆在 1500℃时，其组分的扩散系数为每昼夜 $0.015g/cm^2$，这表明在硅酸盐熔浆中存在着扩散作用。扩散的速度是不稳定的，一般来说，温度越高，扩散能力越大，熔浆中含挥发分越高，扩散能力也越大。根据索列原理，在熔体中，高熔点组分常向低温区扩散。通常岩体边缘靠近围岩冷凝速度较快，因此在自然界常发现在某些岩体的边缘，高熔点的难熔组分（如橄榄石、辉石等暗色矿物）的浓度相对较高，而岩体中心部分低熔点组分（如长石、石英等浅色矿物）相对集中，从而形成边部岩石偏基性，中心岩石偏酸性的分离结晶现象，可能是由于扩散作用引起。但也有人否认岩浆中扩散作用的存在，认为岩浆黏度较大，其中分子和原子的扩散现象不像水溶液中那样容易，因此他们认为岩体边部暗色矿物的集中并非扩散作用引起，而是同化混染作用或其他方式形成，这种观点有待进一步研究。

（四）气运作用

气运作用（gas transportation）是岩浆中所含气体挥发分，在岩浆活动过程中，常可携带某些组分一起运移，从而使岩浆成分发生改变的一种作用。气体搬运物质的能力首先取决于气体的温度和压力。在超临界温度下，压力增大会使气体密度加大而接近于液态，此时气体溶解物质的能力很强，当围压低于岩浆的内压时，在凝固阶段即发生气体的沸腾，并携带溶解物质上升。所以在某些岩体的上部，常见有富含挥发分矿物出现，如角闪石、黑云母、白云母、磷灰石、电气石、黄玉、萤石等。在喷出岩体的上部，常见红色气孔带，含有较多的 Fe_2O_3，这是由于岩浆析出的气体中所含低价氧化铁 FeO 上升到地表后经强烈氧化而成。

此外，气运作用还可携带某些金属元素，向着压力减低的方向运移，并在岩体顶部和边部富集成矿，如 W、Sn、Be、Nb、Ta 等矿床可能是由于气运作用而形成。

二、同化混染作用

动画 7 岩浆同化混染作用

岩浆熔化了围岩（或捕房体），并使其成分、结构、构造发生改变的作用，称为同化作用（assimilation），其主要指岩浆对围岩而言；当岩浆熔化了围岩，使岩浆本身成分发生改变的作用称为混染作用（contamination），其主要指围岩对岩浆而言。二者密切相关，统称为同化混染作用（动画 7）。

同化混染作用的过程，就是岩浆熔化、熔蚀或交代围岩（或捕房体）的过程。高温的岩浆具有足够的热量时，可以完全熔化围岩及其捕房体；如热量不足时，它们之间可通过互相反应或交代形成新的矿物。岩浆中的挥发分对同化混染作用也有重要影响，它具有极大的渗透和扩散性质，在反应和交代过程中起着催化剂的作用。一般来说，岩浆可熔化比自身熔点低的矿物组合，并使岩浆总成分发生改变，如玄武岩浆可熔化花岗岩质岩石，使岩浆成分向偏酸性方向演化，而不足以熔化比自身熔点高的岩石（如橄榄岩等），只能与之发生反应和交代，形成某些新矿物。如花岗岩浆与玄武岩质岩石发生同化混染作用时，不能使后者全部熔化，而只能使其中辉石类矿物转化为角闪石、黑云母，基性斜长石转变为酸性斜长石或产生反环带结构等。

此外，影响岩浆同化混染作用的因素，除了上述岩浆的温度和挥发分外，还受以下各种因素的制约。

（一）岩浆侵入时的构造条件

一般在构造活动带，断裂构造发育，岩浆穿透性较强，有利于同化混染作用的进行；在复杂的褶皱带，一般轴部比翼部同化混染作用较强。在相对稳定的地台和地盾区，岩浆穿透能力较弱，不利于同化混染作用的进行。

（二）岩浆侵入的深度和岩体的形态

一般岩浆岩体侵入深度越大，所含挥发分越高，而且冷却缓慢，有利于同化混染作用的进行。此外，岩体规模越大，形态越不规则，与围岩接触面积越大，越有利于同化混染作用的进行。地球上规模巨大的深成不整合侵入体，常伴随着强烈同化混染作用，这就是有力的证据。

（三）围岩的成分

一般围岩成分与岩浆成分相差越大，同化混染作用越明显。对于花岗岩类来说，当花岗岩浆侵入到石灰岩中，可使岩浆中钙质含量明显增加，硅质含量有所减少，可形成相当于闪长岩和花岗闪长岩质的混染岩，甚至可形成辉长岩和辉长闪长岩质混染岩。我国黑龙江大罗密地区，花岗岩与富含 Ca、Mg、Fe 的围岩发生同化混染作用后，便形成辉长岩和辉长闪长岩质混合岩；当花岗岩浆侵入富铝的泥质岩中，经同化混染作用可形成高铝花岗岩，并出现硅线石、堇青石、红柱石，甚至刚玉等富铝矿物。

过去人们对花岗岩类岩石同化混染作用研究较多，而对基性—超基性岩类的同化混染作用研究较少，其实基性—超基性岩类由于岩浆形成温度较高而更有利于对围岩发生同化混染作用。

同化混染作用在岩石的结构、构造上也常有明显的反映，同化混染岩石中常见捕虏晶构造、斑杂状构造、条带状构造，斜长石中常出现反环带构造，碱性长石中常出现交代条纹结构及交代蠕英石结构等。

此外，同化混染作用过程中还可由围岩提供某些金属元素而富集成矿，对指导找矿有重要意义。如某些锰矿是岩浆同化了含锰石灰岩形成的；某些钨矿是岩浆同化了含钨的铝硅酸盐岩石形成的。

三、岩浆混合作用

动画 8　岩浆
混合作用

岩浆混合作用（magma mixing）是指两种（或两种以上）不同成分的岩浆以不同比例混合，形成过渡型岩浆的作用（动画 8）。许多地区的岩石研究表明，某些岩浆岩可由两种以上不同成分的岩浆混合作用的产物。Bunson 等（1951）通过研究认为，冰岛地区某些英安岩是由玄武岩浆和流纹岩浆混合而成。

混合作用的主要岩石学证据，就是在这类岩石中各种矿物之间出现明显的不平衡现象，如两种成分相差较大的斜长石同时存在，斜长石和石英被辉石类矿物包裹等。I. L. Gibson（1963）发现斯凯岛上的花岗闪长岩是由含铁质的辉长岩浆与酸性岩浆按不同比例混合而成，其中斜长石和石英被辉石包裹就是有力证据。

法国岩石学家 J. Didier 曾对花岗岩中各种包体进行研究后发现了一种微晶粒状包体，这种包体里浑圆形，具基性岩或中性岩特有的结构，因而提出在花岗岩类岩石中如发现大量微晶粒状包体时，便可认为是酸性岩浆与基性岩浆混合作用的产物。近年来，随着同位素地质研究的发展，贝尔和鲍维尔等人试图用 $^{87}Sr/^{86}Sr$、Rb/Sr 比值的变化，来解释非洲西部富含钾质的岩石是由超基性岩浆和酸性岩浆混合而成。

岩浆的混合作用也是造成岩浆岩多样性原因之一，其作用和意义尚有待今后继续深入研究。

上述三个方面，是原始岩浆演化过程中主要作用机理，也是形成岩浆岩多样性的主要因素。但自然界这三种作用经常是共同存在、互相依赖又互相制约的，它们都是岩浆演化的不同表现形式。一般来说，岩浆分异作用在构造稳定的地台区易于进行，而同化混染作用和岩浆混合作用则在构造活动的造山褶皱带易于进行。在具体研究时，要针对不同地区的特征，详细采集材料，再做具体分析。

四、岩浆演化的多元模式

鲍文的单一岩浆分异理论已经不能圆满解释玄武岩系列的地球化学特征。同时，环太平洋造山带安山岩系列的研究表明，岩浆房内同时存在几种不同成分的岩浆，它们在火山喷发前或喷发过程中发生了混合作用（Anderson，1980）。显然，岩浆演化是分离结晶、岩浆混合、同化混染以及岩浆注入等多元素联合作用的复杂过程。

（一）分离结晶—岩浆混合模式

实验证明，混合系列岩石是由该区母岩浆与正常结晶分异作用不同阶段形成的进化岩浆，按不同比例混合形成的。充分说明，岩浆在演化过程中经历了早期的分离结晶作用和晚期的混合作用，这就是所谓的 FCM（fractional crystallization and mixing）模式。混合系列岩石常具有很低的 $^{87}Sr/^{86}Sr$ 初始值，同时又有强烈富集不相容元素。不相容元素的富集反映岩浆混合前岩浆房中高程度的分离结晶作用，而低锶初始值反映分异岩浆与母岩浆的混合作用。

（二）同化—分离结晶模式

热的岩浆同化冷的围岩需要消耗大量的热能，这将使岩浆的温度快速降低，促进结晶作用发生，而结晶作用又通过结晶过程中释放的热量为岩浆同化作用补充热能。一般认为，岩浆房内的岩浆演化、同化混染作用和分离结晶作用是同时进行的，同化作用常会激发强烈的结晶作用，这就是所谓的 AFC（assimilaiton and fractional crystllization）模式。

（三）同化—分离结晶—岩浆混合—排除（AFCMT）模式

同化（A）—分离结晶（FC）—岩浆混合—新注入岩浆与岩浆房内残留岩浆的混合（M）—部分熔体的排除（T），即 AFCMT 模式，适用于自然界处于动态变化中的岩浆体系。来自下部岩浆房的原始岩浆向上运移使岩浆房得以充填，接着温度的下降引起矿物的结晶和堆积，周围岩石的同化混染使岩浆房一些部位的岩浆组成发生变化，间歇性喷发作用使岩浆房失去一部分的液相组分，在岩浆房中的液相为完全固结之前，原始岩浆又一次充填并与岩浆房中的残留岩浆发生混合。从而，这一过程周期性发生，构成动态、不断变化着的岩浆演化体系。

第三节　主要岩浆岩的成因

原始岩浆是上地幔或地壳物质在地球内动力作用下经部分熔融而成的一种熔融体，它可以直接结晶形成岩浆岩，也可以在上升过程中经岩浆分异作用、同化混染作用和岩浆混合作用形成各种派生岩浆，它们冷凝后可形成各种不同类型的岩浆岩。现仅就最主要类型岩浆岩的成因作简要的讨论。

一、超基性岩类的成因

关于超基性岩类的成因，主要有以下三种观点。

（一）　由玄武岩浆经重力分异作用形成的超基性岩

根据地球物理的研究和近代火山的观察，上地幔主要是 Fe—Mg 质硅酸盐矿物组成的超镁铁岩，林伍德（1966）认为上地幔物质相当于三份阿尔卑斯型纯橄榄岩加一份夏威夷型拉斑玄武岩组成，他将这种岩石称为地幔岩（pyrolite），其成分相当于二辉橄榄岩。按地热梯度计算，上地幔的软流层顶部正常温度为 $500 \sim 1000℃$，而软流层底部为 $1200 \sim 2000℃$，由于压力巨大，仍经常处于半塑性状态，但在地球内动力作用下，特别是断裂构造影响下，造成局部压力降低，使上地幔物质发生部分熔融而形成岩浆。据地震资料，在地下 $80 \sim 150km$ 深的软流层（又称为低速层，是地震波速度突然降低的地带）最易发生部分熔融。林伍德实验证明，软流层经部分熔融后，其上层形成拉斑玄武岩浆，下层形成橄榄岩浆，当岩浆在构造比较稳定地区侵入时，岩石重力分异现象明显，向上斜长石较多，向下辉石、橄榄石增多，最常见的共生岩石自下而上依次为纯橄榄岩、辉石橄榄岩、辉石岩、辉长岩等。

（二）　由上地幔橄榄岩浆直接结晶而成的超基性岩

这种超基性岩主要由上地幔物质局部熔融而形成的橄榄岩浆，在构造运动的驱使下，沿某些断裂褶皱带挤入地壳上部冷凝而成。此种类型的超基性岩体，一般不与基性岩共生而呈独立的岩体，常沿褶皱造山带呈条带状、透镜状或链状分布。

1968 年在南非首次发现科马提岩（komatiite）以后，由上地幔物质经局部熔融而产生超基性岩浆的观点进一步得到证实。科马提岩中典型的鬣刺结构（呈放射状分布的橄榄石骸晶或向同一方向平行连生的晶簇）与镁橄榄石熔渣结构十分相似，表明它是由橄榄岩浆喷出地表直接冷凝而成的。

（三）　由地幔橄榄岩的残块构成

目前认为，一些超基性岩深源包体（尖晶石二辉橄榄岩、石榴石辉石岩、石榴二辉橄榄岩、榴辉岩）和阿尔卑斯型超基性岩块（方辉橄榄岩、纯橄榄岩）等都是原始地幔岩熔离玄武岩浆之后的难熔固相残留物（地幔岩的残块），可能被其他岩浆包携上达地表或地壳浅处的产物。

二、基性岩类的成因

目前一般认为，基性岩类是由原生玄武岩浆在不同条件下直接结晶或分离结晶生成的。从 1928 年鲍文（N. L. Bowen）提出一元论假说以来，地球上原生玄武岩浆的存在已得到公认。但对于玄武岩浆的来源仍有两种看法，有人认为玄武岩浆是由下地壳的硅镁层局部熔融产生；也有人认为它是由上地幔物质（超基性岩类）局部熔融产生，其中难熔部分形成橄榄岩，易熔部分形成玄武岩浆。

在基性岩类中，辉长岩与辉绿岩是由玄武岩浆向上侵入地壳深部和浅部，直接冷凝而成的。厚大的基性熔岩被或熔岩流也无疑是由玄武岩浆喷溢出地表直接冷凝的产物。但是关于细碧岩、斜长岩和苏长岩的成因，却存在多种观点与认识。

关于基性喷出岩的特殊种属——细碧岩的成因，争论较大。有人认为它是由富含钠质的玄武岩浆直接冷凝而成，也有人认为它是海底喷发的玄武岩经钠质交代而成。通过多年来大量的研究资料证明，细碧岩中枕状构造发育，并常与放射虫硅质岩伴生，有时沿走向逐渐过渡为玄武岩，同时岩石中常见拉长石被钠长石、辉石被绿泥石交代的现象，因此多数人主张细碧岩是玄武岩浆在海底喷发后经钠质交代而成的。

关于苏长岩和斜长岩的成因，历来就有不同的观点。有人认为是由玄武岩浆经岩浆结晶分异作用形成，也有人认为是由玄武岩浆同化混染泥质岩和石灰岩形成，各持己见，争论仍在继续。

三、中性岩类的成因

安山岩同玄武岩一样其化学成分和矿物组成具明显的多样化，并可出现在多种不同的构造环境中。不同构造环境下的安山岩在岩石系列、组合、化学成分上存在明显的差异，反映了它们在成因上的差别。因此，关于以安山岩浆为代表的中性岩浆的成因，迄今有多种成因假说：（1）玄武岩浆的分离结晶作用；（2）下部地壳的部分熔融；（3）玄武岩浆对地壳物质的同化混染作用；（4）俯冲到地幔内部的海洋地壳的部分熔融；（5）含水条件下的上地幔的部分熔融。由于观点众多，目前关于安山岩浆的成因还没达成比较一致的认识，现着重介绍以下三种观点。

（一）由玄武岩浆分离结晶作用而成

这种观点最早由鲍文提出，他从一元论观点出发，认为安山岩浆是由玄武岩浆分离结晶作用而成的。这种观点的主要依据是在某些地区发现安山岩与玄武岩共生，而且在岛弧和大陆边缘安山岩与玄武岩有相似的 $^{87}Sr/^{86}Sr$ 初始比值。但随着地质调查的深入进行，发现在地壳上有玄武岩的地方未必有安山岩，而在有安山岩的地方常缺少伴生的玄武岩，同时根据某些微晶元素的分析结果，都不能支持安山岩浆是玄武岩浆结晶分异而成的观点。

（二）由玄武岩浆与地壳硅铝层同化混染而成

中性岩是由玄武岩浆与地壳硅铝层同化混染而成的主要依据，是安山岩化学成分介于玄武岩和花岗岩之间，地壳的硅铝层成分接近于花岗岩成分。从理论上说，玄武岩同化混染硅铝层物质，可形成相当于安山岩成分的岩石。但地质调查表明，安山岩主要分布于岛弧地区，而岛弧地区硅铝层很薄甚至缺失，且安山岩与玄武岩的 Sr^{87}/Sr^{86} 初始比值均很低（$0.7030 \sim 0.7050$），与大洋玄武岩一致，与硅铝层有较大的差异，证明没有地壳物质的混染。

（三）由上地幔物质在板块俯冲下部分熔融而成

根据近年来板块学说的研究认为，大洋板块向大陆板块俯冲时，俯冲的洋壳在下插到 100km 深处，含 H_2O 的矿物发生强烈的脱水反应，放出大量的 H_2O，使下插洋壳之上的上地幔物质部分熔融，首先产生富含 H_2O 的玄武岩浆，当其上升到 $20 \sim 40km$ 范围时，由于分异作用可派生出安山岩浆，沿垂直裂隙喷出地表和侵入地壳不同部位，从而形成不同类型的中性岩。

四、酸性岩类的成因及花岗岩的成因分类

（一）酸性岩类的成因

关于以花岗岩为代表的酸性岩的成因，长期以来就有岩浆派和交代派的争论。岩浆派认

为各种酸性岩都是由花岗岩浆经岩浆作用冷凝而成，而交代派则认为花岗岩类岩石是地球中某些岩石在固态下经交代作用而成。这场争论到目前仍在继续进行，但越来越多的事实说明这两种成因的花岗岩都是客观存在，且都与地壳的形成和发展相联系。

根据 O. F. Tuttle 和 G. F. Winkler 等人的研究，地壳中硅铝层物质在含有一定水分的情况下，均可在 650~750℃ 左右熔化为花岗质熔浆，其熔化温度要比玄武岩低得多，在地壳深部地热异常区，完全可以达到这样的温度，因此很多人主张大陆地壳上硅铝层的部分熔融可产生花岗岩浆。此外，玄武岩浆在其上升过程中，通过分异作用或同化混染作用，也可形成部分花岗岩浆。这些花岗岩浆通过侵入和喷出可形成各种花岗岩和流纹岩。在某些地槽褶皱带，花岗质岩石常与区域变质岩、混合岩密切共生，并相互过渡，岩石中矿物之间交代现象十分发育，与围岩相互过渡且无烘烤和接触变质现象。许多人认为这类花岗质岩石是交代作用形成的，即在地槽沉积物褶皱回返时，较高的温度和压力可使沉积物发生区域变质，来自地壳深部富含碱、硅的稀薄溶液（即岩汁）通过渗滤交代，使区域变质岩逐步转变为花岗质岩石。这个交代过程，由于基本上在固体状态下进行，故称为交代型花岗岩，它在地壳中广泛分布。若温度增高，交代作用进一步加强，也可产生部分熔浆，称为再生岩浆。在构造作用下，再生岩浆也可侵入到地壳上层，形成再生岩浆花岗岩，常与交代花岗岩密切共生。

（二）花岗岩类的成因分类

花岗质岩浆的物质来源较为复杂，它可来自于地壳不同结构层及消减带的消减洋壳和地幔楔形区。产出构造背景多样，如岛弧造山带、活动大陆边缘、大陆碰撞带、陆内造山带及大型逆冲断层带、大陆裂谷带甚至大洋中脊等构造部位。因此，花岗质岩石从物质来源和产出的构造背景上，可划分出多种成因类型。

多年来，国内外众多岩石学家从物质来源和构造背景的角度深入地开展了花岗岩类岩石的分类研究。综合各家分类可知，花岗岩类岩石从构造角度可分为造山花岗岩和非造山花岗岩两大类，而从物源角度进一步可归纳为 I 型花岗岩、S 型花岗岩、M 型花岗和 A 型花岗岩 4 种成因类型。这是 20 世纪 70~80 年代先后提出的花岗岩类岩石的分类方案，同时也是目前国内外较为普遍使用的划分方案。其中，I 型花岗岩、S 型花岗岩由澳大利亚学者 Chappell 和 R. White 提出，主要考虑的是花岗岩的原岩；M 型花岗岩、A 型花岗岩分别由 Pitcher 和 Collins 等提出，考虑原岩和构造环境。Pitcher（1982，1983）认为，花岗岩的成因类型能够鉴别原岩，而原岩一经鉴别出来就能识别大地构造环境；不同成因类型的花岗岩代表了不同的板块构造活动带。因此，Pitcher 的分类明确指出了花岗岩类和板块构造环境的相互作用关系，相对较全面地反映了花岗岩类的空间演化规律。

1. I 型花岗岩

I 型花岗岩是指原岩为基性程度高的火成岩、变质火成岩，即下地壳硅镁层（火成岩）物质经重熔和简单成岩过程而形成的岩石。I 型花岗岩来源于会聚板块边缘的陆壳下部，原岩可能是幔源底侵物质（Pitcher，1983）。典型代表是：以辉长岩—石英闪长岩—英云闪长岩组合为代表的属于板块边缘的科迪勒拉 I 型花岗岩；以花岗闪长岩和花岗岩为代表的造山期后隆起体制下形成的加里东 I 型花岗岩。

2. S 型花岗岩

S 型花岗岩是指原岩主要为沉积岩或变质沉积岩，即上地壳硅铝层（沉积岩）经重熔和简单成岩过程形成的岩石。它们属过铝的二云母花岗岩，岩石中可见铝硅酸盐矿物石榴子石矽线石、堇青石等，岩体中可见变泥质岩残留体（包体）。S 型花岗岩是大陆碰撞带和克拉通韧性剪切带的产物，地壳构造加厚使深部温度升高，地壳物质发生重熔。如克拉通之上褶皱带和大陆碰撞褶皱带的过铝质花岗岩组合的 S 型花岗岩。

3. M 型花岗岩

M 型花岗岩形成于大洋岛弧环境，其母岩可能直接来源于地幔或俯冲到大洋岛弧之下的洋壳。岩体中可见基性岩捕虏体和捕虏晶。如分布于大陆岛弧主要为斜长花岗岩的 M 型（幔源型）花岗岩。

4. A 型花岗岩

A 型花岗岩是指富钾长石偏碱性的、非造山带的花岗岩，同时也包括一些非碱过饱和而铝较高的岩石。A 型花岗岩既是地盾区与裂谷区有关的岩浆活动产物，也是造山带稳定后的深成活动产物。如稳定褶皱带、克拉通膨胀处及裂谷的碱性花岗岩，均属于 A 型花岗岩。

五、碱性岩类的成因

关于碱性岩的成因，地质界分歧很大。近年来，随着许多新碱性岩体的发现和研究工作的不断深入，对其成因可划分为三大派：一派认为碱性岩是由玄武岩浆或花岗岩浆分异而成；另一派认为碱性岩是由花岗岩同化混染石灰岩经去硅作用形成；还有一派则认为地壳深处可局部产生独立的碱性岩浆，经侵入和喷出而成碱性岩。

近代一些火山喷发物中，可见到碱性熔岩流，说明自然界存在碱性岩浆，但对于碱性岩的原始岩浆又有以下不同的看法。

（一）碱性岩浆来自上地幔物质部分熔融

根据格林等人的实验，认为上地幔物质在较大的压力和较低的熔融程度时，可熔出 1%～5% 的霞石岩浆和碧玄岩岩浆，喷出地表可形成碧玄岩、碱玄岩和霞石岩。

（二）碱性岩浆由碱性玄武岩经再分异而成

许多学者通过实验证明，碱性玄武岩浆在其运移和演化过程中，经分离结晶作用，可形成响岩类碱性熔岩。

（三）碱性岩浆由花岗岩浆经分异而成

这类碱性岩体常与花岗岩、碱性花岗岩、正长岩密切共生。如我国云南个旧花岗闪长岩—霞石正长岩杂岩体，出露面积 340km²，其中霞石正长岩类占 42km²，其侵入顺序从早期至晚期为花岗闪长岩→细粒霞石正长岩→中粒霞石正长岩→粗粒霞石正长岩。它们在化学成分、矿物成分上具有明显的继承性，说明这些碱性岩是由花岗岩浆深部分异多次侵入而成。此外，同化混染石灰岩形成的碱性岩，其形成机理一般认为是石灰岩中 $CaCO_3$ 与岩浆反应，可形成钙硅酸盐和钙铝硅酸盐矿物（如硅灰石、钙铝石榴石等），且集中在岩体的下部，残余岩浆中 SiO_2 含量降低，同时由方解石析出的 CO_2 及其他挥发分可携带碱质（K_2O，Na_2O）上升到岩浆房的顶部，形成碱性岩。

由此可知，碱性岩的成因比较复杂，很难用统一的模式加以概括，需根据实际资料，作具体分析。

第四节　岩浆结晶过程中的物理化学原理

岩浆作为自然产生的硅酸盐熔融体，是一种复杂的物理化学体系，它的结晶作用受着物理化学定律的支配。物理化学中基本定律是吉布斯（J. W. Gibbs, 1985）相律，其公式为

$$P+F=C+2$$

式中　P——体系中相的数目，每个相均可根据其物理性质把它们分开，如 0℃时冰和水是两个相，岩石中每一种矿物就是一个相；

　　　C——体系中独立组分数，如冰和水虽属两个相，但其独立组分却都是 H_2O。根据体系中独立组分数，可分一元系、二元系、三元系和多元系等；

　　　F——体系中的自由度数，自由度是一个自主数，它可在一定范围内变化，而不改变在体系中相的平衡，如温度、压力、浓度等；

　　　2——影响体系平衡的外界因素，主要指温度和压力两个因素。

现以一个简单 Al_2SiO_3 一元系为例（图 3-4），讨论吉布斯相律在研究变质岩时的应用。这里体系的独立组分数 $C = 1$，相律表示为 $F=3-P$。

当 $P = 3$ 时，$F = 0$，为不变点，蓝晶石，红柱石和夕线石三相共存，称为不变平衡组合；

当 $P = 2$ 时，$F = 1$，为单变线，共有三条单变线，沿任意单变线都可以有两种矿物共生，称为单变平衡组合；

当 $P = 1$ 时，$F = 2$，为双变域，也有三个，每一个双变域中都有一种矿物相共生，称为双变平衡组合。

在地壳岩石中，温度和压力均可在一定范围内变化，而不改变岩石的性质，即自由度 $F = 2$，代入相律公式，则

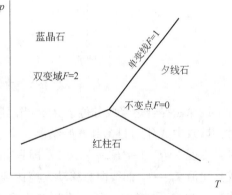

图 3-4　Al_2SiO_3 一元系相图

$$P=C+2-2=C$$

这就是矿物相律，指在任何温度和压力下，独立组分为 n 的岩浆最多只能结晶出 n 个矿物相。一般岩浆岩中最主要的氧化物（独立组分）一般不超过 8 个，故最多只能形成 8 个矿物相，这与岩石中常见的矿物组合恰好一致。

为了更好地了解岩浆的结晶过程，通常选择一种或几种最重要的独立组分进行熔融实验。根据熔体在降温过程中矿物的相变规律，制成相图加以分析和研究。现仅以岩浆岩常见的二元系、三元系相图，简要加以介绍。

一、二元共结系的结晶作用

二元共结系指熔浆结晶时，由均匀的液相转变为两个固相，它们既不形成固溶体，也不形成化合物，而形成两种组分的混合物（图3-5）。图中，左右两侧纵坐标表示A、B两种组分的熔化温度，横坐标表示A、B两组分的相对含量。随着A中加入B或B中加入A含量的不同，其熔化温度可得到两条曲线，这两条曲线相交于E点，E点代表两组分的最低凝固点，称为共结点；此时晶出的混合物，称为共结混合物；共结点的温度，称为共结温度。从共结点向下到横坐标的垂足，表示共结混合物中两种组分的含量（共结比）。共结温度总是低于每一单组分的凝固温度。由于实验在常压下进行，外界因素压力为常数，故相律公式可改写为 $P+F=C+1$。图上方的均匀液相区内自由度 $F=C+1-P=2+1-1=2$，即温度浓度可在一定范围内变化，而不改变体系的平衡。

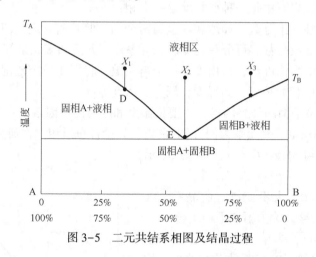

图3-5　二元共结系相图及结晶过程

设原始混合熔浆成分位于 X_1，当温度下降时，X_1 点向下移至凝固曲线 $T_A—T_E$ 的D点时，熔浆中A组分过饱和开始结晶。当A析出，体系变为两个相（即固相A和液相），此时自由度 $F=C+1-P=2+1-2=1$，即只有温度是自由度。随着温度下降，A不断析出，熔浆成分便沿 $T_D—T_E$ 曲线向右移动；当达到共结点E时，B组分也开始晶出，在E点出现三相共存（A、B固相及液相），此时自由度 $F=C+1-P=2+1-3=0$，即在共结点时，温度和浓度均不能自由改变。当全部熔浆都结晶成A、B两种晶体的混合物时，自由度 $F=2+1-2=1$，温度下降到常温为止。

当原始熔浆成分位于 X_2 时，同样则首先结晶的是B，温度继续下降，B不断析出，直至降到共结点E时，A与B共同析出，最后形成B与A的共结混合物。当原始熔浆位于 X_3（即共结比）时，只有当温度下降至共结点E时，A和B才共同析出成共结混合物。

二元共结系在岩石学中的典型实例是透辉石—钙长石系（图3-6）。从图3-6中可知，透辉石（Di）最高熔化温度为1391℃，钙长石（An）熔化温度为1550℃；共结比Di含量为58%，An含量为42%；共结温度为1270℃。

当原始熔浆成分位于E点左侧靠近透辉石一端（X_1）时，随温度下降，透辉石首先晶出，形成较大的自形晶；由于温度下降，透辉石不断析出，直至下降到共结点E时，才有钙长石晶出。这时析出的细小的斜长石晶体便充填在较大的透辉石自形晶之间。当原始熔浆

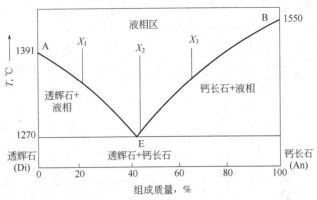

图 3-6 透辉石（Di）—钙长石（An）二元共结系相图

成分位于 E 点右侧靠近钙长石一端（X_3）时，随温度下降，首先析出较大自形晶的钙长石，直至温度下降到共结点 E 时，才有透辉石析出，这时细小辉石颗粒便充填在长柱状钙长石组成的间隙中，形成辉绿结构或间粒结构。当原始熔浆成分相当于共结比（X_2）时，只有当温度下降到共结点 E 时，透辉石和钙长石才同时晶出，形成二者大小相近、自形程度相仿的辉长结构。由此可知，这一相图能比较圆满地解释基性岩浆岩中某些结构的成因。此外，在岩石学中属于二元共结系的相图还有钾长石（Or）—石英（Q）系、透辉石（Di）—钠长石（Ab）系等。

二、二元近结系的结晶作用

当一种化合物加热后不立即熔化，而形成与原来成分不同的液相和固相，这种化合物称分解熔融化合物。具有分解熔融化合物的二元系，称为二元近结系，如镁橄榄石（Fo）—SiO_2（Q）系为典型的二元近结系（图 3-7）。

该二元近结系中，斜顽辉石（En）为分解熔融化合物。当斜顽辉石加热到 1557℃ 时，则分解熔融为镁橄榄石和 SiO_2 熔浆，其反应式如下：

$$2MgSiO_3 \underset{}{\overset{1557℃}{\rightleftharpoons}} Mg_2SiO_4 + SiO_2$$

斜顽辉石　　　　　镁橄榄石

现根据相图，分析其结晶过程如下：

当原始熔浆成分位于镁橄榄石（Fo）和斜顽辉石（En）之间 X_1 时，首先晶出的是镁橄榄石；当温度下降到近结点 D 时（其近结温度为 1557℃），则早期晶出的镁橄榄石与 SiO_2 熔浆起反应而形成斜顽辉石；熔浆消耗殆尽时，最后结晶产物由镁橄榄石和顽火辉石组成。在此反应过程中，顽火辉石可围绕镁橄榄石形成反应边结构，这是在 SiO_2 不饱和的超基性岩中是常见的现象。

当原始熔浆成分位于斜顽辉石（En）和近结点 D 之间 X_2 时，首先晶出的也是镁橄榄石；当温度下降到近结点 D 时（即 1557℃），则少量的镁橄榄石与大量 SiO_2 熔浆起反应，在镁橄榄石全部转变为顽火辉石时，SiO_2 熔浆仍有剩余，温度继续下降，斜顽辉石不断晶出，直至温度下降到共结点 E 时（约 1543℃），斜顽辉石与石英同时晶出。

从该相图的结晶过程可知，不管原始熔浆成分点位于什么位置，镁橄榄石永远不与石英同时晶出，这符合岩浆岩矿物共生规律。此外，岩石学中属于二元近系的相图还有白榴石

（KAlSi$_2$O$_6$）—SiO$_2$ 系，霞石（NaAlSiO$_4$）—SiO$_2$ 系等。

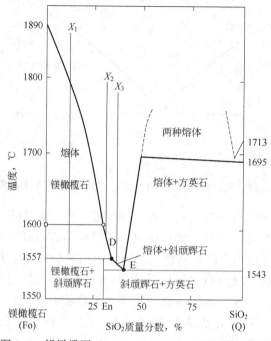

图 3-7　镁橄榄石（Fo）—SiO$_2$(Q) 二元近结系相图

三、二元固溶体系的结晶作用

二元固溶体系的结晶作用是两种组分的二元系熔浆，在温度下降时，可形成一系列的固溶体矿物，这对解释岩浆岩中固溶体矿物形成有重要意义。

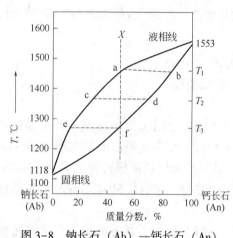

图 3-8　钠长石（Ab）—钙长石（An）
二元固溶体系相图

二元固溶体系的典型相图为钠长石（Ab）—钙长石（An）系（图 3-8）。

该相图上部曲线为液相线，下部曲线为固相线，钙长石（An）的结晶温度为 1553℃，钠长石的结晶温度为 1100℃，其间所有固溶体的结晶温度均处于两端元组分结晶温度之间。温度下降到液相线时，熔浆开始结晶；温度降至固相线时，则结晶终止。其结晶过程存在以下三种情况：

（1）当熔浆冷却速度缓慢的条件下，原始熔浆成分位于 An、Ab 各占 50% 的 X 点。温度下降至 T_1 时，液相成分达液相线的 a 点，这时开始晶出成分为 b 的斜长石（由 a 作水平线与固相线交于 b 点），b 的斜长石成分为 An = 80%，Ab = 20%，此时体系中固、液相并存，其自由度 F = C+1−P=2+1−2=1，在温度下降的条件下继续结晶。当温度下降至 T_2 时，液相成分沿液相线改变至 c 点，早期晶出的斜长石与熔浆充分反应后，形成成分为 d 的斜长石；当温度继续

下降至 T_3 时，并经充分反应，最后的液相成分为 e，且最后晶出的斜长石成分为 f，它与原始熔浆成分一致。这一结晶过程符合自然界深成侵入岩的实际情况。

（2）当熔浆冷却速度较快时，先晶出的富含 An 的斜长石，来不及与残余熔浆充分反应形成新的斜长石时，温度即连续下降，最后形成的斜长石，其核心部分富含 An 组分（偏基性），越向外越富含 Ab 组分（越偏酸性），形成正环带结构，这在浅成侵入岩中是常见的现象。由图可知，固相线与液相线之间最大距离位于中性斜长石区，故斜长石的环带结构在中性浅成岩，而特别是闪长岩中最为发育，这也符合实际情况。

（3）当熔浆冷却速度极快条件下，熔浆来不及反应便全部结晶，即由图中 T_1 点很快降至 T_3 点，最后形成与原始熔浆成分几乎完全一致的斜长石微晶集合体，这与某些喷出岩（如玄武岩、安山岩等）斜长石微晶结晶状态完全一致。

在岩石学中，属于二元固溶体系的还有镁橄榄石—铁橄榄石系、镁质斜方辉石—铁质斜方辉石系等。

四、透辉石—钙长石—钠长石三元系的结晶作用

经岩石学实验研究，三元系相图类型很多，结晶过程更为复杂。现仅就与玄武岩浆成分相当的透辉石（Di）—钙长石（An）—钠长石（Ab）三元系相图作以简单介绍（图3-9）。

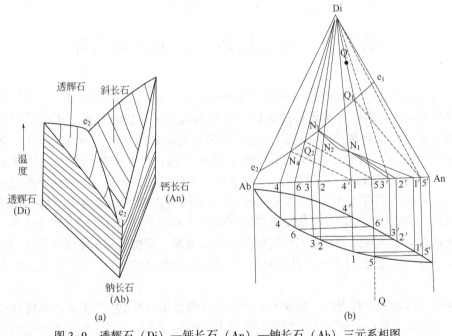

图 3-9　透辉石（Di）—钙长石（An）—钠长石（Ab）三元系相图

该相图实际上是由两个二元共结系（即 Di—An 系和 Di—Ab 系）和一个二元固溶体系（An—Ab 系）组合而成的立体图形 ［图 3-9(a)］。三个纵轴表示温度，两个曲面分别表示斜长石和透辉石的结晶曲面。为了便于研究，将立体图垂直投影为等边三角形 ［图 3-9(b)］，三端元组分分别为 Di、An、Ab。将 Di—An 和 Di—Ab 两个共结点 e_1、e_2 连成一条共结线，把三角形分成两区：其上为透辉石晶出区；其下为斜长石固溶体的晶出区。现根据相图，对其结晶过程分述于下：

（1）如果原始熔浆成分 Q 位于透辉石（Di）初晶区，当温度下降至液相面时，透辉石先结晶，熔体中斜长石组分的含量沿 Di—Q₁ 的连线方向改变，到达共结线的 Q₁ 时，开始晶出富含 An 的斜长石，温度继续下降，析出的斜长石沿共结线向左下方（即低温方向）移动，成分越来越富含 Ab，直至熔浆全部结晶为止。

（2）如果原始熔浆成分点 N₁ 位于斜长石的初晶区，当温度降至液相面时，首先晶出富含 An 的斜长石，此时残余熔体中 Di、Ab 组分相对增加，于是液相成分沿 N₁N₂N₃ 弧线方向改变，晶出的斜长石成分依相图中 An—Ab 边所示的 1′、2′、3′ 顺序而改变（即晶出的斜长石含 Ab 越来越多），当温度下降至共结线 N₃ 时，斜长石与透辉石同时晶出，熔体成分沿共结线向左下方移动，直至全部结晶为止。

这一相图说明了玄武岩浆的结晶过程。由图可知，矿物结晶的先后顺序并不固定，而是取决于原始熔浆 Di、An、Ab 三组分的相对含量。由于相图中斜长石占的区域较大，所以在多数情况下总是斜长石先结晶或与辉石同时结晶，从而解释了基性岩中总是较多地出现辉绿结构、间粒结构和辉长结构，而只有很少的暗色脉岩（如煌斑岩）中才出现暗色矿物先结晶的煌斑结构的原因。

物理化学相图是根据模拟实验研究得出的科学总结，对深入研究岩浆的结晶过程有着重要意义。目前对物理化学相图的研究正在继续深入进行，随着独立组分的增加，还有四元系和多元系相图，其结晶过程越加复杂。

第五节　板块构造与岩浆活动简介

从板块构造学说（勒皮雄等，1968）诞生和兴起以来，不少学者力图用板块学说研究岩浆活动的规律，取得了许多重要的进展。A. E. Ringwood（1969）提出了按板块构造环境分类岩浆的意见以及岩浆产生与板块构造相互关系的示意图；Dickinson（1971）首次提出了"岩石构造组合"的概念；Condie（1976，1989）提出，大多数岩浆是在板块边缘生成的，进一步分为汇聚边缘、离散边缘、边缘盆地、大洋盆地、裂谷系、克拉通和碰撞带等不同环境及其相应的岩石构造组合；岩石构造组合是恢复古板块构造历史的最有效的手段之一，它可以作为表征板块边界与板块内部的重要地质证据。自 20 世纪 80 年代以来，地质学家们系统地总结了不同的岩浆系列以及板内、边缘盆地、岛弧等各种构造环境的岩浆作用、火成岩组合以及岩浆成因机制，从而使得火成岩大地构造学作为一门新的地质学科日趋完善。

大量的地球物理资料表明，地球上部整个岩石圈都是由厚 50~150km 的刚性块体——岩石圈板块结合而成。这些板块附着于深部塑性较大的软流层之上，由于地壳下部地幔物质的对流，使它们不断地从大洋中脊向上涌出，形成新的洋壳，并向两侧扩散运移，从而引起板块的相对运动，导致大洋板块与大陆板块之间、大洋与大洋板块之间以及大陆与大陆板块之间的俯冲及碰撞，形成各种各样的岩浆活动（视频 6）。对于各板块的内部，一般是比较稳定的地区，岩浆活动相对较弱。大洋中脊附近由于上地幔物质不断向上涌出，形成拉斑玄武岩质新洋壳并向两侧运移，当到达与大陆交界处的海沟后受到很大阻力，便沿俯冲带向大陆板块下方俯冲，当下插到 70~100km 左右的深度时，下插的洋壳由于摩擦作用而产生很大热能，且

视频 6　板块运动与岩浆活动

越往深处温度越高，当到达上地幔的软流层时，温度可高达 1100~1300℃，使上地幔物质发生局部熔融，形成"再生"岩浆。这些"再生"岩浆，沿着某些垂直裂隙带朝着俯冲带上盘不断上升，在上升过程中经过岩浆分异作用、同化混染作用及岩浆混合作用，形成各种派生的岩浆，并侵入到地壳上部或喷出地表，形成各种类型的侵入岩和喷出岩。根据某些学者的研究，在板块俯冲的不同深度，可派出生不同成分的岩浆。在 60 ~ 40km 深处，可形成玄武安山岩浆；在 40~20km 深处，可形成安山岩浆；在 20km 以上，可分离出更为酸性的英安岩浆和流纹岩浆。有人认为，环太平洋的安山岩带就是在大洋板块向大陆板块俯冲后形成的火山岛弧和火山链（图 3-10，动画 9）。

动画 9　大陆火山弧与火山链

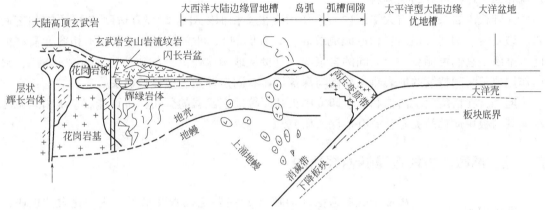

图 3-10　大洋板块与大陆板块俯冲带岩浆作用示意图（据都城秋穗，1972）

通过以上分析可知，大地构造环境与岩浆岩的岩浆活动及其相应的岩石组合之间具有良好的对应关系，现将典型板块构造及其相应岩石组合简述如下。

一、板块内部岩浆活动

板块内部一般是相对稳定的地区，构造—岩浆活动较弱，但有时也可存在较强的岩浆活动。并且，板内岩浆活动远离板块边缘，明显地与板块边界无关。按照岩浆岩形成的大地构造环境，可分为厚而稳定大陆内部地区（克拉通）和大洋岛屿（链）。

（一）大洋板内的岩浆活动

大洋板块内部岩浆喷发是少量的，但有时也存在着构造—岩浆活动，主要以火山岛和洋底火山的形式呈现出来。岩石类型主要为橄榄玄武岩，其次为碱性玄武岩。夏威夷群岛的拉斑玄武岩—碱性玄武岩喷溢序列，其中拉斑玄武岩约占 85%。冰岛的火山岩也属于拉斑玄武岩系，但分异产物夏威夷群岛的拉斑玄武岩系多，除了流纹岩及火山碎屑岩外，还有碱性玄武岩。以上岩类，既不处于大洋中脊，也不处于板块边界的岛弧地带，而位于太平洋板块内部，显然是大洋板块内的岩浆活动。

（二）大陆克拉通区的岩浆活动

在大陆克拉通地区岩浆岩并不十分发育，岩体多呈小型侵入杂岩体、岩墙、岩床、岩管、火山颈等产状产出。金伯利岩、碳酸岩、钾镁煌斑岩和 A 型花岗岩是大陆板内的典型岩石。不整合于古老基底之上的一些溢流玄武岩的巨大堆积也认为是板内的产物。大陆高原玄武岩或溢流玄武岩（如印度德干高原的玄武岩熔岩台地）属拉斑玄武岩系，其与构造之间的关系尚未形成统一的认识。

在大陆板块内部某些大型隆起区，在拉张应力作用下可形成狭长的裂谷系。如世界上著名的东非大裂谷，北起地中海东南端，向南沿非洲东南沿海延伸，大致呈南北向，长达6000km。在此裂谷系中，常伴有岩浆岩的侵入和喷出，且以弱碱性岩石为主，局部可见碳酸岩熔岩和凝灰岩，同时还伴有金伯利岩的形成。我国东部，郯—庐大断裂，也可能是大陆板块内部一个裂谷系，其中不但有山东境内的金伯利岩分布，而且在苏北东海、赣榆等地还发现相当于地幔成分的榴辉岩。

大陆板内岩浆作用与大洋板内岩浆作用有很多相似之处，即都有适度 SiO_2 不饱和玄武岩、霞石岩、响岩、粗面岩和过碱流纹岩，具有低的 Sr 同位素比值和富含不相容元素。由此可推断，它们可能有一个共同的岩浆源：直接从地幔深处上升的狭窄的对流"热柱"，火山作用或长时间持续的地表热点可能与深部地幔有固定关系的地幔柱有关。

此外，在格陵兰、西伯利亚、印度中央高原等地玄武岩的分布，也可能属于板内岩浆活动，其与板块运动的关系，尚有待深入研究。

二、离散型板块边缘的岩浆活动

动画 10　离散型板块
边缘岩浆活动

离散型板块边缘（动画 10）主要是拉张背景下形成的建设性板块边界，包括大洋中脊、弧后盆地和大陆裂谷。在此种边界上，软流圈可能已经上升并穿过岩石圈地幔到达地壳的基底。

（一）大洋中脊岩浆活动

大洋中脊是最重要的离散型板块边缘，是洋壳产生的地方，也是大洋区中巨量的岩浆岩产地，表现为大规模的裂隙式火山喷溢，长 6×10^4 km 的大洋中脊实际上是全球最大的火山活动带。据梅纳德（H. W. Menard）估计，每年从中脊轴部喷出的火山物质大大超过了全球所有其他地区喷出的火山物质总量。由于洋底深处，静水压力超过岩浆中水蒸气压力，故熔岩沿裂隙平静的溢出。

大洋中脊是海底扩张的起点，由于海底扩张，使深部上地幔物质局部熔融产生大规模的深海拉斑玄武岩，通常称为洋中脊拉斑玄武岩（MORB, mid-ocean ridge basalt）。该岩石主要分布在海平面以下 2000~3500m 深处，构成大洋壳的主要部分，其中常含有上地幔二辉橄榄岩质包体，这种现象在地球上四大洋都普遍存在，并以大西洋和印度洋规模最大。大洋中脊以产生拉斑玄武岩和缺乏安山岩为特征。洋中脊缺乏安山岩的原因是缺水，而无水的原因可归纳为两点：（1）由于没有俯冲作用发生，因此也没有水分带入上地幔；（2）由于地壳较薄，沿中脊的一些扩张裂隙不能阻止水分的散失，因而水压很低，不足以产生安山质岩浆。

Nicholls 和 Ringwood 认为大洋拉斑玄武岩相当于岛弧拉斑玄武岩的无水等效物。目前研究发现，在大洋中脊和远离大洋中脊的岛屿上几乎都由玄武岩构成，从未发现大规模的花岗岩，这充分说明了地球上的原始地壳相当于基性岩，而酸性花岗岩基本上是以后再生的事实。

玄武质新洋壳沿着洋中脊火山喷发生成，一般起源于亏损型地幔。洋脊拉斑玄武岩主要特征为：（1）斑晶为橄榄石或斜长石，基质矿物为橄榄石、斜长石、单斜辉石和铁矿物，常含有玻璃质；（2）低钾（$K_2O<0.4\%$）、高钛（TiO_2为 $0.7\%\sim2.3\%$）、P_2O_5 含量低（$<0.25\%$），$(FeO+Fe_2O_3)/MgO$ 为 $0.7\sim2.2$；（3）具相对高的 Al_2O_3 和 Cr 含量以及大离子亲石元素（LIL），如 Rb、Cs、Sr、Ba、Zr、U、Th 和轻稀土亏损或平坦型稀土配分模式区别于大陆和岛弧拉斑玄武岩；（4）同位素 $^{87}Sr/^{86}Sr$ 低值（$0.702\sim0.704$）。

大洋中脊的侵入岩组合，主要为辉长岩和橄榄岩。辉长岩有两类：一是早期结晶分异形成的堆晶岩（主要有岩浆堆晶作用形成，具有堆晶结构）；二是由强烈分异后残余熔体形成的辉长岩。橄榄岩也有两类：一是地幔岩部分熔融后残留下的橄榄岩；二是结晶分异作用的产物。洋脊拉斑玄武岩成因是在小于 30km 深度内，由部分亏损地幔橄榄岩经 $20\%\sim30\%$ 的部分熔融形成的。辉长岩和橄榄岩与原始熔体的分离结晶有关。

（二）大陆裂谷岩浆活动

动画 11　大陆裂谷岩浆活动

大陆裂谷带（动画 11）是地表最主要的构造活动带之一，是沿大致平行断裂发育的凹陷地形，属于一种影响深、延展长的大型伸展构造（马杏垣，1982）。大陆裂谷的岩浆机制是指裂谷带之下热地幔上涌和岩石圈伸展变薄。初始裂谷作用阶段，岩石圈破裂前拱起阶段，并伴随大面积陆相碱性和次碱性玄武岩喷发。当伸展作用进一步加强，岩石圈下部由于软流圈物质的挤入和岩石圈的向下陷落而变薄，上部则因铲式断层效应和塑性流动而伸展，于是地壳表面发生沉降，形成陆内裂谷或大陆裂谷（intracontinental rift）。

裂谷岩浆活动特征主要有以下四点：（1）裂谷带岩浆岩分为三个系列，分别是裂前拱起阶段—碱性系列、大陆裂谷阶段—碱性系列和 K 略高的大陆拉斑系列、大洋裂谷阶段—低 K 的洋脊拉斑玄武系列，随着大陆板块分裂直到形成大洋裂谷，岩浆碱度逐步下降；（2）喷出或侵入岩均以基性和超基性岩最丰富；（3）拉张构造背景及结晶分异作用控制了裂谷岩浆演化；（4）裂谷岩浆主要是幔源的，含有地幔岩包体，初始 Sr 比值较低。

1. 裂谷带中火山岩岩性特征

裂谷带中火山岩种类繁多，大陆裂谷以碱性岩组合或双峰式火山杂岩为特征（两者同时出现或仅有其中之一）。玄武岩主要是拉斑系列和碱性系列的玄武岩，与洋中脊拉斑玄武岩相比，富 K_2O（平均 0.66%），具较高的 Ba、Sr、Rb、U、Th，Rb/K、Rb/Sr、LREE 显著富集，$^{87}Sr/^{86}Sr$ 较高并具有较大的变化范围（$0.7035\sim0.7110$）。碱性系列玄武岩是裂谷初期形成，而拉斑系列玄武岩是裂谷期产物。

双峰式火山岩（bimodel volcanic complex）是指基性岩和酸性岩共生，其间很少有中性岩，反映了基性和酸性岩浆的准同时喷发。双峰式组合主要有拉斑玄武岩—流纹岩组合和碱性玄武岩—粗面岩组合，缺失中性的安山质岩石。

大陆裂谷的熔岩明显不同于大洋扩张中心的熔岩。玄武岩的成分范围从含标准的石英到含标准霞石，Fe/Mg 和 $^{87}Sr/^{86}Sr$ 比值一般比较高，许多特征与板内岩浆作用类似。这种大陆裂谷与板内岩浆作用之间的相似性，以及与大洋扩张中心的明显差异，可能与岩石圈地幔的厚度或成分的不同以及软流圈成分或部分熔融程度的不同，或者与大陆地球的存在有关（Barker，1983）。

2. 裂谷带中侵入岩产状及岩性特征

大陆裂谷侵入岩主要为呈岩床和岩墙群产出的辉绿岩、层状的基性侵入体、金伯利岩、碳酸岩及镁铁质碱性岩等。

（1）辉绿岩岩床和岩墙群。辉绿岩岩床和岩墙群产出在裂谷带的溢流玄武岩区域或其外围，成分可以是拉斑玄武岩质，也可以是碱性橄榄玄武岩质，与溢流玄武岩的岩浆同源。

（2）层状基性侵入体。层状基性侵入体的成分相当于辉长岩的侵入岩，是大陆裂谷带的典型岩浆岩组合之一，岩体规模变化很大，小至一个岩株，大者为岩基。

（3）金伯利岩、碳酸岩及镁铁质碱性岩。金伯利岩是富 Mg、富 K 的超基性岩，以岩颈和岩脉的形式产于前寒武纪地盾区内的大陆裂谷带。新鲜金伯利岩的 Sr 初始值为 $0.7037 \sim 0.7046$；碳酸岩是由碳酸盐矿物组成的火山岩，主要矿物是方解石、白云石、铁白云石及 Fe、Mn、Na 的碳酸盐，呈圆形、椭圆形的岩颈、锥形岩席产出，有的则是喷出的碳酸质熔岩；镁铁质碱性岩（霓霞岩类）常以小岩株，特别是以环状中心侵入体产出。

（三）弧后盆地岩浆活动

如果软流圈的顶部直接与大陆莫霍面接触时，地壳的拉张和岩浆作用将急剧发生，一个大陆裂谷可能发展为大洋扩张中心，但弧后的扩张中心可能由其他机制产生。由于来自俯冲板片的流体交代作用，弧后盆地的岩浆源比洋中脊的岩浆源更具多样性。因此，除了二者一般都是具标准橄榄石和紫苏辉石的玄武岩，且 K、Rb/Sr、Fe/Mg 均很低以外，弧后玄武岩局部的变化可能是流体的交代作用向地幔引入 K、Rb、Ba、Sr 和 H_2O 的结果。

三、聚敛型板块边缘的岩浆活动

（一）俯冲带岩浆活动

动画12　陆缘火山弧

俯冲带岩浆活动主要发生在岩浆弧的范围内，距海沟轴约 $150 \sim 300km$，平行于海沟成弧形展布，岛弧与陆缘火山弧（动画12）是强烈的火山活动区。主要岩石系列有岛弧拉斑玄武岩系列、钙碱性系列、岛弧碱性系列（或钾玄岩系列）以及它们之间的过渡类型。岩石以中酸性岩类，特别是安山岩为主，因富含气体，常表现出强烈喷发性质，火山喷发物中常以火山碎屑物质占优势。

（1）岛弧火山岩总体以高 K_2O、Al_2O_3，低 TiO_2 为特征，不同于其他环境下形成的火山岩。

① 岛弧拉斑系列火山岩主要有拉斑玄武岩、安山岩和少量英安岩，与洋脊拉斑系列的主要区别是氧化物成分变化范围较宽，Mg/Fe 比较高，SiO_2 较高（53%），K、Rb、Sr、Ba 较高，Ni、Cr 低，稀土丰度偏低，$^{87}Sr/^{86}Sr$ 较高（$0.7035 \sim 0.7060$）；

② 钙碱系列火山岩主要有安山岩、英安岩、高铝玄武岩、流纹岩等，与岛弧拉斑系列相比，很少有铁的富集，SiO_2 较多（59%），明显地富集大离子亲石元素，略为富集轻稀土元素，$^{87}Sr/^{86}Sr$ 略高（低钾组 $0.703 \sim 0.707$，高钾组 $0.704 \sim 0.710$）；

③ 岛弧碱性系列主要以钾玄岩为代表，是成熟岛弧的代表性岩石组合，主要特征为全碱量高（$Na_2O+K_2O>5\%$），K_2O/Na_2O 高，富集 P、Rb、Sr、Ba、Pb 和轻稀土（与 K 的富集吻合），低 TiO_2（$<1.3\%$），Al_2O_3 高且变化大（$14\% \sim 19\%$），Fe_2O_3/FeO 高（>0.5）。

（2）陆缘火山弧的火山活动以爆裂喷发为主（和大洋中脊喷溢为主不同），火山碎屑物质体积占整个火山岩体积的 80% 以上，以此和其他构造环境火山岩的主要区别；厚层杂砂岩、泥岩经常与火山岩互层，这种关系是识别岩浆弧火山岩系的重要标志之一；在火山弧区，与火山岩共生的还有大量中酸性深成岩，侵入到火山岩和沉积岩中。

（3）俯冲带的岩浆岩具有明显的水平分带性（成分极性）。一般均随着与海沟轴距离的增加，依次分布为拉斑系列、钙碱系列和碱性系列。这种随着与海沟轴的距离和俯冲带深度的增加，火山岩成分有规律的变化叫做成分的极性，它可指示俯冲带倾斜的方向。

（4）俯冲闭合速率与火山岩成分变化关系是闭合速率越慢，火山岩越偏碱性。一般情况下，闭合速率为 8~9cm/a 的高速组，主要为拉斑或拉斑+钙碱系列；闭合速率为 3~6cm/a 的中速组，主要为钙碱或拉斑+钙碱系列；闭合速率小于 2cm/a 的低速组，则以出现更多的碱性系列或以碱性系列为主要特征。

（5）岛弧火山岩成分变化与地壳厚度的变化存在一定的对应关系，当 SiO_2 量固定时，安山岩的 K_2O 百分含量与地壳厚度成正比。据此得出各系列对应的地壳厚度是：拉斑系列大于 20km；钙碱系列 20~30km；碱性系列大于 25km。火山岩成分变化与俯冲带深度也存在一定的关系。当 SiO_2 含量一定时，K_2O 随俯冲带深度的增大而增加，当 SiO_2 为 60% 时，这种关系可表示火山岩对应的俯冲带深度，计算结果为拉斑系列不大于 150km、钙碱性系列为 100~200km、碱性系列大于 200km。

岛弧、活动陆缘的岩浆来源于消减带，岩浆来源深度也就是地表距消减带深度（H）与火山岩中的 K_2O 含量成正相关（即 SiO_2 固定，H 增加，K_2O 增加），与 SiO_2 含量成反相关（即 K_2O 固定，H 增加，SiO_2 下降）。

由以上分析可见，大洋板块与大陆板块俯冲结果，除了形成广泛的安山岩带外，还有玄武岩带，如东太平洋的美国西部和西太平洋的日本北部，有 100~200km 左右的以玄武岩为主的火山岩带，并表现出明显的水平分带性，即从靠近太平洋的拉斑玄武岩向大陆逐渐变为高铝玄武岩和碱性玄武岩。此外，在俯冲带除形成安山岩和玄武岩外，还有大规模花岗岩的侵入。如美国西部诸州的加利福尼亚州、俄勒冈州、内华达州、新墨西哥州以及南美的安第斯山和我国东部的许多花岗岩，都可能由于板块俯冲作用而形成。

（二）碰撞带的岩浆活动

1. 大洋板块与大洋板块之间边界地带的岩浆活动

在大洋板块之间俯冲碰撞带，同样也是岩浆活动的强烈地带。火山弧中的安山岩（包括自含标准石英的玄武岩至安山岩）反映了一种特殊的构造环境，与两个大洋板块碰撞边界平行的火山弧，即洋—洋破坏边界的火山弧。SiO_2 过饱和玄武岩在大多数洋—洋碰撞的岛弧火山岩中是丰度。与大洋中脊和弧后扩张中心玄武岩相比，岛弧熔岩的 Al、Rb、Sr、Ba、Pb、CO_2 和 H_2O 普遍较高，Mg、Ti、P、Zr、Nb、Ni 和 Cr 较低，并且具有较高的 $^{87}Sr/^{86}Sr$、K/Rb、Rb/Sr 和 Fe/Mg 比值。太平洋西南部马里亚纳、汤加、克马德克、阿留申等地广泛分布的安山岩带，很多人主张是大洋板块与大洋板块碰撞带中形成的。由于大洋深处大洋板块之间碰撞的资料较难获得，目前正在进一步研究。

2. 大洋板块与大陆板块之间边界地带的岩浆活动

与洋—洋破坏边界相比，洋—陆碰撞边界的火山弧（动画 13）更为复杂。这种复杂性可能与陆壳的直接卷入和大陆岩石圈具更大的厚度有 **动画 13　火山岛弧**

关。在洋—洋边界上，岩浆可能只来源于下沉板块之上被洋壳析出流体所水化的软流圈地幔。洋—陆边界上厚大陆壳和岩石圈地幔，使部分熔融不仅发生在水化软流圈楔状体中，而且发生在俯冲洋壳内、岩石圈地幔内和下部大陆壳中。这导致大陆火山弧的成分极端复杂和多变（Anderson et al.，1980）。

3. 大陆板块与大陆板块碰撞带的岩浆活动

陆—陆碰撞是破坏板块边界的第三种类型。尽管陆壳的浮力、厚度和刚性都很大，但它们也能够俯冲。目前研究最典型地区是喜马拉雅山区，该区在古近纪开始，印度大陆板块即向北俯冲到欧亚大陆板块之下，其俯冲带位于我国西藏高原，现今的雅鲁藏布江以北，也是两大板块的碰撞缝合带（图3-11）。两大板块碰撞俯冲的结果，使地壳硅铝层的厚度大约增加了一倍，最厚可达70km，并使喜马拉雅山抬升成世界屋脊。俯冲的陆壳由于温度升高，可局部熔融产生大规模的"再生"岩浆，沿俯冲带上盘喜马拉雅山区侵入形成大规模的花岗岩和超基性岩带。

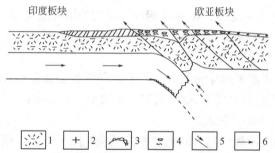

图3-11　印度板块向欧亚板块之下俯冲及花岗岩、超基性岩的形成
（据中国科学院青藏高原科学考察队，1981）
1—大洋壳；2—花岗岩；3—超基性岩；4—变质岩；5—冲断层；6—板块运动和俯冲方向

因此，喜马拉雅碰撞带内产生具很高$^{87}Sr/^{86}Sr$比值（0.780）的S型花岗岩，基本可以肯定是地壳重熔的产物，而没有地幔物质的参与，并且还有年轻的高钾安山岩、英安岩和流纹岩喷出。当陆—陆碰撞地壳加厚处于重力不稳定时，挤压应力消除趋于松散平衡，导致重力坍塌，容易引起幔源岩浆的侵入。因此，在陆—陆碰撞的晚期阶段可能出现类似板内的岩浆作用（Forster et al.，1997）。

俯冲作用进一步发展，必定导致岛弧与大陆、大陆与大陆的碰撞并形成缝合带或碰撞造山带。沉积盆地经过陆内裂谷—陆间裂谷—大洋扩张和大洋裂谷—边缘裂谷—大洋盆地—俯冲作用导致大洋消减和弧沟系的形成一直到碰撞产生缝合带和残留洋盆，构成一个完整的威尔逊旋回。

4. 蛇绿岩组合

法国地质学家布隆奈尔特（Brongniart，1827）首次提出了蛇绿岩（ophiolite）的概念，用来形象地描述蛇纹石化的石榴子石二辉橄榄岩，中文音译为"奥菲奥岩"；斯坦曼（Steinman，1905）给予了蛇绿岩明确的定义，即由细碧岩和玄武岩到辉长岩和橄榄岩规则排列的镁铁质和超镁铁质火成岩石的组合，岩石中含有由后期变质作用产生的蛇纹石、绿泥石、绿帘石和钠长石，它们的形成与地槽发展的早期阶段密切相关，代表其早期阶段岩浆活动的产物。1972年9月，在美国召开的彭罗斯（Penrose）蛇绿岩会议上，赋予蛇绿岩如下含义：（1）蛇绿岩是镁铁质—超镁铁质岩的岩石组合；（2）蛇绿岩不应作为一种岩石名称或填图单元；（3）完整的蛇绿岩层序由下而上包括超镁铁质杂岩、辉长岩类杂岩、镁铁质席状岩墙群和镁铁质火山杂岩；（4）伴生的岩石类型包括上覆沉积层序中的条带状硅质岩、页岩夹层和少量灰岩；（5）可填图的岩石单元之间通常为断层接触，完整剖面可能缺失。蛇绿岩可以是不完全的、被肢解的或被变质的。

一般认为，蛇绿岩是由洋中脊海底扩张作用而形成的大洋岩石圈的侵位形成。简单地说蛇绿岩就是由于两个板块碰撞的时候温度升高而导致了碰撞接触带的洋壳岩石发生了变质而形成的。

蛇绿岩套（ophiolite suit）就是一组由蛇纹石化超镁铁岩、基性侵入杂岩和基性熔岩以及海相沉积物构成的岩套，这就是有名"斯坦曼三位一体"概念（Steinman，1927）。蛇绿岩套是一种可与大洋岩石圈对比的独特的镁铁质—超镁质岩石组合，一个发育完整的蛇绿岩包括以下岩石序列：（1）超镁铁质杂岩，由不同比例的二辉橄榄岩、方辉橄榄岩和纯橄榄岩组成，具有变质变形组构；（2）堆晶辉长质杂岩，以堆晶结构为特征；（3）镁铁质席状岩墙（床）杂岩；（4）镁铁质火山杂岩，主要为枕状玄武岩，常见枕状构造；（5）与蛇绿岩伴生的岩石有富钠的长英质侵入岩和喷出岩、硅质岩、薄层页岩及少量灰岩。

蛇绿岩可以形成于大洋中脊、弧后盆地、弧前盆地、岛弧等构造环境。大陆上发现的蛇绿岩，多数是大陆裂解或弧间扩张的产物，而不是洋中脊蛇绿岩。蛇绿岩不但是为大多数地质和地球物理学家们所接受的板块构造学说的一个重要组成部分，也在解释喜马拉雅山形成这一重大地质理论问题时具有特殊的意义。由于蛇绿岩与大洋岩石圈的演化有密切的关系，因此研究蛇绿岩的组成、成分及成因也是了解大洋岩石圈结构、变化及动力学的主要途径。

据考察研究，蛇绿岩套与海洋底部的岩石非常相似，因此较为普遍认为它是古海洋地壳的残骸。在 50Ma 前，喜马拉雅地区是分隔欧亚大陆与印度大陆的一片汪洋大海，即特提斯海（属于古地中海的一部分）。研究认为，我国雅鲁藏布江的蛇绿岩套就是古特提斯海洋地壳的残余碎块，在印度板块向北漂移、俯冲时被挤出地表。它把原来为海洋分隔的两个大陆连接起来，所以又把它称为雅鲁藏布江缝合线。该蛇绿岩套呈黑绿色、暗绿色和紫色，沿着雅鲁藏布江呈断续状分布，一直延伸到缅甸和巴基斯坦，在我国西藏境内的分布长度可达1000 多千米。

与蛇绿岩深成岩浆作用有关的矿产主要是铬铁矿、铂族元素、金、镍。当喷射的富金属卤水与海水反应，在低洼地可形成铁、铜、锌、锰矿床。此外，蛇绿岩中普遍伴生的蛇纹石，是重要的非金属矿产。

四、大火成岩省

（一）大火成岩省的概念及岩性组合特征

Coffin 和 Eldholm（1992）首次使用大火成岩省来描述在极短的地质时间间隔内（几百万年甚至更短）发生的面积超过 $10 \times 10^4 km^2$ 的镁铁质火成岩喷发或侵入，不包括洋中脊处海底扩张产生的玄武岩海床以及其他正常的板块构造形成的火成岩区域。大火成岩省不仅是指铁镁质火成岩的大规模堆积，也包括了所有类型的火成岩，有学者提出根据岩浆是否喷出地表，将大火成岩省分为大型火山省（喷出岩）和大型深成岩省（侵入岩）。

Coffin（1994）进一步明确了大火成岩省（Large Igneous Provinces，LIPs）的概念。他

认为大火成岩省是指连续的、体积庞大的由镁铁质火山岩及伴生的侵入岩所构成的岩浆建造，包括与大陆裂谷伴生的大陆溢流玄武岩、海底扩张两侧的火山型被动大陆边缘、大洋高原、海岭、海山群和大洋盆地的溢流玄武岩，覆盖面积在 $0.1×10^6 km^2$ 以上，岩浆岩体积大于 $0.1×10^6 km^3$，短时间喷发（约 1~5Ma）。

（二）全球大火成岩省的分布规律

目前世界上已确定了一些大火成岩省，有些大火成岩省现在还是完整的，如印度的德干大火成岩省（Deccan traps），亚洲的西伯利亚大火成岩省（Siberian traps）；有些则被板块构造运动所肢解，如中大西洋火成岩区域主要分布在巴西、北美东部、非洲西北部。同时进一步研究发现，除了镁铁质大火成岩省外，也有长英质大火成岩省，其主要由酸性、中酸性熔结凝灰岩及与之有成因联系的花岗岩构成，其体积可与镁铁质大火成岩省比拟。如南美洲南端的巴塔哥尼亚（Patagonia）及与之毗邻的西南极洲（West Antarctica）存在一巨大的长英质火成岩省（Pankhurst et al.，1998）。火山岩以流纹质熔结凝灰岩为主，夹有少量玄武岩。熔结凝灰岩包括简单的和复杂的冷却单元，厚度自 10 厘米至几十米，个别达 100m 以上，时代为侏罗纪，覆盖面积大于 $20×10^4 km^2$，体积达到 $23.5×10^4 km^3$，是全球最大的长英质火成岩省之一。澳大利亚昆士兰州东部及其海域存在一个规模与巴塔哥尼亚（Patagonia）火成岩省相当的长英质大火成岩省，即圣灵群岛（Whitsunday）火成岩省。中国东南部广泛分布晚中生代酸性、中酸性火山岩与之有成因联系的花岗岩，位于太平洋板块与欧亚板块的结合部位，构成典型的长英质大火成岩省。浙、闽、赣三省火山岩总面积 $10×10^4 km^2$，若按平均厚度 1km 计算，则体积可达 $10×10^4 km^3$。如果把与火山岩有成因联系的花岗岩考虑在内，岩浆总量将不少于 $1.5×10^5 km^3$，这应是太平洋周边相当巨大的长英质火成岩省了。火山岩的时代为白垩纪，可分上、下两个火山岩系。下火山岩系为英安岩、流纹岩组合，以流纹质熔结凝灰岩为主。上火山岩系为流纹岩—玄武岩组合，构成双峰式，但玄武岩的量远逊于流纹岩（王德滋，2005）。国际学术界认为中国仅有两个大火成岩省，即峨眉山大火成岩省（Emeishan Traps）和塔里木大火成岩省（Tarim Traps）。

1. 峨眉山大火成岩省

峨眉山大火成岩省分布在我国西南滇—川—黔地区，即扬子克拉通西缘，岩石类型主要为拉斑玄武岩，含少量苦橄岩、玄武安山岩、流纹岩和粗面岩；喷发时期为二叠纪（约 259~261.5Ma），其体积为 $3×10^5 km^3$。它被地质学界命名为峨眉山大火成岩省（ELIP），是我国境内第一个获得国际学术界广泛认可的大火成岩省，也是全球研究程度较高的大陆溢流玄武岩省之一（陈赟等，2017）。地球上发生过多次生物灭绝事件，尽管原因尚不完全清楚，但生物大灭绝的时间与大火成岩省火山活动有着精确的对应关系，这不由得引发了人类无尽的遐想，科学家认为大火成岩省事件是导致生物大灭绝的主要诱因之一。Wignall（2001）认为，中国峨眉山玄武岩的喷发造成晚二叠世早期的大规模生物绝灭。

2. 塔里木大火成岩省

塔里木大火成岩省主要分布于塔里木克拉通西缘，残余的分布面积大于 $25×10^4 km^2$，其中二叠纪玄武岩分布面积达 $20×10^4 km^2$，厚度几十米至几百米不等，最大残余厚度达 780m（杨树锋等，2014）；从目前已有的年代学数据和野外观察来看，塔里木早二叠世大陆溢流玄武岩存在两个主要喷发期（野外剖面表现为大于 1km 的沉积夹层），虽然每一期中还存在多次喷发（野外剖面表现为多个薄的沉积夹层），但是每一期的总喷发时间很可能小于3~5Ma（陈汉林等，1997；姜常义等，2004；李勇等，2007；张洪安等，2009；张传林等，2010；李洪颜等，2013；杨树锋等，2014；邵铁全等，2015；厉子龙等，2017）。因此，塔里木早二叠世玄武岩符合LIPs中大陆溢流玄武岩的短时、巨量的特点，已被国际上广泛认可为典型的LIPs（Ernst，2014）。

（三）大火成岩省的成因

20世纪60~70年代对于大火成岩省的成因主要有地幔柱、裂谷减压熔融、陨石撞击等假说，其中最为接受的是地幔柱成因假说。地幔柱假说最早是在1963年由加拿大地球物理学家和地质学家J. T. Wilson提出的，他认为夏威夷群岛是一个构造板块在一个固定的热点上向西北移动而产生了的一系列火山。1971年，美国地球物理学家W. J. Morgan进一步完善了地幔柱假说，他认为地球内部存在起源于核幔边界缓慢上升的细长柱状热物质流，即地幔柱，它相对静止，在地表表现为热点。根据实验和数值模拟结果，地幔柱尾部呈长细柱状，底端连至地幔底部，顶端则成球状并随着上升而膨胀，整体就像有着细长柄的蘑菇。地幔柱顶端抵达岩石圈底部时，会开始摊平，并因减压而大规模熔融形成玄武岩岩浆，这些岩浆可能会在短时间内大量喷发至地表，在大陆地壳内部形成大陆溢流玄武岩形成大火成岩省。

Hill（1991）进一步认为如此庞大的镁铁质（或长英质）火成岩省用板块构造理论已难以解释其成因，它们在很大程度上与来自深部的地幔柱活动有关，是地幔柱岩浆活动的直接产物。地幔柱构造和板块构造是地幔内部两种不同形式物质对流的反映，板块构造受地幔（主要是上地幔）内部物质球状对流所支配，而地幔柱构造是受穿越整个地幔的柱状物质对流所支配，二者基本上呈独立活动。

目前，关于大火成岩省的成因主要有两类观点，即地幔柱成因和非地幔柱成因（张招崇等，2007；徐义刚等，2013；Ernst，1976），其中关于地幔柱成因主要有两种地幔柱模型，即热柱模型和扩张模型。前者认为热柱起源于核幔边界，而后者假定地幔柱起源于上、下地幔边界。扩张模型强调岩石圈自身的拉张作用是火山作用的前提，不考虑地幔柱上升过程中捕获地幔物质的可能性。最近，又有研究者提出了兼顾上述模型的第三种模型，认为地幔柱起源于核幔边界，上升过程中滞留在上、下地幔边界，然后形成多个次级热柱上升至岩石圈底部，导致了大火成岩省的形成。

第六节　中国岩浆活动简况

中国幅员辽阔，地质构造复杂，岩浆活动和岩浆岩的分布也十分广泛，岩石类型多种多样，从超基性、基性、中性、中酸性—酸性到碱性岩均有，每一类型尚有多种岩石和岩石组合（彩图5）。岩浆岩的形成方式有侵入、喷溢、喷发、喷发—沉积等。侵入岩分布广泛，出露总面积达 $1037432km^2$，单个岩体的规模及形态不一，多期或同期岩浆多次侵入或喷发叠加所成的复式岩体甚多。岩浆活动强度、岩体产状、规模和分布明显受构造运动控制，而且几乎在各个地质历史时期和各个地质构造阶段均有表现。现按

彩图5　中国岩浆岩、侵入岩、火山岩分布图

时代先后顺序，简要介绍如下。

一、新元古代前的岩浆活动

这一时期包括泰山期、五台期和吕梁期，地质年龄大致在 25 亿~17 亿年之间。前吕梁期（太古宙）火山岩浆活动强烈，但所有的火山岩现今大多已构成古老表壳岩的组成部分。吕梁期岩浆活动的范围与太古宙基本一致，除了太古宙岩浆岩分布地区外，在川中—南康滇地轴和东北的额尔古纳、大小兴安岭北端以及张广才岭和老爷岭腹地也有大面积分布。

（一）侵入岩类

岩石类型主要为混合花岗岩、基性岩和超基性岩，大多分布在天山—阴山、秦岭—昆仑山之间，以华北、东北南部、山东、河南、山西等地分布最广。如辽宁锦西兴城、山东泰安、燕山、大青山、鞍山、嵩山等地的花岗岩和伟晶岩；祁连山区的奥长花岗岩、英云闪长岩、花岗闪长岩组合；吉林南—辽宁东地区的花岗闪长岩、二长花岗岩、石英二长岩组合；五台山、太行山、吕梁山、昆仑山等地的变质基性岩和超基性岩等，都在这一时期形成。

（二）喷出岩类

这个时期的喷出岩大多是已变质的中性、基性及少量酸性火山岩，以五台山、太行山、吕梁山、昆仑山等地变质火山岩和细碧角斑岩为代表。岩石多受变质，岩石多呈斜长角闪岩、斜长角闪片麻岩、变粒岩、麻粒岩及绿片岩等岩类出现，其原岩当为富铁拉斑玄武岩、科马提岩、玄武岩、安山岩、流纹岩以及辉绿岩等，多数属于海底中基性火山岩建造；少数为基性—酸性火山岩建造，有些学者将其视为"绿岩"建造。

二、新元古代的岩浆活动

这一时期包括安东期、雪峰期、澄江期及第四期的岩浆活动，地质年龄介于 17 亿~6 亿年之间。

（一）侵入岩类

该时期的侵入岩以花岗岩、闪长岩为主，也有少量基性、超基性岩分布，主要分布在云南、贵州、四川、湖北、江西、安徽、浙江东部、广西北部等地，如四川中部—陕西一带的南华纪花岗岩、二长花岗岩组合；福建武夷山和云南中部的二长花岗岩体；江西南部的似金伯利岩、橄榄岩、角闪岩等超基性岩小型侵入体等。此外，河北大庙—黑山地区的斜长—苏长岩及北京密云地区的更长环斑花岗岩，也认为是本期侵入的结果。

（二）喷出岩类

该时期的喷出岩大多为细碧岩和角斑岩，主要分布在我国北方，其次在西南，我国东部也有零星出露，广泛出现在昆仑山、大小兴安岭、秦岭、祁连山、大别山及云南、贵州等地，如秦岭—大别山—江苏—山东地区的细碧岩、角斑岩、石英角斑岩及其火山碎屑熔岩、熔火山碎屑岩；四川北部的玄武岩、粗面岩、英安岩和流纹岩组合。此外，在河南西部、内蒙古四子王旗还有变质中酸性火山岩，在燕山地区还有碱性粗面岩的发现。

三、古生代岩浆活动

这一时期包括加里东期和海西期的岩浆活动，地质年龄介于 5.7 亿~2.5 亿年之间。

（一）加里东期（5.7 亿~3.75 亿年）

本时期是中国较强烈的岩浆活动期。火山岩和碱性侵入岩以秦岭地区最为发育，中性—酸性侵入岩以西北、华南地区分布最广，超基性—基性侵入岩于祁连山、柴达木盆地周缘、秦岭及华南地区均有出露。在全国范围中性—酸性岩已明显构成 4 个区带，北部区为塔里木北缘—祁连山北—冀北以北地区，中部区为昆仑—祁连山—秦岭—大别山区，西南部区为藏—滇区，南部区为华南地区。

1. 侵入岩类

主要侵入岩为花岗岩和混合花岗岩，大多分布于祁连山、阿尔金山及湖南、广西、广东、江西等地；其次，在昆仑山、大巴山、龙门山、大兴安岭、秦岭、内蒙古、天山及云南西部也有零星出露。此外，超基性—基性岩集中分布在阿尔泰、祁连山、北山、柴达木、内蒙古、贺兰山、色尔腾山等地区。常常是蛇绿岩的组成部分，并构成重要的构造岩浆带；碱性岩类零星分布在祁连山和秦岭等地，中祁连山地区，为钠闪石花岗岩、碱长花岗岩与正长岩伴生。北秦岭中段有霓辉石正长岩、钠铁闪石正长岩、正长岩等正长岩—碱性正长岩组合。

2. 喷出岩类

这个时期的喷出岩，分布范围较广，主要分布在祁连山、秦岭、昆仑山等地，以细碧角斑岩、中基性火山岩为主，可见由基性—酸性岩类及碱性岩类构成的多种岩石组合。如祁连山—北秦岭区发育 3 类火山岩组合，即玄武岩—流纹岩组合、细碧岩—石英角斑岩组合和碱玄岩—粗面岩—响岩组合；新疆阿尔泰地区有安山岩、流纹岩及安山质熔结凝灰岩组合、玄武岩—安山岩组合等；大兴安岭地区喷出岩以中性安山岩为主，可见少量细碧角斑岩、英安岩、玄武岩及其火山碎屑岩类。另外，在湖南、广西、广东、江西、福建等地还有变质中基—中酸性火山岩出露，如广西东南、广东西部有志留纪海相细碧岩、石英角斑岩、英安岩、流纹岩及其火山碎屑岩。

（二）海西期（3.75 亿~2.5 亿年，泥盆纪—二叠纪）

本时期是我国地质历史上比较强烈的一次岩浆活动。

1. 侵入岩类

根据侵入岩体的生成时代，可分为早、中、晚三个亚期。早期以超基性、基性岩为主，中期以花岗岩类为主，晚期以碱性花岗岩为主。主要分布在东北、内蒙古、阿尔泰、准噶尔、天山、昆仑山等地。如塔里木北缘—祁连山北—冀北以北地区岩浆活动强烈，由西向东由二长花岗岩、正长花岗岩、斜长花岗岩组合到二长花岗岩、花岗闪长岩组合。此外，在我国西南地区及台湾有基性、超基性岩出露，湖南、广西、广东、江西等地有花岗岩及混合花岗岩出露。碱性岩类主要包括碱性正长岩、霓辉正长岩、霞石正长岩等，多呈岩株、岩墙状零散分布于新疆塔里木北缘、内蒙古察哈尔右后旗、云南西南等地区。

2. 喷出岩类

这一时期的喷出岩主要为基性、中性、酸性火山岩，部分为细碧角斑岩，大多分布在大兴安岭、天山、秦岭、昆仑山等地，在云南、贵州、四川和秦岭地区有巨厚的"峨眉山玄武岩"喷发。海西早—中期具有陆相、海相双重喷发方式，形成海相、陆相及海陆交互相火山岩系列。常见玄武岩—安山岩—流纹岩火山岩组合，部分地区可见细碧岩、细碧角斑岩建造。海西晚期岩石类型以玄武岩、安山岩以及中酸性火山碎屑岩广泛发育为特征，局部可见海相喷发形成的具枕状构造的细碧岩—细碧角斑岩、流纹岩等。如吉林桦甸市、磐石市以及永吉县等地区有浅海相喷发的流纹岩、安山岩、火山碎屑岩等，以及陆相中酸性火山喷发的安山岩及其火山碎屑岩；内蒙古的扎赉特旗、布特哈旗、克什克腾旗、东乌旗和敖汉旗等地，均发现了浅海相中酸性火山喷发产物，岩石类型以安山岩及其凝灰岩为主，次为流纹岩，局部见细碧—角斑岩和少量玄武岩。

四、中生代岩浆活动

这一时期包括印支期和燕山期的岩浆活动，地质年龄为 2.5 亿~0.6 亿年，是一个重要的岩浆活动时期。

（一）印支期岩浆活动（2.5 亿~1.85 亿年，三叠纪）

这一时期岩浆活动继承了加里东期的构造岩浆活动格局。

1. 侵入岩类

侵入岩类以花岗岩为主，还有少量基性岩、超基性岩和碱性岩类，主要分布于西北、西南及华南地区，分布范围较为广泛。

1）超基性—基性岩类

这类岩石主要发育于新疆昆仑山、云南、西藏、四川西部等地区。藏北多岗日、拜惹布错至若拉岗日一带发育有 6 个超基性—基性岩体，岩石类型为方辉橄榄岩和辉绿岩，多为已强烈变质而成片理化的滑石—菱镁岩；川西义敦地区，发育有方辉橄榄岩、含辉石纯橄榄岩、单辉橄榄岩、辉长岩组成杂岩体。桂西南至滇东地区，超基性—基性岩小岩体很多，主要为辉绿岩和辉长辉绿岩，局部有橄榄辉绿岩和辉石辉绿岩；黑龙江省完达山见有超基性—基性岩岩体，岩石类型为辉石橄榄岩、辉石岩、辉长岩等。

2）中性—酸性岩类

该岩石类型主要为酸性花岗岩类，主要分布在青海、秦岭、昆仑山、东北、华南以及藏滇等地区。华北—内蒙古和昆仑—秦岭两带则保留 EW 向构造岩浆带痕迹的基础上，东北、华东、华南地区已显现出主体转为 NE 向构造岩浆带的轮廓，这种构造走向的转变可能反映了太平洋板块对大陆构造的影响。

东北、华北地区以花岗岩为主，有二长花岗岩和正长花岗岩组合而形成的岩体；陕西、西藏、云南等地区主要出现二长花岗岩、正长花岗岩、花岗闪长岩等岩石组合特征，并在秦岭出现环斑花岗岩和混合花岗岩。

3）碱性岩类

这类岩石主要分布于辽、冀、晋、川、滇、黔等省的部分地区，岩性以碱性正长岩、正长斑岩、霓辉岩等为主，呈零星分散状出露。辽南花岗岩带内发育由碱性正长岩、碱性黑云辉石正长岩、霓辉岩、霞石正长斑岩等构成的碱性岩体；山西天德—河北阳原一带见有以霞石正长岩为主的碱性岩小岩基；东秦岭—大别山有霓辉正长岩、正长岩、霞石正长岩等碱性岩脉或岩墙。川西理塘、江官山、巴亨等地，有霓辉正长岩，可能属玄武岩浆晚期分异演化产物；黔东南、黔西南和滇东南等地区，碱性岩呈岩脉、岩墙等沿断裂带成群分布。

2. 喷出岩（火山岩）

这一时期火山活动呈现陆相喷发、海相喷发等两种喷发方式，岩性以中基性—中酸性火山岩为主，主要分布于新疆、青海南部、西藏东部以及陕西秦岭等地区。

新疆地区火山岩主要是中—晚三叠世陆相火山岩，岩石类型主要为流纹岩、石英斑岩、霏细斑岩、基性—酸性角砾熔岩、凝灰熔岩、火山角砾岩、凝灰岩及安山岩、玄武岩等；西秦岭地区岩石类型以早三叠世流纹岩、英安岩、安山岩、安山玄武岩等中酸性火山岩为主，伴有火山碎屑熔岩。晚三叠世在祁连山地区及向西延入青海省有凝灰岩、酸性凝灰熔岩等零星分布；青海地区火山岩可分为早—中三叠世海相火山岩和晚三叠世海相、陆相互生火山岩。早—中三叠世海相火山岩主要分布于柴达木东缘与西秦岭、祁连山结合处以及西秦岭及巴颜喀拉山等地，岩石类型主要为玄武岩、安山岩、英安岩、火山碎屑岩以及枕状构造发育的富钠细碧岩—角斑岩等；陆相火山岩沿东昆仑—西秦岭自西向东由中酸性熔岩—中性岩—基性岩构成，岩石类型主要为安山岩、橄榄辉石玄武岩及火山碎屑岩等。晚三叠世海陆交互相火山岩，分布于八宝山-鄂拉山地区，为碱性玄武岩-玄武安山岩-粗面岩-碱性流纹岩组合；东北地区火山岩主要为陆相安山岩、流纹岩、英安岩及其火山碎屑岩，海相火山岩仅见于完达山，系枕状熔岩与放射虫硅质岩、镁铁质岩、超镁铁质岩共生；云南—西藏地区岩石组成包括玄武岩、橄榄玄武岩、细碧岩、安山玄武岩、安山岩、粗面安山岩、角斑岩、英安岩、流纹岩、石英斑岩等，为中三叠世海相喷发、晚三叠世陆相喷发所形成。

（二）燕山期岩浆活动（1.85亿~0.6亿年，侏罗纪—白垩纪）

本时期是我国地质历史上最强烈的一次岩浆活动，产出的岩浆岩分布广、数量多、岩体面积大。岩浆岩主要分布于中国东部和藏、滇、川地区。

1. 侵入岩类

这一时期的侵入岩以花岗岩为主，还有少量中性、基性、超基性侵入岩和碱性花岗岩，分布遍及全国各地，而以我国东部浙江、江西、福建、秦岭、长江中下游、山东半岛、燕山、大兴安岭等地最为发育；此外，在云南、西藏等地也有出露。在山西、辽宁、山东、河北等地还发育碱性岩，山东、贵州等地还有金伯利岩产出。中国东部 NE—NNE 向岩浆岩带，是环太平洋岩浆带的重要组成部分。从岩浆活动的时间上看，该带自西向东，出露岩体时代由老到新，即西部从侏罗纪早、中、晚世向东逐步到白垩纪早、晚世，尤其是晚侏罗世和早白垩世的活动最为强烈；岩石特征上主体是二长花岗岩、正长花岗岩组合，但由西向东早白垩世正长花岗岩和碱长花岗岩增多，粤、闽、浙、鲁沿海地带断续出现晶洞碱长花岗岩和晶洞（钾质）花岗岩，在藏、滇、川还伴有中性、基性、超基性岩，沿怒江和雅鲁藏布江出露有举世瞩目规模巨大的侏罗纪和白垩纪蛇绿岩带。

2. 喷出岩类

这一时期的喷出岩以中酸性火山岩为主，也有少量基性火山岩，主要分布在我国东部，北起大兴安岭，南至广东，形成长 3000km、宽 300~800km 的火山岩带。其次，在我国西南和西北地区，如横断山脉、西藏祁连山、昆仑山、柴达木、北山、阿拉善等地也有不少中基性火山岩出露，部分地区还有海底喷发的细碧岩。该期火山岩，在中国东部自北而南也作规律性变化，在东北、华北主要为中性岩类安山岩系，下扬子区主要为粗安岩系，闽浙地区主要为酸性岩类流纹岩系，在南岭地区主要为英安岩系；在火山活动时间上，自西而东出现由早到晚的演化规律，即在内陆腹地活动期主要为燕山早期，在闽西、浙西主要燕山中期，在东南沿海主要为燕山晚期。综合火山岩和侵入岩的时空演化规律，可以反映出燕山期岩浆活动自西向东由老到新，由少钾到富钾再到富钠的迁移演化趋势。

五、新生代的岩浆活动

这一时期主要是喜马拉雅期的岩浆活动，地质年龄从 0.6 亿年至今，本期岩浆活动完全打破了自加里东期以来形成的构造岩浆活动格局。

侵入岩以花岗岩和基性—超基性侵入岩为主，碱性岩类极少，主要分布在西藏和青海南部。其中，花岗岩的侵入集中在喜马拉雅山、冈底斯山和念青唐古拉山一带，多以小型侵入岩产出；基性—超基性岩体往往沿印度板块和欧亚板块的碰撞缝合线呈长条带状分布，长达千余公里。江西苗圃等地可见中新世辉长岩、辉绿岩等基性岩体出露，浙江江山—绍兴断裂带分布有橄榄辉绿岩和似金伯利岩及玻基橄辉岩超基性岩体。

喜马拉雅期火山活动强烈，以中基性火山喷发最为活跃，喷出岩的岩性以基性玄武岩类为主，主要分布在我国东部广大地区。北起黑龙江南至海南岛，均有古近—新近纪、第四纪的玄武岩、碱性玄武岩喷发。如黑龙江的五大连池、山西大同、河北汉诺坝的基性熔岩，江苏南京及海南岛北部分布有著名的新生代玄武岩。此外，在西北和西南地区，如祁连山、天山、塔里木、云南、西藏北部及秦岭地区也有中基性、中酸性和碱性火山喷发，但其规模远不如东部普遍和强烈。

由此可知，我国境内岩浆活动遍及各个地质时期，但岩浆活动的规模、强度及岩石类型各地都有不同程度的差异，而且越近晚期，我国中—新生代岩浆活动表现得更为强烈，对进一步探明与岩浆活动有关的矿产和查明矿产资源的分布，以及其对油气藏形成的作用和影响，都具有十分重要的理论和实际意义。

第三章小结

第四章　岩浆岩区的野外工作方法

　　岩浆岩是地壳的主要组成部分，占地壳总体积的 66%，与很多矿产资源有着密切的联系。为了更好地研究岩石，在上述关于岩浆岩基本概念、基本特征、基本类型和基本理论阐述的基础上，还必须掌握岩浆岩的野外工作方法。

　　在野外工作之前，首先应有目的地了解工作地区的大地构造位置、地质构造背景、有关地层及岩浆活动状况等地质资料，查阅有关地质报告、资料和图件等。有条件时，还应对该区可以收集到的岩石标本和薄片进行初步鉴定，找出存在的问题，经过系统归纳，制定出野外工作的详细计划。做好准备工作将使野外工作具有更强的目的性和针对性，往往可以收到事半功倍的效果，而且还能大大节省野外工作时间。

　　在野外工作开始，首先应进行全区踏勘，了解地层和地质构造特点及岩体分布范围；然后要进行岩体剖面的实测，主要剖面必须切过围岩及岩体的中心，把不同的岩性和岩相带逐步分开，并系统采集标本。在实测剖面的同时或实测剖面之后，根据需要还应进行岩浆岩区地质制图，详细划分出岩性和岩相及个别有意义的地质界线，特别对接触带和接触变质带应给予应有的注意。这是因为在岩体与围岩的接触带上，往往是找矿的有利部位。

第一节　侵入岩区的野外工作方法

一、岩石定名和岩相带划分

（一）岩石观察与定名

　　任何侵入体的不同部位，在矿物成分、结构、构造上都不可能完全相同。变化复杂的岩体，在短距离内岩性就可能有明显的差别。因此在野外工作中，必须对岩体不同部位的岩性（包括颜色、矿物成分、结构、构造等）做认真细致的观察和描述，并尽可能给予正确的定名。这就要求地质工作者学会肉眼鉴定岩石的本领，防止把不同类型的岩石当作相同的岩石。

1. 造岩矿物的手标本鉴定

　　造岩矿物的手标本鉴定也要遵循一定的程序进行，依据造岩矿物的颜色、形态、力学性质等进行准确识别与鉴定。

　　（1）确定是浅色矿物还是暗色矿物。

　　（2）若是暗色矿物，主要的造岩矿物有橄榄石、黑云母、辉石和角闪石等。

　　① 橄榄石的鉴定：黄绿色、等轴粒状、无解理、有时具油脂光泽的断口等，很容易区别于其他黑色的暗色矿物。

　　② 黑云母的鉴定：使用小刀在其上刻划出粉末，然后用肉眼或使用放大镜观察。若是

片状的粉末便可确定是黑云母，若是颗粒状粉末则不是黑云母而是角闪石或辉石。

③ 角闪石和辉石的鉴定：如角闪石和辉石的结晶习性都是柱状，但在岩石标本上看到的是一个一个任意取向的断面形态，因此我们不能仅凭一个断面就下结论是短柱还是长柱。有时候，我们在标本上看到了较少的长柱状矿物颗粒，也可以确定岩石中的该暗色矿物是角闪石而不是辉石，这是因为长柱状矿物在任意断面出现短柱状或粒状的概率远大于长柱状的截面。

（3）若是浅色矿物，主要造岩矿物有石英、长石、方解石等。

① 石英：具烟灰色和无解理而显现断口呈油脂光泽，极易与长石区别。

② 长石：主要包括钾长石和斜长石。依据两种长石的结晶习性、晶体形态、颜色、次生蚀变特性等加以识别。

③ 方解石：有时也出现在火成岩中。根据它的硬度小于小刀和具完好的多组解理可以很好地区别于石英和长石，也可通过滴盐酸方法进行鉴别。有时在露头和标本上常出现极细粒的白色矿物，我们不能用小刀刻划标本来鉴定，而是用标本的白色部位去刻划小刀，若在小刀上留下刻痕，则是长石或石英（利用前述方法区分长石和石英）；若在小刀上留下白色的粉末，则为方解石。

2. 矿物含量估计

矿物含量是侵入岩岩石定名的依据，它可以选择野外露头进行，也可以在手标本上观察完成。岩石中矿物含量应指各矿物占岩石总体积的百分数，但在具体操作时常使用各矿物所占岩石表面的面积百分数。常用的方法有经验法、线段比例法等。虽然各矿物在岩石中所占的体积百分比、面积百分比和线段百分比数值并不完全相同，但把它们仍看作是近似地相等。

1）经验法

经验法通过手标本或野外岩石的观察描述确定各矿物在岩石中的含量的经验法，需遵循以下步骤。

（1）估计暗色矿物（M）的含量。暗色矿物的含量常用目估法、数点法和对比法来确定。

① 目估法就是直接目估暗色矿物含量，这种方法对于初学者来说要进行一次目估后的校正，因为暗色矿物对人们的视觉反应灵敏，故要将目估的暗色矿物含量减掉5%才能获得正确的暗色矿物含量。

② 数点法是在岩石手标本限定的区域内，数出总的矿物颗粒数，然后计数出暗色矿物的粒数，这两个数值的比值百分数即为暗色矿物含量。该方法局限于要求岩石中的各种矿物的粒径大小是近相等的。因此，这种方法更适用于镜下薄片研究。

③ 对比法则是将岩石光面上暗色矿物与已知黑点百分比图相对照（图4-1）获得其含量。该值是暗色矿物的总含量，若有若干种暗色矿物时，将它们在这个数值范围内再分配。

（2）确定岩石中的石英含量。

直接确定岩石中的石英含量是十分困难的，需要借助肉眼和放大镜这两种鉴定工具来限定，因为这些工具的鉴定能力也大致反映了岩石中石英的含量范围（表4-1）。值得注意的是，表4-1中的矿物含量估计的经验法则及其划定的界线恰好与岩石的Q—A—P分类命名图中石英含量为5%和20%的水平线一致。这种吻合为我们较准确地确定花岗质岩石的种类提供了帮助。

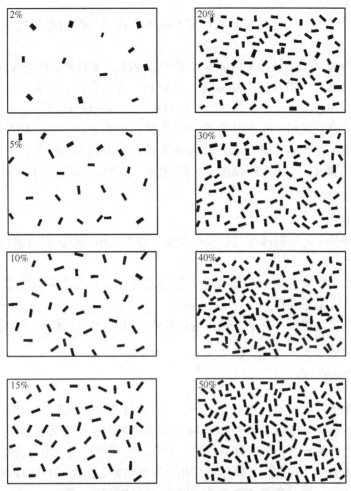

图 4-1　暗色矿物（图中黑点）含量对比图

表 4-1　肉眼观察手标本的石英含量估计经验法则

鉴定工具	鉴定能力	石英(Q)含量
肉眼	能轻易直观地确定出石英,即拿起手标本就看到石英	>20%
	需仔细寻找才能确定出石英,即拿起手标本需仔细观察才能找到石英	<20%
使用放大镜(肉眼难以确定)	确定有石英	>5%
	分辨不出有石英	<5%

（3）确定岩石中长石的含量。

长石总含量实际上为100%减去"暗色矿物含量+石英含量"后的剩余值。那么，两种长石各自的含量就是在这个剩余值范围内再分配，这样的估计程序也不会导致各长石含量出现较大的误差。

2）线段比例法

这是一种在手标本和露头上测量矿物含量的较好方法，它相当于使用求积仪（手动、电动）在薄片中测定岩石中各矿物的含量。线段比例法既可在手标本上使用，也可在露头

149

上测量，步骤如下：

（1）挑选矿物分布均匀且外形规则的岩石标本，在不能磨制光面的情况下找出一个相对平整的面；

（2）在该手标本平面上任意等间距画出若干条线段，分别测量每条线的总长度；

（3）用刻度尺在每一条线段上测量各矿物分别占有的长度，将各种矿物各条线段上所占的长度比分别加和并平均，即获得矿物在该岩石中各自的百分含量。

从理论上说，这是利用矿物的线段百分比换算获得面积百分比，最终把它当作体积百分比，这期间存在的误差忽略不计。从实际操作来讲，在手标本或露头上测量的线段密度越大，即在一定的范围内测量的线段越多，则测量的结果会接近岩石中真实的矿物含量。

3. 结构与构造的观察

1）结构观察

主要观察与分析矿物的结晶程度、自形程度、颗粒大小、形态以及颗粒之间的关系。

2）构造观察

主要观察岩石中矿物的空间分布规律、排列方式，尤其是特殊的构造类型，如条带构造、斑杂构造等，应重点观察。

岩石的结构与构造观察，有助于识别侵入岩的成因产状，能够作为区别深成侵入岩和浅成侵入岩的主要依据。

（二）岩相带的划分

侵入体的相是指同成分的岩浆上升定位后，在冷凝过程中因其内各部位具有不同的冷却历史而表现的岩性差异。因此，在侵入岩准确定名的基础上，可根据颜色、矿物成分、结构、构造上的差别，进行岩相带的划分，即从岩体边缘到中心划分出边缘相、过渡相和中央相带。如北京房山周口店花岗闪长岩体，岩相带发育较好。边缘相粒度较细，钾长石、石英较少，暗色矿物较多，接近于石英闪长岩（$\gamma\delta_5^1$）；过渡相中，石英、钾长石增多，粒度变粗，为中粗粒似斑状石英二长岩（$\gamma\delta_5^2$）；中央相中，石英、钾长石进一步增多，暗色矿物减少，为巨斑状花岗闪长岩（$\gamma\delta_5^3$）。上述三相带，呈宽窄不等的同心环状（图 4-2）。

由于大多数岩体的三个相带常是互相过渡的，因此在野外应尽可能根据岩性特征，找出划分相带的主要标志（如颜色、特殊矿物、结构、构造等），定出各岩相的划分标准，做出岩相带分布图，概略了解各相带岩性变化规律。关于岩相带的主要特点，详见第一章。

二、岩浆岩岩体与围岩接触关系的观察

岩体与围岩的接触关系，对研究岩体对围岩的影响及找矿有重要意义，同时对研究岩体产状和确定侵入时代也有重要作用。根据岩体与围岩接触关系，可分为侵入接触、沉积接触和断层接触三种类型。

（一）侵入接触

岩浆岩岩体侵入围岩之中的接触关系称为侵入接触（图 4-3）。岩体与围岩呈侵入接触关系的野外识别标志主要有：

（1）岩体边部有较细粒的边缘相和冷凝边，并常发育原生流动构造和原生节理，特别

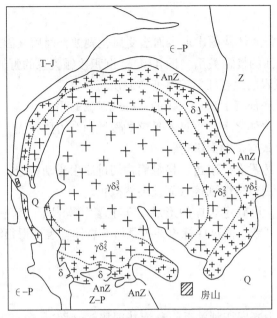

图 4-2　北京房山周口店花岗闪长岩体岩相分布图

(据乐昌硕，1984)

$\gamma\delta_5^1$—边缘相（石英闪长岩）；$\gamma\delta_5^2$—过渡相（石英二长岩）；

$\gamma\delta_5^3$—中央相（花岗闪长岩）；δ—闪长岩

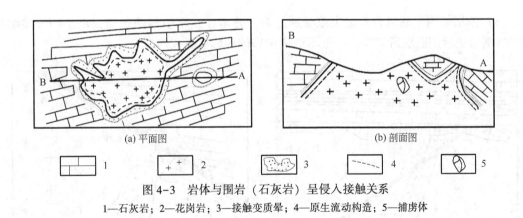

(a) 平面图　　　　　　　　　　　(b) 剖面图

图 4-3　岩体与围岩（石灰岩）呈侵入接触关系

1—石灰岩；2—花岗岩；3—接触变质晕；4—原生流动构造；5—捕房体

是层节理构造；

（2）岩体中含有围岩的碎块和捕房体，但此时并不一定能见到清晰的侵入接触关系；

（3）与岩体接触的围岩有接触变质现象和同化混染现象，距接触带越远，接触变质现象越弱，有时形成一些特征变质矿物；

（4）在大岩体附近常有小型岩脉或岩枝穿入围岩中。

根据上述特征综合反映岩体的侵入晚于围岩的形成时期。在野外对接触带研究时，还必须注意接触面产状的测量。就接触面的性质来说，有平整的、波状的、港湾状、分枝状及顺层侵入等不同形态，只有对接触面的产状进行全面测量。才能判断岩体的真实产状。为了研究围岩的接触变质情况，应垂直接触带系统观察并采样，以便室内进一步研究。

（二）沉积接触

沉积接触关系是指侵入体暴露出地表而遭受风化剥蚀，而后又因地壳下降接受沉积的一种侵入体与沉积地层之间的接触关系（图4-4）。沉积接触关系的野外识别标志主要有：

（1）侵入体对上覆岩层没有任何接触变质或烘烤现象；

（2）在上覆岩层的底部有下部侵入体的砂砾或矿物碎屑；

（3）在接触面下、岩体之上，可见不平整的侵蚀面和古风化壳；

（4）沉积岩层理大致与接触面平行；

（5）接触带岩体一边没有冷凝边，接触面常切过原生流动构造；

（6）切过岩体的断层或岩墙到接触面处突然截止。

根据沉积接触关系，可确定岩体的形成早于上覆沉积岩层。沉积接触关系通常比较清楚，根据上述标志容易判断。但这些标志并不是所有岩体都表现得很清楚，因此在野外工作时应特别要细心观察。

（三）断层接触

侵入体与围岩之间为断层切割关系，称为断层接触（图4-5）。断层接触关系的野外识别标志主要有：

（1）侵入体与围岩呈突变接触；

（2）接触带上往往有破碎带、断层角砾岩、糜棱岩、断层泥、断层擦痕等断层活动标志；

（3）断层带两侧的岩石节理裂隙特别发育，并常伴生牵引褶曲现象，由于断层接触是岩体与围岩被后期断层所切断，一般不能确定岩体的形成时代。

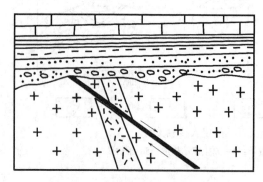

图4-4　岩体与围岩为沉积接触关系

（据武汉地质学院，1980）

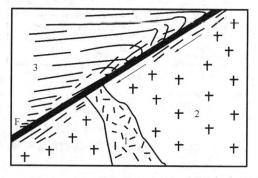

图4-5　侵入体与围岩呈断层接触关系

（据武汉地质学院，1980）

1—岩墙；2—侵入体；3—沉积岩；

F—断层（上层沉积岩层有牵引现象）

三、相邻岩体相互关系的观察

在一个岩浆活动区，往往可以发育两期以上不同阶段侵入体的共生。在野外应尽可能根据它们之间相互穿插关系，绘出素描图或剖面图，并根据下列标志，确定它们的侵入顺序：

晚期侵入体常呈岩枝或岩脉穿切早期侵入体（图4-6），晚期侵入体常含有早期侵入体的岩石碎块和捕房体；早期侵入体由于受晚期侵入体的烘烤，常具烘烤边和褪色现象，有时还具有宽窄不等的接触变质晕或蚀变带（图4-7）；晚期侵入体的边缘常发育与接触面平行的流动构造（图4-8）。根据以上特征，以推断各岩体之间形成的先后顺序。但有些晚期侵入体是在早期侵入体尚未完全冷凝之前侵入的，这时晚期侵入体的边缘没有冷凝边，早期侵入体也不具烘烤边和接触变质现象，可以认为它们的侵入顺序在时间上是相近的。因此，在推断时需要作具体分析。

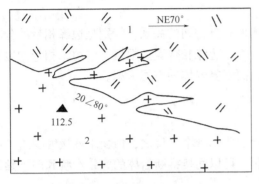

图4-6　晚期侵入体与早期侵入体之间穿切关系
（据北京大学，1977）
河北涞源细粒花岗岩岩枝穿切斑状石英二长岩；
1—斑状石英二长岩；2—细粒花岗岩

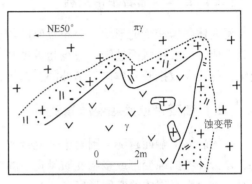

图4-7　早期侵入体的蚀变带
（据北京大学，1977）
江西塘口附近花岗岩（γ）穿入含斑花岗岩（πγ），
被穿的岩体出现云英岩化含斑花岗岩

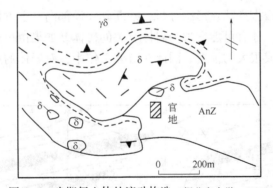

图4-8　晚期侵入体的流动构造（据北京大学，1977）
北京房山花岗岩长岩体的流动构造平行接触面分布；δ—闪长岩；γδ—花岗闪长岩；斜短线代表流动构造

四、侵入体产状和形态的确定

恢复侵入体的产状和形态是一项较为困难的任务，这是因为地表出露的岩体一部分被剥蚀掉了，另一部分埋藏在地下不易观察，野外应尽可能收集以下资料，进行综合分析。

（一）接触面产状资料

岩体与围岩的接触面是岩体的边界，野外应尽可能对岩体不同部位、不同高度的接触面产状进行详细的测量，并将测量数据标示在平面或剖面图上，综合判断岩体的空间形态。

（二）岩体边缘流动构造资料

流面构造一般平行于接触面的产状，流线构造反映岩浆的流动方向，通过对岩体不同部位流面、流线的产状进行系统的测量，有助于恢复岩体接触面的产状、形态和岩浆流动方向，对侵入体产状、形态的恢复有重要参考价值。

（三）岩体内部岩相带资料

侵入体各岩相带的形状、分布及厚度与岩体形态有密切的关系，特别是边缘相带的分布更为重要。一般接触面越陡，边缘相带越窄；反之，边缘相带宽。根据岩体边缘相带的宽窄变化，可以大致推断岩体向下延伸的总趋势，进而恢复岩体的空间形态。

（四）蚀变带或接触变质晕资料

一般岩体接触面越陡，围岩中蚀变带或接触变质晕越窄；反之，蚀变带或接触变质晕越宽。在野外根据蚀变带或接触变质晕宽窄的变化，可以间接推断岩体的大致产状和向下延伸情况，进而恢复岩体的空间形态。

（五）物探和钻探资料

物探和钻探资料十分宝贵，它们可以比较精确地反映岩体向深部延伸和变化情况。因此，对物探和钻探资料应很好地加以利用。对岩体产状和形态的研究，可以直接指导找矿工作。如某一侵入岩体，根据产状、形态分析，推断其在深部向右下方延伸，因此勘探钻孔应布置在岩体露头的右侧，才有可能发现与岩体有关的矿体。如果由于产状不清，盲目地将钻孔布置在左侧，则会造成很大的浪费。因此在野外工作中，对岩体的产状和形态的研究应予以特别注意（图4-9）。

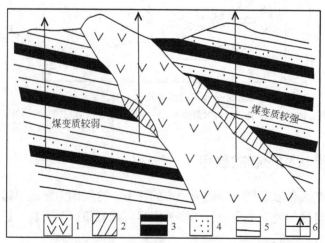

图4-9　岩体产状、金属矿体、煤层分布于钻孔布置图
1—岩浆岩体；2—金属矿体；3—煤层；4—砂岩；5—泥岩；6—钻孔

154

五、侵入体原生构造的观测

侵入体的原生构造包括原生流动构造和原生节理构造，它们都是在岩浆流动和冷凝过程中形成的。其基本特征已在第一章中作了介绍，现将其野外观测方法分述于下（图4-10）。

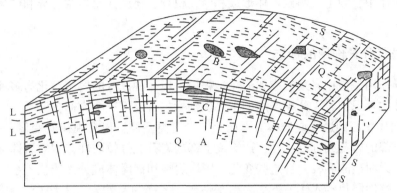

图4-10　原生流动构造与原生节理构造示意图
L—层节理；S—纵节理；Q—横节理；A—岩脉；B—捕房体；C—条带及长条状矿物

（一）原生流动构造

侵入体的原生流动构造包括流面构造和流线构造。在野外观察时，要首先找出流面，再在流面上找流线，然后分别测量其产状，并将所测数据以特定符号标示在平面和剖面图中。流面的产状与地层的产状测量方法相同，用走向、倾向和倾角表示，符号为"$\angle^{40°}$"，表示流面走向 NE—SW，倾向 SE，倾角40°。流线的产状也用走向、倾向和倾角表示，但测量方法不同。首先将罗盘"N、S"刻度线与流线方位一致，将罗盘刻着"N"的一端指向流线倾斜方向，这时罗盘上指北针的方位角就是流线的走向和倾向，再使罗盘的一个边平行流线，罗盘保持直立位置，罗盘的下垂针所指的读数就是流线的倾角，其标示符号为"$\curvearrowright^{40°}$"，即流线走向 NW—SE，倾向 NE，倾角40°。将岩体不同部位的流面、流线产状均标示在地质图上，可一目了然地分析出岩体的形态和岩浆流动方向。

（二）原生节理构造

原生节理构造是岩浆冷凝收缩时所产生的节理。根据其与流面、流线的关系，可分为层节理（L）、横节理（Q）、纵节理（S）和斜节理等四种，其特点详见第一章。一般情况下，前三种原生节理彼此互相垂直，并与原生流动构造关系密切。当岩体流动构造不清时，区别原生节理比较困难，只能靠其他辅助标志，如触面产状和岩体形态等来间接推断。其中，层节理常平行于接触面；纵节理多平行于岩体延伸方向，且垂直于接触面；横节理多与岩体延伸方向和纵节理垂直，常被岩脉和矿脉充填。当要了解岩体中原生节理的分布规律时，可在岩体的不同部位，大量测定各种原生节理的产状（走向、倾向、倾角）。每一测点需测100～300个产状数据，然后制成节理玫瑰花图，以便进一步分析。

在野外工作中，要特别注意把原生节理和次生节理区别开来。次生节理是由于区域构造运动产生的节理，它们多分布在断裂带附近，在岩体的某一部分突然增多，而其余部分不出现或很少出现；它们不仅发育在岩体中，而且可贯穿到围岩中，并与原生流动构造没有必然的联系。因此，在野外要认真地加以区别。

六、岩浆分异和同化混染现象的观察

在野外工作中，为了查明侵入体形成和演化机理，还应注意岩浆分异和同化混染现象的观察。

（一）岩浆分异作用的标志

岩浆分异作用是指在岩浆形成和演化过程中，由一种成分的岩浆演化为多种成分岩浆的作用。在野外主要识别岩浆分异作用的主要识别标志有以下三个方面：

（1）从岩体中心到边缘或岩体自下而上，岩石类型常呈现有规律的变化。一般情况下，岩体中心或下部的岩石成分较基性，边缘或上部的岩石成分较酸性，中间岩性逐渐变化，彼此相互过渡，无明显的界线，且这些变化与围岩岩性和捕房体成分无依赖关系。如我国云南某些超基性、基性层状侵入体的下部为超基性岩，上部为基性岩、中性岩，中间连续变化，被认为是拉斑玄武岩浆就地分异的结果。

（2）岩体内部常具有岩浆早期析出的暗色矿物集合体或析离体，常呈扁圆状、长圆状或饼状，沿岩浆流动方向拉长，且与周围岩体的界线不清，说明岩浆结晶和流动过程中确实存在物质成分的分异现象。若岩浆中早期析出的暗色组分和晚期析出的浅色组分含量相当，并在岩浆流动过程中形成条带状互层，冷凝后可形成原生条带状构造。如我国祁连山条带状辉长岩，即由橄榄石、辉石等暗色矿物和斜长石等浅色矿物交替排列而成条带状构造，有人认为是岩浆分异的结果。

（3）在某些侵入体的上部，往往含有大量富含挥发分的矿物，如黑云母、角闪石、磷灰石、电气石、黄玉等，也有人认为是岩浆分异作用的结果，即岩浆结晶的晚期，由气体挥发分向上运移（气运作用）而成。

岩浆分异作用表现形式很多，以上仅是野外常见的现象，要注意观察。

（二）同化混染作用的标志

由深处上升的炽热岩浆在侵入围岩过程中，常熔化或交代围岩及其捕房体，使岩浆和围岩成分均发生改变的作用，称为同化混染作用。在野外主要识别同化混染作用的标志主要有以下四个方面：

（1）岩体边缘相带的成分与围岩成分有明显的依赖关系。如与石灰岩接触时，边缘相带中出现较多的富钙矿物（如硅灰石、透辉石、钙铝榴石等）；与泥质岩接触时，边缘相带中出现较多的富铝矿物（如红柱石、硅线石、董青石、刚玉等）。这是最重要的标志。

（2）岩体边部含有较多的围岩捕房体，且具有明显的熔化、反应和交代痕迹，捕房体成分发生很大的变化，如砂岩捕房体的长英岩化、石灰岩捕房体的夕卡岩化等。

（3）岩体边部岩石的颜色、结构、构造发生较强烈的变化，且发育明显的斑杂状构造，表明曾与围岩发生过熔化或交代反应。

（4）岩石中出现一些非岩浆成因的他生矿物，如红柱石、董青石、硅灰石、符山石、刚玉等，这些矿物均不应在正常的岩浆岩中出现。

在野外工作中，对以上几点应特别注意观察。此外，还要详细进行研究，注意采集标本，在室内进一步分析鉴定，才能得出可靠的结论。

七、岩体侵入时代的确定

岩浆岩侵入时代的确定，是岩石学研究的一项重要内容。但在野外工作中，只能确定其相对侵入时代，主要有以下方法。

（一）地质依据

1. 接触关系法

当岩体与围岩呈侵入接触时，岩体侵入时代晚于围岩的生成时代；当岩体与上覆围岩为沉积接触时，则岩体的时代早于围岩；当某一岩体既与某一地层呈侵入接触，又与另一地层呈沉积接触，则岩体侵入时代应在这两套地层形成时代之间，如花岗岩体侵入于石炭二叠纪地层中，其上又与下三叠统地层呈沉积接触，则可认为该岩体形成于二叠纪末期，即海西运动的产物（图4-11）。

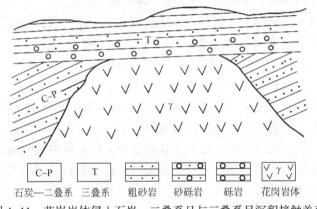

C-P	T	· · ·	o o o	o o o	v γ v
石炭—二叠系	三叠系	粗砂岩	砂砾岩	砾岩	花岗岩体

图4-11　花岗岩体侵入石炭—二叠系且与三叠系呈沉积接触关系

2. 捕虏体和砾石推断法

当某一侵入体含有围岩的捕虏体，说明岩体的时代应晚于该围岩的时代；当某一地层中含有某一侵入体破碎的砾石或岩屑时，说明侵入体的时代早于该地层的时代。在运用这一方法时，首先必须对捕虏体和砾石成分进行详细的观察和鉴定，并与岩体和围岩成分反复对比，待准确无误后，才能做出可靠的推断。

3. 冷凝和烘烤关系

晚期侵入体具有淬火冷凝边；早期围岩具有烘烤边。前者在接触带附近具有相对细小的矿物颗粒；后者则相反，近接触带处围岩会出现矿物颗粒相对粗大，且颜色变浅。

4. 切截关系

早期岩浆流动构造（面理、线理）或侵入体边界被晚期流动构造或另一侵入体的边界所切截。

5. 中介岩脉

当两侵入体彼此接触并分辨不出先后次序时，两者间接触带处会出现断续分布的伟晶岩脉，该岩脉中长石和石英等矿物的生长方向指向晚期形成的侵入体。

（二）结构依据

一般而言，侵入体形成的时间从早到晚，其岩石的结构有粗粒等粒—中粒等粒—似斑状—细粒等粒—斑状结构的变化。

（三）岩性依据

1. 岩性对比法

岩性对比法主要是利用已知时代的岩体与未知时代的岩体进行对比。在野外，主要根据矿物成分、结构、构造、含矿性等标志，全力找出已知时代岩体与未知时代岩体的共同特点，作为对比的依据，然后采集标本，在室内根据化学成分、微量元素、副矿物、示踪同位素等做进一步工作。如二者主要特征相同，即可认为两岩体在同一时代形成。对于侵入体的绝对年龄，需要在室内进行放射性同位素测定。目前，应用最多的方法有钾—氩法、铀—铅法、铷—锶法等。

2. 利用岩浆分异的规律来分析侵入体的形成的先后次序

这是利用岩浆分异的规律来分析侵入体形成的先后次序。研究表明，在封闭体系下岩浆分异时，从早到晚岩石逐渐向高碱、高钾和富 SiO_2 的方向变化，也就是说在一个由若干独立岩体共生的复式岩体内，早期形成的侵入体的岩石相对贫碱、贫钾和贫 SiO_2，此后陆续形成的侵入体的岩石变得越来越富碱、富钾和富 SiO_2。

在侵入体岩性相同时，还可借助岩石的色率以及暗色矿物种属来推测侵入体侵位的早晚。一般来说，岩石色率高的侵入体的形成时间要早于岩石色率低的侵入体；岩石中含辉石的侵入体要早于含角闪石的侵入体，更早于含黑云母的侵入体形成时间。因为暗色矿物含量高的岩石的结晶温度要高于色率低的岩石；在暗色矿物中辉石的结晶温度要高于角闪石，而角闪石结晶温度要高于黑云母。

第二节　喷出岩（火山岩）区的野外工作方法

火山岩在地壳上分布很广，几乎各个时代的地层中都或多或少地发现，它不仅与许多重要的金属（如铁、铜、铅、锌、钨、钼、汞等）和非金属矿产（如金刚石、重晶石、明矾石等）有密切的成因联系，而且不少地区在含油层系地层中也夹有层数不等的火山岩和火山碎屑岩。火山岩对油气藏的形成以及对含油气盆地构造背景的研究，越来越受到人们的重视。因此，火山岩的岩石类型、岩相、产状等方面的野外观察与实测，能够为分析与研究各种矿产的富集规律、分布特征及其控制因素，提供详尽、具体的第一手资料。

一、火山岩及火山岩系地层剖面的观察

火山岩发育地区不但有各种成分的火山熔岩，而且还有各种火山碎屑岩及沉积岩。它们在地层剖面上呈互层状，且重复出现，因此在野外工作中，首先应进行详细的剖面实测，必须对剖面上每一岩层的物质成分、结构、构造、产状、分布及相变关系等认真进行宏观鉴定和描

述。一般认为，每一层火山岩（包括火山碎屑岩）代表一次火山喷发，其厚度可从几十厘米到几十米，甚至数百米。要详细地描述它们的岩性特征、厚度变化，并要注意把火山岩、火山碎屑岩和沉积岩严格区分开来。一般而言，对火山岩层的划分标志主要有以下三方面。

（一）物质成分及岩石类型的变化

火山岩野外剖面上部、下部熔岩的物质成分及岩石类型截然不同，如上部为流纹岩，下部为安山岩或玄武岩，因此可依据其特征划分为不同的岩层；如上部、下部熔岩虽物质成分及其岩石类型不同，但互相连续过渡，中间无明显的分界，仍可归入同一层。

（二）火山碎屑岩和沉积岩夹层

在一套火山岩系中，若发育一定厚度的火山碎屑岩或沉积岩的夹层，即使该夹层上、下界面火山岩的岩性相近，也应将其划入不同的岩层。这是因为每一火山碎屑岩或沉积岩的夹层都代表着一次火山喷发间歇，是区分火山喷发期次的重要依据。

（三）火山岩层顶底面的确定

火山岩在每次喷发之后，其底、顶面上均留下可作为鉴别的特征，主要有以下四点。

1. 红顶（氧化顶）和绿底（还原底）

当熔岩喷溢地表后，由于其顶面与大气接触，其中所含铁质受到强烈氧化，常形成褐红色的氧化顶；在岩流底部，由于与大气隔绝，处于还原环境，而呈现灰绿色具低价氧化铁的还原底。这种现象在基性火山岩中最为显著。

2. 气孔和杏仁构造

一般而言，在火山熔岩顶面，由于气体易于逸散，形成的气孔大而多，且形态不规则；而在熔岩底部，气体难于逸散，形成的气孔小而少，形态也较规则。有时熔岩顶底部气孔中充填的杏仁体成分可有所不同，如北京西山基性熔岩顶部杏仁体成分主要为石英、方解石，而熔岩底部杏仁体成分则为绿泥石和绿帘石。因此，气孔和杏仁构造的发育程度及其特征可作为判断岩流顶、底面的参考标志。

3. 风化壳

当火山喷发后的间歇时间较长时，在熔岩的顶面由于遭受不同程度的风化剥蚀作用，而形成凹凸不平的风化面和风化壳，这也是识别岩流顶面的有利标志。

4. 冷凝边和烘烤边

当熔岩喷出地表后，由于急剧冷却，在其顶、底部均可出现隐晶质或玻璃质的冷凝边，一般顶部比底部的冷凝边厚度要大些。有时熔岩流流出地表后，由于炽热岩浆的烘烤还可使下伏地层产生不同程度的烘烤边，形成宽窄不等的褪色带。

根据以上标志，可正确鉴别熔岩的顶、底面，特别是地层倒转的剖面。

二、火山岩喷发环境的确定

在对火山岩系地层剖面研究的基础上，根据火山岩上、下岩层的岩性组合及各岩层之间的相互关系，能够确定火山岩的喷发环境。按照火山发生喷发活动的地质环境，可划分为陆相喷发和海相喷发，并具有显著不同的野外识别标志。

（一）陆相喷发

陆相喷发（视频7）主要有以下几点野外识别标志：

（1）火山熔岩与下伏岩层常呈不整合接触关系；

（2）火山岩系中的夹层均为陆相沉积的砂砾岩和泥岩，不含海相生物化石；

视频7 陆相火山喷发

（3）熔岩流流出地表，易于氧化，颜色多呈红褐色，特别是在岩流表面更为显著；

（4）此外，陆相喷发的火山碎屑物比较发育，常见大小不等的呈梨形和纺锤形的火山弹及熔结凝灰岩，且分布面积较广。

我国东部侏罗—白垩纪及古近—新近纪火山岩大多属于陆相喷发，如松辽盆地徐家围子断陷营城组流纹岩、渤海湾盆地辽河坳陷东部凹陷古近—新近系玄武岩和粗面岩等。

（二）海相喷发

海相喷发（视频8）主要有以下几点野外识别标志：

（1）火山熔岩与下伏岩层常呈整合接触关系；

（2）火山岩系中的沉积夹层主要为石灰岩、硅质岩、碧玉岩、硬砂岩等海相沉积岩，并含有海相生物化石；

视频8 太平洋海底火山喷发

（3）由于熔岩溢出于水下还原环境，颜色常呈暗绿色或黄绿色，并常见枕状构造，火山碎屑岩发育较差，无火山弹和熔结凝灰岩，且分布面积比较局限。

我国西北甘肃白银厂的细碧角斑岩系，即属于加里东期海底火山喷发。

三、火山岩喷发旋回（期次）及火山岩系的划分

（一）火山岩喷发旋回（期次）的划分

1.火山岩喷发旋回的概念及特征

火山喷发旋回是指火山活动强度由平静到强烈再到平静而构成的喷发周期内形成的一套火山岩组合，它由一系列具有同源性、化学成分相近的火山岩构成。火山喷发往往表现为岩性、成分和喷发强度有规律地周期性变化，它常与特定的构造运动相联系。一次大规模的喷发旋回，无论陆相喷发还是海相喷发，其基本规律是：旋回的下部多为火山角砾岩、角砾熔岩、熔岩，中部多为火山碎屑岩，上部多为正常沉积岩。在两个喷发旋回之间，均或多或少地存在一个沉积间断、侵蚀风化面或构造界面。

火山活动之初，爆发力较强，喷出物以强烈爆发形式的空落亚相为主，随着火山物质的喷出，爆发力减弱，喷出物以较为平静流动的喷溢相熔岩和以蒸汽涌流形式的凝灰岩为主，最后进入火山活动相对平静时期，此时水的搬运和沉积作用明显加强，形成火山碎屑沉积岩。这种火山活动从强烈喷发→平静溢流→蒸汽涌流→火山活动宁静期，为一个火山喷发旋回，持续时间可达数万年之久，侧向分布范围可达几千米至几十千米，火山岩厚度范围可达几十米至几百米。旋回内不同阶段形成不同的岩性特征和不同的成因结构、构造，它们在纵

向上有序变化。

火山喷发旋回，根据其火山活动的性质，又可以分为简单火山喷发旋回和复杂火山喷发旋回。一个简单的火山喷发旋回自下而上一般由爆发相、喷溢相、侵出相（可能缺失）、火山沉积相组成，其旋回边界的识别标志为沉积岩夹层、火山沉积相、风化壳或为不同源的火山岩分界处。一个复杂的火山喷发旋回与简单喷发旋回最大的区别在于火山强烈活动期延续的时间较长，其爆发—喷溢活动不是一次完成，而是两次或两次以上，而且其爆发、喷溢的行为在每次活动时强弱会有不一致，即具有差异性，可能爆发为主，喷溢较弱，也可能喷溢为主，爆发较弱。往往是早期爆发作用相对强烈，喷溢作用相对较弱；而晚期喷溢作用相对较强，爆发作用相对较弱。经过活动期后，最终进入火山活动相对平静时期，发育火山沉积相。这种火山活动期的结果可能为厚度较大的多次爆发相—喷溢相—火山沉积相的旋回往复现象，并最终在其最上部以火山沉积相结束。

对于以熔岩为主的喷发旋回，由于深部岩浆分异作用，在地层剖面上往往出现下部以基性熔岩（玄武岩、细碧岩等）为主，中部以中性熔岩（安山岩、英安岩、粗面岩、角斑岩等）为主，上部以酸性或碱性熔岩（流纹岩、碱性流纹岩、响岩等）为主。由于地质情况多变，影响因素十分复杂，不同地区可有不同的特点，所以在具体对某一地区喷发旋回进行划分时，还应结合实际资料具体分析，不要机械套用。

2. 火山岩喷发期次的概念及特征

喷发期次是指一个喷发旋回内，一次相对集中的（准连续）喷发而形成的一套火山岩组合，它由一组相序上具有成因联系火山岩构成（柳成志，2010；王璞君，2009）。一个理想的火山喷发期次，自下而上一般由爆发相、喷溢相、火山沉积相（可能缺失）组成。其边界为爆发相的松散层或小型间断面。期次内部结构特征表现为相序连续或准连续，火山活动强度变化过程可为弱—强—弱、强—弱等，对应的相序变化主要为喷溢相—爆发相—喷溢相（侵出相/火山通道相）、爆发相—喷溢相（侵出相/火山通道相）。

一个简单的火山喷发旋回由一个火山喷发的期次组成，而一个复杂的火山喷发旋回其内部可以划分出两个或多个期次（图4-12）。

（二）火山岩系的划分和对比

火山岩系产状复杂，且成分和厚度变化很大，在对其进行分层和对比时，常根据其中沉积岩夹层、不整合面、喷发间断及喷发类型等特点结合起来进行分层，同时根据上述特点，划分为几个喷发旋回，以便进行大区域的对比。

1. 划分对比的步骤与方法

（1）以岩心观察和薄片鉴定分析为基础，结合有关本区岩性、岩相等方面研究成果，确定本区发育的岩石类型和取心段的岩相类型；

（2）充分利用钻井、录井、测井资料，建立单井火山岩性、岩相柱状剖面图，根据岩石组合特点和前人研究成果，建立对本区火山岩岩相和火山岩相序的认识；

（3）以经典的火山活动相序模式为依据，灵活应用从而开展单井火山旋回、期次的初步划分；

（4）建立连井剖面，开展火山岩旋回、期次的划分与对比，对比过程中要从划分清晰的井或层段出发，按"就近原则"依次向外推开，最终搞清全区火山喷发旋回、喷发期次问题。

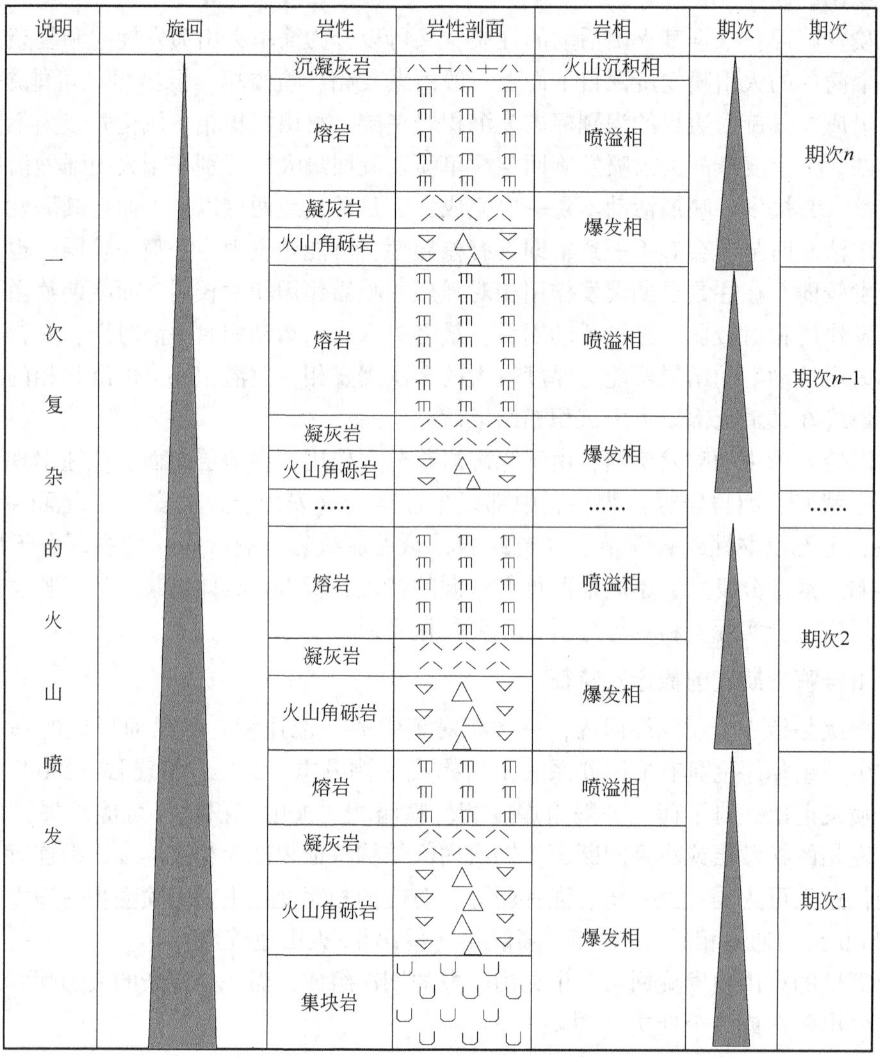

说明	旋回	岩性	岩性剖面	岩相	期次	期次
一次复杂的火山喷发		沉凝灰岩		火山沉积相		
		熔岩		喷溢相		期次n
		凝灰岩		爆发相		
		火山角砾岩				
		熔岩		喷溢相		期次n-1
		凝灰岩		爆发相		
		火山角砾岩				
		……		……		……
		熔岩		喷溢相		期次2
		凝灰岩		爆发相		
		火山角砾岩				
		熔岩		喷溢相		
		凝灰岩				期次1
		火山角砾岩		爆发相		
		集块岩				

图 4-12　一个复杂火山喷发旋回与期次的关系（据柳成志等，2010）

2. 火山岩喷发旋回与期次识别标志

（1）火山喷发时间间断面：沉积岩夹层；不同期次火山岩间的"不整合"界面。

（2）岩性、岩相变化：中、基性—酸性的旋回变化；爆发相、喷溢相或火山沉积相等岩相变化。

（3）电性变化：火山喷发旋回分界处测井响应有突变。

（4）地震反射特征：地震反射波组的振幅、频率、连续性等。

3. 火山喷发旋回划分的实例

1）长江中下游宁芜地区上侏罗统火山岩

我国长江中下游宁芜地区上侏罗统的火山岩系上下两层火山岩中夹有云合山组湖相沉积层，这就容易划分出上、下两个喷发旋回：下部旋回称为龙王山组；上部旋回称为大王山组。但在大王山组之上又有一套碱性火山岩，岩性与大王山组有明显的不同，代表另一次喷发旋回。因而本区可分为三个喷发旋回：第一旋回（龙王山组）喷发类型为裂隙—中心式喷发，其上湖相沉积层代表一次喷发间断；第二旋回（大王山组）是以中心式喷发为主的裂隙—中心式喷发，其上仅有一短期的喷发间断；第三旋回（娘娘山组）是中心式喷发，以碱性火山岩为主，喷发强度大为减弱。根据该火山岩系分层特点和喷发旋回的划分，可进行火山岩系大区域的对比，对查明本区构造—岩浆活动历史及指导找矿有重要意义。

2）松辽盆地兴城—丰乐地区营一段火山岩

兴城—丰乐地区营一段是松辽盆地火山岩气藏勘探重点目标，因此对于火山岩油气藏的研究由来已久。研究历程中，对于火山岩喷发旋回也形成了多种的识别与划分方案（表4-2）。

表4-2 旋回划分结果对比表

研究单位 研究区	浙江大学	吉林大学	中国石油勘探开发研究院	东北石油大学
兴城—丰乐地区发育的旋回	旋回4	旋回3	旋回3	旋回Ⅳ
				旋回Ⅲ
	旋回3	旋回2	旋回2	旋回Ⅱ
	旋回2	旋回1	旋回1	旋回Ⅰ
	旋回1			

通过兴城—丰乐地区火山岩相序分析研究认为，本区营一段发育四个喷发旋回，由下至上分别称为旋回Ⅰ、旋回Ⅱ、旋回Ⅲ和旋回Ⅳ（柳成志等，2010）：

（1）旋回Ⅰ为玄武质—安山质的中基性岩浆喷发，规模较小，分布范围有限，主要分布在徐深3、徐深8和徐深9等井区，厚度最大处不超过340m。

（2）旋回Ⅱ为流纹质酸性岩浆喷发为主，局部井段可见很少量的安山岩。火山岩发育厚度和范围比旋回Ⅰ都有明显的增大，分布范围集中在徐深6和徐深1井区以南一直到徐深9井区，但分布厚度呈现出中间厚南北薄的趋势，钻遇厚度最大处位于徐深3井，达323m。

（3）旋回Ⅲ为流纹质的酸性岩浆喷发，是本区火山喷发活动的高潮期，火山岩遍布兴城的广大地区。根据锆石SHRIMP定年的结果，该旋回火山活动时间至少从115Ma前开始，到110Ma前结束，火山喷发活动的持续时间可能有4~5Ma。锆石定年的结果表明徐深1至徐深201井区和徐深8井区发育的旋回Ⅲ火山岩大约在111Ma前形成，徐深9井区旋回Ⅲ火山岩大约在112Ma前形成（浙江大学，2005）。

（4）旋回Ⅳ岩性以沉火山碎屑岩为主，夹有少量的凝灰岩。该段为以火山—沉积岩相中的再搬运火山碎屑沉积岩亚相为主，是湖底扇中浊流作用形成的浊积岩。旋回Ⅳ是本区火山喷发活动的最低潮期，厚度与前三个旋回相比很薄。主要分布在徐深1、徐深1—4、徐深5、徐深2和徐深9井区。

旋回Ⅱ和旋回Ⅲ之间以沉积夹层或风化壳为边界，但沉积夹层或风化壳并不是全区发育，在某些区域尖灭。旋回Ⅱ和旋回Ⅰ界限也是以沉积夹层边界，但厚度很薄不明显。

（三）火山旋回划分的意义

根据该火山岩系分层特点和喷发旋回的划分，可进行火山岩系大区域的对比，对查明本区构造—岩浆活动历史及指导找矿有重要意义。其中，最主要的意义在于可以迅速锁定勘探目标区和目的层，降低勘探成本和风险。火山旋回划分另一个重要的意义是对不同级别、不同类型地质界面的识别。不同的地质界面往往对火山岩成藏起着不同的作用。"旋回"之间的火山喷发不整合面不仅仅可以作为区域上油气运移的通道，长期的风化淋滤对于储层的改善也有着显著的作用，喷发情况、韵律之间的短期喷发间歇面也会对储层物性起到一定的作用。

四、火山机构的识别和确定

在现代火山研究中，火山机构通常指喷发物围绕火山通道形成的一定规模的堆积体（李石等，1980）。火山锥的基本类型有3种：（1）全部或基本上是多层火山熔岩构成的是熔岩锥，形状扁平、坡度缓（2°～10°），顶部有碗状火山口，规模巨大的叫盾形火山；（2）全部由火山碎屑组成的是碎屑锥，其平面近似圆形，坡度约30°，顶部有一个漏斗状火山口；（3）由熔岩和碎屑互层构成的叫复合锥，也叫层状火山锥，其坡度大多超过30°，形状比较对称，上部多为熔岩，下部和边缘主要是火山碎屑，火山口呈碗状或漏斗状。

（一）现代火山机构的识别与确定

现代火山主要指新近纪以来有过活动的火山，主要包括活火山、休眠火山以及火山形态保存较完整并有近期活动证据的死火山。现代火山可划分为盾状、锥状和穹状三种形态不同的火山机构类型；再依据其组成岩石类型、形态特征和喷发机制等方面的差异，进一步划分为7类火山机构（表4-3）。由于现代火山机构往往保存较好，所以相对容易识别。

表4-3 不同类型火山机构的特征标志

火山机构类型		形态	锥体高度	底部直径	坡度[a]	主要岩石类型[b]	形态特征	喷发机制
盾状火山	裂隙溢流型	盾状	几百米～几千米	约30km	<15°	玄武岩、安山质玄武岩、安山岩	平面上呈等轴状，岩层向外倾斜，平缓而凸曲；具有微弱锥状顶	大量中基性熔岩经由裂隙或线状排列火山口涌出形成
	火口喷溢型	盾状	几百米～几千米	约50km	<10°		平面上呈等轴状，具有宽阔顶面和缓坡度侧翼；岩层向外倾斜，平缓而凸曲；顶部具明显火山口，直径可达2～5km	大量中基性熔岩经由顶部火山口喷出，沿裂隙溢流形成
锥状火山	单锥层火山	锥状	几百米～几千米	10～30km	20°～35°	安山岩、英安岩、流纹岩	具有单一的火山口，形态比较对称，岩层向内倾斜，火山体坡度自上而下趋缓	由中酸性的熔岩流和火山碎屑物反复交替喷出形成，呈互层状，熔岩层厚度通常不大，在其中起着支架的作用
	叠锥层火山	叠锥状	几百米～几千米	20～40km	20°～30°		在原有火山口发生新的喷发形成的火山锥，叠置于老锥之上	
	多锥层火山	多锥复合状	几百米～几千米	10～30km	15°～25°		不同火山口的喷出物相互叠加，有两个以上火山锥；其对称性低，形态结构复杂	
	火山碎屑锥	锥状	几十米～几百米	几百米～几千米	30°左右	玄武质安山岩、安山岩	顶部常有碗状火山口，锥形清晰，规模较小；可以单独存在，也可以成群出现	富含挥发分的熔浆猛烈喷发，在空中撕裂成细小的碎片，冷凝固结并降落在火山口附近形成锥体

火山机构类型	形态	锥体高度	底部直径	坡度ª	主要岩石类型ᵇ	形态特征	喷发机制
穹状火山	熔岩穹丘	丘状、馒头状、钟状	几十米~几百米	几百米~几千米	5°~10°至35°~50°	英安岩、流纹岩	常形成于大型复合火山的顶部火山口或侧翼,呈陡坡状圆丘或短而陡的熔岩流;其顶端无火山口,规模一般不大,内部常可见流动构造	由高黏度熔岩堵塞火山口缓慢挤出形成;岩性比较单一、成分偏酸性,常形成于喷发旋回末期

注:部分引自中国火山网 www.volcano.org.cn;a、b据 B.B.顿斯基赫(1984)。

需要指出的是,在实际情况中,火山机构要复杂得多,盾状火山的顶部火山口中可以包含层火山;层火山的顶部火山口中,常常有巨大的熔岩穹丘;层火山的顶部或侧翼又会有火山碎屑物堆积体。此外,相邻火山口的喷出物往往相互交错叠加,形成复合型火山机构。同类型火山机构由于各自喷发过程及特征的差异,规模往往会相差较大。

(二)古火山机构识别与确定

在火山活动区,特别是中—新生代火山活动区,常见火山喷发早期的火山隆起构造和火山活动晚期塌陷的破火山口构造等火山机构(动画14)。围绕这些火山机构,常发育锥状、环状及放射状裂隙系统。

动画14 破火山口形成过程

值得指出,古火山机构在其形成后的较长历史时期内,常因遭受不同程度的抬升剥蚀、风化蚀变、构造变动以及埋深作用等方面的改造和影响或被较新的地层覆盖,破坏了它的原始面貌,野外不易识别。要想恢复它的原始面貌,就必须进行详细的地质制图、实测剖面、追索其岩性和岩相的纵向或横向上的变化,详细测定熔岩厚度变化趋势、岩流流动方向及火山碎屑岩的展布规律,经过综合分析,才能得出可靠的结论。

1. 火山隆起构造

火山隆起构造是由于深部岩浆上升到地表,将上覆岩层顶起而形成的穹状隆起,在地形上容易识别。对于裂隙式喷发,由于岩浆沿线性裂隙上升,常使上覆岩层隆起成狭长状的背斜状构造,其脊部为裂隙的通道,断续延长可达数十至数百公里,其间为火山碎屑及熔岩充填;对于中心式喷发,由于岩浆沿火山口喷发地表,在火山口周围多形成圆形或长圆形的火山穹窿,常位于区域断裂构造的交叉处,一般直径2~5km,有时可达数十公里。火山碎屑物的粒度和厚度,以火山锥顶部为最大,向外侧逐渐变小。火山喷发时,由于火山通道岩浆上升的压力,围绕火山口常形成锥状、环状或放射状裂隙系统,并常为晚期次火山岩充填,形成锥状、环状或放射状岩墙群。在野外要特别注意观察。

2. 塌陷破火山口

岩浆喷出后,由于深部岩浆房空虚,加上上覆火山锥及喷出岩的压力,火山机构常沿环形断裂塌陷,形成塌陷的破火山口,其直径为2~3km至20~30km,有时积水形成火山口湖。如我国东北长白山主峰白头山天池(彩图6),就是典型的火山口湖。破火山口的形成和发展一般可分为四个阶段,即原始的火山机构[图4-13(a)]、火山穹状隆起的形成[火山锥,图4-13(b)]、环形断裂的形成及次火山岩充填[图4-13(c)]、中央火山口沿环形断裂塌陷[图4-14(d)]。

彩图6 长白山天池

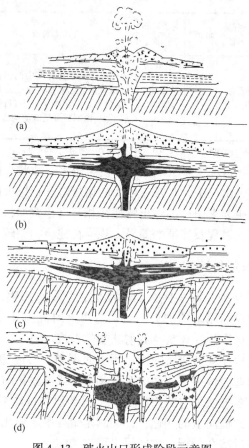

图 4-13　破火山口形成阶段示意图

（据北京大学，1976）

五、火山熔岩流流动方向的确定

熔岩流的流动状态主要取决于熔岩流的黏度和承载表面的高差起伏。一般来说，岩流由高处向低处流动，但因岩浆种类（玄武质岩浆、流纹质岩浆）及其黏度的不同，它们的流动速度、移动距离和分布范围存在较大的差异。流动方向是指整个岩流的运动模式，它应该是全部流动线理和流动方位的综合。岩流流动方向的确定，对查明火山口的位置，搞清火山岩岩性、岩相变化及指导找矿有着重要意义。野外工作中，在确定岩流流动方向时，可根据以下标志：

（1）岩流表面、串珠状、云朵状气孔倾斜面的反方向，或"蝌蚪"状气孔的大头方向，常指向岩流的流动方向（图 4-14）。

（2）岩流中褶曲的流纹构造倾斜面的反方向，常指向岩流的流动方向（图 4-15）。

（3）岩流中长形晶屑、岩屑、捕房体的小头方向，常指向岩流的流动方向（图 4-16）。同时，可利用近火山口处熔岩中斑晶矿物多而大，而远离火山口处熔岩中斑晶少而小的规律确定熔岩流的方向，即同一层熔岩中岩流从多斑、大斑流向少斑、小斑处。

（4）枕状熔岩中枕状体的大头方向，常指向岩流的流动方向（图 4-17）。

（5）叠瓦状排列的火山角砾、岩屑、晶屑等倾斜面的反方向，常指向岩流的流动方向。

（6）熔岩流的表面构造，这种方法适用于玄武质熔岩流具绳状和压力脊等表面构造，其绳状构造和压力弯曲突出的指向代表了该岩流的流动方向。

确定岩流流动方向除了上述几点主要标志外，还有许多其他特征可以进行判断。但不管使用哪种标志，都需要进行大量的统计测量，并加以综合分析，不可只根据1~2个现象，就匆忙作出结论。

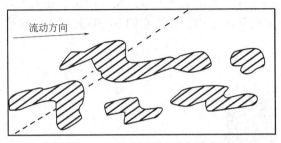

图4-14 熔岩表面云朵状气孔指示
的岩流流动方向

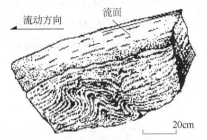

图4-15 流纹岩中褶曲的流纹构造指示
的岩流流动方向（福建瓯溪口）

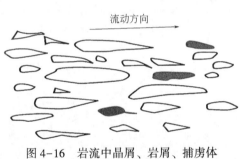

图4-16 岩流中晶屑、岩屑、捕虏体
指示的岩流流动方向

图4-17 枕状体指示的岩流流动方向
（据卫管一，1994）

六、次火山岩的观察与识别

近年来，关于次火山岩或超浅成岩的研究有了较大的进展，由于它与铁、铜、金和油气等许多重要矿产有密切的联系，因而越来越受到人们的重视。大多数次火山岩常沿火山岩的原生节理及火山口周围的锥状、环状或放射状裂隙，或沿火山岩层之间的间断面、不整合面贯入而形成各种不同形状的岩墙、岩脉、岩床、岩枝等，其主要特点如下：

（1）与同时代的火山岩密切共生，而次火山岩形成时期略晚、结晶程度和碱质含量较早期的火山岩略高。

（2）具有侵入体的产状（如岩墙、岩脉、岩床、岩枝等）和喷出岩的外貌，常呈细粒、隐晶质、玻璃质及玻基斑状结构。

（3）岩体边部有时可见少量的气孔、杏仁状构造或流纹构造。依次区别于不具这种构造的浅成岩，而熔岩可见大量的气孔或杏仁，且不仅限于边部。

（4）岩体一般较小，并以机械贯入为主，与围岩侵入接触，可见捕虏体，不具明显的同化混染现象，但边部有时具窄的冷凝边和弱的烘烤边。

（5）不见或少见岩体内部分带性，也不见熔岩中常见的火山碎屑岩夹层。

（6）由于没有喷出地表，因此一般不见熔岩常具有的红色氧化顶。

（7）常与隐爆角砾岩伴生，一般认为隐爆角砾是在岩浆侵入的晚期，当富含大量气体挥发分的残余熔浆迅速冲到地表浅处时，由于压力突然降低，引起气体的沸腾，能量突然释放，使已固结了的熔岩及围岩发生强烈地破碎，其碎屑又被熔岩胶结形成角砾状熔岩或熔岩角砾岩，它们常位于破火山口、火山隆起构造及次火山岩的上部及突出部位。在火山岩区工作时，应特别注意次火山岩及隐爆角砾岩的观察和鉴别，因为它们常与斑岩铜矿、玢岩铁矿及金、锡、钼、汞、铀矿有密切的关系。

第四章小结

第五章　岩浆岩油气储集特征简介

第一节　概述

火山岩油气藏指以火山岩（次火山岩）为储层或与火山作用密切相关、独立于沉积岩之外单独成藏的油气藏（邹才能等，2012）。长期以来，在油气勘探开发中，储层研究的主要对象是与沉积作用有关的一些岩石，而岩浆岩作为储层的研究较少，没有得到足够的重视。随着油气勘探的进展和火山岩储层的不断发现，火山岩储层作为油气勘探的新领域已引起了石油界学者们的关注和兴趣。经过近百年的发展，随着国内外发现与开发的火山岩储层油气田数量的日益增多，人们进一步意识到作为重要的非常规油气储层——火山岩油气储层的潜力值得深入研究。

一、国外火山岩油气藏勘探现状

据不完全统计，同沉积岩油气藏一样，火山岩油气藏广泛分布于地球上 5 大洲、100 多个国家、300 余个盆地或区块内。世界上第一个有目的的勘探并获得成功的火山岩油气田是 1953 年在委内瑞拉发现的拉巴斯（Lapaz）油田，最高单井日产气量达到 $1828m^3$。目前世界上火山岩油气藏的勘探已有一百多年的历史，截至 2005 年，国外火山岩油气藏在美国、日本、印度尼西亚、古巴、墨西哥、阿根廷、俄罗斯、乌克兰、加纳及巴基斯坦等国均有发现，其中美国、日本、俄罗斯研究较早和深入，具有代表性的油气田是俄罗斯穆拉德汉油田和萨姆戈里油田、日本新潟盆地的 10 多个油气田，美国大盆地（Great Basin）鹰泉（Eagle Springs）油气田、印度尼西亚爪哇西北部的贾迪巴朗（Jatibarang）油气田以及纳米比亚海域的库杜（Kudu）气田等。

从目前全球已发现的火山岩油气藏特征看，分布地层时代性和地域性均很强，地层时代主要为太古界、石炭系、二叠系、白垩系和古近系 5 套地层，地域上主要分布在环太平洋、地中海和中亚地区。这与特定时代构造活动、盆地断陷裂谷形成和火山作用密切相关。环太平洋构造域形成时代较新，火山活动频繁，火山岩分布面积广，岛弧及弧后裂谷发育，火山岩与沉积盆地具有良好的配置关系，地域广，是全球火山岩油气藏最富集的区域；晚古生代形成的古亚洲洋构造域在中亚地区分布面积广，后期为中—新生代陆相含油气覆盖，形成叠合盆地，保存相对完好，具备新生古储的良好成藏条件，是全球今后火山岩油气藏第二个有利前景区；环地中海位于特提斯洋的西端，构造活动与裂谷形成及火山活动具有一致性，具备火山岩油气成藏背景，也是今后寻找火山岩油气藏的重要区域。

通过对目前全球已发现的火山岩油气藏岩性、岩相统计，在所有的火山岩岩相和岩石类型中都可以形成有效储层，只是不同地区、不同层位以及同一层段不同位置发育程度有所差异。进一步通过对世界上 100 多个国家、近 200 个火山岩油气田火山岩岩性与油气藏关系的统计发现：已发现火山岩油气藏中，玄武岩油气藏发现最多，占火山岩油气藏发现总数的近

32%；其次为安山岩、流纹岩及火山岩碎屑岩油气藏，分别占总数的近 17%、14% 和 12%，以上 4 种火山岩占全世界已发现火山岩油气藏的 85% 以上，是形成火山岩油气藏的主要岩石类型。

二、我国火山岩油气藏勘探现状

我国火山岩油气藏勘探始于 20 世纪 50 年代，1957 年我国首次在准噶尔盆地西北缘火山岩中获得工业气流，标志着我国火山岩油气勘探历程成功开启。我国火山岩分布面积广，总面积约 $215.7 \times 10^4 \text{km}^2$，有利勘探区面积 $36 \times 10^4 \text{km}^2$。自 20 世纪 70 年代以来，先后在渤海湾盆地、二连盆地、准噶尔盆地、塔里木盆地、松辽盆地及苏北盆地等 11 个盆地均发现了火山岩油气藏，展示出火山岩作为油气勘探新领域的巨大潜力。尤其是"十五"以来不断获得的重大突破，使火山岩油气藏的研究引起人们的极大关注和重视。

我国大陆东部及沿海大陆架地区分布着发育巨厚沉积的白垩—新近纪裂谷盆地或由裂谷原型盆地演化而来的大陆边缘盆地，其中广泛地分布着各类火山岩。这些沉积盆地拥有我国近 65% 的石油资源、33% 的天然气资源以及近 80% 的探明储量。大量嵌置在成熟烃源岩中或分布在油源断层附近的火山岩具有有利的成藏条件。这些大量分布的火山岩中，目前已有不少的油气藏被发现。辽河坳陷东部凹陷古近—新近系火山岩几乎全区分布，在西部凹陷和大民屯凹陷也占相当大的面积，除了在沙三段发现粗面岩油气藏外，其他均为玄武岩油气藏。同时，在辽河坳陷其他凹陷中也发现了粗面岩、辉绿岩和安山岩（中生代）三种火山岩油气藏；黄骅坳陷火山岩也相当发育，坳陷中岩性主要为玄武岩，还有少量辉绿岩、碱性辉绿岩；高邮凹陷古近—新近系在各组段地层沉积时都有玄武岩喷发，并有辉绿岩侵入；东营、惠民凹陷是火山岩发育的古油气丰度较大的断陷，已有的勘探成果表明火山岩作为储层和盖层可形成许多与它相关的特殊油气藏，其岩性主要为辉绿岩和玄武岩。

目前的勘探表明，我国几乎所有的主要油气盆地内都发现了火山岩和火山岩储层，并已建成一人批具有一定规模、一定储量和产量的以火山岩储层为主的油气田，如松辽盆地（徐深气田、兴城气田、松南气田等）、渤海湾盆地（辽河油田、胜利油田等）、二连盆地（阿北油田）、吐哈盆地（吐哈油田）、准噶尔盆地（克拉美丽气田等）、四川盆地（周公山气田等）等。火山岩储层的地层时代主要集中在晚侏罗—早白垩世和古近纪等地质年代。储层岩性存在一定的差异性，如渤海湾盆地发现的火山岩油气储层的主要岩石类型是以玄武岩为代表的基性火山岩类；而松辽盆地目前发现的火山岩油气储层主要以酸性—中酸性火山岩为主，如徐家围子断陷，尤其是以流纹岩为最好，有别于中国东部—东北部地区以及其他地区。

三、火山油气藏特征

综合分析国内外的火山岩油气藏的研究现状与发展趋势，目前已发现的火山岩油气藏主要有以下特征：

彩图 7 全球火山岩油气田分布图

（1）从目前全球已发现的火山岩油气藏特征看（彩图 7），分布地层时代性和地域性均很强，地层主要为中—新生界地层，如侏罗系、白垩系、古近系和新近系，其次是晚古生界；地域上主要分布在环太平洋、地中海和中亚地区。这与特定时代构造活动、盆地断陷裂谷形成和火山作用密切相关（王洛等，2015）。

（2）目前来看，火山岩油气藏勘探的重点区域依次是环太平洋构造域的中—新生界火山岩油气藏、古亚洲洋构造域的晚古生界火山岩油气藏以及特提斯洋构造域（如其西端的环地中海区域）的火山岩油气藏等。

（3）通过对目前全球已发现的火山岩油气藏岩性、岩相统计分析认为，在所有的火山岩岩相和岩石类型中都可以形成有效储层（姜洪福等，2009）。

（4）油气富集规律与成藏模式上也各具特色，如日本新潟盆地的东新潟气田和颈城油气田形成的新近系"绿色凝灰岩"油藏，主要是火山岩地层的古地理锥状凸起后继承性发展为背斜而聚集油气成藏；美国得克萨斯州沿岸平原油田形成的白垩系玄武岩油藏，主要是呈火山锥的熔岩继承发展为穹窿而聚集油气成藏；松辽盆地在深部白垩系火山岩中发现了徐深气田和松南气田，储层岩性为安山岩（粗面岩）类、流纹岩类型等中性—酸性火山岩类，油气藏类型主要为断层垂向疏导的岩性—构造复合气藏。

由以上分析可知，岩浆岩（主要为火山岩）油气藏作为一种特殊油气藏类型，以其丰富的资源量和巨大的勘探开发潜力得到了石油天然气行业极大重视并已成为重点的油气勘探开发目标，对世界油气资源的可持续性发展也将发挥出极其重要的作用。

第二节 岩浆岩储集层的岩性和岩相特征

一、岩性特征

彩图8 中国含油气盆地火山岩分布图

我国的岩浆岩（主要为火山岩）储层的地层年代跨度较大，从中—新生代到古生代均有分布。火山岩储层岩石类型丰富，目前发现与开发的火山岩油气藏的储集岩主要为火山熔岩类和火山碎屑岩类两大类，其中火山熔岩类型中以玄武岩和安山岩为主，其次是英安岩、粗面岩、流纹岩和少量次火山岩；火山碎屑岩类以火山角砾岩、凝灰岩为主，其次为火山集块岩。我国典型的火山岩油气藏的储层岩石学特征（彩图8），见表5-1。

表5-1 我国典型火山岩油气田的岩性岩相类型

盆地	油气田（区）	地层单元	火山岩储层岩性	储层岩相
准噶尔	克拉玛依、克拉美丽、春风	古生界石炭—二叠系	玄武岩、安山岩、英安岩、火山角砾岩、凝灰岩	火山通道相、爆发相、喷溢相、侵出相、火山沉积相
三塘湖	马郎凹陷、条湖凹陷	古生界石炭—二叠系	玄武岩、安山岩、火山角砾岩、凝灰岩	喷溢相、爆发相、火山沉积相、少量火山通道相
塔里木	塔河、塔中、塔北、跃南	古生界石炭—二叠系	玄武岩、安山岩、凝灰岩	爆发相、溢流相、火山沉积相
渤海湾	辽河	中生界、新生界古近系	玄武岩、安山岩、粗面岩、流纹岩、凝灰岩	爆发相、溢流相、侵出相、火山沉积相
	胜利	中生界上侏罗统—下白垩统	玄武岩、粗安岩、安山岩、火山角砾岩、凝灰岩	爆发相、溢流相、火山沉积相
	冀东	新生界古近系	玄武岩、流纹岩、火山角砾岩、凝灰岩	爆发相、溢流相

盆地	油气田（区）	地层单元	火山岩储层岩性	储层岩相
渤海湾	江苏	新生界古近系	玄武岩、火山角砾岩、凝灰岩	爆发相、溢流相
松辽	徐家围子断陷（徐深）	中生界白垩系	流纹岩、安山岩、玄武岩、凝灰岩、火山角砾岩	火山通道相、爆发相、喷溢相、侵出相、火山沉积相
	长岭断陷（长岭、松南）	中生界白垩系	流纹岩、安山岩、玄武岩、凝灰岩、火山角砾岩	火山通道相、爆发相、喷溢相、侵出相、火山沉积相
二连	华北油田	中生界白垩系	安山岩、凝灰岩、火山角砾岩	爆发相、喷溢相、火山沉积相

二、火山岩相特征

火山岩相是能够反映火山岩地质体成因的地质特征（产出环境、喷发类型、搬运机制等）的综合。它能够揭示火山岩空间展布规律和不同岩性组合之间的成因联系。不同岩相的孔隙和裂缝及其组合发育差异明显。因此，研究火山岩相对于重塑火山活动过程、恢复古火山机构、分析火山岩形成机理、提高火山岩油气藏勘探水平等方面，都具有一定的理论和实际意义。

火山岩储层的储集空间发育状况常与火山岩相有关，不同的火山岩相（带）的特征及其相应的储集空间类型具有显著的不同。以松辽盆地营城组火山岩研究为例，根据火山岩相的"岩性—组成—成因"分类方案，将火山岩相划分为火山通道相、爆发相、溢流相、侵出相、火山沉积相等5个大相以及15个亚相类型（图5-1）。

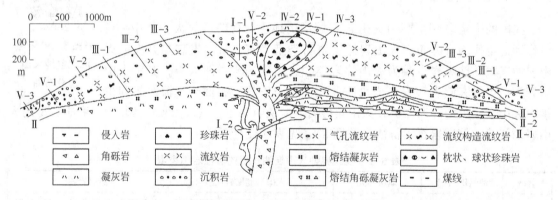

图5-1　松辽盆地酸性火山岩相模式（据王璞珺等，2006）

Ⅰ—火山通道相；Ⅰ-1—隐爆角砾熔岩相；Ⅰ-2—次火山岩亚相；Ⅰ-3—火山颈亚相；Ⅱ—爆发相；
Ⅱ-1—空落亚相；Ⅱ-2—热基浪亚相；Ⅱ-3—热碎屑流亚相；Ⅲ—喷溢相；Ⅲ-1—下部亚相；
Ⅲ-2—中部亚相；Ⅲ-3—上部亚相；Ⅳ—侵出相；Ⅳ-1—内带亚相；Ⅳ-2—中带亚相；
Ⅳ-3—外带亚相；Ⅴ—火山沉积相；Ⅴ-1—含外碎屑火山碎屑沉积岩亚相；
Ⅴ-2—再搬运火山碎屑沉积岩亚相；Ⅴ-3—凝灰岩夹煤沉积

（一）火山通道相

火山通道相位于整个火山机构的下部，可以划分为火山颈亚相、次火山岩亚相和隐爆角砾岩亚相等3个亚相。它们形成于整个火山旋回的同期和后期，但保留下来的主要是后期活动产物。火山通道相、亚相类型及其发育特征见表 5-2。

表 5-2　火山通道相及其亚相的发育特征

相	亚相	搬运机制和物质来源	成岩方式	特征岩性	特征结构	特征构造	相序和相律
火山通道相	火山颈亚相	熔浆流动停滞并充填在火山通道，火山口塌陷充填物	熔浆冷凝固结，熔浆熔结各种角砾和凝灰质	熔岩和角砾/凝灰熔岩及熔结角砾岩/凝灰岩	斑状结构，熔结结构，角砾/凝灰结构	环状或放射状节理，岩性分带	直径数百米、产状近于直立、穿切其他岩层
	次火山岩亚相	同期或晚期的潜侵入作用	熔浆冷凝结晶	次火山岩，玢岩和斑岩	斑状结构，全晶质结构	冷凝边构造，流面、流线构造，柱状、板状节理，捕房体	火山机构下部几百米至 1500m 左右，与其他岩相和围岩呈交切状
	隐爆角砾岩亚相	富含挥发分岩浆入侵破碎岩石带产生地下爆发作用	与角砾成分相同或不同的岩汁（热液矿物）或细碎屑胶结	隐爆角砾岩	隐爆角砾结构，自碎斑状结构，碎裂结构	筒状、层状、脉状、枝杈状，裂缝充填状	火山口附近或次火山岩体顶部，可能侵入其他岩相或围岩

（二）爆发相

　　爆发相形成于火山作用的早期和后期，可分为空落亚相、热基浪亚相、热碎屑流亚相 3 个亚相（表 5-3）。该相是分布最广的火山岩相，也是构造类型繁多、易与正常沉积岩混淆的火山岩类。爆发相以火山口附近下落的各种形状的火山弹、火山集块、火山角砾等火山碎屑的堆积为特征，其中火山角砾大小混杂，棱角未经磨损，无搬运痕迹，角砾间孔洞发育，地形上形成火山锥。

表 5-3　爆发相及其亚相的发育特征

相	亚相	搬运机制和物质来源	成岩方式	特征岩性	特征结构	特征构造	相序和相律
爆发相	热碎屑流亚相	含挥发分的灼热碎屑混合物，在后续喷出物推动和自身重力的共同作用下沿着地表流动	熔浆冷凝胶结+压实作用	含晶屑、玻屑、浆屑、岩屑的熔结凝灰岩、熔结火山角砾岩	熔结凝灰结构、火山碎屑结构	块状、正粒序、逆粒序，火山玻璃定向排列，基质支撑	火山喷发旋回早期多见，爆发相上部
	热基浪亚相	气射作用的气—固—液态多相浊流体系在重力作用下近地表呈悬移质搬运	压实为主	含晶屑、玻屑、浆屑的凝灰岩	火山碎屑结构（以晶屑凝灰结构为主）	平行层理，交错层理，逆行沙波层理	多在爆发相中下部或与空落相互层，低凹处厚，向上变细变薄
	空落亚相	气射作用的固态和塑性喷出物（在风的影响下）作自由落体运动	压实为主	含火山弹和浮岩块的集块岩、角砾岩，晶屑凝灰岩	集块结构、角砾结构、凝灰结构	颗粒支撑，正粒序层理，弹道状坠石	多在爆发相下部，向上变细变薄，也可呈夹层

（三）喷溢相

　　喷溢相形成于火山作用旋回的中期，是含晶出物和火山碎屑物质的熔浆在后续喷出物推动和自身重力的共同作用下，在沿着地表流动过程中，熔浆逐渐冷凝固结而形成的，主要发育气孔、杏仁体内残余孔、溶蚀孔缝、构造缝、层间缝、角砾间孔缝等储集空间类型。喷溢相在酸性、中性、基性火山岩中均可见到，地貌上呈熔岩台地，岩性在纵向上呈韵律层。喷溢相一般可分为下部亚相、中部亚相、上部亚相等3个亚相，其岩性、结构、构造、相序和韵律等特征见表5-4。

表5-4　喷溢相及其亚相的发育特征

相	亚相	搬运机制和物质来源	成岩方式	特征岩性	特征结构	特征构造	相序和相律
喷溢相	上部	含晶出物和同生角砾的熔浆在后续喷出物推动和自身重力的共同作用下沿着地表流动	熔浆冷凝固结	气孔流纹岩	球粒结构、细晶结构	气孔、杏仁、石泡	流动单元上部
	中部			流纹构造流纹岩	细晶结构、斑状结构	流纹构造	流动单元中部
	下部			细晶流纹岩、含同生角砾的流纹岩	玻璃质、细晶结构、斑状结构、角砾结构	块状或断续的变形流纹构造	流动单元下部

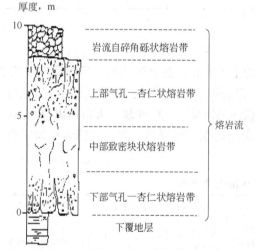

图5-2　苏北闵桥地区熔岩流相带剖面图

苏北闵桥地区的熔岩流相带就是典型的实例（图5-2），将喷溢相单个熔岩流层在垂向上划分出四个相带：

（1）喷溢相顶部岩流自碎角砾状熔岩带，岩浆喷溢出火山口，表面与空气接触迅速冷却而首先硬结，硬壳被继续流动的熔岩流搓碎从而形成自碎角砾。

（2）喷溢亚相上部气孔—杏仁状熔岩带，富含气孔、杏仁，常显拉长以指示熔浆流动方向。

（3）喷溢亚相中部致密块状熔岩带。该带熔浆冷却较慢、压力较大，故岩性致密，仅含圆形气孔。

（4）喷溢亚相下部气孔—杏仁状熔岩带，由于熔岩流沿潮湿的地表或沿水底流动，下部水分汽化进入岩流，从而可形成大量气孔。在上部和下部气孔—杏仁带中发育裂缝，裂缝成因也有的是冷凝收缩产生的；而中部致密带则不发育裂缝。有裂缝与原生气孔相连通可构成较好的储集空间。

这四个相带具有对比意义（表5-5），这一序列在成因上受熔岩流冷凝机制的控制。

表5-5　熔岩流单元剖面对比

研究者	科普切弗—德沃尔尼科夫（1978）	乌斯齐也夫（1961）	赵澄林（1994）
研究地区	某区吉维齐—弗兰期中—基性熔岩流相	莫尼河流域玄武质熔岩流相	苏北闵桥地区熔岩流相
熔岩流剖面分带及对比	表部带（渣状带）	孔熔带	顶部岩流自碎角砾状熔岩带
	过渡带		上部气孔—杏仁状熔岩带
	中部带	致密熔岩带	中部致密块状熔岩带
	下部带	多孔熔岩带	下部气孔—杏仁状熔岩带

174

（四）侵出相

侵出相形成于火山活动旋回的晚期，岩体外形以穹隆为主，进一步可划分为内带亚相、中带亚相和外带亚相（表5-6）。

表5-6　侵出相及其亚相的发育特征

相	亚相	搬运机制和物质来源	成岩方式	特征岩性	特征结构	特征构造	相序和相律
侵出相	外带亚相	熔浆前缘冷凝、变形并铲刮和包裹新生、早期岩块，内力挤压流动	熔浆冷凝熔结新生和早期岩块	具变形流纹构造的角砾熔岩	熔结角砾和熔结凝灰结构	变形流纹构造	侵出相岩穹的外部
	中带亚相	高黏度熔浆受到内力挤压流动，堆砌在火山口的附近或岩穹	熔浆（遇水淬火）冷凝固结	块状珍珠岩和细晶流纹岩	玻璃质结构和珍珠结构	块状、层状、透镜状和披覆状	侵出相岩穹的中部
	内带亚相			枕状和球状珍珠岩	少斑结构和碎斑结构	岩球、岩枕、穹状	侵出相岩穹的核心

1. 内带亚相

内带亚相位于侵出相岩穹的内部，代表岩性为枕状和球状珍珠岩。该亚相的原生裂缝最为发育，在微观和宏观尺度上原生裂缝均呈环带状。

2. 中带亚相

中带亚相位于侵出相岩穹的中部，内带亚相和中带亚相均是由于高黏度熔浆在内力挤压作用下流动，遇水淬火，逐渐冷凝固结，代表岩性为致密块状珍珠岩和细晶流纹岩。该亚相的岩石脆性极强，构造裂缝极易形成同时也易于再改造，所以总的来看构造裂缝不如喷溢相下部亚相发育。

3. 外带亚相

外带亚相位于侵出相岩穹的外部，其代表岩性为具变形流纹构造的流纹质角砾熔岩。它们是熔浆在流动过程中，其前缘冷凝、变形并铲刮和包裹新生、早期岩块，在内力作用下流动，最终固结成岩。岩石具熔结角砾结构、熔结凝灰结构，常见变形流纹构造，主要发育角砾间孔缝和显微裂缝。

（五）火山沉积相

火山沉积相是经常与火山岩共生的一种岩相，可出现在火山活动的各个时期，但主要发育在喷发旋回或喷发期次的晚期。该岩相其他火山岩相呈侧向相变或互层关系，分布范围广，远大于其他火山岩相。碎屑成分中含有大量晶屑、玻屑及火山岩岩屑，并混有一定的沉积碎屑，主要为远离火山口处或火山岩锥之间的碎屑沉积体，无层理，分选磨圆差。火山沉积相一般可分为含外来碎屑火山碎屑沉积岩亚相、再搬运火山碎屑沉积岩亚相和凝灰岩夹煤沉积亚相（表5-7）。

表5-7　火山沉积相及其亚相的发育特征

相	亚相	搬运机制和物质来源	成岩方式	特征岩性	特征结构	特征构造	相序和相律
火山沉积岩相	凝灰岩夹煤沉积	凝灰质火山碎屑和成煤沼泽环境的富植物泥炭	压实成岩	火山凝灰岩与煤层互层	陆源碎屑结构	韵律层理、水平层理	位于距离火山穹窿较近的沼泽地带
	再搬运火山碎屑沉积岩	火山碎屑物经过水流作用改造		层状火山碎屑岩/凝灰岩	陆源碎屑结构	交错层理、槽状层理、粒序层理、块状构造	位于火山机构穹窿之间的低洼地带
	含外来碎屑火山碎屑沉积岩	以火山碎屑为主，可能有其他陆源碎屑物质加入		含外来碎屑的火山凝灰质砂砾岩	陆源碎屑结构	交错层理、槽状层理、粒序层理、块状构造	位于火山机构穹窿之间的低洼地带

第三节　火山岩成岩作用与储集空间类型

一、成岩作用类型及其对储集空间形成的影响与控制

岩石学者视其研究的角度、目的和方法，对成岩作用概念的理解不尽相同。从油气储层研究的角度出发，对火山岩的成岩作用定义如下：火山喷发产物—熔浆和（或）火山碎屑物质转变为岩石，直至形成变质岩或形成风化产物前所经历的各种作用的总和。火山岩成岩作用主要划分为早期成岩作用和后生成岩作用两个成岩作用阶段。早期成岩作用对火山熔岩主要表现为冷凝固结作用，对火山碎屑岩主要表现为压实固结或熔结作用。在此阶段形成的储集空间主要为原生孔隙和原生裂缝等，但早期成岩作用对储层物性整体具有破坏性作用；后生成岩作用主要产生次生孔隙和次生裂缝等储集空间类型，其作用时限是指火山岩成岩之后到经受变质作用而形成变质岩或经受表生风化作用而形成风化产物之前。后生成岩作用则对火山岩储层物性具有决定性作用，既可以充填孔缝使储层物性变差，也可以在溶解作用或断裂作用下形成次生孔缝而改善储层物性。

讲解1　火山岩成岩作用类型及特征

根据成岩作用标志，火山岩储层可划分为4个成岩作用阶段：冷凝成岩作用、岩浆期后热液作用、风化淋滤作用以及埋藏成岩作用等阶段。依据不同的划分原则，火山岩的成岩作用可以有不同的划分方法。按照其对火山岩储层的贡献，可以划分为建设性成岩作用和破坏性成岩作用两大类（讲解1）。以松辽盆地徐家围子断陷营城组火山岩为例，依据不同的形成机理共识别出12种成岩作用。

（一）冷凝结晶和收缩作用

冷凝结晶作用是指岩浆在冷却过程中不断结晶出矿物的过程，可形成斑晶矿物的晶内孔、结晶基质矿物间的晶间孔及火山碎屑间的粒间孔（缝）等系列原生孔隙。

岩浆冷凝结晶过程中，由于岩体内部和边部降温速率不同，可导致在冷凝过程中岩体体

积差异收缩（冷凝收缩作用）而形成收缩缝或由压力骤降发生炸裂爆破作用（隐爆作用）而形成炸裂缝等，而当熔岩流进入水体时，会迅速淬火冷却而形成自碎角砾岩。收缩缝和炸裂缝常呈不规则网状、弧形、同心圆状以及规则的近六边形等。冷凝收缩作用在火山岩各种岩相（性）中均有发生，其中以珍珠岩的珍珠构造最为典型。

（二）挥发分的逸散作用

挥发分逸出作用是指岩浆由地下喷出地表后所含挥发性组分逃逸出岩浆而在火山岩中产生气孔的作用。火山喷发物质内的挥发组分因地面压力骤减、冷凝、体积收缩，必然逸出，从而形成气孔，这是火山岩原生孔隙的主要形成作用。此类作用主要见于玄武岩、流纹岩等火山岩熔岩中，也见于熔结角砾岩、角砾熔岩和熔结凝灰岩等火山碎屑岩类中。

（三）熔结作用及熔浆胶结作用

1. 熔结作用

在火山碎屑物质本身重力的作用下或上覆沉积的火山物质的压力作用下，塑性火山碎屑物质被压扁、拉长，并具定向排列，从而使火山碎屑物质熔结或焊接在一起，主要发生在熔结火山碎屑岩中。

2. 熔浆胶结作用

火山喷发出的熔浆将火山碎屑物质胶结在一起而形成岩石的作用称为熔浆胶结作用，主要发生在火山碎屑熔岩中。熔浆胶结作用越强，对孔隙的形成和保存越不利。

（四）压结作用

火山碎屑物质经过压实固结形成岩石的作用称为压结作用。此种作用主要发生在普通火山碎屑岩中。

（五）压溶作用

随着火山碎屑物质埋藏深度的增加，火山碎屑颗粒接触点上所承受的来自上覆层的压力或来自构造作用的侧向应力超过正常孔隙流体压力时（达 2~5 倍），火山碎屑颗粒接触处的溶解度增高，将发生晶格变形和溶解作用，此种作用称为压溶作用。这种作用一般发育在火山碎屑颗粒较大的火山碎屑岩中，如角砾熔岩、熔结角砾岩、集块岩、火山角砾岩等。

（六）胶结作用

在沉积岩石学中，胶结作用是指从孔隙溶液中沉淀出矿物质（胶结物），将松散的沉积物固结起来的作用。在本区的火山碎屑岩中，仍然能看到同样的现象，因此在此借用胶结作用的概念。胶结作用类型主要有硅质胶结、方解石胶结和黏土（火山灰）胶结等。

（七）溶解作用

1. 溶解作用的概念和机理

岩石中不同结构组分，在一定情况下可部分发生溶蚀或全部被溶蚀的现象称为溶解作用。这种作用可以发生在任何火山岩中，在徐家围子断陷主要发生在火山碎屑岩、气孔流纹岩以及长石斑晶含量较高的流纹岩中。对于火山岩储层来说，溶解作用是形成次生孔隙最重要的成岩作用。

2. 溶解作用的类型

常见的溶解作用有：（1）沿长石的边缘发生的溶解作用；（2）沿长石解理缝发生的溶解作用；（3）玻屑的溶解作用；（4）岩屑（包括浆屑）的溶解作用；（5）玻璃基质的溶解作用；（6）方解石交代长石，其后方解石又被溶解；（7）岩石被钠铁闪石、菱铁矿交代，其后钠铁闪石、菱铁矿又被溶解。

3. 溶解作用的结果

由于火山岩储层的岩相岩性类型不同，造成其具有相应的结构、构造和组分等特征，进而产生不同的溶解作用效应与结果。

1）火山熔岩的溶解作用

岩石中虽然原生气孔发育，但是连通性较差，并且可供溶解的组分相对较少，发生的溶解作用最弱。溶解作用的储集空间有斑晶内溶蚀孔隙、气孔溶蚀扩大孔、铸模孔、溶扩缝、基质内的微孔隙、特大孔等。

2）火山碎屑岩的溶解作用

岩石中可供溶解的组分较多，再加上火山原生孔隙较发育，因此溶解作用最为强烈。溶解作用的产物有晶屑内溶蚀孔隙、玻屑内溶蚀孔隙、火山灰内的微孔隙、岩屑中的砾（粒）内溶蚀孔隙、砾（粒）间溶蚀孔隙、铸模孔、溶扩缝、特大孔、伸长状孔隙等。

3）火山碎屑熔岩的溶解作用

岩石中可供溶解的组分也较多，但是原生孔隙不很发育，因此溶解作用较强烈。溶解作用的产物有斑晶内溶蚀孔隙、气孔溶蚀扩大孔、晶屑内溶蚀孔隙、玻屑内溶蚀孔隙、火山灰内的微孔隙、岩屑中的砾（粒）内溶蚀孔隙、砾（粒）间溶蚀孔隙、铸模孔、溶扩缝、特大孔、伸长状孔隙等。

（八）交代作用

在整个火山岩成岩时期均比较发育，但在不同阶段，占主导地位的交代作用也有所不同。交代作用可分为表生交代作用（地表水作用，形成泥晶碳酸盐和黏土矿物、高岭土化等）、埋藏交代作用（地下水作用，形成石英、方解石等矿物）和地幔热液碱交代作用（地幔烃碱流体的作用，形成钠铁闪石、钠长石、菱铁矿、黄铁矿等）。

（九）充填作用

此处泛指火山喷发物基本固化、固结后所形成的次生矿物充填孔、缝的作用。按其形成阶段和充填物质可分为三种类型：岩浆期后热液充填作用、地幔烃碱流体充填作用、表生矿物充填作用，其中岩浆期后热液充填作用和地幔烃碱流体充填作用可统称为火山热液充填作用。

（十）脱玻化作用

该作用是指玻璃质岩石随着地质时代的增长，特别是由于埋藏使温度、压力较高时，玻璃质将逐渐转化为结晶物质的作用。脱玻化作用在岩浆岩形成和演化过程中极其普遍，是形成微孔和基质溶孔的重要因素。

（十一）构造作用

火山岩形成后，岩浆活动依然频繁，与其相伴生的构造作用导致了构造裂缝的形成。无论是岩心观察，还是镜下观察，营城组火山岩中的构造缝均十分发育，这是改善本区火山岩油气储集性能的重要作用之一，对油气的运移和聚集也起到了重要作用。构造作用还导致了岩石的碎裂岩化。

（十二）风化作用

火山岩出露地表或近地表，接受风化剥蚀碎裂作用和大气降水溶蚀淋滤作用，产生次生裂缝和次生溶孔，因此风化作用对岩石的储集性具有较强的改造作用。各类火山岩中的长石普遍严重高岭土化，风化缝相当发育，这些均是风化作用的重要标志。风化缝的形成改善了火山岩的储集性能，是与构造缝同等重要的一类裂隙，尤其是两者的共同作用所形成的构造—风化缝，在油气的运、聚、储过程中起到了至关重要的作用。

二、储集空间类型及特征

火山岩储层属特殊类型的油气储层，其储层孔隙结构是极其复杂的，总的特点是：储集空间类型多，孔隙结构复杂，次生作用影响强烈，从微观到宏观都表现出明显的非均质性，孔、洞、缝交织在一起，储层性能有很大的差异性和突变性。储集空间类型划分原则主要是参照《石油和天然气碎屑岩储集空间类型划分方案》和《火山岩储集层描述方法》，并结合了研究区火山岩的具体特征进行划分。具体划分依据两点：（1）储集空间两种类型，即孔隙和裂缝；（2）按其形成阶段分为原生孔、缝和次生孔、缝，前者形成的时间截止于火山岩固化成岩阶段，后者形成于火山岩成岩之后。对于两者兼具的孔、缝，采用陆源碎屑岩储集空间的分类合并为复合孔、缝。本教材中主要借鉴松辽盆地营城组火山岩储层储集空间类型及其特征的研究成果与认识，并依据其他资料进行储集空间分类及其特征描述（讲解2）。

讲解2　火山岩储集空间类型及特征

（一）孔隙类型

1. 原生孔隙

原生孔隙是指形成火山岩完全冷却之前的封闭系统条件下，在原生成岩作用下形成的各种开放式孔隙。它是火山岩储层中分布最广和最为重要的一类储集空间，主要包括气孔、脱玻化微孔、杏仁体内残余孔和粒间孔等孔隙类型。

1）气孔

气孔是岩浆内的挥发组分集中之后再散逸出去而留下的空间，其形状是圆形、椭圆形、长形、不规则形等，空间小的只能在显微镜下看到，大的直径可在1m左右。气孔的重要意义还在于它常与原生成岩缝、后期次生风化缝、构造缝等相连通，形成了多种孔—缝组合类型，构成了火山岩中极为重要的储集空间，增强了储集性能。气孔常呈串珠状，有的在流动过程中压扁拉长，顺流纹分布，显示出明显的流纹构造。孔隙壁一般较为光滑，但孔隙壁上有时沉淀有少量的次生矿物。

2）杏仁体内孔

次生矿物充填气孔留下的空间或充填矿物被溶蚀形成的空隙。形态各异，边缘不甚规则，是次生矿物充填并沿孔隙壁生长造成的。它常与原生成岩缝、后期次生风化缝、构造缝等相连通，形成了多种孔—缝组合类型，构成了火山岩中极为重要的储集空间，增强了储集性能。

3）斑晶内熔孔

斑晶内熔孔指随岩浆由地下深处升至地表构成熔岩斑晶的晶体，由于压力骤减而使其熔点降低，加之地表氧的参与使熔浆温度骤升，进而使其部分被熔透所形成的空洞，也可称熔蚀穿孔。穿孔常见于流纹岩石英斑晶内，在角砾熔岩、凝灰熔岩、熔结角砾岩、熔结凝灰岩中也可见到。此类孔隙一般较小，而且多被熔浆基质充填，一般小于0.1mm。总体发育极少，且比较孤立，对储层无实际贡献。

4）晶内孔

晶内孔多见于斑晶内，主要由溶蚀作用形成。浅色、暗色、不透明矿物中均可发育此种孔隙。

5）收缩孔

收缩孔主要是指火山玻璃质或充填某种空间的物质因冷凝、结晶而收缩产生的孔隙，常见于喷出岩。

6）玻晶间孔

玻晶间孔是指火山玻璃与矿物晶体间的孔隙。斑晶、微晶与玻璃质之间都会发育这种孔隙类型。

7）粒（砾）内孔

粒（砾）内孔主要见于火山碎屑岩的刚性岩屑内，是随岩浆喷出地表的刚性岩屑自身带有的。此种孔隙在火山集块岩、火山角砾岩中发育，在凝灰岩、熔结角砾岩、角砾熔岩、沉火山碎屑岩也可见到。松辽盆地营城组火山岩发育的砾（粒）内孔有流纹岩岩屑砾（粒）内的气孔、杏仁孔、球粒间晶间孔，但多由于后期成岩作用的影响，经常产生溶蚀现象，形成次生砾（粒）内溶蚀缝和溶蚀（扩大）孔。

8）粒（砾）间孔

粒（砾）间孔是指组成岩石的火山碎屑颗粒之间的孔隙，宽而短者称为粒间孔，细而长者称为粒间缝。火山碎屑岩中的砾（粒）间孔分布于火山碎屑颗粒之间，是火山碎屑岩成岩后保留下来的火山碎屑之间的孔隙，但多由于后期成岩作用的影响，经常产生溶蚀现象，形成次生砾（粒）间溶蚀缝和溶蚀（扩大）孔。

9）微晶晶间孔

微晶晶间孔是指发育于火山岩的基质中，矿物结晶成晶体后在晶体间形成的孔隙。此种孔隙的发育程度与岩石的结晶程度有关，结晶程度越高，孔隙越发育。在含油的岩石薄片、铸体薄片中都可以观察到，扫描电镜下该种孔隙十分清晰。

2. 次生孔隙

次生孔隙是指在火山岩成岩之后形成的各种孔隙，是风化、溶蚀以及构造应力等作用所产生的孔隙。次生孔隙中以溶蚀孔隙最为发育，是火山岩储层中分布最广和最为重要的一类储集空间。

1）砾（粒）内溶孔

砾（粒）内溶孔泛指相对较大的熔岩斑晶、火山碎屑内的易溶组分遭受溶蚀后形成的孔隙。该类孔隙主要发育在流纹岩、熔结角砾岩、角砾熔岩、集块岩、火山角砾岩中，其次是在凝灰岩、沉火山碎屑岩之中。

2) 铸模孔

铸模孔专指岩石中的原来某种组分被全部溶蚀掉，但尚保留原组分外形的孔隙空间。本区所见的铸模孔主要是长石铸模孔。此类孔隙一般不发育，见于徐深气田徐深 1—2 井的火山碎屑岩和流纹岩中。

3) 基质内溶孔

基质内溶孔泛指熔岩基质部分、火山碎屑岩中粗碎屑间的细粒火山碎屑及火山碎屑间熔岩质部分的易溶组分被溶蚀形成的孔隙。据岩心、铸体薄片观察发现，基质内溶孔普遍发育，既见于流纹岩的玻璃基质中，又见于角砾熔岩和火山角砾岩的细火山碎屑物之中，还见于凝灰岩的火山灰中。

4) 杏仁体内溶孔

杏仁体内溶孔地表水淋滤或地下水溶蚀杏仁体内的充填物质，发育在各种火山岩中。总体贡献甚微。

（二）裂缝类型

1. 原生裂缝

1) 收缩缝

收缩缝是指岩浆喷溢至地表后，在冷凝固化过程中体积收缩形成的一种成岩缝。其主要见于熔岩和火山碎屑熔岩中，如流纹岩、角砾熔岩，其次见于普通火山碎屑岩中。一般在岩层的顶部较为发育。镜下观察本区典型的收缩缝主要见于珍珠岩内，由同心圆形收缩缝组成珍珠构造。球粒流纹岩中也见有同心圆状或放射状收缩缝。由于冷凝收缩作用，火山岩中在镜下还见有马尾状、扫帚状、近于平行的收缩缝，在球粒流纹岩中球粒内还见有网状收缩微裂缝。部分收缩缝常被其他物质所充填，本区常见的有泥晶方解石充填收缩缝、泥质充填收缩缝。

2) 成岩裂隙

成岩裂隙是指岩浆冷凝、结晶过程中形成的裂隙。其成因是：（1）熔浆冷凝过程中构造运动反复出现，就会在熔岩体内造成裂隙；（2）冷凝、未冷凝的熔岩在底部熔浆继续上涌时破坏其上部熔岩，在熔岩内部造成裂隙；（3）冷凝的熔浆因重力由高处向低处移动形成拉开裂隙。成岩裂隙在喷出熔岩内多见或比较发育，其突出特点是：（1）裂隙均呈开张式；（2）虽呈面状裂开，但裂开规模不大；（3）裂开部分只呈拉开而不错动；（4）裂开面可见柔性变形痕迹。

3) 层间缝

层间缝泛指火山岩中压结成因的和熔浆流动、火山碎屑流动成因的成岩缝，其典型特征是顺层分布。本区主要见于流纹岩中，而由压结作用形成的成岩缝主要见于火山碎屑岩。

4) 炸裂缝

炸裂缝是指火山喷发爆炸时，岩浆携带的碎屑物质受其作用形成的裂缝称为炸裂缝，各种火山岩中都可发育此种裂缝。

5) 隐爆裂隙

隐爆裂隙形成于次火山岩体内，上涌的岩浆达到近地表处，由于挥发分在熔岩体的某一部位集中，当其集中到一定数量时便会因形成巨大的内部压力而发生隐蔽爆破。隐爆裂隙的特点是：（1）多形成于岩体的顶部或凸出部位；（2）裂隙呈开胀式；（3）裂开部位不发生较大的位移，即具有"复原性"。

6）解理缝

解理缝矿物的解理在薄片中表现为沿一定方向平行排列的细缝，比较少见。

7）竖直节理

竖直节理呈岩株、岩基等产状的次火山岩岩体常见该中裂隙，其形成与岩浆的自身冷凝有关，裂隙多是竖直的，在岩体内呈放射状或同心圆状。

8）柱状节理

柱状节理喷出地表的熔岩其柱状节理呈竖直状，次火山岩的柱状节理呈垂直于其与围岩的接触面。该种节理规模变化较大，有的可延伸数十米。

2. 次生裂缝

1）构造缝

构造缝是指岩石形成后，在构造应力作用下形成的缝隙。多具方向性，成组出现，延伸较远、切割较深。自身储集空间不大，但可将其他孔隙连通起来，故常成为火山岩储层的渗流通道，大大地改善了岩石的储集性能。营城组火山岩中的构造缝较为发育，成组出现，且具方向性。

2）风化缝

风化缝是指地表或地下浅处的岩石在风化作用下形成的缝隙。不具方向性，错综交叉而将岩石分割成大小不等的碎块。火山岩形成于地面以上环境中，长期遭受风化作用，故使风化缝成为本区较为发育的裂缝之一。火山岩中还发育有马尾状、雁行式、叶脉状风化缝。此类孔隙常见于火山碎屑岩和流纹岩中。

3）缝合缝

缝合缝的突出特征是呈锯齿状，本区的缝合缝常切割熔岩的斑晶和基质，或切割火山碎屑岩的火山碎屑。缝间多为铁质、泥质全部充填或部分充填，未充填者较少。此种裂缝多发育在火山碎屑岩中。

4）溶蚀缝

溶蚀缝是在原有裂缝基础上发生溶蚀而形成的裂缝。流纹质火山角砾岩中基质被溶蚀形成网状缝。另外，火山角砾粒间被溶蚀形成次生裂缝，火山角砾内发生溶蚀形成粒内溶蚀缝。此类裂缝在研究区均有发育。

上述火山岩储集空间总体可归纳为原生和次生储集空间两大类，以苏北闵桥地区火山岩为例，其储集空间类型及其特征，见表5-8。

表5-8　火山岩储集空间类型

孔隙类型		成因推断	充填情况及含油性	分布特征	岩石类型	孔隙组合
原生孔隙	粒间孔	胶结物或自生矿物缺乏	残留孔隙，充填弱，含油性好	多分布于火山角砾岩中	岩屑角砾岩、玄武质自碎角砾熔岩	多与晶间孔相连
	气孔	气体膨胀逸出	少—半充填，与缝洞相连者含油性较好	分布在韵律层的中、上部	杏仁状玄武岩及角砾岩，具气孔的岩屑角砾岩	与溶缝、洞相连
	晶间孔	自生矿物晶体之间残留	半充填，含油性取决于与缝洞相连通的情况	孔隙较小，呈微孔，直径小于0.05μm	杏仁状玄武岩、火山碎屑岩	与构造缝相连

孔隙类型		成因推断	充填情况及含油性	分布特征	岩石类型	孔隙组合
次生孔隙	粒内孔	原生、自生矿物溶蚀,含铁矿物转变成黏土后解理产生收缩缝	半充填,与缝洞相连,含油好	韵律层的中上部	杏仁状玄武岩、火山碎屑岩	与溶缝、洞相连
	溶蚀孔缝洞	淋滤、溶蚀	未—半充填,含油好	蛇曲状裂缝沿裂缝发育带、岩流单元的顶部、近断层处构造高部位	蚀变杏仁状玄武岩、玄武质自碎角砾熔岩、构造角砾岩破碎带	溶蚀—构造复合缝,与孔、洞、缝相连
	构造缝	构造应力作用	开启—半充填,含油性好,部分—半充填,不含油	较平直,高角度开启或闭合,有呈"X"形,不同时期发育的缝切割,近断层处发育	各类岩石均可,但以致密玄武岩为主	溶蚀—构造复合缝
	晶缘孔	晶体边缘的溶蚀	由于原生孔隙扩大,含油性好	自生矿物边缘	杏仁状玄武岩、火山碎屑岩	与晶间孔、溶蚀孔缝相连

(三) 孔缝组合类型

各种储集空间多不是单独存在,而是呈某种组合形式出现,在胜利油田滨南地区可以见到如下几种组合形式。

1. 以溶蚀孔为主的类型

孔隙组合为原生气孔—构造缝—溶蚀缝—溶蚀孔。该组合类型主要发育在富气孔玄武岩段,为滨 338 块火山岩中最好的孔隙组合类型。

2. 以晶间孔为主的类型

孔隙组合为晶间孔—微晶晶内孔—溶蚀缝—原生孔。这种孔隙组合类型见于贫气孔玄武岩中,为较差的孔隙组合类型。

3. 以粒内孔为主的类型

孔隙组合有粒内孔—构造缝—基质溶蚀孔,以及粒内孔—气孔—构造缝—基质溶蚀孔。该组合类型存在于熔结火山角砾岩中,为中等的孔隙组合类型。

4. 以粒间孔为主的类型

孔隙组合为粒内孔—原生孔—构造缝—溶蚀孔,这一类型常见于非熔结火山角砾岩中,为火山碎屑岩中好的孔隙组合类型。

由以上实例分析可知,火山岩的储层空间及组合类型复杂多样,对于储层的贡献程度大小不一。王璞君等(2006)以松辽盆地徐家围子断陷营城组火山岩储层为研究对象,深入、详细地分析了该火山岩储层的储集空间类型及其发育特征,进一步总结了不同岩石类型的储集空间类型及其组合类型(表 5-9)。

表 5-9 火山岩主要储集空间类型及孔缝组合类型表

岩石类型		孔隙类型	裂缝类型	孔缝组合类型
酸性熔岩	流纹岩	气孔、杏仁体内残留孔、基质内溶孔、超大孔隙	收缩缝、层间缝、炸裂缝、构造缝、风化缝、溶扩构造缝、溶扩风化缝	气孔+溶蚀孔+裂缝型;气孔+裂缝型;气孔型
火山碎屑熔岩	角砾熔岩	粒间孔、基质内溶孔、超大孔隙、粒间溶蚀扩大孔	层间缝、贴粒缝、缝合缝、角砾内和角砾间发育的裂缝	气孔+溶蚀孔+裂缝型;气孔+裂缝型
	凝灰熔岩	粒间孔、基质内溶孔、超大孔隙、粒间溶蚀扩大孔	层间缝、缝合缝、收缩缝、构造缝、风化缝、溶扩构造缝、溶扩风化缝	气孔+溶蚀孔+裂缝型;气孔+裂缝型
熔结火山碎屑岩	熔结角砾岩	砾(粒)间孔、基质内溶孔、超大孔隙、砾(粒)间溶蚀扩大孔	层间缝、贴粒缝、缝合缝、角砾内和角砾间发育的裂缝	砾(粒)间孔+溶孔+裂缝型;砾(粒)内孔+溶孔+裂缝型
	熔结凝灰岩	粒间孔、粒内溶孔、基质内溶孔、超大孔隙、粒间溶蚀扩大孔	收缩缝、层间缝、炸裂缝、构造缝、风化缝、溶扩构造缝、溶扩风化缝	溶孔+微孔+裂缝型;微孔+裂缝型;微孔型
普通火山碎屑岩	火山角砾岩	粒间孔、粒间溶蚀扩大孔、基质内溶孔、超大孔	层间缝、贴粒缝、构造缝、风化缝、溶扩构造缝、溶扩缝合缝、溶扩风化缝	粒间孔+溶孔+裂缝型;粒内孔+溶孔+裂缝型
	凝灰岩	粒间孔、基质内溶孔、超大孔	收缩缝、层间缝、构造缝、风化缝、溶扩构造缝、溶扩风化缝	溶孔+微孔+裂缝型;纯孔隙型
沉火山碎屑熔岩	沉凝灰岩	微孔、粒间孔、粒内溶孔、基质内溶孔、超大孔	层间缝、风化缝、构造缝、溶扩构造缝、溶扩风化缝	溶孔+微孔+裂缝型;纯孔隙型

第四节 火山岩储集空间主要控制因素

火山岩储集空间的形成、发展、堵塞、再形成孔洞等一系列演化,是一个复杂的过程,其主要控制因素有以下三个方面。

一、岩性及岩性组合

岩性及岩性组合是其他因素对火山岩储集空间类型产生影响的物质基础,不同岩性类型的火山岩在化学组成、结构特征、构造特征、矿物组合和产出方式方面具有明显的差异,这些客观存在的差异导致不同类型的火山岩常常具有不同的储集空间类型,不同岩性条件从根本上决定了储集空间的发育程度与规模,无论是原生孔隙还是次生孔隙,无不受岩石类型的影响。因此,火山岩的岩石类型是影响岩石的储集空间类型和储层物性的主要影响因素(表5-8、表5-9)。目前,国内诸多学者(马尚伟,2017;赵静,2016)通过对火山岩储集空间类型及其特征研究,明确了火山岩岩性及其组合对于储集空间类型及其特征具有重要的影响和制约作用。

二、火山岩相类型

由于不同的火山岩相及其亚相中的岩石类型、结构构造、组分等存在明显的差异性，因而其储集空间（孔隙、裂缝）的发育程度也不尽相同（表5-10）。因此，火山岩相决定了火山岩储层储集空间的发育类型和储集性能，对于原生和次生孔、缝的组合与分布具有重要影响和控制作用。如爆发相的火山角砾岩物性好于溢流相，而溢流相的上部亚相气孔发育带要好于底部，每期的火山溢流相熔岩流顶部自碎角砾岩裂缝发育，是良好的储集空间。熔岩流顶、底部气孔发育，是后期储集空间的形成必要条件。

表 5-10 盆地火山岩相分类及储层空间类型（据王璞珺等，2003）

相	亚相	相序相律	储层空间类型
侵出相	外带亚相	侵出相岩穹的外部	角砾间孔隙、显微裂隙
	中带亚相	侵出相岩穹的中带	原生显微裂隙、构造裂隙
	内带亚相	侵出相岩穹的核心	岩球间空隙、岩穹内大型松散体
喷溢相	上部亚相	流动单元上部	气孔、石泡空腔、杏仁体内孔
	中部亚相	流动单元中部	流纹层理间裂隙
	下部亚相	流动单元下部	板状和楔状节理缝隙和构造裂隙
爆发相	热碎屑流亚相	火山旋回早期多见，爆发相上部	颗粒间孔，同冷却单元上下松散，中间致密，底部可能发育几十厘米松散层
	热基浪亚相	多在爆发相中下部，或与空落相互层，低凹处厚，向上变细变薄	有熔岩围限且后期压实影响小则为好储层（岩体内松散层），晶粒间孔隙和角砾间孔隙为主
	空落亚相	多在爆发相下部，向上变细变薄，也可呈夹层	
火山通道相	隐爆角砾岩亚相	火山口附近或次火山岩体顶部，可能穿入其他岩体或围岩	原生显微裂隙
	次火山岩亚相	火山机构下部几百米至1500m，与其他岩相和围岩呈交切状	柱状和板状节理裂隙，接触带的裂隙
	火山颈亚相	直径数百米、产状近于直立、切穿其他岩层	环状和放射状裂隙

在同一火山岩相的不同相带中，储集空间类型及其特征也具有明显的不同。由前人研究可知，风化作用对熔岩的储集物性影响很大。在火山岩中孔隙最发育的相带除构造破碎带以外，就是风化侵蚀带。可以说，火山岩的储集物性与其风化程度呈正比关系。潍北油田熔岩流单元剖面的风化特征是这一风化效果的典型实例（图5-3）。

从图5-3看，一般而言，气孔孔隙多发育在喷溢玄武岩中受风化面影响的蚀变的A带，晶间孔隙多发生在喷溢相，在非晶质中则发育脱玻化孔隙。

不同相带的岩石性质不同，其抗风化改造的能力也有明显差异，这也是影响次生孔隙的一个方面。但总的说来，最有利于孔隙发育的相带是喷溢相中没风化的熔岩，B段易形成裂缝，风化较强和中等程度的中上部C、D段气孔和裂缝发育。因此在喷溢相中孔隙与裂缝最发育是良好的储集空间。

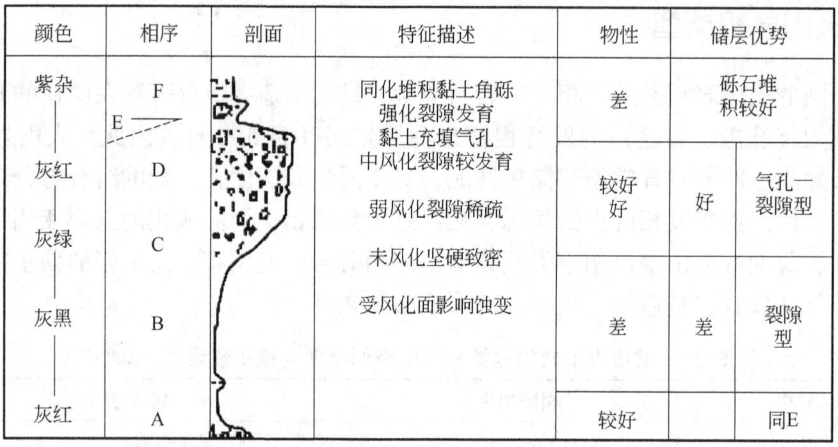

颜色	相序	剖面	特征描述	物性	储层优势	
紫杂	F		同化堆积黏土角砾 强化裂隙发育 黏土充填气孔	差	砾石堆 积较好	
灰红	E D		中风化裂隙较发育	较好 好	好	气孔— 裂隙型
灰绿	C		弱风化裂隙稀疏 未风化坚硬致密			
灰黑	B		受风化面影响蚀变	差	差	裂隙 型
灰红	A			较好		同E

图 5-3 山东潍北凹陷下古近系风化熔岩流单元模式

三、成岩作用类型

火山岩的成岩作用与储层的储集性能的关系十分密切，尤其是对火山岩孔隙的发育与演化起着重要的控制作用，不仅影响储集空间的形成，而且还影响原生孔隙的保存、次生孔隙的分布以及孔隙的连通与储渗性质。

（一）构造作用

构造作用形成众多的裂隙以及破碎带，使得原来孤立的气孔连通起来，从而提高油气的储集性能。火山熔岩在冷凝过程中产生的气孔和微裂缝，后期由于被地下水中溶解的碳酸钙和后期热液产生的沸石所充填而致使连通性变差。火山熔岩的储集空间主要为粒间孔隙，胶结物为火山灰或熔岩，其含量差别很大，物性变化大，因而形成的构造裂缝同样是影响储油物性的重要因素。我国各类岩浆岩储层的储集空间应属于裂缝—孔隙型。无论是原生孔隙还是次生孔隙，要形成有效储集体，必须借助大小不一的裂缝或裂隙所沟通。所以构造作用是形成裂隙、促进油气运移和聚集的重要因素。

（二）各种物质的充填作用

充填作用现象在火山岩中普遍存在，充填作用使岩石的孔渗性降低。如沸石多以杏仁体形式充填在气孔中，形态多呈柱状、片状，Khatchikian（1983）认为，沸石沉淀总是导致火山岩总孔隙度降低。方解石多充填于气孔、裂缝中，早期呈栉壳状，晚期呈镶嵌状，同样降低孔隙度。地下水为碱性时，主要是方解石、铁方解石碳酸盐矿物大量沉淀，并交代绿泥石、高岭石、石英、玉髓等。这一时期的孔隙度变化不大，但水化作用过程中释放出大量的 SiO_2，在地表酸性水的参与下沉淀下来充填孔隙。从薄片中可以看到，岩石中大量气孔被硅质充填，减少孔隙空间。后期碱性地下水中生成黄铁矿沉淀，并交代高岭石、绿泥石、玉髓等早期矿物，孔隙体积基本保持不变。

（三）淋滤（溶蚀）作用

溶蚀作用是影响储层储集性能的重要因素。溶蚀作用可使岩石破碎，也可使岩石的化学成分发生显著变化，如矿物的溶解、氧化、水化和碳酸盐化等，而后生成新矿物。溶解作用一方面可使岩石中易溶物质被带走，难溶物质残留于原地；另一方面，可使岩石坚固性变差，易碎形成裂缝或破碎，致使储层孔隙性、渗透性得到良好改造。

溶蚀作用可以产生两种截然不同的结果。一种情况是使原生孔、缝的发育程度变好，增加有效的储集空间，提高孔隙度和渗透性，对火山岩储层起到建设性改造作用。这种改造作用越彻底，火山岩储层的储集性能就越好。另一种情况是使原有的储集空间变小或完全堵死，充填孔、缝中的次生矿物不同程度地影响火山岩的孔渗性。如方解石矿物，可被溶蚀产生孔、缝隙，也可以人为地进行酸化处理，使无效空间变为有效储集空间；而绿泥石矿物易堵，因而降低孔、缝隙的储渗价值；沸石在火山岩中常大量出现，它属硅酸盐矿物不易溶蚀经常堵塞孔缝，使孔渗性变差。

（四）次生蚀变作用

次生蚀变作用是火山岩成岩后所发生的一系列的变化。各种火山岩及其矿物成分均有不同程度的次生变化：如橄榄石常变成伊利石、褐铁矿；辉石和角闪岩常变成绿泥石；基性斜长石常变成高岭石、绢云母、绿泥石，个别变为方沸石、碳酸盐；碱性长石多变为高岭土。总的来说，次生变化是把不含水的高温矿物转变成低温低压下稳定的含水矿物。一般来说，含水的次生矿物比原生矿物的体积要增大，所以火成岩发生次生变化后对岩石的孔隙和裂缝有一定的堵塞作用。绿泥石化是最普遍的次生变化，较为常见的有辉石、角闪石的绿泥石化和基质的绿泥石化。绿泥石化是一个水化反应，使矿物体积增大，起堵塞孔隙的作用。

第五节　火山岩储层分类评价

火山岩油气藏是一类特殊的油气藏类型，储层具有埋藏深、岩性复杂、物性差、储集空间类型多样及流体多样等基本特征，因此火山岩储层分类与综合评价的难度较大。通过对火山岩储层的主要影响因素的研究与对比分析认为，火山岩储层主要受到的组分、岩性、岩相、厚度、储集空间类型、储集物性以及成岩作用等都可能成为火山岩储层分类与评价的重要参数，因此只有搞清火山岩储层发育的主要影响因素，才能做出科学合理的储层分类方案及综合评价结果。

一、火山岩储层分类方法

储层分类资料与评价参数的选择以及评价结果的合理性验证是储层评价研究中应该尤其关注的 3 个重点。

储层研究的最终目的就是对储层作出符合地质实际的分类与评价。国外研究主要集中在利用各种数学方法、地质学方法和实验方法等对孔隙度和渗透率等储层物性参数进行分类评价。国内研究主要集中在优选储层评价参数，利用各种地质统计学方法或数学方法对储层进行分类，分析不同类型储层与油气分布的关系，以指导油气勘探开发。

目前储层评价的方法主要包括地质经验法、权重分析法、层次分析法、模糊数学法、人工神经网络法、分形几何法、变差函数法、聚类分析法、灰色关联法、各种测井方法和地震方法等。实践中应该尽量综合应用多种资料，综合不同研究方法的优点，深入发掘不同类型资料中的有效信息，对储层性质特征作出正确评价。

二、储层分类评价参数

储层分类评价研究中另一个十分重要的问题就是评价参数的选择，从某种意义上讲，参数选取的合理与否，直接决定了分类评价结果的合理性和正确性。根据资料的不同和研究目的的差异，不同研究者在选择储层评价参数时出发点不同，关注的重点也不同，因此储层评价参数的选择差别很大。其中，火山岩储层的分布规律是基础、储集空间的发育状况是关键、物性参数的优劣是本质，并且不同的参数在储层分类评价研究中对这 3 个影响因素加以体现。

三、储层分类评价标准

（一）储层物性分类评价标准

在我国火山岩储层分类评价过程中，目前多参考 SY/T 6285—2011《油气储层评价方法》（表 5-11）。赵澄林（1999）和王璞珺等（2008）相继分别在辽河盆地以及松辽盆地火山岩储层研究中建立了相应的物性分类评价标准（表 5-11）。

表 5-11　火成岩储层物性分级和储层分类评价标准回顾（据王岩泉等，2016）

分类标准	石油天然气行业标准（2011）	赵澄林等（1999）	王璞珺等（2008）
孔隙度分级界限，%	Ⅰ类：≥15；Ⅱ类：15～10；Ⅲ类：10～5；Ⅳ类：5～3；Ⅴ类：<3	Ⅰ类：>15；较高孔 15～10；中孔 5～10；低孔<5	Ⅰ类：>8；Ⅱ类：8～6；Ⅲ类：6～3；Ⅳ类：3～2；Ⅴ类：<2
渗透率分级界限，mD	Ⅰ类：≥10；Ⅱ类：10～5；Ⅲ类：5～1，Ⅳ类：1～0.1；Ⅴ类：<0.1	高渗>5；中渗 5～1；低渗 1～0.1；特低渗<0.1	Ⅰ类：>0.5；Ⅱ类：0.5～0.1；Ⅲ类：0.1～0.05；Ⅳ类：0.05～0.03；Ⅴ类：<0.03
储层分类评价标准	Ⅰ类；Ⅱ类；Ⅲ类；Ⅳ类；Ⅴ类	Ⅰ类：高孔—高渗；Ⅱ类：较高孔—中渗；Ⅲ类：中孔—低渗；Ⅳ类：低孔—特低渗	Ⅰ类：好储层；Ⅱ类：较好储层；Ⅲ类：中等储层；Ⅳ类：差储层；Ⅴ类：非储层

（二）储层综合分类评价

近十余年来，火山岩油气藏在我国获得迅速发展，火山岩储层的研究方法与技术手段已成为目前火山岩勘探的一个重要内容。针对火山岩储层的分类评价通常沿用通用的行业标准或成熟火山岩探区指标。通用的行业标准针对性不强，难以精细评价特定的火山岩储层；而成熟火山岩探区的储层评价指标多是从物性、岩性、岩相、裂缝、圈闭、产能等指标展开，而且不同区块由于勘探程度和研究目的各异，采用的指标不尽相同，因此火山岩油藏储层评价尚缺乏较为系统和公认的标准（兰朝利等，2008）。

1. 准噶尔盆地火山岩储层分类评价

范存辉（2015）根据准噶尔盆地西北缘中拐凸起石炭系火山岩岩性与岩相分布、裂缝发育特征及分布规律、储层特征及成因机理、储层发育主控因素等研究结果，参考火山岩储层评价相关的行业标准，综合岩性岩相、物性及孔隙结构、风化淋滤、裂缝发育程度、古地貌及构造作用（断裂、不整合）等储层发育影响因素，选取岩性岩相、储集空间类型、古地貌、裂缝发育程度等定性指标，以及储层孔隙度、渗透率、孔隙结构、进汞饱和度等定量指标，采用定性评价指标与定量评价指标相结合的手段，建立火山岩储层评价标准，并将火山岩储层划分为Ⅰ类、Ⅱ类和Ⅲ类三个类别（表5-12）。

表5-12 中拐凸起石炭系火山岩储层评价标准

分类	孔隙度%	渗透率mD	岩性	岩相	孔隙结构	进汞饱和度,%	储集空间	古地貌位置	裂缝发育程度
Ⅰ类	>7.5	>0.9	火山角砾岩、安山岩	爆发相、喷溢相	Ⅰ类、Ⅱ类	>50	溶孔、砾间孔、气孔、裂缝	残丘及边缘地带；断裂附近的缓坡	Ⅰ级发育区
Ⅱ类	3.5~7.5	0.3~0.9	安山岩、凝灰岩	喷溢相、爆发相	Ⅱ类、Ⅲ类	30~50	溶孔、晶间孔、残余气孔、裂缝	缓坡及其边缘地带；断裂附近的陡坡	Ⅱ级发育区
Ⅲ类	<3.5	<0.3	玄武岩、火山沉积岩	喷溢相、侵出相、火山沉积相	Ⅲ类为主	<30	溶孔、裂缝、微裂缝	陡坡、溶坪、洼地、沟槽	Ⅲ级发育区

2. 松辽盆地火山岩储层分类评价

冯子辉等（2015）依据火山岩储层的钻井岩心、岩性岩相、测井解释物性（孔隙度、渗透）、薄片鉴定等资料，优选火山岩岩石类型、火山岩相、次生矿物组合、孔隙度、渗透率、面孔率、孔隙组合等各项参数，建立了松辽盆地北部营城组火山岩储集层分类与评价标准（表5-13），进而将松辽盆地北部营城组火山岩储集层划分为五大类，分别是Ⅰ类（好储层）、Ⅱ类（较好储层）、Ⅲ类（中等储层）、Ⅳ类（差储层）和Ⅴ类（非储层）。

表5-13 松辽盆地北部营城组火山岩储层分类与评价标准（据冯子辉等，2015）

储层类型	孔隙度%	渗透率mD	面孔率%	孔隙组合	岩性	岩相	次生矿物	次生矿物组合
Ⅰ类	≥10	≥0.5	≥5	残余气孔+砾间孔+微裂隙+溶蚀孔+砾内溶孔+基质溶孔	火山岩角砾岩、角砾熔岩、流纹岩、英安岩、安山岩	爆发相、火山通道相、溢流相	石英、绿泥石、钠长石、白云石、方解石	石英+绿泥石+钠长石+（白云石+方解石）+裂缝+溶蚀相
				残余气孔+砾间孔+微裂缝+溶蚀孔	流纹岩、安山岩、玄武岩、火山角砾岩、凝灰岩、火山角砾熔岩	溢流相、火山通道相、侵出相	石英、绿泥石	蚀变绿泥石+次生石英+气孔+溶蚀+微裂缝相
Ⅱ类	≥6~<10	≥0.05~<0.5	≥2~<5	残余气孔+微裂缝+溶蚀孔	流纹岩、安山岩、玄武岩、凝灰岩、火山角砾岩	溢流相、爆发相	石英、绿泥石、方解石	石英+绿泥石+方解石胶结+气孔+裂缝相
Ⅲ类	≥4~<6	≥0.01~<0.05	≥1~<2	残余气孔+微裂缝+溶蚀孔	流纹岩、安山岩、玄武岩、凝灰岩、火山角砾岩	溢流相、爆发相	石英、绿泥石、方解石、菱铁矿	石英+绿泥石+菱铁矿+方解石胶结+气孔相

储层类型	孔隙度%	渗透率mD	面孔率%	孔隙组合	岩性	岩相	次生矿物	次生矿物组合
Ⅳ类	≥2~<4	≥0.005~<0.01	≥0.5~<1	残余气孔+微孔	流纹岩、安山岩、玄武岩、	溢流相	方解石、绿泥石、菱铁矿	方解石+绿泥石+菱铁矿胶结+气孔相
Ⅴ类	<2	<0.005	<0.5	微孔	凝灰岩、熔结火山角砾岩	爆发相边缘,溢流相,火山沉积相	石英	石英胶结+微孔相

陈欢庆等（2012）通过对松辽盆地徐东地区营城组一段火山岩储层评价的研究认为,影响储层性质的因素主要是构造作用、沉积作用和成岩作用三种地质作用,并且选择火山岩储层厚度、有效孔隙度、总渗透率、含气饱和度、变异系数等储层评价参数将该区火山岩储层划分为四类（表5-14）。

表5-14 松辽盆地徐东地区营城组一段火山岩储层评价参数特征（据陈欢庆,2012）

分类	储层厚度,m	有效孔隙度,%	总渗透率,mD	含气饱和度,%	变异系数
Ⅰ类	8.8~164.1	5.83~14.48	5.01~17.44	35.68~70.46	0~1.01
Ⅱ类	11.2~97.7	4.74~9.21	0.06~4.11	43.71~64.08	0.52~1.71
Ⅲ类	5.9~240.8	4.97~8.14	0.13~7.12	2.20~50.42	0.80~5.24
Ⅳ类	1.5~70	3.90~7.95	0.017~4.79	2.53~57.20	0~1.04

3. 辽河盆地火山岩储层分类评价标准

赵澄林等（1999）在对辽河盆地东部凹陷火山岩储层特征研究过程中,建立了该区火山岩储层物性分类评价标准（表5-15）,进而将储层划分为Ⅰ类（高孔—较高渗及以上）、Ⅱ类（较高孔—中渗）、Ⅲ类（中孔—低渗）以及Ⅳ类（低孔—特低渗）等类型。

表5-15 火山岩储层分类标准表（据赵澄林等,1999）

分类	孔隙度,%	渗透率,mD	岩石类型	主要储集空间	物性评价
Ⅰ类	>15	>5	角砾熔岩、凝灰岩、角砾化粗面岩、溶蚀熔岩	裂缝、溶孔、气孔	高孔高渗
Ⅱ类	10~15	1~5	气孔熔岩、角砾化熔岩	裂缝、气孔、溶孔	较高孔中渗
Ⅲ类	5~10	0.1~1	气孔熔岩、火山角砾岩、火山质砾岩	砾间孔、气孔、裂缝、溶孔	中孔低渗
Ⅳ类	<5	<0.1	致密熔岩	微孔、微缝	低孔特低渗

4. 火山岩储层综合分类评价标准

赵澄林等（1994）综合我国20余个火山岩油气田储层的岩石类型、岩相带、储集空间类型和物性资料,充分考虑各种地质资料对火山岩储层的影响及控制作用,建立储层综合评价和分类方案（表5-16）。

表 5-16　火山岩类储层评价分类表（据赵澄林，1994）

分类	岩石类型	岩相带	储集空间类型	孔隙度 %	渗透率 mD
Ⅰ 类	自碎中—基性熔岩、高气孔熔岩	自碎熔岩相、中距火山口喷发—喷溢相	裂隙型、裂隙—孔隙型	>15	>10
Ⅱ 类	碎裂次火山岩和脉岩、中气孔熔岩	隐爆型自碎次火山岩相、喷溢中气孔熔岩相	裂隙—孔隙型、溶蚀孔隙—气孔型	10~15	5~10
Ⅲ 类	溶蚀熔岩、中—粗粒火山碎屑岩	溶蚀—风化—淋滤熔岩相、喷发—降落火山角砾岩相	溶蚀孔隙型、砾间孔隙型	5~10	1~5
Ⅳ 类	含气孔熔岩、凝灰岩、高气孔熔岩	喷溢弱溶蚀熔岩相、喷发—降落火山凝灰岩相	气孔型、溶蚀孔隙—微裂隙型、基质蚀变孔隙型	3~5	0.1~1
Ⅴ 类	致密熔岩	喷溢近火山口熔岩相	微孔—微缝隙型	<3	<0.1

第五章小结

第六章 变质作用概述

第一节 变质作用及变质岩的基本概念

变质作用（metamorphism）是指在地壳形成和发展过程中（包括地壳和上地幔的相互作用），已经形成的岩石（原岩），由于地质环境的改变，物理化学条件发生了变化，促使固态岩石发生矿物成分和结构、构造等方面的变化，有时伴有化学成分的变化，在特殊条件下，还可以产生重熔（溶）而形成部分流体相（"岩浆"）等各种作用的总和。

变质作用与沉积作用、岩浆作用之间有着明显的差异，但也存在着一定的联系，因此它们之间的界限仍是值得进一步研究的问题。

（1）变质作用与沉积作用不同之处在于：①变质作用是在较高的温度和一定压力下进行的，多发生在风化带、胶结带以下一定深度，因而它不同于在常温、常压地表及近地表下进行的沉积作用；②出现浊沸石（温度200℃左右，压力小于3kbar❶）、叶蜡石（温度大于200℃）、硬柱石（温度200~300℃，压力大于3kbar）、蓝闪石（温度200℃，压力大）等矿物时，标志着低级变质作用的开始；③一般认为沉积成岩作用的结束就标志着变质作用的开始。

（2）变质作用与岩浆作用不同之处在于：①变质作用多是在固体状态下进行的，只有在变质作用异常强烈时，由于温度和压力都很高，可使原岩发生局部重熔，产生部分流体相，而岩浆作用以流体相为主，含少量固体（如包体、斑晶、捕房体）；②变质作用是由低温到高温，岩石由固相到产生部分流体相的过程，而岩浆作用是由高温到低温，由流体相到固相的过程；③变质作用与岩浆作用间没有明显的界线，它们一般具有连续变化的过程，即当岩石全部熔融时，变质作用即为岩浆作用所取代。

由变质作用所形成的岩石称为变质岩（metamorphic rock）。根据原岩种类的不同，可将变质岩分为三种类型：

（1）正变质岩，由岩浆岩经变质作用所形成的变质岩。

（2）副变质岩，由沉积岩经变质作用所形成的变质岩。

（3）复变质岩，由变质岩经变质作用所形成的变质岩，也称为叠加变质岩。

彩图9 中国变质岩地质图

变质岩在地球的发展演化过程中占有重要的地位。地壳形成历史的3/4以上的时间是前寒武纪，前寒武纪的岩石几乎全为变质岩。变质岩的分布占大陆面积的1/5以上。

我国变质岩分布较广（彩图9），从太古宇至新生代都有变质岩的形成，但多数分布在古老结晶地块和古生代以来的造山带、构造活动带中，如华

---

❶ 1bar＝10^{5}Pa。

北地台基底的结晶片岩、片麻岩；扬子准地台浅变质的板岩、千板岩；地台之间古生代以后的各造山带也出露有各种类型的变质岩。变质作用是地壳发展演化的重要过程，因而对于变质作用及其产物的研究，对于重塑地壳发展历史、演化历史和认识其变化规律尤为重要。同时，在变质岩中还赋存有大量的金属和非金属矿产，其中铁矿的储量尤为丰富，如著名的鞍山式铁矿、大冶式铁矿均产于变质岩中。在玉门、辽河、胜利、渤海、冀东等油田变质岩地层中发现油气藏，为寻找油气后备资源开辟了新领域。

第二节　变质作用的因素

变质作用因素是指引起岩石发生变质作用的内部因素和外部因素。内部因素主要指原岩性质和地质环境，其始终起主导作用，地质环境的改变导致外部因素的改变。外部因素指物理、化学方面的因素，主要包括温度、压力以及具有化学活动性流体。

一、原岩性质

原岩性质是变质作用的基础，它包括原岩的成分、结构、构造等。

（一）成分

原岩成分不同，经变质作用所形成的岩石类型不同，如石灰岩经变质形成大理岩，而砂岩或硅质岩经变质形成石英岩，绝无可能形成大理岩。原岩成分相同，在不同的温度、压力条件下，可以形成不同类型的变质岩。这些新形成的变质岩的化学成分基本相似，但在矿物组合和结构、构造上差异很大，如泥岩在不同的变质条件下，可形成角岩、板岩、千枚岩、片岩或片麻岩。这是因为岩石的变质作用大多数是在固态下进行的，即便有水或其他化学性质活泼的流体参加，对原岩成分的影响也只是局部的。

（二）结构构造

1. 原岩的粒度

发生变质作用时，化学反应主要是在矿物颗粒表面开始。矿物颗粒表面积越大，矿物颗粒之间或矿物颗粒与粒间（孔隙）溶液间的化学反应速度就越快。在同样体积下，岩石中矿物粒度越小，其表面积就越大。所以粒度越细的岩石，在变质作用时的化学反应速度也就越快。在一般情况下，粒度极细小的泥质岩或泥晶灰岩，对变质反应特别敏感，易发生变化。

2. 原岩的孔隙度和裂隙性

一般当原岩孔隙度大、裂隙发育时，有利于流体的渗透作用，从而加速化学反应的进行。岩石的孔隙度与岩石粒度大小及分选性有关。岩石的粒度越粗、分选性越好，其孔隙度就越大。有些脆性岩石，受力易被破裂形成许多裂隙，有利于流体活动，从而加速了变质反应的进行。

3. 原岩的构造

原岩的某些构造直接影响流体的渗透作用。如原岩的层理、原生节理等，都可作为流体的通道。一般来说，顺层理方向比垂直层理方向更有利于流体的渗透和热流的传导。

二、物理化学条件

物理化学条件是影响变质作用的外部因素，包括温度、压力及化学性质活泼的流体，它们是引起原岩发生变质作用的重要条件。

（一）温度

温度（T）是影响变质反应的重要因素。温度升高可促使矿物重结晶，使原岩的结构构造发生改变，而岩石的组分基本不变。例如石灰岩在高温条件下，晶粒变得比原来粗大而成为大理岩；呈胶体状态的蛋白石因重结晶变为隐晶质的玉髓，若温度继续升高就可进一步变为显晶质的石英。另外，温度升高可促进变质反应的进行，形成新的矿物组合，这种反应是向着吸热和脱水的方向进行的，使岩石组分重新组合，岩石矿物成分和结构、构造均发生明显改变。如高岭石泥岩变成红柱石角岩的反应为：

$$Al_4 [Si_4O_{10}] \ (OH)_8 \xrightleftharpoons[\text{放热}]{\text{吸热}} 2Al_2 [SiO_4] O+2SiO_2+4H_2O$$

高岭石　　　　　　　红柱石　　　石英　　水

温度升高，变质反应伴随脱水而形成变质热液。这些热液积极参加反应，从而加速变质反应的速度，使其呈指数倍增加。此外，这些热液可将原岩中某些组分迁移到较远距离或相对富集。在某些情况下，温度的进一步升高可使原岩在变质结晶的基础上进一步选择性重熔（溶），长英质低熔组分成流体相出现，引起混合岩化现象。

在变质作用中，引起温度升高的热能来源是多方面的，主要有：

（1）岩浆侵入体所带来的岩浆热，使围岩发生接触变质作用。

（2）地热增温梯度，地壳自恒温层以下，温度随深度增加而增高。每百米温度的平均增加数称为地热梯度，也称为地热增温率。地区不同，地热增温率有差异，这与构造环境有关，通常地热增温率为 $2\sim3℃/100m$。而松辽盆地的地温梯度平均为 $3.8℃/100m$，除盆地边缘梯度稍低之外，一般多在 $3\sim5℃/100m$ 之间，这是中国大型盆地中地温梯度较高的分布区之一。

（3）上部地壳放射性元素蜕变引起的放射热。它随时间发展而变弱，温度升高较均匀，其最高温度达 $500℃$，可引起低级变质作用的发生。

（4）深部物质重力分异而产生的热，其热流值为 $500\sim700℃$，可达中级变质。热流分布不均匀，形成热构造，产生递增变质作用。它随重力分异热能的变化而变。

（5）构造运动产生的摩擦热，可使岩石变成塑性状态，甚至发生局部熔融。但这种热影响范围较局限，是动力变质作用的主要热源。

（6）地壳中物质相转变而释放出来的热能。

不同来源的热能，对不同类型的变质反应所起的作用不相同。但必须指出，温度不是孤立地起作用的因素，变质作用是在多种因素的有机配合下发生的，温度的变化只是引起岩石变质的诸因素中最重要的因素之一。

（二）压力

除了温度条件外，岩石发生变质还需在一定的压力条件下进行，这种压力（p）可根据作用的方式和性质分为静压力、粒间流体压力和应力三大类。

1. 静压力

静压力（p_t）又称为均向压力或负载压力，是指各个方向相等的围压，主要是由上复岩石荷重所引起的，通常用巴（bar）或千巴（kbar）来表示，$1bar = 0.987atm = 10^5Pa$。岩石承受的静压力随其所处深度的增加而加大，根据岩石的平均密度计算，每加深1km，静压力则增加0.28kbar。

静压力的加大会使岩石的孔隙减小，变得致密坚硬。同时在一定的温度下，由于静压力的增加，常常生成一些相对密度增大，分子体积减小的矿物。例如，红柱石的相对密度为3.1，在静压力加大时，生成蓝晶石（相对密度为3.6）；钠长石在高压条件下形成硬玉和石英的组合，其反应如下：

$$NaAlSi_3O_8 \xrightarrow{\ p_大\ } NaAlSi_2O_6 + 2SiO_2$$

	钠长石	硬玉	石英
相对密度	2.61	3.24～3.43	2.65
分子体积	100	61.7	22.7
			84.4

其中，分子体积=相对分子质量/相对密度。从上述可知，硬玉与石英的分子体积之和比钠长石的分子体积要小。此外，静压力的增大还会使吸热变质反应的温度升高。如上述钠长石转变为硬玉和石英的反应，当静压力为6kbar时，在常温条件下钠长石就可以分解为石英和硬玉；当静压力加大到14kbar时，反应的温度则大约需要400℃。

2. 粒间流体压力

粒间流体是指存在于岩石颗粒之间、岩石的显微裂隙及毛细孔中的流体物质，主要为水、二氧化碳、氧气等。这些流体物质产生的压力称为粒间流体压力（p_f）。流体压力的总和等于各组分分压之和，即

$$p_f = p_{H_2O} + p_{CO_2} + p_{O_2} + \cdots\cdots$$

静压力与粒间流体压力的关系有以下三种情况：

（1）$p_t = p_f$。在地壳深部，岩层中构造裂隙不发育，固体岩石所承受的压力能全部传导给流体相，使颗粒间的流体承受了与围岩相同的负荷压力处于平衡的压力条件，即处于封闭体系条件，所以一般是$p_t = p_f$。它们都决定于上覆岩层的重力，即决定于埋藏深度，此时p_f不是决定物化平衡的独立因素。

（2）$p_t > p_f$。在地壳浅部，岩层中裂缝发育，因此流体相能自由流通，呈开放体系，此时其压力p_f等于相应深度该流体相的重力，而不等于上覆岩层的重力。由于流体相的相对密度都小于岩层，所以此时$p_t > p_f$。在高温变质条件下，由于岩层含水很少，有时呈不饱和状态，也能出现$p_t > p_f$情况。这些情况下，二者成为独立因素，对变质反应的平衡都起控制作用，故应分别考虑。

（3）$p_t < p_f$。在侵入体附近，岩浆侵入带来大量挥发分，在局部聚集，使$p_t < p_f$。另外，如果原岩中水含量高，当压力增大时，水压出，使$p_t < p_f$。一般来讲，沉积岩中水多，而岩浆岩中水少。在温度升高很快的情况下，由于变质反应很快，去水反应快，使$p_t < p_f$。上述

情况下，p_f 不是控制变质反应的独立因素，可以不考虑。

变质作用过程中一般是 $p_t = p_f$，当少数情况下两者不相等时，则流体压力起独立作用，成为控制脱水和脱碳酸盐化等变质反应的主要因素。

如硅质灰岩的变质反应是：

$$CaCO_3 + SiO_2 \rightleftharpoons CaSiO_3 + CO_2 \uparrow$$

方解石 石英　　硅灰石

当温度上升至470℃，压力为 $1.013 \times 10^5 Pa$ 时，CO_2 大部分逃逸掉了，p_{CO_2} 分压力低，便会有硅灰石晶出，反应向右进行；当压力加大时，CO_2 含量增加（不能逸散），p_{CO_2} 分压增高，将阻碍硅灰石的形成或促使其分解，反应则向左进行。只有当温度进一步升高时，才会有硅灰石继续晶出。所以，流体压力能影响变质的温度。

此外，粒间流体压力对某些矿物的重结晶可起催化的作用（促使矿物的水化），而对某些含结构水的矿物的分解则起抑制作用。因此，当 p_{H_2O} 增大时，有利于水化反应；当 p_{H_2O} 减小时，则有利于脱水反应的发生。

3. 应力

定向压力又称为应力（p_s），主要是指由于构造运动或岩浆活动而产生的侧向挤压力。应力一般是随深度增加而减小。岩石在应力作用下，将发生变形和破碎，使岩石产生节理、破裂面（劈理面）等。组成岩石的矿物在应力作用下，也会发生变形、破裂、转动，以及引起矿物光学性质的改变。例如：云母的扭折，石英的压碎、波状消光、由一轴晶变为二轴晶等，从而导致岩石在结构、构造的变化。此外，应力还能导致变质岩中某些定向构造（如片理构造）的形成；促进粒间流体的活动，从而加速变质作用的进行，提高变质反应的强度。在构造运动中，应力有时比负荷压力更大，并且它们的垂直分应力能够叠加到负荷压力，提高压力的强度。

（三）具化学活动性质的流体

岩石的裂隙和毛细孔内及颗粒之间存在有流体，它们的含量大约占岩石总量的 1%～2%，其主要成分为 H_2O、O_2、CO_2 以及数量不等的硼酸、盐酸、硫化氢等。它们具有很大的化学活动性，在压力差或溶液中活动组分的浓度差的驱动下发生流动，与周围岩石发生交代作用，产生组分的迁移，形成与原岩成分截然不同的变质岩。在较高温度压力条件下，这种流体呈超临界状态，即一种气液之间无明显分界和区别的状态。此时，流体的化学活动性还会大大地增加。

具有化学活动性的流体对岩石变质所起的作用主要表现在以下三个方面：

（1）流体可以起着溶剂的作用，促进岩石中某些组分的溶解和迁移，有利于变质作用的进行。

（2）直接影响变质作用的进行。有些变质反应涉及流体相，流体可以直接影响变质反应的方向和速度，尤其对于水化—脱水反应、碳酸盐化—脱碳酸盐反应，流体中 H_2O 和 CO_2 的浓度是至关重要的。如硅质石灰岩中的方解石和石英在高温变质条件下生成硅灰石的反应（图6-1）。当流体总压力（p_f）固定时，随着二氧化碳摩尔分数（x_{CO_2}）的增高，变质反应的温度会逐渐升高。

（3）以水为主的流体对岩石的部分重熔有一定的影响。一般来说，岩石的熔点是随岩石的含水量升高而降低的。图 6-2 可以说明长英质组分的熔点随含水量的变化情况。当含水 8% 时，即在饱和水（湿体系）的条件下，熔点为（640±20）℃，而在不含水（干体系）的条件下，长英质组分需在 950℃ 才开始熔融。由图 6-2 可见，岩石中的含水量对混合岩化的温度条件是有影响的。

具化学活动性流体在变质作用中虽然重要，但在一般情况下，它并不是变质作用中的一个独立因素，只有在温度、压力的影响下它才会显示其作用，而且随着温度的增高，其作用更加显著。化学活动性流体能导致新的成分的加入，所以不仅能引起原岩结构、构造的改变，而且可以促使岩石的化学成分、矿物成分发生变化。

（四）时间

这里的时间指变质作用持续的时间（t），也是变质作用很重要的因素，往往被人忽视。有些变质作用看来不易发生，但在长时间持续作用下却可以进行，特别是变质结构的生成、岩石的塑性变形，都是很慢的过程，均与变质作用经历的时间有关。

应当指出，在变质过程中控制变质作用进行的各种物理因素（温度、压力）、化学因素（化学活动性流体）和时间并不是孤立存在的，它们几乎是同时存在，而且是互相制约、互相影响的，只是在不同地质条件下，在不同变质时期内，某一种因素起着主导作用而已。一般来说，温度和时间是最重要的因素，其次是静压力。仅在地壳浅部，当流体压力小于或大于静压力时，流体压力成为影响平衡的一个独立因素。应力对岩石的结构、构造和变质反应的速度有重要的影响，一般认为它不是决定变质矿物共生组合的物化平衡因素。

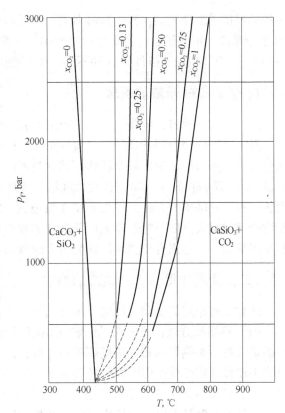

图 6-1 温度、流体压力、流体中 CO_2 的含量（以摩尔分数表示）与 $CaCO_3 + SiO_2 = CaSiO_3 + CO_2$ 的平衡关系图
（据格林伍德，1967；哈克和塔特尔，1956）

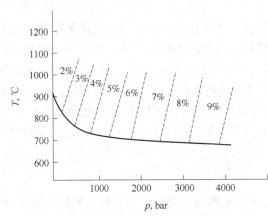

图 6-2 标准"花岗岩"低熔曲线与饱和水含量
（据塔特尔，1958）
2%～9% 为水的百分含量

三、变质作用 p-T-t 轨迹

变质作用是发生在地壳中的构造—热事件，在一次变质事件中，其影响所及的地壳

一般都经历了温压增高，到达高峰状态，然后降温和降压这样一个动态的连续变化过程。近20多年来造山带变质岩石的研究和变质作用热模拟表明，岩石在变质作用这一动态过程中，$p-T-x$（x 为其他未知条件）条件不是静止不变的，而是随时间而不断改变的。

（一） $p-T-t$ 轨迹的概念

所谓 $p-T-t$ 轨迹，就是"岩石在变质作用过程中 $p-T$ 条件随 t 的变化而变化的历程或在 $p-T$ 图解中表示该历程的曲线"（Miyashiro，1994）。England 和 Richardson（1977）在一篇论述侵蚀作用对造山带区域变质作用演化过程的影响的论文中首次提出了 $p-T$ 轨迹的概念。England 和 Thompson（1984）在对大陆增厚事件中经受区域变质作用岩石的 $p-T$ 演化规律全面热模拟研究基础上，正式提出 $p-T-t$ 轨迹这一术语。$p-T-t$ 轨迹概念的提出，是变质作用理论研究的重大突破，它使得人们从动态的观点，重新审视变质岩石学领域的一些重大问题和基本概念，是标志着变质作用研究进入地球动力学阶段的里程碑。

（二） 变质作用 $p-T-t$ 轨迹的确定

建立变质作用的 $p-T-t$ 轨迹主要有两种方法：
（1）热模拟方法，此方法是一种正演模拟方法。根据热传导的基本原理，引用一些基本的热参数，如热导率和生热量等的估计值，按一定构造环境下岩石性质和构造变形的运算模式来模拟计算变质作用可能的各种 $p-T-t$ 轨迹。
（2）依据变质岩岩石学和矿物学研究的反演模拟方法。这种方法是目前应用最广的方法，其基本程序是先根据变质岩中矿物共生和转变关系确定变质作用过程各阶段的平衡共生组合，然后依据变质反应实验数据和各种地质温压计确定各阶段的 p、T 条件，再在 $p-T$ 图上根据 p、T 点的合理分析获得其 $p-T-t$ 轨迹线。

在变质作用 $p-T-t$ 轨迹的研究方面虽取得了较大进展，但是在理论基础和研究方法上都存在一些需要进一步深入研究的问题。例如，变质阶段的划分，温度和压力条件的确定，不同阶段年代的测定，建立 $p-T-t$ 轨迹的正演和反演方法，不同形式 $p-T-t$ 轨迹的大地构造环境和地球动力学过程等。

（三） 大陆碰撞造山带的 $p-T-t$ 轨迹

变质地体的热模拟和变质岩经历的 $p-T-t$ 轨迹、热演化及构造演化之间的关系研究成果表明，岩石经历的实际 $p-T-t$ 轨迹的特点与变质作用构造环境密切相关。因此，依据陆壳碰撞带、岛弧和活动大陆边缘造山带、陆壳拉张等变质作用构造环境，可建立多种相应的 $p-T-t$ 轨迹模式。下面以大陆碰撞造山带为例，介绍变质作用 $p-T-t$ 轨迹与构造—热演化阶段之间的关系。一个大陆碰撞造山带构造演化通常由先期陆壳增厚和后期侵蚀两个阶段组成。而热演化更加复杂，包括埋藏期、加热期和冷却期等三个阶段，$p-T-t$ 轨迹包括相应的三个段落（图6-3）。

1. 埋藏期

在这一阶段，由于逆冲、褶皱等构造原因使地壳（或岩石圈）缩短增厚，发生构造埋藏。浅部低温岩层迅速进入深部，岩石所处压力迅速增高，但温度增加没有这么快。这是由于环境通过热传导的加热作用相对要慢得多而发生滞后。结果导致地热梯度迅速偏离增厚前的稳态地热梯度（steady-state geothermal gradient）不断降低而出现热扰动（thermal disturbance）。当埋

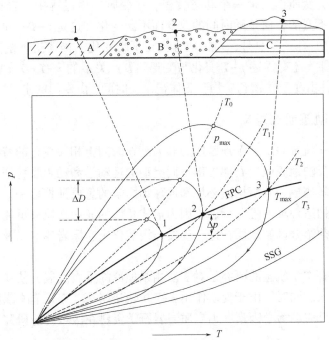

图 6-3　造山带的变质剖面（上）和变质作用 p-T-t 轨迹（下）

（据 Thompson et al.，1984；Spear et al.，1984）

1、2、3—变质程度增高为序的变质带；A、B、C—岩石样品在剖面上的位置及其相应的热峰条件；FPC—野外 p-T 曲线；SSG—与埋藏后陆壳热补给平衡的稳态地热梯度；T_{max}—岩石样品经历的最高温度（热峰温度）；p_{max}—岩石样品经历的最大压力；T_0—岩石在埋藏停止时刻处于最大深度（压力为 p_{max}）时的地热梯度；T_1、T_2、T_3—侵蚀过程中的瞬时地热梯度；ΔD—岩石样品 1、样品 2 在掩埋停止时刻的厚度差；Δp—岩石样品 1、样品 2 热峰压力差；虚线为进变质 p-T 轨迹；实线为退变质 p-T 轨迹

藏停止时，各处岩层到达压力最大值（p_{max}），地热梯度为 T_0。

2. 加热期或热松弛期

这是侵蚀作用开始阶段。在这一阶段，压力开始降低，同时由于热传导的加热作用继续进行，而出现热松弛（thermal relaxation）。随着压力降低，温度不断升高，地热梯度也不断增加，向埋藏后陆壳热补给平衡的稳态地热梯度（SSG）方向变化。例如：岩石样品 3 抬升后某个时刻的瞬时地热梯度（trancient geothermal gradient）为 T_1，此后继续降压升温，直到由于岩石接近地表引起的冷却作用速率即将超过热松弛导致的加热作用速率为止；此时温度达到最大值（T_{max}），$p<p_{max}$，这个温压条件即热峰 p-T 条件或顶峰变质条件，由矿物组合所记录；与此同时，地热梯度也不断增加。对岩石样品 3，热峰时瞬时地热梯度为 T_2，这个阶段一开始温度增加快而压力降低慢；以后越接近热峰，温度上升越慢，压力降低越快。

3. 冷却期

热峰过后，随着较迅速地侵蚀，岩石越来越接近地表，因为热的散失量超过加入量而出现冷却期。在冷却期，岩石上升减压的同时温度下降，地热梯度继续增加，向稳态的热梯度发展。例如，岩石样品 3 在上升的某个时刻瞬时地热梯度为 T_3，这一阶段开始，温度下降缓慢，随着越接近地表，温度下降越快，地热梯度也更接近稳态地热梯度。

由上述可看出，变质作用是一个动态过程。在变质作用过程中，岩石的 $T-p$ 条件、地热梯度都不是静止不变的，而是随时间的改变而不断变化，这是 $p-T-t$ 轨迹思想的核心。当然，变质作用过程中，除 p、T 外，流体成分也在不断变化，描述这种复杂变化的曲线称为 $p-T-x-t$ 轨迹。此外，还有描述 $p-T$ 变化与变形（D）关系的 $p-T-D-t$ 轨迹等。这些轨迹中，p、T、x 等条件由变质矿物和矿物包裹体记录，时间 t 由专门的定年方法测定。

（四）$p-T-t$ 轨迹研究意义

变质作用 $p-T-t$ 轨迹表示一个地区压力和温度在时间上相关变化的特征。压力与时间的不同配合形式能够反映地壳或岩石圈内部不同类型的运动学和动力学特征。两者的这种内在成因联系使 $p-T-t$ 轨迹成为分析构造环境和地球动力学的重要证据之一。但变质作用 $p-T-t$ 轨迹不可能是判断构造环境的唯一标志，因为形式相似的 $p-T-t$ 轨迹可能出现于不同地球动力学过程，所以必须结合区域地质构造、变质作用演化史、原岩建造以及岩石成因特征等进行综合分析。

区域变质作用 $p-T-t$ 轨迹的研究是对变质相系理论的重大发展，使变质作用期次与变质相系的研究更加深入。同时，由于变质作用 $p-T-t$ 轨迹考虑了变质高峰期以后的冷却速率、抬升和侵蚀速度等反应动力学因素，为变质岩岩石学资料在区域构造研究方面的应用开辟了新的前景。

第三节　变质作用类型

根据变质作用的主要因素和地质条件可将变质作用分为以下六种类型。

一、区域变质作用

区域变质作用（regional metamorphism）是在大面积内发生的区域性的变质作用，是地壳活动带伴随强烈造山运动所发生的一种变质作用（动画 15）。影响区域变质作用的因素是最复杂的，温度、压力和具化学活动性的流体都起着重要的作用。区域变质作用形成的岩石一般都被强烈变形或片理化，它们主要分布于古老的结晶基底和造山带中，常与混合岩化作用相伴生。随着变质

动画 15　区域变质作用

作用研究的深入，区域变质作用可进一步分为以下四种类型。

（一）区域埋藏变质作用

区域埋藏变质作用（regional burial metamorphism）是指仅仅在变质范围内遭受变质，一般随着埋藏深度的变化，在静压力、地热增温率的影响下，使岩石发生重结晶和变质结晶的变质作用。其特点是无化学成分的变化、无片理化，可形成新的矿物相，但不形成新的定向构造，纯粹由于深埋而引起的低温中—低压条件下的区域变质作用。

（二）区域热流动力变质作用

区域热流动力变质作用（regional thermal flow dynamometamorphism）也可称为造山变质

作，一般为中—低温单相变质，变形强（低—高压，发育广泛的定向构造和紧闭褶皱），有同构造花岗岩无混合岩化。

（三）区域动力热流变质作用

区域动力热流变质作用（regional dynamo-thermal flow metamorphism）是由于地幔上隆产生的热流呈点状、轴状分布，形成中—低温、中—低压递增变质带，发育广泛、复杂的岩浆，混合岩化、变形，常形成古造山带、褶皱基底岩系。该变质作用主要发生在前寒武纪结晶基底和后期的造山带中，与这些地区的地热异常和应力作用有关。在变质作用过程中，温度、压力、应力和溶液等物理化学因素的变化比较复杂，可出现不同类型的递增变质带，在不少地区有混合岩和花岗质岩石相伴生。

（四）区域中高温变质作用

区域中高温变质作用（regional high-mid temperature metamorphism）与大面积的热流异常有关，岩浆（原地—半原地）混合岩化、变形发育（中—低压，常见高温流变现象和叠加褶皱），变质程度（变质带和变质相分布）与地层层序一致，常形成太古宙结晶基底。

二、动力变质作用

动力变质作用（dynamometamorphism）是指由于构造运动产生的应力使原岩发生变形、破碎和轻微重结晶的一种局部变质作用。这种变质作用主要出现在断裂带或其他强烈错动带，多呈范围较窄的带状分布。变质作用过程中一般温度不高，重结晶和变质结晶作用不强烈。

三、接触变质作用

接触变质作用（contact metamorphism）是指在岩浆岩体边缘和围岩的接触带上，由于岩浆的高温和从岩浆中分出的溶液的影响而使岩石发生变质的作用（动画 16）。这种变质作用形成的岩石一般围绕岩浆岩体或在岩体附近分布，根据变质作用的影响因素和岩石变化特征常分为热接触变质作用（thermal contact metamorphism）和接触交代变质作用（contact metasomatic metamorphism）。

动画 16　接触变质作用

四、气液变质作用

气液变质作用（pneumatolytic hydrothermal metamorphism）是指具有化学活动性的热水溶液和气体对岩石进行交代而使岩石发生变质的一种作用。这种变质作用的主要因素为化学活动性流体，其次为温度。使岩石变质的气体和热水溶液可来自岩浆的挥发分，也可来自地壳内与岩浆无关的区域性分布的热水。当这种流体来自于岩浆体时，使接触带围岩和岩体发生交代作用，称为接触交代变质作用。接触交代变质前后，原岩的化学成分发生明显的变化。

五、混合岩化作用

混合岩化作用（migmatitization）是在区域变质作用的基础上，由地壳内部热流升高产生的深部热流和局部重熔熔浆渗透、交代、贯入于变质岩中并形成混合岩的一种变质作用。这种变质作用是变质作用和岩浆作用之间的一种过渡的地质作用，各种类型混合岩均是混合岩化作用的产物。实际上，混合岩化作用是区域变质作用进一步深化的结果，故它常与区域变质作用伴生。但应当指出，区域变质作用过程中不一定都发育混合岩化作用。

六、其他类型的变质作用

随着板块学说的发展和海洋地质学、月岩学研究的深入，人们提出洋底变质作用和冲击变质作用。前者是一种发育于大洋中脊处的基性、超基性火山堆积物由于较高的热流而引起的变质作用；后者为陨石冲击地球和月球并产生极大的压力和很高的温度致使岩石迅速变质的作用。

另外，有的变质岩不是只经受一次变质作用，而是经受不同变质阶段，多次叠加的变质作用。当岩石遭到几个时期的变质作用时，则称为复变质作用。在复变质作用中，常根据其矿物组合的变化分为递增变质作用和退化变质作用。原来比较低温的矿物组合变质后被较高温的变质矿物组合所代替的变质作用，称为递增变质作用；相反，则称为退化变质作用。图6-4示意性地表示了主要变质作用之间大致的温度压力范围。

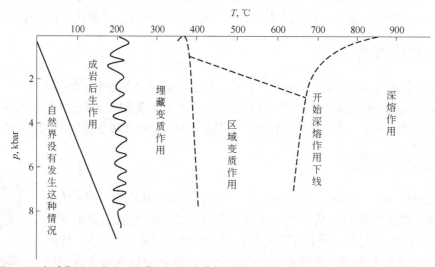

图6-4　变质作用和成岩后生作用、深溶作用温度、压力范围示意图（据温克勒，1975）

上述变质作用类型，也可按照变质作用发生的地质环境及涉及的范围大小，分为局部变质作用和区域变质作用。接触变质作用、动力变质作用、冲击变质作用和气液变质作用都属于局部变质作用，它们分布范围有限，变质作用的因素较为单一，多发生在岩浆侵入体、火山活动区、构造断裂带、陨石坑和热液矿床等地质环境的周围地区。

区域变质作用和混合岩化作用涉及的范围很大，它们是由多种变质作用因素综合起作用的一种复杂的变质作用。其变质作用的地质环境较为复杂，可发生在大陆地壳、大洋地壳，甚至也可发生在岩石圈的地幔中。

第四节　变质作用方式

变质作用方式是指变质作用过程中，导致岩石矿物成分和结构构造发生转变的机制。岩石在变质作用过程中，矿物成分和结构构造都发生变化，这些变化的方式和过程极其复杂多样，主要包括重结晶作用、变质结晶作用、交代作用、变质分异作用以及各种变形和碎裂作用等，这些作用都是在特定外部条件下受各种物理化学原理及力学有关规律的控制，其产物又和原岩本身的成分和性质有关。

一、重结晶作用

重结晶作用（recrystallization）指原岩中的矿物经过重溶使组分迁移，然后再沉淀结晶，致使矿物形态、大小发生变化，而不形成新矿物相的变质方式（动画17）。如石灰岩中隐晶质的方解石在变质作用过程中随温度升高可转变成较粗大的方解石晶体，使原岩变质为大理岩。重结晶作用的结果，使相应组分重溶迁移并重新沉淀使其粒度不断加大，相对大小逐渐均匀化，颗粒外形也变得较规则，矿物间的接触界面也发生变化。

动画17　重结晶作用

原岩中矿物重结晶作用的强度和速度受许多因素控制，从影响方式与程度可分为内部因素和外部因素。

（一）影响重结晶作用的内部因素

影响重结晶的内部因素主要是原岩的成分和结构构造。

（1）重结晶作用首先与原岩的成分有关，如碳酸盐类沉积岩及硅质岩常比砂质和粉砂质岩石易于重结晶；组分简单的岩石比组分复杂的岩石较易重结晶；岩石中含碳质、铁质等粉末状杂质时，常会阻碍主要造岩矿物的重结晶作用，所以在大理岩和片岩类岩层中，常发现碳质含量较高的夹层粒度较细。

（2）原岩的结构构造对重结晶作用也有明显影响，特别在中低温变质环境中常常发现成分相同的沉积原岩中，粒度较细者重结晶作用明显。

（二）影响重结晶作用的外部因素

影响重结晶的外部因素主要是具化学活动性的流体、温度和压力等。

（1）岩层中 H_2O 和 CO_2 等具有化学活动性流体的参与，有利于重结晶作用的进行。

（2）温度的增高会大大增加重结晶作用的速度。

（3）应力使原岩矿物破碎，表面能增加，有利于重结晶作用进行。另外，应力的存在还对新形成矿物的形态、内部构造及与相邻矿物之间的界面特点等都有重大影响。

重结晶及变质结晶所形成的矿物颗粒的形态及其与相邻矿物之间的界面特征主要受它们表面张力相对大小的控制。在具等向习性的同种矿物颗粒之间，由于彼此表面张力基本相同，同时生长相互干涉的结果，界面应为平面，在薄片中接触线应为直线。在大理岩等接近单矿物的岩石中，常常三个颗粒的边界线交于一点，交角约为120°左右，属于典型的平衡结构。在非均向的同种矿物颗粒之间，或不同矿物颗粒之间，由于表面张力不同，接触界面为曲面。表面张力大的矿物界面凸出，表面张力小的相邻矿物界面内凹，表面张力差别越大时，界面的曲度也越大。表面张力小的矿物可将表面张力相对大得多的矿物包裹。

二、变质结晶作用和变质反应

变质结晶作用（metacrystallization）是指在变质作用的温度、压力范围内，在原岩基本

动画 18　变质结晶作用

保持固态条件下使旧矿物消失、新矿物形成的一种变质方式（动画 18）。这种方式是通过特定的化学反应来实现的，这种化学反应通常称为变质反应（metamorphic reaction），主要有矿物的同质多象转变和形成新矿物组合的反应。如红柱石、蓝晶石、夕线石之间的同质多相转变：

$$Al_2SiO_3 \Longleftrightarrow Al_2SiO_3$$
$$\text{红柱石} \qquad \text{夕线石}$$

变质反应的 p-T 图解见图 6-5。

又如当温度升高时，白云母分解形成钾长石和红柱石或夕线石的反应（图 6-6），其反应方程式如下：

$$KAl_2[AlSi_3O_{10}](OH)_2 + SiO_2 \Longleftrightarrow KAlSi_3O_8 + Al_2SiO_5 + H_2O$$
$$\text{白云母} \qquad\qquad \text{石英} \quad \text{钾长石} \quad \text{红柱石或夕线石} \quad \text{水}$$

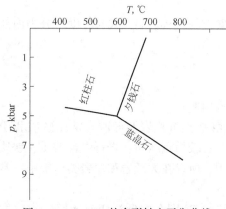

图 6-5　Al_2SiO_5 的多形转变平衡曲线

（据 Althaus，1967）

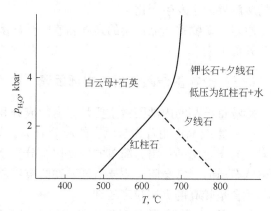

图 6-6　白云母分解成钾长石和 Al_2SiO_5 的平衡曲线

三、交代作用

交代作用（metasomatism）在变质过程中是广泛存在的，它是因流体的运移使固态岩石与外界产生复杂的物质交换（带入或带出），从而改变岩石总体化学成分的一种变质方式。如钾长石与钠长石之间的反应：

$$Na^+ + KAlSi_3O_8 \Longleftrightarrow NaAlSi_3O_8 + K^+$$
$$\text{（带入成分）} \quad \text{钾长石} \qquad \text{钠长石} \quad \text{（带出成分）}$$

变质过程中的交代作用是开放的物理化学系统，有物质的带出、带入。原有矿物的分解消失和新矿物的形成增长基本同时进行，是物质逐渐置换的过程，而不是简单的注入填充作用。交代作用过程中，少量流体相的存在是十分必要的，但岩石基本保持固态下进行，交代前后岩石总体积基本不变。交代作用主要通过渗透方式和扩散方式进行。

四、变质分异作用

变质分异作用（metamorphic differentiation）是指成分均匀的原岩变质时，不发生交代作用或重熔而形成成分不均匀的变质岩的各种作用。变质分异作用是一种重要的成岩过程，它是在岩石变质时，某些矿物在化学成分上重新调配或重组合而局部富集显示出来的。变质分异的结果，形成变斑晶、细脉、透镜体、结核和条带等，如泥质岩经热变质后在角岩中出现少量的红柱石和堇青石变斑晶、岩石节理和裂隙中产生的细脉或透镜体、角闪质岩石中出现的以角闪石为主的暗色条带和以长英质为主的浅色条带以及磁铁石英岩内出现的透辉石的结核等。

五、变形作用和碎裂作用

变形作用（deformation）和碎裂作用（cataclasis）是岩石在应力条件下产生的一种变质作用方式。

变形作用是当指岩石或矿物所受的应力超过弹性限度时而产生塑性变形的变质作用方式。该作用使岩石和矿物基本保持原来的连续性，无破碎现象，当应力消失后，岩石和矿物不能恢复原来的状态。如岩石产生的柔皱或劈理面；鲕粒、化石和某些矿物颗粒因变形而具方向性。变形强度与应力大小、作用方式、持续时间和岩石所处深度及其本身的力学性质有关。

碎裂作用主要产生于地壳的浅部，当岩石和矿物所受应力超过一定限定时，岩石和矿物便会发生破碎、裂开的变质作用方式。随着应力强度增大，岩石由角砾状到粒状、粉末状，分别出现碎裂结构、碎斑结构和糜棱结构。

此外，在原岩发生变形或碎裂变质作用过程中，还可伴随着应力作用下的重结晶和变质结晶作用，从而使原岩岩性发生了变化。

第六章小结

第七章　变质岩的基本特征

第一节　变质岩的物质成分

变质岩的化学成分和矿物成分统称为变质岩的物质成分，是组成变质岩的物质基础，也是变质岩分类和命名的主要依据之一。

一、变质岩的化学成分

变质岩是由不同原岩（岩浆岩、沉积岩或变质岩）经变质作用而成，因此变质岩的化学成分既与原岩的化学成分有关，同时也与变质作用特点有关。按照原岩化学成分在变质过程中是否发生改变，变质作用可分为等化学变质作用和异化学变质作用。等化学变质作用是指在变质作用过程中，不伴随有组分带出和带入的交代作用，除了挥发分（H_2O 和 CO_2）以外，原岩中化学组分在变质岩中基本保持不变或很少变化，如接触变质作用和区域变质作用。因此，变质岩的化学成分主要取决原岩的化学成分。异化学变质作用是伴随有组分带出和带入的交代作用，在变质作用前后，岩石的化学成分有明显的差异。变质岩的化学成分既决定于原岩的化学成分，同时还决定于交代作用的类型和强度，如气液变质作用等。

不同的变质岩，其化学成分差别较大。一般而言，正变质岩的化学成分的变化范围较小，副变质岩的化学成分的变化范围则很大。研究变质岩的化学成分可以帮助了解原岩的类型、变质作用和交代作用的特点，从而对于研究变质岩地区地层的划分和对比及变质岩矿床的形成有着重要的意义。

由以上分析可见，变质岩的化学成分比岩浆岩和沉积岩更为复杂，其变化范围也较大。在变质岩分类的研究方面，除具有明显交代作用的变质岩外，很多学者都很重视等化学系列和等物理系列原则的应用。

（1）等化学系列。等化学系列（isochemical series）是指化学成分相同或基本相同的原岩，在不同变质条件下形成的所有变质岩石，都属于同一化学系列的变质岩。由于变质条件不同，即使是同一原岩也可形成不同的矿物组合和变质岩石。这些岩石中的矿物共生组合的不同，是由变质作用的类型和强度等变质条件的不同决定的。如原岩为玄武岩在不同变质条件下可分别形成蓝闪片岩（低温高压）、绿片岩（低温）、斜长角闪岩（中温）、麻粒岩（高温）和榴辉岩（高压）。

（2）等物理系列。等物理系列（isophysical series）是指化学成分不同的原岩，在相同或基本相同的变质条件下（温度、压力）形成的所有岩石，都属于同一个等物理系列的岩石。由于原岩成分不同，即使在相同的变质条件下，也可形成不同的矿物共生组合和变质岩石。这些岩石中的矿物共生组合的不同，是由原岩的化学成分所决定的。在野外低级变质区常见的共生变质岩石有绢云千枚岩（泥质变质岩）、绿片岩（镁铁质变质岩）、大理岩（钙质变质岩）等，它们都是在低级变质条件下形成的等物理系列的变质岩石。变质相、变质带和变质级都是利用等物理系列的概念，在变质岩的研究中广泛应用。

二、变质岩的矿物成分

变质岩的化学成分变化范围大，为变质岩中复杂多样矿物的出现提供了物质基础，而变质作用的物理化学条件则是变质岩出现什么矿物或矿物组合的决定条件。

（一）变质岩矿物成分的一般特征

与岩浆岩、沉积岩相比，变质岩的矿物成分要复杂得多，而且有极大的差别。现将三大类岩石中常见的造岩矿物成分特征列于表7-1。从表的划分归属中可以看出变质岩矿物具有以下特征：

（1）变质岩中出现一些岩浆岩、沉积岩中不出现的特征变质矿物，如红柱石、堇青石、十字石、夕线石、蓝晶石、硅灰石、蛇纹石、符山石等。

（2）变质岩中广泛发育纤维状、鳞片状、长柱状、针状矿物，如夕线石、绢云母、透闪石等，且常见它们作有规律的定向排列。

（3）变质岩中常出现密度大、分子体积小的矿物，如石榴子石。

（4）变质岩中的石英、长石等矿物常具波状消光，裂纹也较发育。

表7-1 三大类岩石矿物成分特征

岩浆岩、沉积岩、变质岩中均可出现的矿物	主要在岩浆岩中出现的矿物	主要在变质岩中出现的矿物	主要在沉积中出现的矿物
石英、钾长石、白云母、金云母、黑云母、斜长石类、角闪石类、辉石类、部分石榴子石、橄榄石类、碳酸盐矿物、磁铁矿、赤铁矿、菱铁矿、磷灰石、榍石、锆石、金红石	鳞石英、白榴石、歪长石、霞石、黄长石、方钠石、蓝方石、黝方石	钠云母、帘石类、符山石、方柱石、透闪石、阳起石、硅灰石、蓝闪石、软玉、硬玉、硬绿泥石、红柱石、蓝晶石、蓝夕线石、刚玉、堇青石、十字石、硅镁石、方镁石、蛇纹石、滑石、石墨等	蛋白石、玉髓、黏土矿物、水铝石、盐类矿物、煤、海绿石

（二）变质矿物的成因分类

变质矿物可根据成因划分为稳定矿物和不稳定矿物。

1. 稳定矿物

稳定矿物（stable mineral）又称为新生矿物，是指在一定变质条件下原岩经变质结晶作用和重结晶作用形成并稳定存在的矿物。它可以是原岩中已有的、经变质后仍然存在的矿物，如大理岩中的方解石；也可以是原岩中不存在、经变质作用新产生的矿物，如硅灰石大理岩中的硅灰石。

稳定矿物还可根据其稳定范围进一步划分为特征变质矿物和贯通矿物：

（1）特征变质矿物，是指仅稳定存在于很狭窄的温度—压力范围内的矿物，它对外界条件的变化反应很灵敏，所以常常成为变质岩形成条件的指示矿物，如红柱石、蓝晶石、夕线石等。特征变质矿物能指示变质作用的温度和压力，有时还可指示原岩成分。

（2）贯通矿物，是指能在一个很大的温度—压力范围内稳定存在的矿物，如大理岩中的方解石、石英岩中的石英，它们在低级—高级变质岩中均能在不同变质条件下稳定存在，并不具有指示变质条件的意义。贯通矿物又可以进一步分为共生矿物和共存矿物。共生矿物是指同一物理化学条件下形成的一组矿物组合，即同世代矿物；共存矿物是指不同物化条件下形成的矿物组合的叠加，是不同世代矿物的聚合。

2. 不稳定矿物

不稳定矿物（unstable mineral）又称为残余矿物，是指在一定的变质条件下，由于反应不彻底而保存下来的原岩矿物，如云英岩中的钾长石残余就是不稳定矿物。其特征是残余矿物与另一种矿物有明显的被置换关系。

（三）变质岩中矿物成分的控制因素

在等化学变质作用中，变质岩的矿物成分受原岩化学成分和变质条件的制约，这两种因素决定了变质岩中可能出现的矿物种类和矿物组合。在异化学变质作用中的变质岩矿物除了上述两种因素外，还决定于交代作用的性质和强度。

1. 原岩的化学成分

原岩的化学成分是变质岩的物质基础，决定了变质岩可能出现何种矿物。如原岩为硅质石灰岩，其化学成分主要是 CaO、CO_2、SiO_2，经变质后形成的大理岩可能有方解石、石英和硅灰石，而绝不会出现红柱石一类含铝高的硅酸盐矿物。

2. 变质条件（主要为温度、压力）

同种原岩的前提下，在变质岩中具体出现何种矿物或矿物组合，还需取决于变质条件，即温度、压力等。如硅质石灰岩经热接触变质后，当压力为 1bar，温度低于 470℃时，形成方解石、石英；若温度高于 470℃时，则会形成方解石、硅灰石或者石英、硅灰石。现将不同原岩在变质作用下可能出现的矿物列于表 7-2。

表 7-2 不同原岩在变质作用下出现的矿物成分

系列	原岩类型	化学成分特征	矿物成分	
			常见矿物	特征矿物
富铝系列	泥质沉积岩（黏土岩、页岩等）	富铝、贫钙，$Al_2O_3/K_2O + Na_2O$ 比值高，$K_2O>Na_2O$	石英、酸性斜长石、绿泥石、绢云母、黑云母、白云母	铁铝榴石、硬绿泥石、蓝晶石、红柱石、夕线石、堇青石
长英质系列	包括砂岩、粉砂岩、中酸性岩浆岩（包括火山碎屑岩）	SiO_2 高，Fe、Mg 低	基本同上，但石英、长石等含量可较高	上列特征矿物出现较少或不出现
碳酸盐系列	各种石灰岩及白云岩等	富 CaO、MgO、Al_2O_3、FeO、SiO_2 等含量低且变化极大	方解石、白云石为主，按所含杂质不同可出现各种不同的钙镁的硅酸盐或铝硅酸盐，如滑石、蛇纹石、镁橄榄石、透闪石、透辉石、硅灰石、方柱石、金云母、符山石、钙铝榴石、黝帘石、斜长石等	
基性系列	基性岩浆岩（包括火山碎屑岩）铁质白云岩泥灰岩	与基性岩浆岩相当，富钙、镁、铁；含一定量的 Al_2O_3，贫 K_2O、Na_2O	各种斜长石、石英、绿帘石、绿泥石、蛇纹石、阳起石、普通角闪石、透辉石及紫苏辉石等，有时还出现方柱石、铁铝榴石等	
超基性系列	超基性岩浆岩及一些极富镁的沉积岩	富镁、铁，贫钙、铝和硅	滑石、蛇纹石、透闪石、镁铁闪石、镁铝榴石、橄榄石、尖晶石、顽火辉石、菱镁矿及碳酸盐等	

3. 交代作用的性质和强度

交代作用是在开放体系中进行的，伴随有组分的带出和带入现象，因此在变质作用前后，岩石的化学成分可以发生很大的变化，并随着交代作用的性质和强度的不同而变化。在原岩化学成分发生改变的先决条件下，造成原有矿物的分解和新生矿物的形成，并可见交代蚕食、交代残留、交代假象等结构，如绢云母化、钾长石化、钠长石化等。

研究变质岩的矿物成分，对变质岩的分类、确定原岩成分、研究变质作用特点，以及研究岩石形成及地壳发展演化等方面都具有重要意义。

（四）判别矿物平衡共生的标志

变质岩的矿物共生组合是指变质岩中同时形成的彼此平衡共存（即这些矿物之间彼此接触而不存在变质反应关系）的一组矿物。变质岩的矿物成分虽复杂，但矿物共生组合还是有一定规律的。判断矿物平衡共生（组合）的标志主要有以下几个方面：

（1）岩石中没有交代结构及反应结构的存在。被交代的矿物属于先形成的矿物，而交代的矿物为后生成的矿物，两者分别属于两个不同世代的产物。组成反应边及次变边的矿物与核心的矿物也属于不同世代的矿物。此外，横切片理的矿物与周围基质矿物分属于两个世代。

（2）矿物共生的重要标志是岩石中的矿物之间必须互相接触，只有互相接触的矿物才能判断是不是共生矿物。

（3）化学成分相同但矿物成分和成因类型不同的原岩，在一定的变质条件下，形成相同的变质矿物组合，则一般认为该组合是在一定变质条件下已达到平衡的稳定组合。

（4）平衡共生组合中矿物共生关系应符合矿物相律的要求。在岩石中一般矿物种类不超过5~6种，矿物成分太复杂常常是不平衡的标志。

（5）趋近平衡时，同种矿物的光性常数及化学成分特征相同；相反，如变化较大或有明显的环带状构造，通常是不平衡的标志。

（6）在应力较弱的情况下，岩石中粒状的同种矿物较标准的稳定显微结构为三边相接的镶嵌结构，三边接触的角度各为120°。如粒状矿物与片状（或柱状）矿物相接触，在原有层理的控制下，重结晶后定向排列，粒状矿物与片状（或柱状）矿物的接触方向大致呈90°，形成层状或片状三边接触的镶嵌结构。

（7）岩石中矿物之间的接触界线平整圆滑的镶嵌结构、某些晶形较完整的矿物形成一定排列的交叉结构，它们代表了平衡的矿物组合；而矿物之间接触界线弯曲，颗粒较细，晶形不完整，无一定排列的结构代表了不稳定的矿物组合。

第二节　变质岩的结构和构造

变质岩的结构和构造是指变质岩的构成方式。变质岩的结构是指构成岩石各矿物颗粒的大小、形状以及它们之间的相互关系，它着重于组分个体的性质和特征。而变质岩的构造是指岩石中矿物或矿物集合体的空间上排列状态、分布方式及其相互关系，它着重于矿物集合体的空间分布特征。变质岩的结构和构造可以具有继承性，即可保留原岩的部分结构、构造，也可以在不同变质作用下形成新的结构、构造。研究变质岩的结构和构造，对变质岩分类命名、查明原岩性质、了解变质作用过程中不同变质因素的影响，进而查明变质岩的形成和演化历史均能提供依据。更重要的是，变质岩的结构和构造特征，与岩浆岩和沉积岩一样，对油气的运移和储集有很大影响。

一、变质岩的结构

变质岩的结构根据成因可分为四大类：变余结构、变晶结构、交代结构和构造变形结构（菠萝文金娜，1958）。

（一）变余结构

由于变质重结晶作用进行得不完全，原来岩石的矿物成分和结构特征被部分地保留下来，这样形成的结构，称为变余结构（palimpsest texture）。变余结构常见于变质程度较浅的变质岩中，但在较深的变质岩中，当 p、T 分布不均匀时，也可出现变余结构。变余结构是恢复原岩类型的重要证据。此外，变余结构的形成还与原岩性质有一定的关系，一般而言，原岩的粒度越粗，矿物成分越稳定，越易形成变余结构。变余结构的命名可在原岩结构之前加前缀"变余"二字。

1. 与岩浆岩有关的变余结构

这类结构主要有变余辉绿结构、变余花岗结构、变余凝灰结构、变余斑状结构等。

1）变余斑状结构

具有斑状结构的变质浅成岩和火山熔岩中最常见的是变余斑状结构（blastoporphyritic texture），如图 7-1 和图 7-2 所示。变余斑晶成分多为石英和长石，也经常有黑云母、角闪石、辉石和橄榄石等暗色矿物。暗色矿物的斑晶常被绿泥石、蛇纹石、绿帘石等矿物或矿物集合体所交代而形成假象。如基性喷出岩经变质后，基质可能重结晶变成互相镶嵌的角闪石和斜长石，但原岩中的斜长石或辉石等变余斑晶的外形仍然保留。而在石英斑岩、流纹岩等酸性的喷出岩变质后，其基质中的矿物成分可能已完全变为石英、绢云母、明矾石、绿泥石等，但石英斑晶仍然较好地保存。

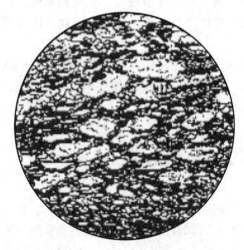 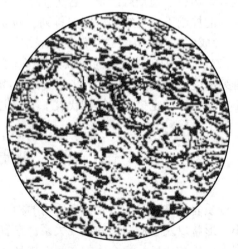

图 7-1　变余斑状结构之一　　　　　　图 7-2　变余斑状结构之二

绢云钠长石片岩，钠长石（Ab）呈变余斑晶，　　绿泥阳起片岩，变余斑晶钠长石（Ab）有变

（-），$d=2.5mm$　　　　　　　　余溶蚀现象，（-），25×

2) 变余辉绿结构

在绿片岩和斜长角闪岩中，有时可见变余辉绿结构（blastodiabasic texture），如图 7-3 和图 7-4 所示。其特征是长条状斜长石组成的格架所形成的辉绿结构仍可辨认，但斜长石边缘呈凹凸不平状，单斜辉石多已退化变质为角闪石矿物。以上特征均显示此变质岩石是由基性岩浆岩（辉绿岩）变质而成。

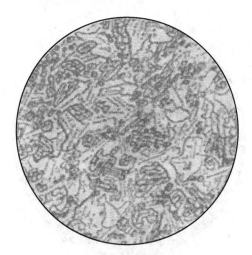 

图 7-3　变余辉绿结构之一
斜长角闪岩，原岩斜长石轮廓已被细小斜长石
所代替，角闪石部分蚀变，该层内含变余火山弹
物质，(−)，$d = 2.3$mm

图 7-4　变余辉绿结构之二
绿帘阳起片岩，隐约可见暗色矿物集合体与
斜长石呈间粒状的变余辉绿结构，
(−)，25×

3) 变余交织结构

变余交织结构（blastopilotaxitic texture）也称为变余安山结构，多见于中基性火山岩形成的变质岩中（图 7-5）。其特征是基质中细小的、板条状的变余微晶斜长石略具定向分布于绿泥石、阳起石等矿物微晶集合体中，形成变余交织结构。

2. 与火山碎屑岩有关的变余结构

这类结构统称为变余火山碎屑结构（blastopyroclastic texture），进一步可分为变余晶屑结构、变余岩屑结构和变余熔结结构等。火山碎屑岩中的岩屑、晶屑经变质作用常被保留下来而形成变余晶屑和岩屑（图 7-6 至图 7-8），而岩石中的玻屑和较细的凝灰部分多已变质结晶或重结晶，形成新的变质矿物和矿物组合。如中酸性火山凝灰岩变质时，特别在变质程度低的情况下，原岩大部分虽已变质重结晶，但原有的较大晶屑或岩屑常因其成分、结构的不同而显现出来，甚至保留清晰的外部轮廓。

在某些变质程度较高的地区，变余角砾、变余岩屑、变余晶屑等结构也可能显现出来，如角闪透辉变粒岩，其矿物组合为角闪石+透辉石+斜长石（An＝37%），岩石中尚含有角闪石+斜长石（An＝56%）矿物组合的团块，虽然轮廓并不十分清晰，它仍可能代表着不同成分的变余岩屑的存在。

3. 与沉积岩有关的变余结构

当原岩为砾岩、砂岩等粒度较粗的碎屑岩时，在变质作用过程中，充填于碎屑颗粒之间的化学成因的胶结物和机械成因的杂基比较容易重结晶或变晶作用而形成新生的变质矿物。

如黏土矿物胶结物经变质作用形成绢云母、白云母、绿泥石等；碳酸盐矿物和硅质胶结物经变质作用形成方解石、白云石、石英等。但岩石中的砾石和砂粒不易发生变化，基本形态常被保留下来，称为变余砾状结构（blastopsephitic texture）和变余砂状结构（blastopsammitic texture）。在变质砾岩中，有时虽经较高温度的重结晶的强烈变形，砾石的成分也有某些改变，但外形轮廓仍可辨认（图7-9至图7-11）。

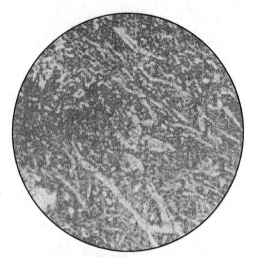

图7-5 变余定向（交织）结构
变细碧岩，斜长石等微晶呈定向性交织结构，
（－），$d = 2.3mm$

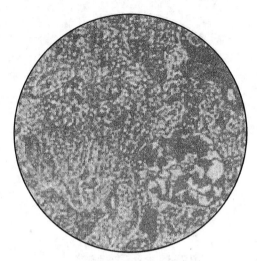

图7-6 变余岩屑晶屑结构
变流纹质凝灰岩，呈现细小的不规则状晶屑物和
棱角状、浑圆状岩屑物，（＋），$d = 2.3mm$

图7-7 变余火山晶屑结构之一
白云母长英片岩，斜长石（Pl）
变余晶屑，（＋），64×

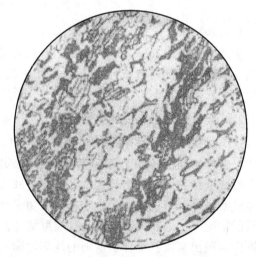

图7-8 变余火山晶屑结构之二
条带状辉石磁铁石英岩，火山晶屑状辉石呈层分布，
反映了火山喷发物的直接堆积，（－），$d = 5.6mm$

原岩为泥质岩时，它的结构特征只有在较微变质的泥质板岩及角岩化泥岩中才能部分地保留下来，称为变余泥质结构（blastopelitic texture）（图7-12）。有部分黏土矿物经变晶作用可形成细小的绢云母、绿泥石等少量的新生变质矿物。当变质程度加深后，则因片状矿物

发育而使变余泥质结构逐渐消失。当沉积岩中含有生物化石或生物碎屑，在较轻微的变质岩中尚有部分保存，形成变余生物碎屑结构（blastobiolclastic texture）。

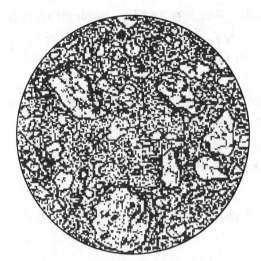

图7-9　变余碎屑及角砾状结构

黑云变粒岩，变余碎屑、角砾由长石和
石英组成，（-），$d=2.3\text{mm}$

图7-10　变余砂状碎屑结构之一

均质混合岩，斜长石（Pl）包有原岩
碎屑物，（+），$d=2\text{mm}$

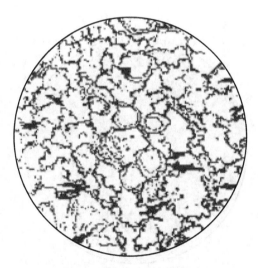

图7-11　变余砂状碎屑结构之二

黑云变粒岩，石英间隙处有变余碎屑轮廓
和自生长大的痕迹，原岩为长石砂岩，
（-），$d=5.6\text{mm}$

图7-12　变余泥状结构

空晶石变质黏土岩，空晶石（Chia）在原岩泥质
结构基础上发育起来，（-），$d=2.3\text{mm}$

（二）变晶结构

变晶结构（blastic texture）是指原岩在变质作用过程中经重结晶和变质结晶作用所形成的结构。

213

1. 变晶结构的特点

变晶结构和岩浆岩中结晶结构有些相似，但由于变晶结构是岩石基本保持在固态条件下重结晶和变质结晶的结果，各种矿物几乎同时结晶，所以又有一些不同于结晶结构的特点：

（1）变晶结构的岩石为全晶质，没有火山玻璃等非晶质组分（原岩残留者例外）。

（2）岩石中各种矿物晶粒自形程度不高而且变化较大，多为他形粒状或半自形晶，这与矿物颗粒几乎同时结晶生长有关。

（3）变质岩中各种矿物的自形程度不能反映结晶的先后顺序，只能反映矿物结晶能力的大小。结晶能力强的矿物常呈现自形，结晶能力弱的矿物常呈现他形。

（4）一般来说，变质岩中的矿物颗粒排列紧密，彼此互相镶嵌或互相包裹。

（5）变晶矿物常含有较多的包裹体，尤其在变斑晶中较为常见。

2. 变晶结构的分类

变晶结构是变质岩中最主要的结构类型，可根据岩石中矿物晶体的晶粒大小、形状及其之间的相互关系进一步划分。

1）根据变晶矿物颗粒的相对大小划分

（1）等粒变晶结构（equigranular blastic texture），岩石中主要变晶矿物平均粒径近于相等（图7-13）。

（2）不等粒变晶结构（inequigranular blastic texture），岩石中主要变晶矿物的大小不相等且连续变化（图7-14）。

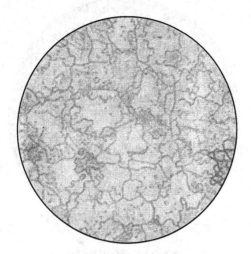

图7-13　等粒变晶结构

黑云母变粒岩，长石、石英、黑云母呈等
粒状紧密共生，（-），60×

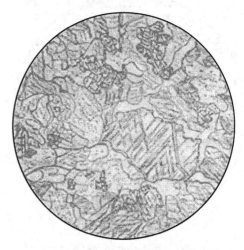

图7-14　不等粒变晶结构

含长透辉大理岩，方解石、透辉石、微斜长
石呈无斑的系列变晶结构，（-），$d=2.3$mm

（3）斑状变晶结构（porphyroblastic texture），在细粒的矿物集合体中，分布有少量较大的变晶矿物，它们的粒度变化截然不同，大的称为变斑晶，细小的称为变基质。变斑晶常为某些结晶能力较强的矿物，一般颗粒粗大，自形程度也较高，且常含有基质矿物的包体，如石榴子石、红柱石（包裹体多时称空晶石）、十字石、董青石、橄榄石等变斑晶（附录图版13）。同岩浆岩中的斑晶相比较，最大的特点是变斑晶常含有大量基质矿物的包体和推开

214

四周片理的现象。这些现象可说明变斑晶是由变质时原岩中物质成分重新组合聚集而成。

2）根据变晶矿物颗粒的绝对大小划分

（1）粗粒变晶结构，主要矿物颗粒的平均粒径大于3mm。

（2）中粒变晶结构，主要矿物颗粒的平均粒径为3~1mm。

（3）细粒变晶结构，主要矿物颗粒的平均粒径直径为1~0.1mm。

（4）显微变晶结构，主要矿物颗粒的平均粒径小于0.1mm，岩石呈隐晶质，只有在显微镜下才能分辨矿物颗粒。

变晶矿物的粒度一般随变质程度的增强而加大，但在相同的变质条件下，不同地区的变晶矿物的粒度也不完全相同，这主要与矿物的成核能力、生长速度有关。岩石中的矿物在重结晶过程中流体也会抑制晶核的形成，增加扩散作用，使粒度增大。另外，原岩性质对变质反应的灵敏度也影响变晶矿物粒度的大小。例如，在一个原岩为砂岩、页岩和石灰岩组成的韵律层内，在变质过程中由于页岩和石灰岩对变质作用反应灵敏，很易形成粗的晶粒；而砂岩对变质作用反应不灵敏，粒度增长很少，甚至仍保持原来的粒度。

3）根据变晶矿物的结晶习性和形状划分

（1）粒状变晶结构。

粒状变晶结构（granular blastic texture）又称为花岗变晶结构（granoblastic texture），主要变晶矿物表现为自形程度不等的颗粒状。一些泥质岩石由接触热变质作用形成的显微粒状变晶结构称为角岩结构（hornfelsic texture）。具有这种结构的岩石呈灰黑色，质地均一致密、坚硬，呈块状构造，很似牛角质。

根据粒状矿物的形态及其接触边缘界线的特征又可分为镶嵌粒状变晶结构（mosaic granoblastic texture），矿物颗粒呈多边形和圆滑状，彼此之间具有平直或弧形的接触界线；缝合粒状变晶结构（sutured granular blastic texture），又称为齿状粒状变晶结构（serrate granular blastic texture），矿物颗粒外形不规则，彼此呈现锯齿状或缝合线状接触。

（2）鳞片变晶结构。

鳞片变晶结构（lepidoblastic texture）岩石主要由云母、绿泥石、滑石等片状矿物组成（附录图版14）。大多数情况下，这些片状矿物都呈定向排列，而导致片理构造十分明显。但有时片状矿物无定向排列，使岩石呈块状构造。

（3）纤状变晶结构。

纤状变晶结构（fibroblastic texture）岩石主要由纤维状、长柱状矿物组成，如阳起石、透闪石、矽线石、硅灰石等，它们常成平行排列或束状集合体。这种结构是组成片岩类的另一结构基础，如阳起石片岩中所见的纤状变晶结构（附录图版15、图版16）。

变质岩中柱状及纤维状矿物集合体经常呈现放射状、束状、扇状排列，形成放射状、束状及扇形变晶结构。放射状变晶结构（radial blastic texture）是指由针柱状、纤维状矿物集合体围绕一定中心，向四周生长而形成的一种结构（图7-15）；扇形变晶结构（fan-shaped blastic texture）是指柱状、纤维状矿物由一个中心向外排列形成扇形而形成的结构（图7-16）；束状变晶结构是指由纤维状及柱状矿物集合体围绕一个中心向一侧或两端散开，形成蒿束状的一种结构。某些变质中，如矽线石等细小集合体能组成毛发状或细纤状变晶结构（图7-17），或与片状、粒状矿物混合组成纤状鳞片粒状变晶结构（图7-18）。很多情况下，纤状、针柱状矿物与其他粒状矿物相组合而形成粒状纤状变晶结构（图7-19），粒状针柱状变晶结构（图7-20）。

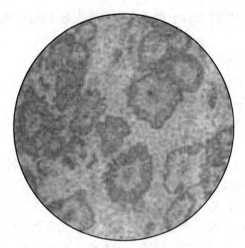

图 7-15　放射状变晶结构

红柱石角岩，红柱石的细柱状集合体，
呈放射状排列或构成菊花状

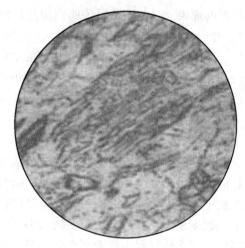

图 7-16　扇状变晶结构

硬绿泥石片岩，硬绿泥石为射线状
集合体，(-)，$d=2.3mm$

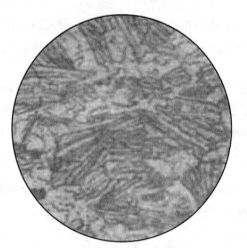

图 7-17　细纤状变晶结构

夕线黑云片麻岩，夕线石呈细纤维状
定向排列，(-)，$d=2.3mm$

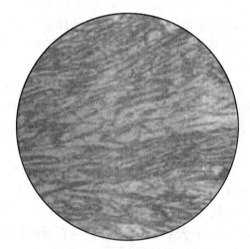

图 7-18　纤维鳞片状变晶结构

夕线石榴黑云片麻岩，夕线石呈细纤维状定向排列，黑云母以
鳞片状与其他粒状矿物相间排列，(-)，$d=2.3mm$

4）根据变晶矿物之间的相互关系

（1）包含变晶结构。

包含变晶结构（included blastic texture），也称为变嵌晶结构（poikiloblastic texture），岩石中较大变晶矿物（多为变斑晶）中包裹了一些细小的固态包裹体，大的矿物晶体称为主晶，其中的细小矿物包裹体称为客晶。这种结构是某些矿物在有利条件下快速生长，没能将其附近基质中矿物组分吸收或排除掉而被包裹进去的情况下形成的。按照主晶中矿物包裹体的数量多少及其是否具有定向排列的特征，可分为以下四种。

① 包含嵌晶变晶结构（included poikiloblastic texture），是指包裹体矿物含量较少，呈不规则、大小不等地镶嵌在变斑晶中（图 7-21，图 7-22）。

216

图 7-19　粒状纤状变晶结构

绿帘堇青绿泥片岩，绿泥石、阳起石呈
纤状变晶结构，(-)，$d=2.3mm$

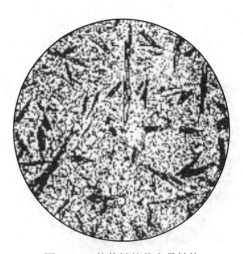

图 7-20　粒状针柱状变晶结构

透闪石大理岩，透闪石晶体呈针柱状，
其余为粒状方解石 (-)，$d=2.3mm$

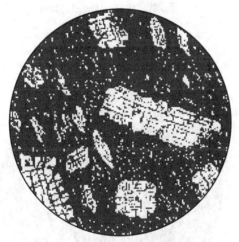

图 7-21　包含变晶结构

红柱石板岩，红柱石晶体中有
碳质包裹体，(-)，80×

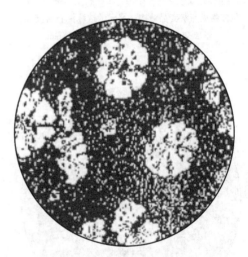

图 7-22　包含变晶结构

堇青黑云角岩石，堇青石晶体内有石英、
黑云母、碳质包裹体，(-)，45×

　　② 筛状变晶结构（diablastic texture），是指包裹体矿物含量很多时，无方向分布，形成筛状变晶结构（图7-23）。此种筛状变晶多为石榴子石、十字石、堇青石等，代表着变斑晶晚于被包裹矿物而形成。这不同于在长石中所见到的交代穿孔结构，后者被包裹矿物是晚期交代所成。

　　③ 残缕结构（helicitic texture），是指包裹体呈现定向排列形式，并与基质中同种矿物断续相连而形成的结构（图7-24）。残缕结构反映了变斑晶矿物的出现是变质过程中新的化学反应和重结晶的产物，使原地存在的那部分基质矿物没有排除在外，而被就地包裹。当变质矿物中的包体具有一定的方向性排列，出现具有鉴别意义的特征性结构。例如，在红柱石断面上常见碳质包体沿对角线分布，形成空晶石（图7-25）；在硬绿泥石中包体常沿柱面呈沙钟状分布（图7-26）。

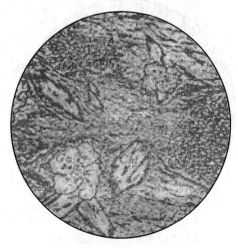

图 7-23　包含变晶结构

十字石榴二云母片岩，石榴子石（Ga）变斑晶内有
石英包体组成包含变晶结构；十字石变斑晶内有石英
包体组成筛状变晶结构；黑云母被绿泥石所交代，
形成交代假象结构，（－），$d=2.5mm$

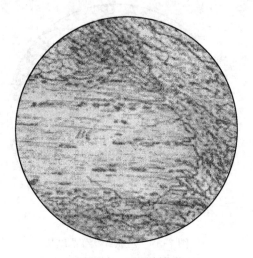

图 7-24　残缕结构

黑云绢云千枚状片岩，黑云母（Bi）变斑晶
内发育残缕结构（石英定向排列、代表早期
形成的片理方向），（－），25×

图 7-25　包含变晶结构

空晶石板岩，空晶石变斑晶具有沿晶体断面对
角线分布的碳质包体，（－），$d=0.9mm$

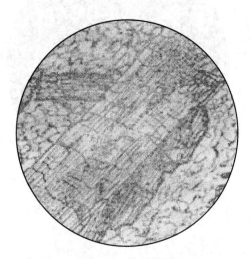

图 7-26　沙钟结构

硬绿泥石片岩，硬绿泥石晶体内包裹物沿柱面呈
相对弧形排列的沙钟状分布，（－），$d=2.3mm$

　　④ 旋转结构（rotary texture），是指当变斑晶形成过程中，内部包裹体因受应力而发生弯曲状排列，常表现"S"形的旋转结构。这种包体的旋转结构也常见于石榴石矿物中，也称为雪球状结构（snowball texture）。此种在变质结晶过程中因受应力而发生的旋转结构不仅表现在矿物内部包体方面，有时就整个变斑晶矿物外形亦呈现"S"形旋转状态。

　　（2）穿插变晶结构（interpenetration blastic texture）。

　　这种结构的特征是组成岩石的两种以上矿物相互穿插，结果两种矿物彼此分割组成两部分嵌晶体，它们分别有各自的光性特征（如颜色、干涉色和消光位等）。有时把变质过程中，由于矿物间反应而形成的新矿物的交生状态称为交生变晶结构。

（3）变质反应边结构。

矿物之间的变质反应不彻底，早期的被反应的矿物围绕着晚期的反应矿物，呈放射状、似蠕虫状或镶边状，它们彼此在晶形、光性方位都不连续，这种结构称为变质反应边结构（metamorphic reaction rim texture），也称为反应边结构（reaction rim texture）。由于组成此种结构的矿物是相邻矿物间化学反应未达到完全平衡而形成的，因此有人便把它看成反应结构的一种。由于变质反应边结构不仅有早期被反应矿物的残留，还有晚期经变质反应形成的矿物围绕其生长，因此它可作为变质岩石经受不同变质条件改造的依据之一。

（4）网格状结构。

矿物的交叉纵横裂隙被溶液充填，置换原有成分后形成网状分布的新矿物，这种结构称为网格状结构（netted texture）。如橄榄石受蛇纹石化时经常出现此种结构。

（三）构造变形结构

原岩在应力作用下，当压力超过岩石矿物的弹性极限时，便发生塑性变形。如应力超过其强度极限时，则发生破裂和粒化作用形成各种变形结构（structural deformation texture）。根据变形、破碎特点和程度可分为碎裂结构、碎斑结构和糜棱结构等。

岩石受到机械破坏而产生的结构称为碎裂结构。根据碎裂物质的碎裂程度及相对含量，将碎裂结构进一步划分为以下四种结构类型。

1. 碎裂角砾结构

碎裂角砾结构（cataclastic brecciated texture）是指当原岩为细粒时，若岩石受轻微破碎，则形成角砾状的岩石碎块，角砾之间有该岩石的碎屑组成的碎基充填（含量小于10%），或由后期气液蚀变矿物充填。这种结构多在张应力条件下岩石原地被压碎形成，角砾之间的位移很小。

2. 碎裂结构

碎裂结构（cataclastic texture）是岩石或矿物颗粒经受脆性变形作用产生裂隙、裂开并在颗粒的接触处和裂开处被破碎成许多细小的碎粒（也称为碎边）所形成的结构类型。碎裂结构的特征是：（1）多数矿物具裂纹或遭受破碎；（2）矿物颗粒或其集合体的外形都呈不规则的棱角状；（3）较大的棱角状碎块间为粒化作用形成的细小碎粒和粉末等碎基成分所充填（含量10%~50%）；（4）破碎的颗粒间一般位移不大。

3. 碎斑结构

当岩石破碎较强烈时，被强烈破碎而成细小的碎粒或碎粉（称为碎基）中残留有部分颗粒较粗的碎块，形似"斑晶"（称为碎斑），故称碎斑结构（mortar texture）。碎斑形状不规则，具撕裂状边缘、裂纹，其中的矿物具有波状消光、晶体解理和弯曲变形等现象。当碎斑很少时，过渡为碎粒结构。当碎基粒径均小于0.02mm时，可称为碎粉结构。

4. 糜棱结构

当应力十分强烈时，岩石及其中的矿物几乎全部被碾碎成微粒（粒径<0.5mm）或粉末状（粒径小于0.02mm），并在应力作用下形成矿物的韧性流变现象，称为糜棱结构（mylonitic texture），见附录图版17。糜棱结构的特征是：（1）岩石具有明显的定向构造，整体表

现为条带状；（2）岩石中的碎斑矿物多呈定向排列的透镜状、长圆状和"眼球"状，有的甚至形成丝带状；（3）碎基矿物经重结晶和变晶作用可形成新生的变质矿物；（4）碎斑矿物中常见波状消光、变形双晶、扭折、变形纹等显微变形结构。

（四）交代结构

交代结构是指因交代作用使原岩中的矿物部分或全部被取代消失，并同时形成新矿物的一类结构。在交代过程中有物质成分的交换和结构的改组。常见的交代结构有以下八种类型。

1. 交代残留结构

当一种原生矿物被另一种次生矿物交代时，交代进行不完全，便有原生矿物的残余保留在次生矿物中，构成交代残留结构（metasomatic texture），如图7-27和图7-28所示。

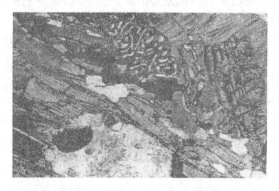

图7-27　交代残留（岛屿）结构之一

混合花岗岩，条纹微斜长石（Mic）交代包围斜长石（Pl）使后者呈残留孤岛状，条纹微斜长石与斜长石呈港湾状接触，（+），$d=2.3$mm

图7-28　交代残留（岛屿）结构之二

石榴夕线堇青黑云片麻岩，微斜长石（Mic）交代斜长石（Pl），使后者呈残留状被分割包围，（+），$d=2.3$mm

交代残留结构与包含变晶结构的区别是，交代残留体的外形很不规则，它和包裹它的矿物之间有上述的交代蚕蚀关系，有时这些残留体彼此在外形、双晶、消光方位等方面显示出它们原来为连续的单一晶体，另外被交代的残留矿物表面洁净程度大大降低；包含变晶内部的矿物可以是不同种类的，即使是同种矿物，其消光位也不一致。

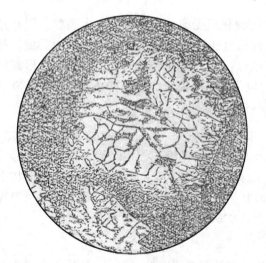

图7-29　交代假象结构

绢云母化红柱石变质黏土岩，红柱石被绢云母所代替，成为红柱石假象，红柱石部分残留，（-），$d=5$mm

2. 交代假象结构

交代假象结构（metasomatic pseudomorphic texture）是指一种原生矿物被另一种次生矿物交代，新矿物完全取代了整个原生矿物，仅保留原生矿物的外形轮廓而呈假象。这种结构在气热变质和接触交代变质的岩石中较常见。如蛇纹石置换橄榄石，黑云母被绿泥石所交代、红柱石被绢云母代替等（图7-29）。

3. 交代蚕蚀结构

交代蚕蚀结构（metasomatic corrosion texture）是指具有交代关系相接触的两种矿物，次生矿物以不规则形态伸入到被交代的原生矿物之中，使它们之间的接触界线呈港湾状或锯齿状。通常接触界线的尖角指向被交代的早期矿物。在钾长石交代斜长石时，经常出现这种结构。

4. 交代净边结构

交代净边结构（metasomatic edulcoration texture）是指在与钾长石相接触的蚀变较强烈（绢云母化等）的斜长石晶体四周有一圈洁净的环边（图7-30，图7-31）。净边的矿物成分为钠长石或钾长石。

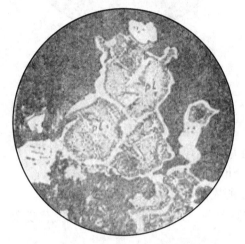 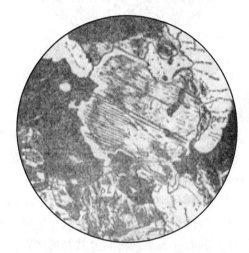

图7-30　交代净边结构之一
混合花岗岩，绢云母化斜长石（Pl）周边的绢云母被再度吸收而出现净边，（+），d=2.3mm

图7-31　交代净边结构之二
阴影状混合岩，斜长石（Pl）被交代出现条纹长石（Per）的净边，（+），d=1.14mm

5. 交代穿孔结构

当溶液沿原生矿物解理缝进行交代，形成浑圆形乳滴状的新生矿物，称为交代穿孔结构（metasomatic perforated texture）。交代穿孔结构与包含变晶结构的区别是：交代穿孔的被包矿物为后生成的矿物，一般成分单一，或为石英穿孔，或为长石穿孔，轮廓为浑圆形，接触边缘往往有溶蚀交代现象显示，多发生在早期形成的长石晶体中；而包含变晶结构的被包矿物是先形成的矿物，其成分不定，可以是云母、长石、石英、辉石、闪石等，晚形成的变斑晶矿物也因岩石而异。

6. 交代蠕虫结构

交代蠕虫结构也称为交代蠕英结构（metasomatic myrmekitic texture），如图7-32、图7-33所示，是指在交代作用中形成的新矿物在原先矿物晶体中呈细小的蠕虫状嵌晶产出。最常见的是斜长石和钾长石接触带及其附近有蠕虫状石英分布的现象，因此也称为交代蠕英结构。如果呈蠕虫状分布的是微斜长石，则称为似蠕英结构。蠕英结构常分组消光，一般出现一层，有时为2~3层。当不只一层出现时，内侧的蠕英较粗大而稀疏，外侧的则较细长而密集。

图 7-32　交代蠕英结构之一

混合花岗岩，在斜长石附近石英呈

蠕英状，（+），$d=0.9\text{mm}$

图 7-33　交代蠕英结构之二

黑云母混合片麻岩，微斜长石交代斜长石的

接触带处出现蠕英石，（+），$d=2.3\text{mm}$

蠕英结构在花岗质岩石中和混合岩中都常见，其成因归纳起来有：

（1）斜长石交代微斜长石游离出多余的 SiO_2 的结果；

（2）微斜长石交代斜长石，同时析出多余的 SiO_2 的结果；

（3）不同种类的斜长石间交代时，析出 SiO_2 所成；

（4）硅质流体进行交代的结果，这种情况实际上是一种石英呈蠕虫状穿孔交代现象；

（5）长石、石英两种组分共结的产物；

（6）变质过程中生成的两种不混溶成分重结晶的产物。

7. 交代条纹结构

由交代作用形成的条纹长石与岩浆岩中固溶体分解形成的条纹长石不同。在交代条纹结构（metasomatic perthitic texture）中，钾长石矿物内所分布的斜长石条纹形态极不规则，常呈分叉状或树枝状，且分布极不均匀；而固溶体在温度下降时分离结晶作用形成的条纹长石则分布较规则。

8. 交代斑状结构

交代成因的矿物形成大而自形的变斑晶，分散于较细粒的变基质中即构成交代斑状结构（metasomatic porphyritic texture），这种结构在混合岩中最常见。交代斑晶与一般的变斑晶有些不同：交代斑晶内常有交代残留体的基质矿物成分，呈不均匀分布；交代斑晶常切割（不是推开）原岩的片理，后者可以在斑晶中继续通过，因此一些交代斑晶（如钾长石）内常包含一些光性方位互不相同的斜长石和石英颗粒。

在同一变质岩中，可能有多种交代结构同时存在，如交代残留与交代假象结构，交代净边、交代蚕蚀和交代蠕虫结构等交代结构也常出现在同一岩石中。

一般来说，变质岩往往不是只有单一的某种结构，常常是复合的，因而在分清主要结构和局部结构的同时，对变质岩结构的命名应全面考虑、综合描述。例如，等粒镶嵌粒状变晶结构，包含了粒度相对大、矿物形态及其接触关系三个方面的综合描述内容，是过渡类型的结构。结构综合命名时可采用"次前主后"的原则，即将次要的结构放在主要结构前面，如鳞片花岗变晶（或鳞片粒状变晶）结构，说明花岗变晶结构是主要的，这在片麻岩中比较典型；对斑状变晶结构，应对变斑晶和变基质分别命名，如具鳞片变晶（结构）基质的斑状变晶结构。

二、变质岩的构造

变质岩的构造按成因可分为变余构造、变成构造两大类：

（一）变余（残留）构造

与变质岩的结构一样，在浅变质的岩石中，原岩的构造常常不同程度地保留下来，称为变余（残留）构造（palimpsest structure）。变余构造是恢复原岩性质最直接的重要标志之一。

正变质岩中常见的变余构造主要有变余气孔构造（blasto vesicular structure）、变余杏仁构造（blasto amygdaloidal structure）、变余流纹构造（blasto rhyolitic structure）、变余枕状构造（blasto pillow structure）等；副变质岩中则常见的变余构造主要有变余层理构造（blasto-bedding structure）、变余泥裂构造（blasto mudrack structure）、变余波痕构造（blasto-ripple mark structure）、变余生物遗迹构造（blasto bioglyph structure）等。

（二）变成构造

变成构造（metamorphic structure）是指岩石在变质作用过程中所形成的构造。这类构造在变质岩中占有重要地位。常见的变成构造按其是否具有定向性的特征可分为两大类：不定向构造和定向构造。

1. 不定向构造

1）斑点构造

在变质作用过程中，由于温度升高，岩石中某些组分发生扩散、迁移集中形成大不等的斑点或团块，称为斑点构造（spotted structure），见附录图版18。这些斑点肉眼不能辨别其成分，主要是由极微小的质点（铁质、炭质等）聚集而成，有时则是微粒石英集合体或红柱石、堇青石等的雏晶。基质常为隐晶质。随着温度的升高，这些斑点可经重结晶作用和变晶作用形成变斑晶，如斑点板岩具有斑点构造。当聚集的组分在岩石中呈瘤状突起时，就构成了瘤状构造（nodular structure）。

2）块状构造

块状构造（massive structure）与岩浆岩中的块状构造相似，是指岩石中矿物成分和结构都很均匀，矿物或矿物集合体作无定向均匀分布的一种构造。石英岩和大理岩均具有这种构造。

3）条带状构造

变质岩中不同矿物分别集中，形成矿物成分、颜色或其他特征不同的条带，以一定的宽度呈互层状产出的条带状构造（banded structure）。条带状构造与片麻状构造有些相似，但不同点是：条带状构造的粒状浅色矿物和片、柱状暗色矿物分别集中，而呈现颜色和粒度不均一的条带交替分布。

4）云染状（星云状、阴影状）构造

云染状（星云状、阴影状）构造（nebulitic structure）常见于强烈混合岩化岩石中，特征是浅色长英质物质含量高，暗色变质原岩几乎消失，仅残留暗色矿物集中的斑点、条带或团块不均匀分布。它们与浅色长英质物质之间无明显界限，如星云状，有时可隐约分辨出原岩轮廓。

2. 定向构造

1）板状构造

原岩（泥质岩、凝灰岩等）在构造应力作用下常形成一组密集平行的破裂面（也称劈理），这些劈理就构成板状构造（slaty structure）的板理。具有板状构造的岩石（附录图版19）重结晶作用不明显，少量新生成的、细小的变质矿物绢云母和绿泥石平行排列，使平直、光滑的板理面上常见较弱的丝绢光泽，具变余泥质结构。

2）千枚状构造

岩石中经低程度重结晶作用和变质结晶作用而形成的细小绢云母和绿泥石等矿物（一般粒径小于0.1mm），呈定向密集平行排列分布于劈理面上，使劈理面具明显的丝绢光泽，这种构造称为千枚状构造（phyllitic structure），见附录图版20、图版21。有时劈理面上还有一系列密集的小皱纹，形成皱纹状构造（plicated structure）。千枚状构造、皱纹状构造（附录图版22）在千枚岩中最为常见。

3）片状构造

片状构造（schistose structure）是由云母、绿泥石、角闪石等片柱状矿物作定向平行

动画19　片理构造
的形成过程

排列成片理而形成的构造，也称为片理构造（schistosity structure，动画19）。组成片理的矿物粒径多大于0.1mm，肉眼能够辨认。岩石重结晶较明显，片理面可以是平直，也可以波状弯曲，其与原岩层理多数平行，但有时也可斜交，沿片理面可劈成不平整的薄片（附录图版23、图版24）。

4）片麻状构造

变质岩石主要由粒状变晶矿物（长石、石英等）组成，其间有少量片状或柱状矿物（云母、角闪石等）呈断续定向平行排列而成的一种构造，称为片麻状构造（gneissic structure），见附录图版25、图版26、图版27。这种构造在区域变质的片麻岩中常见。

5）褶劈构造

在千枚岩和片岩中常见早期的面状构造被后期面理切穿的现象，这种后期面理中若无任何矿物充填即为板状劈理；如果被另一期的矿物所充填则称为褶劈理，这种相应的构造就是褶劈构造（fold cleavage structure）。

此外，还有一些混合岩化作用有关的独特构造，如眼球状构造、分支状构造等将在混合岩中进行介绍。

第三节　变质岩的分类

与火成岩和沉积岩相比，变质岩的化学成分、矿物成分、结构构造及形成变质岩的地质环境和物化条件更为复杂，从而导致变质岩的分类比岩浆岩和沉积岩更为困难，迄今为止尚

未有被国内外地质学家公认和应用的变质岩分类方案。

变质岩分类的三个要素是：（1）变质岩的物质成分（化学成分、矿物成分）；（2）变质岩的组构（结构、构造）特征；（3）变质作用类型和形成变质岩的物化条件。

因此，本教材采用目前广泛应用的分类方案与原则，即在变质岩分类过程中首先根据变质作用类型划分，然后再根据等化学系列和等物理系列进一步划分。

一、按变质作用的类型分类

变质作用类型不同，其所形成的变质岩石也有差别。首先根据变质作用的类型将变质岩划分为以下五大类：

（1）区域变质岩类，由区域变质作用形成的岩石；

（2）动力变质岩类，由动力变质作用形成的岩石；

（3）接触变质岩类，由热接触变质作用形成的岩石；

（4）交代变质岩类，由气液变质作用形成的岩石；

（5）混合岩类，由混合岩化作用形成的岩石。

二、按变质岩的"等化学系列"原理分类

相同的变质作用在不同的变质条件下，同一原岩可形成矿物成分和组构特征都不相同的变质岩石（等化学系列）。如部分区域变质岩和接触变质岩等适应于"等化学系列"原理的变质岩类，按等化学系列的概念，根据原岩的不同可划分为五个系列，即长英质系列、泥质系列、碳酸盐系列、基性系列、超基性系列，见表7-3。与上述五个化学系列相对应的变质岩类分别为长英质变质岩类、泥质变质岩类、钙质变质岩类、镁铁质（基性）变质岩类和超镁铁质（超基性）变质岩类。

表 7-3　变质岩的等化学系列分类及其原岩类型

等化学系列	原岩类型	化学成分特征
长英质(富硅)系列	碎屑岩类(砂岩、粉砂岩、硅质岩)、中酸性岩岩浆岩类(包括火山碎屑岩类)	SiO_2、K_2O 和 Na_2O 含量较高，Al_2O_3、FeO 和 MgO 的含量较低
泥质(富铝)系列	黏土质沉积岩(泥质岩、页岩等)、部分富铝的火山碎屑岩	Al_2O_3、K_2O 含量高，贫 CaO，$Al_2O_3/K_2O + Na_2O$ 比值高，$K_2O>Na_2O$
碳酸盐(钙质)系列	各种石灰岩、白云岩	CaO、MgO 含量高，其次为 Al_2O_3、SiO_2
基性(富铁)系列	铁质白云质泥灰岩、中基性岩浆岩(包括火山碎屑岩)、基性岩屑砂岩	富含 FeO、MgO、CaO，含有一定量的 Al_2O_3，贫 SiO_2、K_2O 和 Na_2O
超基性(富镁铁)系列	含白云质的泥灰岩、超基性岩浆岩	富含 MgO，部分变质岩中含 FeO 较多，贫 SiO_2、CaO、Al_2O_3、K_2O 和 Na_2O。

三、按变质岩的"等物理系列"原理分类

相同的变质作用和变质条件下，不同的原岩形成不同的变质岩石（等物理系列）。如在区域变质作用的中级变质条件下，泥质岩变质成云母片岩、石灰岩变质成大理岩等。因此，在以上分类的基础上，依据变质岩等物理系列的原理，可按变质条件进一步划分岩石类型。

第七章小结

第八章　变质岩的主要类型

第一节　区域变质岩类

区域变质岩是原岩经过区域变质作用而形成的岩石。它们是变质岩中分布最广的岩石，从太古宙早期到新生代都有发育，前寒武纪结晶基底主要由区域变质岩和混合岩组成，如我国华北地块和塔里木地块，它们构成了中国大陆的古老核心；寒武纪以后的地槽褶皱带和某些准地槽褶皱带也有区域变质岩分布，如下古生界广西龙山系、昆仑山祁边系及上古生界秦岭镇安系等。中—新生代的区域变质岩在我国较少，有横断山的中生代千枚岩、台湾白垩纪和古近纪—新近纪的绿泥石片岩和片麻岩。从区域变质岩在时间、空间上的分布来看，区域变质作用与地壳的造山运动有密切关系。

一、区域变质岩的分类和命名

（一）区域变质岩的分类

区域变质岩的分类方案很多，尚不统一，对区域变质岩进行分类时，主要考虑原岩的性质和类型、岩石的变质条件和变质岩本身的特征等三个方面。

1. 原岩的性质和类型

区域变质岩的原岩可以是沉积成因的各种纯净或不纯净的砂岩、泥质岩、石灰岩及其他类型的沉积岩，也可以是岩浆成因的从超基性到酸性及碱性岩浆岩及某些火山碎屑岩。这些不同成因、不同类型的岩石的化学成分的差异性，是形成不同类型区域变质岩的物质基础。

2. 岩石的变质条件

引起岩石变质的条件主要是温度和压力两个因素。即使原岩相同，在不同的变质条件下，其变质产物不同。因此，在进行分类时，应考虑反映变质条件的变质级或变质相。

3. 变质岩本身的特征

变质岩本身的特征主要考虑变质岩的矿物组成、结构构造等特征，尤其是岩石的矿物组合特点。它不仅反映原岩的性质，而且反映变质作用的温度和压力条件。

贺同兴等（1980，1988）提出"常见区域变质岩分类表"（表8-1），表中按变质岩的原岩类型及化学特征分为五个变质岩类型，并按变质级分为低级、中级和高级的变质岩，以此作为区域变质岩分类的简明总结。此分类方案的不足在于作为鉴别变质岩石的重要标志的变质岩组构，在上述区域变质岩的分类表中没有相应的位置，此外，在分类表中缺少了很低级变质岩和具有变余组构的变质岩石（或很少提及）。

表 8-1　常见区域变质岩分类表（据贺同兴，1980，1988）

岩石类型	原岩类型及化学特征	低级变质岩	中级变质岩	高级变质岩
千枚岩—云母片岩类（泥质变质岩）	泥岩、泥质粉砂岩；Al_2O_3、K_2O 含量高，贫 CaO，$K_2O>Na_2O$，FeO、MgO 不定	板岩、千枚岩、钠长绿泥绢云片岩	白云母片岩，黑云母片岩，二云片岩，石英云母片岩（可含铁铝榴石、十字石、硬绿泥石、董青石、红柱石、蓝晶石等）	黑云母片岩、黑云母片麻岩（可含石榴子石、夕线石、董青石等）
斜长片麻岩—变粒岩—石英岩类（长英质变质岩）	各种砂岩，粉砂岩及部分页岩，中酸性火山岩及火山碎屑岩；SiO_2 含量高，FeO、MgO 含量低	变质砂岩（粉砂岩）、砂质板岩、片理化硬砂岩、变质流纹岩（英安岩、凝灰岩）、石英/钠长绢云千枚岩（片）、钠长绿泥绢云片岩、石英岩、浅粒岩	黑云母变粒岩及少量细粒黑云母片麻岩（可含石榴子石等），黑云母斜长片麻岩、角闪黑云母斜长片麻岩、云母石英片岩、斜长云母石英片岩、黑云母石英片岩、石英岩、长石石英岩、各种浅粒岩	含黑云母和（或）角闪石的片麻岩及变粒岩（浅色麻粒岩）；黑云母石英片岩及石英岩（可含石榴子石、夕线石、董青石等）
大理岩—钙镁硅酸盐岩类（钙镁质变质岩）	各种碳酸盐类沉积岩（泥灰岩、钙质页岩等）；富含 CaO、MgO，其次为 SiO_2、Al_2O_3	大理岩（可含石英、绿泥石、蛇纹石、滑石等）钙质千枚岩	方柱大理岩、透闪大理岩、白云质大理岩、含钙铝榴石、符山石、帘石及云母等的大理岩。钙质云母片岩、含透辉石、阳起石、透闪石、帘石、云母等的钙镁硅酸盐变粒岩	金云母透辉大理岩，镁橄大理岩、钙质片麻岩（含透辉石、方柱石及基性斜长石等），辉闪斜长变粒岩
绿片岩—斜长角闪岩类（基性变质岩）	基性火山岩、凝灰岩、多杂质白云质岩，FeO、MgO、CaO 高，SiO_2 低，$Na_2O>K_2O$	钠长绿泥片岩、绿帘绿泥片岩、钙质钠长绿泥片岩、阳起片岩、绢云绿泥片岩等	斜长角闪岩（可含绿帘石、透辉石、铁铝榴石等）、角闪变粒岩、角闪石英片岩、角闪片岩、钙质角闪片岩	斜长角闪岩、角闪石岩、角闪片岩、角闪辉石变粒岩及紫苏麻粒岩、角闪二辉麻粒岩等、榴辉岩及榴闪岩
滑石—蛇纹石片岩类（镁质变质岩）	超基性岩及部分不纯的白云质岩，以富含 MgO、FeO 为特征	蛇纹片岩、滑石片岩、滑菱片岩、直闪绿泥片岩	（片状）角闪片岩、直闪片岩及榴闪片岩等	辉石岩、角闪石岩、橄榄石岩

（二）区域变质岩的命名

区域变质岩的命名原则为：（特殊的结构构造、粒度、颜色）+特征变质矿物+主要矿物+基本名称。

1. 变质岩的基本名称

首先，考虑变质岩的构造。具变余构造的，在原岩名称前冠以"变质"二字，如变质砂岩等。具变成构造的，根据构造名称定名，如具板状构造的岩石称为板岩；具千枚状构造的岩石称为千枚岩；具片状构造的岩石称为片岩；具片麻状构造的岩石称为片麻岩。

其次，考虑矿物成分及其含量。当某种矿物含量超过85%时，经常以该矿物作为变质岩的基本名称，如主要由石英组成时，称为石英岩；主要由角闪石组成时，称为角闪石岩；由50%以上方解石组成时，称为大理岩。建议对于像"大理岩"这样的惯用名词应保留。

2. 具体岩石详细命名原则

（1）变质岩的基本大类确定之后，主要矿物置于基本名称之前，有数种矿物同时参加命名时，则按含量"少前多后"的原则命名。如岩石中片状矿物为主，呈现片状构造，定名为片岩；其主要片状矿物为黑云母，可称为黑云片岩，此外若含少量的石榴子石时，可综合命名为石榴子黑云片岩。

227

（2）特征变质矿物，如红柱石、蓝晶石、夕线石、十字石、董青石、蓝闪石、紫苏辉石等，应在岩石名称中加以反映，如十字石榴子黑云片岩。

（3）必要时，某些特殊结构、构造或颜色、粒度也可以参加命名，如灰色条带状透闪大理岩。

（4）次要矿物含量在 5%~10% 时，可加"含"字，如含石榴云母片岩；含量超过 10% 的，可直接参加命名，如白云石英片岩。

（5）按通常习惯用词，岩石名称中的矿物应予以简化，如绢英片岩（即绢云母石英片岩）、夕线钾长片麻岩等。

二、区域变质岩的主要岩石类型

（一）泥质系列（千枚岩—云母片岩类）

泥质系列的变质岩，原岩多为泥质沉积岩（页岩、泥岩、粉砂质黏土岩），也有部分中酸性的火山凝灰岩类，其化学成分以富 Al_2O_3 和 K_2O、贫 CaO 为特征，FeO、MgO 含量不定，$K_2O>Na_2O$。这一系列变质岩常见的矿物成分有云母类矿物、石英、长石以及富铝的特征变质矿物。云母类矿物主要有细小鳞片状的绢云母、白云母和黑云母。长石类矿物中常见的有斜长石、微斜长石、正长石和条纹长石。常见的富铝特征变质矿物有绿泥石、铁铝榴石、硬绿泥石、红柱石、蓝晶石、夕线石、董青石和十字石等。

该系列变质岩的结构类型较多，常见的结构主要有粒状片状变晶结构、片状变晶结构、粒状变晶结构以及斑状变晶结构。在变质程度很低时也可见变余砂状（粉砂状）结构或变余泥质结构。岩石多具有明显的定向构造。随着递增变质作用，岩石的构造也相应地变化，由低级变质的板状构造逐渐变化为千枚状构造和片状构造，在高级变质岩中形成片麻状构造，它们也是泥质变质岩类的基本名称。因此，本系列变质岩的岩石类型主要有板岩、千枚岩、云母片岩、黑云母片麻岩，下面分别叙述其主要特征。

1. 板岩

板岩（slate）是在低级变质条件下形成的，具有典型的板状构造，多具变余泥质结构、变余层理构造（附录图版 19）。由于变质程度低，原岩没有明显的重结晶现象，新生矿物少。在显微镜下，岩石中大多数为隐晶质的黏土矿物及铁质、碳质成分，有时也能见到一些不均匀分布的细粒石英、绢云母、绿泥石等新生变质矿物。泥质岩可根据其颜色及其所含成分或杂质进一步命名，如黑色板岩、紫红色板岩、钙质板岩、碳质板岩等。

2. 千枚岩

千枚岩（phyllite）是在低级变质条件下形成的，它的重结晶程度比板岩高，岩石多由细小的绢云母和绿泥石等矿物定向排列而成，因而千枚岩（附录图版 20、图版 21）具有特征的丝绢光泽、典型的千枚状构造。千枚岩的结构主要是显微鳞片（或片状）变晶结构，或显微粒状鳞片（片状）变晶结构，如有特征变质矿物呈变斑晶产出时，也可为斑状变晶结构。主要矿物组合为：绢云母+绿泥石+石英+钠长石。当 FeO 较多时，出现硬绿泥石和黑云母。千枚岩可根据其颜色及所含杂质、矿物成分进一步划分：（1）颜色+千枚岩，如紫红色千枚岩、银灰色千枚岩；（2）杂质成分+千枚岩，如碳质千枚岩；（3）矿物成分或特征变质矿物+千枚岩，如绢云母千枚岩、硬绿泥石千枚岩等。

3. 云母片岩

云母片岩（mica schist）是在中—低级变质条件下形成的，由云母类矿物组成的具有片状构造的岩石。由云母等片状矿物连续定向分布形成的片状构造，是云母片岩最主要的构造特征。云母片岩常具有粒状鳞片（或鳞片粒状）变晶结构，如有石榴子石、十字石等特征变质矿物呈变斑晶产出时可形成斑状鳞片变晶结构。岩石中矿物粒度大于 0.1mm，随变质作用的增强，矿物粒度可由细粒到粗粒。主要矿物组合为：黑云母+白云母+石英+长石，黑云母和白云母等片状矿物含量大于 30%，石英、长石等粒状矿物含量小于 50%，其中的长石含量小于 25%。特征变质矿物有蓝晶石、矽线石、铁铝榴石、堇青石、红柱石、十字石等。岩石定名原则是：特征变质矿物+云母成分+片岩，如榴石白云母片岩。当云母成分以黑云母为主时，称为黑云母片岩；以白云母为主时，称为白云母片岩；黑云母和白云母近于相等时，称为二云母片岩；当云母成分含量不易区分时，称为云母片岩。当长石含量大于25%时，长石参加命名，如斜长云母片岩、钾长云母片岩。

4. 黑云母片麻岩

黑云片麻岩（biotite gneiss）在中、高级变质条件下形成，具片麻状构造，也见条带状构造；以鳞片（纤状）粒状变晶结构为主，斑状变晶结构也较为常见（附录图版25）。矿物组合为：钾长石+斜长石+石英+白云母+黑云母，有时有角闪石。长石含量大于25%，长石+石英含量大于50%。特征变质矿物可有矽线石、蓝晶石、堇青石和石榴子石，在特殊情况下有刚玉产出。定名原则为：特征变质矿物+主要片（柱）状矿物+长石种类+片麻岩，如矽线石榴黑云斜长片麻岩。在肉眼无法鉴定长石种类时，定名时可取消长石种类这一项，如石榴黑云片麻岩。

由上述主要岩石类型特征可以看出，随着变质作用的增强，泥质系列变质岩的岩石类型由板岩→千枚岩→云母片岩→富铝片麻岩；矿物组合上，由绢云母+绿泥石→黑云母+白云母大于50%、石英+长石含量小于50%→黑云母+白云母含量小于50%、石英+长石含量大于50%；构造上，由板状构造→千枚状构造→片状构造→片麻状构造；结构上，由变余泥质结构（板岩）→显微鳞片变晶结构（千枚岩）→细粒粒状鳞片变晶结构（细粒云母片岩）→中粒粒状鳞片变晶结构（中粒云母片岩）→中粗粒片状粒状变晶结构（中粗粒片麻岩）。

（二）长英质系列（斜长片麻岩—变粒岩—石英岩类）

长英质系列的变质岩在自然界中分布广泛，其原岩为沉积岩中的陆源碎屑岩（如砂岩、粉砂岩等）、硅质岩，岩浆岩中的中酸性侵入岩类、火山熔岩和火山碎屑岩类，其化学成分以富含 SiO_2，贫 FeO、MgO 为特征。矿物成分主要是长石类矿物和石英，其中长石+石英含量大于70%，这是长英质变质岩类的主要特征及其与其他变质岩类的重要区别；次要矿物成分有云母类（绢云母、白云母、黑云母）、角闪石、辉石以及部分的特征变质矿物（如红柱石、蓝晶石、矽线石、石榴子石等）。但是，特征变质矿物在岩石中含量很少，有时甚至不出现。长英质变质岩以粒状变晶结构为主，有时因含有少量云母、绿泥石等片状矿物和闪石类等柱状矿物而形成片状（或柱状）粒状变晶结构。在中—低级变质岩中常见各种变余结构，如变余砂状、变余粉砂、变余晶屑等。岩石多具片麻状构造、块状构造，有时可见片状构造。

根据长英质变质岩类中矿物成分及其含量、岩石的组构特征，进一步划分为石英岩类、变粒岩类、长石片麻岩类、长石片岩类、麻粒岩类等，其主要岩石类型有变粒岩、浅粒岩、石英岩、长石石英岩、磁铁石英岩、石英片岩、斜长石英片岩、斜长片麻岩及碱长片麻岩等，下面叙述其主要岩石类型特征。

1. 石英岩

石英岩（quartzite），见附录图版28、图版29，在低、中、高级变质条件下都可形成，具有粒状变晶结构、块状构造。岩石中石英含量大于85%，当石英含量大于95%时，称为纯石英岩。石英岩中可有少量长石存在，也经常有云母类、闪石类、辉石及其他特征变质矿物。定名原则是：特征变质矿物或片（柱）状矿物+石英岩，如白云母石英岩、长石石英岩等。

2. 长石石英岩

长石石英岩（feldspar quartzite）的主要矿物为石英和长石，石英含量为75%~90%，长石含量在10%~25%，云母等其他矿物含量小于10%，具粒状变晶结构，块状构造和变余层理构造等。

3. 磁铁（赤铁）石英岩

磁铁（赤铁）石英岩（maganetite/hematite quartzite）是主要指矿物成分以石英为主、铁矿物（磁铁矿、赤铁矿等）含量在10%以上、具有条带状构造的岩石。岩石以粒状变晶结构为主，多具条带状、条纹状构造。矿物成分以石英和磁铁矿为主，经常含有绿泥石、角闪石类（铁闪石、阳起石、普通角闪石等）、辉石类矿物（单斜辉石、紫苏辉石），可有少量石榴子石、黑云母、长石、方解石、白云石等。

4. 斜长片麻岩

斜长片麻岩（plagiogneiss）在中、高级变质条件下形成，具有粒状或片状（柱状）粒状变晶结构，交代结构十分发育；具片麻状构造（附录图版30、图版31）。矿物成分以石英和长石为主，二者含量之和大于70%，其中长石含量大于25%，并且斜长石占长石总量的2/3以上，云母类矿物含量小于30%。其定名原则与黑云母片麻岩相同，为特征变质矿物+主要矿物+长石种类+片麻岩，主要类型有黑云斜长片麻岩，角闪斜长片麻岩。但是，当钾长石占长石总量的2/3以上时，则称为钾长片麻岩。

5. 变粒岩

变粒岩（granulitite，granofels），见附录图版32、图版33，经中、高级变质作用形成，以具细粒粒状变晶结构或细粒鳞片（纤状）粒状变晶结构为特征。岩石构造主要是块状构造，有时为弱片麻状构造、条带状构造带等。矿物成分中长石+石英含量大于70%，长石与长石+石英含量之比大于25%，片柱状矿物（云母、角闪石、辉石）含量为30%~10%。定名原则是：特征变质矿物+片（柱）状矿物+长石种类+变粒岩。

变粒岩与麻粒岩的特征有所不同。变粒岩一般粒度较细（小于0.5mm），为细粒粒状变晶结构，矿物成分主要有长石和石英，只含少量暗色矿物；麻粒岩一般粒度较粗，为中—粗粒粒状变晶结构，矿物成分除含长石、石英外，还含有较多的暗色矿物（多为不含水的种属），以含一定量紫苏辉石为特征。

6. 浅粒岩

浅粒岩（leptite）的组分与变粒岩相似，但暗色矿物含量小于10%，长石含量大于25%。定名原则是：特征变质矿物或片（柱）状矿物+长石种类+浅粒岩，如斜长浅粒岩、钠长浅粒岩。浅粒岩可由长石砂岩经中级变质作用形成，也可由中酸性火山岩及火山碎屑岩变质而成。

长英质系列的变质岩，随变质作用的增强，它们的组构及矿物成分变化很不明显，因而在划分变质带和变质相时，主要是根据与其伴生产出的泥质系列、基性系列及碳酸盐系列的变质岩类的矿物与矿物组合划分的。

（三）碳酸盐系列（钙镁质变质岩类）

碳酸盐系列的变质岩，原岩主要是各种灰岩及白云岩，其化学成分以富含 CaO、MgO 为特征，SiO_2、Al_2O_3、FeO 含量低，但含量变化大。碳酸盐系列的主要矿物成分是方解石、白云石，含量超过 50%；特征变质矿物有滑石、蛇纹石、镁橄榄石、透闪石、透辉石、硅灰石、方柱石、阳起石、金云母等。岩石具有粒状变晶结构，多为块状构造，但有的因矿物成分、颜色或粒径粗细变化而形成条带状构造。该系列变质岩的典型岩石类型是大理岩（marble）。命名原则为：颜色+粒度+其他变质矿物+碳酸盐矿物+大理岩（附录图版 34、图版 35、图版 36、图版 37），如白色中细粒白云石大理岩，中粗粒蛇纹石大理岩，灰白色中粗粒透闪石大理岩等。

大理岩一般呈白色，如含有不同的杂质，可出现不同的颜色和花纹，磨光后非常美观，其中结构均匀、质地致密的白色细粒大理岩又称为汉白玉。大理岩分布广泛，云南大理县点苍山因盛产美丽花纹的大理岩而闻名于世，大理岩由此而得名。

根据碳酸盐类原岩中所含杂质不同，可将大理岩分为三类：

（1）较纯的碳酸盐岩经变质重结晶作用而成的大理岩有大理岩、白云石大理岩、菱镁矿大理岩，有时可含微量的白云母、斜长石、磁铁矿和石墨等。

（2）含有硅质的石灰岩经变质作用后，在不同变质条件下形成不同类型的大理岩。在中低温变质条件下形成石英大理岩；在高温低压变质条件下形成硅灰石大理岩；在高温高压变质条件下形成石英大理岩，此时的岩石颗粒较粗。

（3）含硅、铝杂质的白云岩在不同变质条件下形成不同类型的大理岩。在低级变质条件下，形成滑石大理岩、蛇纹石大理岩或绿帘石大理岩；在中级变质条件下，形成透闪石大理岩、黝帘石大理岩和方柱石大理岩；在中高级变质条件下，形成镁橄榄石大理岩、钙铝榴石大理岩、透辉石大理岩、斜长石大理岩；在高级变质条件下，形成方镁石大理岩、尖晶石大理岩。

碳酸盐系列的变质岩，随着变质作用的增强，粒度上由细变粗，结构上由细粒粒状变晶结构到粗粒粒状变晶结构。

（四）基性系列（绿片岩—斜长角闪岩类）

基性系列的变质岩，其原岩主要为基性岩浆岩（侵入岩、火山熔岩）、火山碎屑岩（凝灰岩），其次是铁质白云质泥灰岩和镁铁质（基性）岩屑较多的杂砂岩等沉积岩类。基性系列的变质岩的化学成分以富含 FeO、MgO、CaO、SiO_2 及 Na_2O 含量大于 K_2O 为特征。

本系列变质岩的矿物成分较为复杂，不同变质条件下所形成的矿物成分及矿物组合都有明显的变化。常见变质矿物有绿泥石、绿帘石、阳起石、斜长石、角闪石、单斜辉石、斜方辉石，有时有石榴子石及方解石。特征变质矿物较泥质系列变质岩少，但它们的矿物组合对温压条件反应灵敏，因而很多变质相是以这一系列的变质岩来命名的。本系列变质岩的主要岩石类型有绿片岩、角闪质岩石（包括斜长角闪岩、角闪斜长片麻岩、角闪石岩等）、麻粒岩、榴辉岩等。

1. 绿片岩

绿片岩（greenschist），见附录图版38，多形成于低温变质条件下，具有细粒鳞片变晶结构、细粒纤状变晶结构，有时呈斑状变晶结构，片状或千枚状构造。该类岩石由于富含绿色矿物而呈现灰绿色、暗绿色或黑绿色，其矿物组合为绿泥石+绿帘石+阳起石+钠长石。有时岩石中还含有褐绿色或黄绿色的黑云母、石英、绢云母和方解石等。命名原则为：主要绿色矿物+片岩，如绿泥石片岩、绿帘石片岩、阳起石片岩等。

2. 斜长角闪岩及其他角闪质岩石

本类岩石在中—高温区域变质条件下形成，为细—粗粒的粒状或粒状纤状变晶结构，有时可见斑状变晶结构。斜长角闪岩（amphibolite）的构造类型多样，有不具定向分布的块状构造，但经常为由长柱状角闪石呈连续或不连续定向排列形成的片状构造和片麻状构造。本类岩石的主要变质矿物组合为：斜长石+角闪石，斜长石主要是更长石和中长石，角闪石以普通角闪石为主。次要矿物辉石、石榴子石、绿帘石，有时含有黑云母，少量的石英和碳酸盐矿物等。随变质作用的温压条件不同，岩石的矿物成分不同。如含绿泥石的斜长角闪岩，变质温度较低；含石榴子石或单斜辉石的斜长角闪岩，变质温度较高。岩石中斜长石号码大、角闪石具褐色多色性的斜长角闪岩，变质程度深；斜长石号码小、角闪石（附录图版39）具蓝绿色多色性的角闪岩，变质程度浅。

斜长角闪岩的原岩较复杂，可以是辉长岩、辉绿岩、玄武岩等基性岩浆岩及其火山碎屑岩，也可以为铁质白云质泥灰岩、基性岩屑杂砂岩等沉积岩类。因此，大多数斜长角闪岩原岩类型恢复较为困难。

3. 麻粒岩

麻粒岩（granulite），见附录图版40、图版41，在高温区域变质条件下形成，具中—细粒不均匀粒状变晶结构，块状构造、弱片麻状构造、条带状构造。岩石主要由紫苏辉石、透辉石、角闪石、黑云母和中基性斜长石等矿物组成，也含少量碱性长石和石英，有时含石榴子石、夕线石、蓝晶石、堇青石等特征变质矿物。暗色矿物含量通常大于30%，最大不超过90%。命名原则为：特殊构造+（除紫苏辉石外）暗色矿物或特征变质矿物+颜色+麻粒岩，如条带状中粗粒石榴中色麻粒岩、角闪暗色麻粒岩等。

贺同兴等（1988）在对麻粒岩（granulite）术语使用情况分析研究的基础上，按照岩石学分类一般原则，列出麻粒岩应具有的特征：（1）麻粒岩是指形成于麻粒岩相条件下，并含有紫苏辉石等高温变质矿物组合的特定岩石，而不是所有岩石；（2）矿物组合中必须含有变质成因的紫苏辉石，同时可含有单斜辉石，暗色矿物含量不超过岩石体积的85%（或90%）；（3）含有相当数量的斜长石、钾长石、石榴子石或其他高温变质矿物，可有一定量的石英；（4）含水矿物（角闪石、黑云母）不存在或少量出现；（5）结构粒度无明显界定（细—粗粒均可），常为无定向粒状变晶结构，块状构造或片麻状、条带状构造。

4. 榴辉岩

一般认为，榴辉岩（eclogite，见附录图版42、图版43）是在极高压力条件下形成的，但温度范围（450~1600℃）变化较大（Carswell，1990）。但在金伯利岩中呈包体的榴辉岩成因上却有所不同，被认为是来自地幔的金伯利岩浆成分凝结晶作用的产物。榴辉岩结构主要是中粗粒粒状变晶结构，也有不等粒粒状变晶结构。常见块状构造、弱片麻构造和条带状构造。榴辉岩颜色一般较深，相对密度较大（可达 3.6~3.9），是变质岩密度最大的岩石。岩石的化学成分和基性岩浆岩相当。主要矿物组合为：绿色绿辉石+粉红色石榴石（钙铝—铁铝—镁铝榴石）。典型的榴辉岩不含长石，有时含橄榄石、蓝晶石、刚玉、金刚石、斜方辉石、角闪石、金红石、尖晶石和石英。

榴辉岩的原岩大多数为基性火山熔岩和侵入岩类，原岩中的斜长石在榴辉岩相高压条件下不稳定而分解，变质反应产生的硬玉分子进入单斜辉石中，形成绿辉石；产生的钙—契尔马克分子（$CaAl_2SiO_6$）与石英反应形成钙铝榴石和蓝晶石。由此，解释了榴辉岩中不含斜长石、石榴子石富含钙铝榴石分子、单斜辉石中含有硬玉分子及榴辉岩中含有富铝的蓝晶石的原因。综上所述，斜长石在高压条件下的分解是进入榴辉岩相的标志。

榴辉岩的产状和成因比较复杂，Coleman（1965）总结了世界上不同地区榴辉岩的地质产状和矿物学特征，将榴辉岩划分为三种类型：

（1）A 型榴辉岩，作为深源包体产出于金伯利岩和超基性岩中；

（2）B 型榴辉岩，呈透镜状、条带状产出于角闪岩相和麻粒岩相的岩石中；

（3）C 型榴辉岩，呈透镜状、条带状产出于蓝闪石—硬柱石片岩相的岩石中。

基性系列的变质岩，随变质作用的增强，岩石的矿物组合有很大变化，结构构造也不同，构造由千枚状或片状构造（绿片岩）→片麻状、块状或条带状构造，有时为片状构造（各类角闪质岩石）→块状及弱片麻状构造（麻粒岩）→块状（有时为条带状）构造（榴辉岩）。结构上由细粒粒状鳞片变晶结构、斑状变晶结构（绿片岩）→中粒或中粗粒粒状变晶结构（角闪质岩石）→中粗粒粒状变晶结构（麻粒岩）。

（五）超基性系列（滑石—蛇纹石片岩类）

超基性系列的变质岩，原岩为超基性岩浆岩及富镁质沉积岩，其化学成分以富 MgO，贫 CaO、SiO_2、Al_2O_3 为特征。常见矿物为滑石、蛇纹石、绿泥石、透闪石、镁铁闪石、铁铝榴石、橄榄石、尖晶石、顽火辉石及碳酸盐矿物（菱镁矿、白云石）等，有时含有少量的石英和斜长石（含量小于 10%）。本系列变质岩以发育片状构造、粒状纤状或粒状片状变晶结构为特征。低级变质岩主要类型有蛇纹石片岩、绿泥石滑石片岩、阳起石片岩、滑石菱镁片岩（附录图版 44、图版 45、图版 46）等；中级变质岩主要类型有片状角闪岩、绿帘石角闪岩（附录图版 47），角闪石含量大于 85%，片状构造，中粒纤状变晶结构；高级变质岩主要类型有辉石岩、角闪石岩、橄榄石岩。

第二节　动力变质岩类

一、概述

（一）动力变质岩与动力变质作用的概念

1. 动力变质岩

动力变质岩又称构造岩，是原岩经动力变质作用而形成的变质岩石。在动力变质过程中，原岩主要发生变形、破裂和粉碎等机械作用，而重结晶作用则是极为次要的。关于所谓的动力变质岩，国内外不同学者依据不同的分析与应用范围，分别采用不同的名称，如动力变质岩（Spry，1969）、碎裂变质岩（王嘉荫，1978）、断裂构造岩（郭宝罗等，1987）、碎裂岩（Higgins，1971）、断层岩（Sibson，1977）以及构造岩（孙岩等，1979）。本书主要采用动力变质岩的名称。

2. 动力变质作用

动力变质作用是指由于受到地壳构造运动的影响，原岩遭受强烈的构造应力（定向压力）的作用而发生破裂、粉碎、变形和重结晶，有时也发生变质结晶的一种变质作用。动力变质作用的特征有以下几点：

（1）动力变质作用对岩石的影响以机械作用为主（包括变形、破碎、糜棱岩化等），同时伴随有局部的温度升高（由机械能转变成热能）以及沿破碎带循环的热水溶液所引起局部的化学反应，促使岩石的矿物成分和结构、构造也会发生某些变化。

（2）在动力变质作用过程中，构造应力是主要的变质因素，但原岩的性质仍起着很重要的作用。如我国广东新丰江地区有一条规模较大的逆掩断层，在断裂带出露的原岩有安山岩、砂质页岩和花岗岩，它们受力后的表现并不一样：安山岩因压碎而发生角砾化；砂质页岩发生强烈的揉皱和劈理化（或片理化）；刚性的花岗岩则表现为糜棱岩化（搓成细粉末）。

（3）动力变质作用一般发生在地壳较浅处的构造断裂带及其破碎带内，其以机械效应为主，同时伴以高温及沿裂隙活动的水溶液作用，可使原岩在发生变形和破碎的同时也发生局部重结晶，并形成某些新矿物，如绢云母、绿泥石、叶蜡石等。

（二）动力变质岩的组构

动力变质岩的变形组构特征主要包括两个方面：（1）各种显微变形结构在动力变质岩的矿物中十分发育（如波状消光、变形纹、扭折带、矿物晶体的破裂和弯曲、变形双晶、亚颗粒、核幔结构、书斜式构造、云母鱼、带状构造等）；（2）大多数动力变质岩石的组构主要由粒径较大的岩石和矿物的碎块（也称为角砾和碎斑）、粒径细小的岩石和矿物碎屑及粉末形成的碎基（或基质）组成的角砾状结构、破碎组构和糜棱组构，有的岩石中也有变晶结构。

上述各种变形组构是鉴别动力变质岩最主要的标志，也是动力变质岩分类命名的依据。

1. 常见的显微变形结构

在显微镜下观察岩石和矿物的变形特征，称为显微变形结构。常见的有波状消光、扭折带、变形双晶、亚颗粒、压力影、云母鱼、S-C面理、动态重结晶和静态重结晶、显微裂隙等。上述显微变形结构在动力变质岩石中大多都较发育，但在很多其他变质岩石中也会有程度不同的存在。如波状消光的石英，在很多变质岩石中都能见到，但该岩石并不一定是动力变质岩。

1）波状消光

波状消光（undulatory extinction），也称为不均匀消光（inhomogeneous extinction）。它是指在显微镜下观察到一个单矿物晶粒的消光位是连续过渡的现象，波状消光经常呈扇状及放射状消光，也有呈团块状、云雾状、鼓状消光等。这是由于矿物晶粒在应力作用下，使其晶格产生位错、滑移而引起的光学现象。波状消光在很多变质岩石的矿物中，大都有不同程度的存在。

2）扭折带

扭折带（kink band）也称为膝折带。在应力作用下，矿物晶体的解理、双晶发生尖棱状弯曲，形成方位不同的条带状、楔形、三角形状或呈 V 形扭折，有的扭折带的相邻界面可以是平行的，也有的形成两组共轭状（呈 X 形）的扭折带。在继续变形作用下，沿扭折带的界面可以发生显微破裂，有时在破裂面中有细小矿物的集合体填充。在单偏光镜下具有扭折带矿物的晶体和解理发生了扭折，在正交偏光镜下扭折带显示不同的消光位，相邻扭折带消光位的角度有明显差异，最高可达 60°左右。解理和双晶纹较发育的方解石、云母、辉石、斜长石和蓝晶石等矿物常具有扭折带。此外，在变形作用下矿物的晶形、解理和双晶发生弯曲变形，有时云母晶体甚至发生卷曲现象。

3）变形双晶

变形双晶（deformation twinning）也称为机械双晶，是在应力作用下形成的双晶。变形双晶一般较密集，常发生弯曲、扭折，并出现波状消光，双晶纹的端部大多呈锥形尖灭。未变形的生长双晶与变形双晶之间的区别如所示。变形双晶在方解石、白云石等碳酸盐矿物和斜长石中最为常见，有时在辉石中也能见到。

4）亚颗粒

亚颗粒（subgrain）又称为亚晶粒、镶嵌构造和胞状结构。据 Nicolas 等（1976）的定义："亚颗粒是指一个晶体内，由结晶学方位有小的偏斜角度（一般小于 12°）的区域所构成的多边形亚构造，它们之间被低角度的亚晶界（即位错壁）所分隔。"在正交偏光下转动物台，在一个矿物的晶粒中，可分为若干个消光位各有差异的区域，即一个矿物颗粒可被分隔成许多不同消光区域构成的亚颗粒。亚颗粒的形状有多边形、矩形、菱形及透镜状。相邻亚颗粒之间的消光位的角度相差很小（一般是 1°~5°）。许多亚颗粒是在动态恢复过程中形成的，所以亚颗粒出现可以作为动态恢复的指示标志。亚颗粒多见于石英、长石、碳酸盐矿物和橄榄石等矿物中。

5）压力影

压力影（pressure shadow）是在压应力作用下，岩石中大而硬的矿物（大多是变斑晶或变余斑晶的矿物）阻挡了载荷压力，压应力在与其垂直的晶体表面集中，致使在这受压晶体表面部分及附近基质的物质产生溶解（压溶作用），而在与张应力相平行的晶体两侧形成张性空隙，周围被压溶物质和基质的残余物就充填或沉淀在变斑晶两侧的张性孔隙中，这样就形成眼球状、透镜状或椭圆状及其他形状压力影构造。

由上述可知，压力影是由内晶和阴影两部分组成的。内部较大的矿物称为内晶（或晶核），常是黄铁矿、石榴子石、石英、长石、红柱石等矿物，有时为黑云母、小砾石和化石等，内晶是构造变形前、也有的是构造同期生长的矿物，在应力作用下产生波状消光、变形带、变形双晶和显微裂隙等显微变形结构。而在内晶两侧有眼球状、透镜状的压溶物质沉淀区域，称为阴影。其主要有粒状、纤维状矿物、也有粒状矿物被拉长的集合体。组成阴影的矿物大多是同构造期的矿物，主要有石英、方解石、文石、绿泥石、云母等。按阴影矿物的形态可分为粒状压力影和纤维状压力影，也有人将前者称为压力影，将具有纤维状阴影矿物的称为压力边（pressure fringe）。当岩石经受多期变形时，可以在前一期压力影的基础上叠加生长后来的压力阴影矿物，而形成多期的压力影。根据压力影的形态，可推断应力的性质和主应力的方向。此外，可根据叠加生长的多期压力影推断变形期次和应力方向。

压力影一般出现在应变较弱、变质程度较低的千枚岩和片岩的变斑晶和变余斑晶的两侧，在变质火山岩中的变余斑晶和变余晶屑的两侧也常有压力影。

6）云母鱼

变形岩石中大的云母晶体在应力作用下，沿解理裂开成几个小晶体。在变形过程中形成拖尾，形似鱼状，这种变形云母称"云母鱼"（mica fish）。云母鱼的头部和尾部一般都平行剪切方向，即为 C 面理，以此可以判断剪切运动的方向（彩图10）。

彩图10　显微变形组构之云母鱼

7）S-C 面理

S-C 面理（S-C foliation）由 S 面理和 C 面理共同组成的构造型式，也称 S-C 组构（S-C fabric）。S 面理是指变形岩石中矿物的长轴定向排列的方向，C 面理是指剪切面理或条带，其总体平行韧性剪切带的边界。在糜棱岩中 S-C 组构较发育，糜棱岩中的长石等矿物的碎斑多呈眼球状、透镜状，其长轴方向常代表 S 面理，与其锐角相交的富云母条带为 C 面理。一般情况是，S 面理与 C 面理或剪切带边界的角度呈45°，随着变形增强，两者的夹角逐渐减小，直至趋于平行。具有 S-C 面理的岩石，可以利用 S-C 面理指示剪切运动的方向。S-C 面理在野外露头，手标本及显微镜下，从宏观到微观都能观察到。

8）显微裂隙

显微裂隙（micro-fracture）也称为显微裂纹和显微破裂（microcrack），是指肉眼不能观察到微观尺度上的破裂，一般并不破坏岩石或矿物的完整性。在显微镜下观察到破裂纹发育在单个矿物的晶体中，也可以穿切整个岩石。按其形态和应力关系，可分为张性显微破裂和剪性显微破裂。张性显微破裂常被轻微拉开，呈锯齿状，具开放性，往往有细小矿物充填；而剪性显微破裂则较平直、紧闭，裂纹中充填的矿物较少。此外，还有一些复合的形式，如张剪性显微破裂和压剪性显微破裂等。显微裂隙是构造变形程度较低的产物。

2. 脆性变形组构

发育在地壳较浅部的断层带中的岩石，主要经受脆性变形作用使构造带附近的岩石发生不同程度的破碎，形成棱角状或浑圆状的角砾（或砾石）或矿物碎斑。它们大多无方向分布形成块状构造，但在压应力和剪切应力作用下，砾石有定向分布的片理化特征。脆性变形主要有下列组构类型，分述如下。

1）构造角砾（砾）状组构

构造角砾状组构（tectonic brecciated fabric）是指在构造应力作用下使岩石发生破碎，并形成大小不等的岩石碎块（粒径大于2mm）而形成的结构。

构造角砾状组构的岩石碎块呈棱角状，砾状组构的岩块是在压应力和剪切应力的挤压和碾磨中被圆化，其长轴大多定向分布。在角砾或砾石之间分布着细小岩石、矿物、断层泥及部分胶结物等组成的基质（含量小于70%），基质在角砾中大多杂乱分布形成块状，而在构造砾状组构中的基质，也可定向分布形成片理化。构造角砾或砾石来自断层带两侧的岩石碎块，角砾之间的位移距离较大。

2）碎裂组构

碎裂组构（cataclastic fabric）是岩石和矿物经受脆性变形作用，最初使岩石和矿物产生显微破裂，裂缝可以穿切矿物和岩石。当作用力继续增加，岩石进一步破裂，形成棱角状岩块，在岩块之间的裂缝中只有少量细小的矿物和岩石碎屑充填，有时在岩石裂缝中有石英、绿泥石、碳酸盐矿物充填。岩块之间并没有明显的位置移动，相邻岩块可以互相拼接。随着碎裂作用增强，岩石中的碎块变小，数量增加，裂缝中的细小碎屑物质增加，在岩石中出现角砾、碎斑或碎粒岩带。碎裂岩石中岩块和碎基均杂乱分布，无定向排列。一般情况下，岩石碎块和矿物碎斑的粒径大于 2mm。岩石中的碎裂组构有的只能在显微镜下观察到，肉眼不能辨认。有时在碎裂岩的局部肉眼也可观察到岩石碎块所组成的碎裂角砾组构。

3) 碎裂角砾组构

碎裂角砾组构（cataclastic brecciated fabric）的特征与构造角砾组构相似，两者区别是碎裂角砾的成分由单一岩石组成，角砾之间由该岩石的碎屑组成碎基充填，或由后期的气液蚀变矿物（如石英、绿泥石）充填。角砾粒径大于 2mm，含量大多在 50%左右。破碎角砾之间不能互相拼接，它们基本上是在原地被压碎成角砾状，角砾之间的位移很小。碎裂角砾组构经常与碎裂组构和碎斑组构呈渐变过渡的关系。

4) 碎斑组构

由大的岩石碎块和矿物组成碎斑，而颗粒细小的岩石和矿物则组成碎基，由碎斑和碎基共同组成碎斑结构（mortar/prophyroclasic fabric）。岩石和矿物的碎斑粒径大多在 0.3~2mm 之间，碎基含量为 50%~70%。碎斑的矿物中经常具有波状消光，晶体解理和双晶发生弯曲，在岩石和矿物的碎斑中显微破裂发育。

除了以上脆性变形组构外，随着碎斑粒径的进一步变小，依次可出现碎粒组构（granulate fabric）、碎粉组构等。

碎裂组构与碎裂角砾组构和碎斑组构、碎斑组构与碎粒组构、碎粒组构与碎粉组构之间经常呈渐变过渡关系，形成碎裂—碎裂角砾和碎斑（或碎斑—碎裂）组构、碎斑—碎粒（或碎粒—碎斑）组构和碎粒—碎粉（或碎粉—碎粒）组构。从碎裂组构、碎裂角砾组构、碎斑组构、碎粒组构到碎粉组构，显示了脆性变形作用的强度逐渐增强的趋势。

5) 碎斑玻璃质结构

产于断层带具有玻璃质结构的岩石中，常含有一些碎斑矿物，形成碎斑玻璃质结构（mortar vitreous texture）。其所形成的碎斑玻璃质结构、地质产状及含有碎斑等特征，可与火成岩中的玻璃质结构和含有斑晶的玻璃质结构（玻基斑状结构）相区别。

（三）糜棱组构

糜棱组构（mylonitic fabric）是发育在地壳较深的部位，在韧性变形作用中，使岩石和矿物成分发生塑性变形。糜棱组构的特征是：（1）岩石中碎斑矿物大多呈定向排列的透镜状、长圆状和眼球状，有的甚至形成丝带状；（2）碎斑矿物中显微变形结构十分发育，如波状消光、变形纹、变形双晶、晶体和双晶弯曲、扭折、亚颗粒、石英的丝带状构造等；（3）碎基矿物经重结晶作用和变晶作用可形成新生的变质矿物；（4）岩石具有明显的定向构造。碎斑矿物的长轴定向排列形成 S 面理，富云母条带和丝带状石英的定向分布形成 C面理。在糜棱岩石中塑性流动构造、眼球片麻状、条带状及层纹状构造也较常见。

（四）变晶结构

在韧性变形作用中的相对较高温条件下，糜棱岩中的碎基经重结晶作用和变晶作用，形成新生的变晶矿物，岩石中的定向构造十分发育，其中的碎斑矿物仍可保存，岩石以变晶结构（crystalloblastic texture）为主。当岩石主要由细小的绢云母、绿泥石、石英和长石等矿物组成含有碎斑的显微粒状鳞片变晶结构和千枚状构造，即具有千糜状组构的千糜岩。此外，也有变晶作用和重结晶作用更强的具有片状构造和片麻状构造的糜棱片岩和糜棱片麻岩。但由于糜棱片岩和糜棱片麻岩中还保存一些呈眼球状和透镜状的碎斑，在显微镜下还可以将其与区域变质成因的片岩和片麻岩区分开。此外它们常产于构造带中与糜棱岩共生产出，也是它们与区域变质岩中的片岩和片麻岩的重要区别。

三、动力变质岩分类

国内外学者对动力变质岩的分类和命名提出多种方案，研究也较深入。具有代表性的有Sibson（1977）的断层岩的结构分类表。该分类主要考虑了断层岩的结构因素：（1）未固结和固结；（2）紊乱组构和叶理化组构；（3）碎斑的大小和含量；（4）重结晶的程度等。这一分类在国内外应用较广。很多学者在上述分类基础上进行了修改和完善。

目前，在国内外有关动力变质岩（断层岩、构造岩）的一些文献资料中将构造（断层）角砾岩和砾岩归并到碎裂岩类中。Brodie等（2007）提出断层岩分类，将断层岩分为固结的断层岩和未固结的断层岩两类，在已固结的断层岩中分为定向构造明显的糜棱岩类、无定向或弱定向的碎裂岩类和假玄武玻璃。

在分析、对比、研究前人的动力变质岩（构造岩、断层岩）分类的基础上，本书推荐采用陈曼云等（2009）在《变质岩鉴定手册》中提出的动力变质岩组构分类（表8-2）。

表8-2 动力变质岩的组构分类表（据陈曼云等，2009）

脆性变形为主的动力变质岩类（无定向或弱定向）				韧性变形为主的动力变质岩类（定向构造明显）		
未固结的动力变质岩	断层角砾(岩石碎块>30%)断层泥(岩石碎块<30%)			已固结的动力变质岩	基质含量%	组构特征
已固结的动力变质岩	碎基含量,%	碎块(斑)粒度,mm	组构特征	糜棱岩化+原岩名称	5~10	原岩组构为主+糜棱组构
构造角砾岩类	构造角砾岩	30~70	>2	角砾状组构	初糜棱岩	10~50	糜棱组构为主+原岩组构
	构造砾岩			砾状组构（弱定向）	糜棱岩	50~90	糜棱组构
碎裂岩类	碎裂化+原岩名称	5~10	>2	原岩组构为主也有碎裂组构	超糜棱岩	>90	细糜棱组构,条带/条纹状组构
	碎裂+原岩名称	10~30			千糜岩	含有碎斑的千枚状构造(矿物粒径<0.1mm),显微片状变晶结构	
	原岩名称+碎裂岩	30~50		碎裂组构为主,也有原岩组构	糜棱片岩	片状构造(矿物粒径>0.1mm),粒状片状（或片状粒状）变晶结构	
	碎裂角砾岩	50左右		碎裂角砾组构			
	碎斑岩	50~70	0.3~2	碎斑组构	糜棱片麻岩	片麻状构造片状粒状变晶结构、粒状变晶结构	
	碎粒岩	70~90	0.1~0.3	碎粒组构			
	碎粉岩	>90	0.1~0.3	碎粉组构			
假玄武玻璃,具碎斑玻璃质结构和玻璃质结构						

表内韧性变形列纵向合并单元格：糜棱岩类（糜棱岩化+原岩名称、初糜棱岩、糜棱岩、超糜棱岩）；变晶糜棱岩类（千糜岩、糜棱片岩、糜棱片麻岩）。

（一）动力变质岩组构分类方案的分类依据与原则

（1）动力变质岩组构为其分类的基础；

（2）碎基的数量和碎斑粒径的大小为进一步分类命名的依据；

（3）在经受变形程度较轻的碎裂岩和初糜棱岩中，采用了原岩名称和动力变质岩名称相结合的命名原则；

（4）依据变质结晶程度，分为糜棱岩类和变晶糜棱岩类。

（二）动力变质岩组构分类方案的内容与特征

（1）按岩石经受变形作用的性质分为脆性变形为主和韧性变形为主的动力变质岩类。

（2）在脆性变形为主的动力变质岩石中有未曾固结的断层角砾和断层泥，以及已固结成岩的具有角砾（砾）状组构的构造角砾岩类和具有碎裂组构的碎裂岩类；在韧性变形为主的动力变质岩类中，具有糜棱组构的糜棱岩类是其最主要的岩石类型。

（3）在碎裂岩类和糜棱岩类中，还可按碎斑大小、碎基（或基质）含量，进一步划分为碎裂岩、碎裂角砾岩、碎斑岩、碎粒岩、碎粉岩和初糜棱岩、糜棱岩、超糜棱岩等岩石类型。

（4）随着变晶作用的加强，形成具有千枚状、片状和片麻状构造的千糜岩、糜棱片岩和糜棱片麻岩等变晶糜棱岩类。

（5）考虑到假玄武玻璃既可产于脆性变形的断层带中，也经常与糜棱岩共生产出，而将假玄武玻璃单独列于分类表的最后一行中。

在自然界中，脆性变形和韧性变形之间具有渐变过渡的关系，形成脆—韧性和韧—脆性动力变质岩。所以，在碎裂岩类和糜棱岩类之间也有相应的过渡类型的岩石存在，它们大多属于碎裂—糜棱岩化岩石（或初糜棱岩）这一范围内。

四、动力变质岩的主要岩石类型

动力变质岩的分类目前尚不统一，但多数人是根据岩石的破碎程度、变形性质及岩性特征等进行分类，据此可将动力变质岩分为四类，即构造（破碎）角砾岩类、破裂岩类、糜棱岩类、千糜岩类等。

（一）构造角砾岩类

构造角砾岩（tectonic breccia）是指由于应力作用使原岩破碎成角砾状（碎块），并被破碎的细屑及断层泥所充填、胶结而成的岩石。这样的结构被称为构造（破碎）角砾结构，这是动力变质岩中破碎程度最轻微的岩石。

构造角砾岩可以由任一成分的岩石经破碎而成，通常见于构造断裂带中，角砾主要来自断层两侧的岩石，多呈棱角状碎块，其形状大小不一，粒径由几毫米到1m或更大。

构造角砾岩按角砾大小可进一步划分出以下三类：

（1）构造粗角砾岩，角砾大部分粒径大于5mm；

（2）构造细角砾岩，角砾大部分粒径为5~1mm；

（3）构造微角砾岩，角砾大部分粒径小于1mm。

构造角砾岩进一步作种属命名时，可在基本名称前冠以原岩名称即可，如花岗质构造角砾岩、安山质构造角砾岩等。

（二）碎裂岩类

碎裂岩（cataclasites）也称为压碎岩是指那些受到较强应力影响而破碎，但破碎程度还未达到极限的岩石。在碎裂过程中，主要表现为岩石粒度变小，还残留部分比较大的矿物晶体或岩石碎块。类似斑晶碎块的称为碎斑，其余部分粒度小的且类似基质的称为碎基，但原岩的矿物成分变化并不明显，结构也未完全改变，重结晶作用微弱，碎裂岩类可进一步划分为以下几种类型。

1. 初碎裂岩

初碎裂岩（protocataclasite）是指那些受轻微挤压，局部被压碎，碎基含量小于50%的一类岩石。这类岩石外观与原岩没有显著的差异，偶尔出现组成矿物的拉长或压扁现象。在显微镜下，可见到某些矿物因受应力作用而产生光学性质的异常现象，如石英颗粒的粒化（周围被许多细小碎屑颗粒所围绕）及波状消光、云母的弯曲与断折、斜长石双晶纹错动等。

这类岩石在进行种属命名时，可在原岩名称前用"碎裂"或"压碎"作前缀来命名，如碎裂花岗岩、碎裂大理岩等。

2. 碎裂岩

碎裂岩（cataclasite）是指岩石受较强烈的挤压破碎，因而矿物除碎裂外，还部分发生变形，出现波状消光及其他光性异常，解理或双晶纹发生扭曲、裂开以致压扁、拉长等现象，但未达到糜棱化阶段的一类岩石。在碎裂过程中，原岩中仅留少部分碎斑呈棱角状或透镜状散布于基质中，碎基含量大于50%。根据碎斑的矿物成分及残留的结构特征，仍能恢复原岩的性质。在镜下，具典型的碎裂结构或碎斑结构，岩石的颜色较相应的正常岩石要变得深些。

这类岩石的命名，可在基本名称前冠于原岩性质，如花岗碎裂岩。对于具碎斑结构的，可称为碎裂斑岩或碎裂玢岩等。碎裂岩可发生在任何岩石中，但主要在刚性岩石中发育，如长英质岩石（花岗岩、砂岩）及石灰岩。

根据岩石碎裂岩中碎块的粒径大小、碎基的含量及岩石组构特征可进一步分为碎裂角砾岩、碎斑岩、碎粒岩和碎粉岩等。

1）碎裂角砾岩

碎裂角砾岩（cataclastic breccia）由角砾和碎基组成，它们的成分与原岩一致。岩石具碎裂角砾组构，角砾粒径大于2mm，碎基由粒径小于2mm的岩石和矿物碎屑组成，其含量大于50%。碎裂角砾岩的命名原则为：原岩名称+碎屑角砾岩。

2）碎斑岩

碎斑岩（porphyroclastic rock）由碎斑和碎基组成，碎斑粒径在0.3~2mm，碎斑呈棱角状、次棱角状，有的次圆状。碎斑由岩石碎块和矿物碎屑组成，但矿物碎屑较多，碎基含量在50%~70%。碎斑岩常具有显微变形结构。命名原则为：原岩名称+碎斑岩。

3）碎粒岩

碎粒岩（granulate rock）与碎斑岩的区别在于，碎斑的粒径更细小（一般为0.1~0.3mm），碎基含量较多（70%~90%），碎斑形态大多呈次棱角状、次圆和圆状。原岩组构和类型已很难观察。

4）碎粉岩

碎粉岩中的碎基矿物的粒径更小（小于0.1mm），碎基在岩石中的含量大于90%。碎屑矿物和碎基在岩石中杂乱分布，原岩组构及原岩类型已无法辨认，难以判别。

（三）糜棱岩类

糜棱岩类（mylonites）的分类可按岩石经受韧性剪切作用强度的不同和糜棱岩基质含量，可进一步分为糜棱岩化岩石、初糜棱岩、糜棱岩、超糜棱岩。

糜棱岩是岩石在强构造应力作用下发生强烈破碎而成的一类动力变质岩。岩石常被碎裂研磨成极细小颗粒，呈微粒至粉末状，这种作用称为糜棱化作用，岩石所形成的这类结构为糜棱结构（附录图版48）。其内夹有少量未被磨碎的碎块为碎斑，常呈眼球状、透镜状，其长轴方向常平行于断层错动方向；碎基含量达90%以上。糜棱岩的最大特点是多具明显的带状构造，看起来很像流纹，它是由于各带状间矿物颗粒大小、颜色和物质成分的不同以及碎屑颗粒定向排列而形成的。糜棱岩的矿物组合多是比较稳定的长石和石英，有时也可出现一些特征矿物，如硬绿泥石、绿纤石等。

糜棱岩的进一步命名，如能判定原岩性质，可将原岩名称冠于基本名称前面，如花岗糜棱岩；若原岩无法恢复时，则可按主要矿物成分作前置形容词来命名，如斜长石石英糜棱岩等。糜棱岩主要是由花岗岩、石英砂岩、石英岩、片麻岩等刚性岩石经强应力研磨而形成的，主要分布于断层错动带内。

（四）变晶糜棱岩类

当糜棱岩中变晶作用和重结晶作用较强，形成具有变晶结构的变晶糜棱岩类（blastomylonites），其主要岩石类型有千糜岩、糜棱片岩、糜棱片麻岩。

千糜岩（phyllonites）又称为千枚糜棱岩，是一类具千枚状构造，经强烈糜棱岩化作用变成的极细粒的变质岩石。它是介于糜棱岩与千枚岩之间的过渡类型。千糜岩与致密坚硬的糜棱岩相比具有如下特点：重结晶较明显，含大量绢云母、绿泥石、钠长石、绿帘石等新生矿物，并含较多的重结晶石英和长石微粒，这说明千糜岩在变质过程中不仅有强烈的破碎，而且还经历了一系列的变质反应；片理发育，肉眼可见一组或几组片理，有时还发育有紧密的小褶曲；岩石中被压碎变形的刚性矿物常聚集成透镜状条带；千糜岩手标本上具有千枚状构造，片理面上可见强烈的丝绢光泽。

千糜岩一般是由花岗岩、砂岩、片麻岩等粒状岩石经强烈糜棱岩化作用而形成的，常呈断续的或不规则带状分布于大断裂带中。不同种属的千糜岩可采用原岩类型或主要矿物作前置形容词进行命名，如花岗千糜岩、石英绢云母千糜岩、石英绿泥石千糜岩等。

第三节　接触变质作用及其岩石

一、概述

（一）接触变质作用

接触变质作用（contact metamorphism）是以岩浆作用为主要热源的一种局部变质作用。这种变质作用是指当岩浆侵入围岩时，在侵入体与围岩的接触带附近，由于受岩浆所散发的热量及气体挥发组分或流体的影响，使围岩发生重结晶、重组合和交代作用。在整个变质过程中，一般无明显的应力作用。

根据变质过程中是否发生交代作用，接触变质作用又可分为两种情况：一种是未发生交代作用，围岩主要受岩浆散发的热烘烤而发生变质，称为热接触变质作用，简称热变质作用；另一种是围岩除受岩浆热力影响外，还发生了明显的交代作用，称为接触交代变质作用。

接触变质作用的形成深度一般都不大（多数不超过 7km），静水压力较小，一般为 $(2\sim30)\times10^7$Pa，温度变化范围大致为 $300\sim800℃$，有时高达 $1000℃$。接触变质岩在矿物成分、结构和构造方面的许多特点，都与高温、低压这种条件分不开。

接触变质岩石的特征矿物主要是红柱石、黑云母、董青石、硅灰石、石榴子石及辉石等。岩石一般呈块状，不显定向性。轻微重结晶的常见某些变余结构，重结晶作用较强者的典型结构有角岩结构、斑状变晶结构和花岗变晶结构。

（二）接触变质晕

热接触变质的主要变质作用因素是温度。当岩浆侵入后，与其直接接触的围岩所达到的温度最高。随着远离侵入体，温度逐渐降低，变质程度也随之降低，所以围绕岩浆侵入体的围岩中便顺序出现不同变质程度的岩石呈环状分布，这种环带称为接触变质晕（aureole of contact metamorphism）或变质圈。接触变质岩在空间上主要局限于围绕侵入体的热晕影响范围分布。靠近侵入体的内带为高级变质的岩石，远离侵入体的外带为低级变质的岩石。在侵入体尚未出露的地区，利用接触变质晕可以推断地下隐伏岩体的存在，对指导寻找有关矿产具有实际意义。

接触变质晕的宽度变化较大，在大的侵入岩体周围宽度可达几米至几千米，但在岩墙等小岩脉的接触变质岩仅有几毫米至几厘米。接触变质晕的宽度主要受岩浆侵入体的形态、大小、岩浆的成分、侵入深度以及围岩性质等因素的影响。

1. 侵入体的形态

在侵入体与围岩接触面的形态复杂或较平缓处，接触变质晕一般较宽；反之，在接触面形态（也是侵入体形态）简单或较陡处变质晕则较窄（图 8-1）。

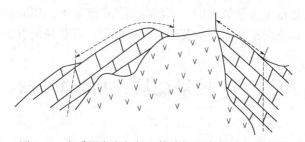

图 8-1　变质圈宽度与侵入体接触面产状关系示意图

此外，当接触面垂直围岩的层理或片理时，因热量及挥发组分易沿此方向传播进入围岩而形成较宽的变质晕；反之，当接触面平行围岩层理或片理时，热量及挥发组分难以进入围岩，变质晕相对较窄。

2. 侵入体的大小

在变质条件相同时，若侵入体较大，则热容量也较大，可促使围岩温度升高并保持足够长的反应时间，能形成较宽的变质晕；反之，侵入体较小时，温度低且散热快，只能形成较窄的变质晕。

3. 岩浆侵入体的成分

一般而言，中酸性、酸性和碱性侵入体，由于能析出较多的挥发组分，有利于变质过程中化学反应的进行，因而能形成较宽的变质晕；而基性侵入体因含挥发组分少，使围岩的接触变质现象不明显。

4. 侵入体的侵入深度

当岩浆侵入体在一定深度（中深成侵入体）缓慢冷却时，对围岩作用时间长且挥发组分不易逃散，故在围岩中能形成较宽的变质晕；侵入体侵入深度较浅时，则影响范围窄，只能形成高温狭窄的变质晕。

5. 围岩的性质

若围岩是具有低温表生矿物组合的沉积岩，如泥质沉积岩及碳酸盐岩，对温度变化最敏感，能形成较宽的变质晕；当围岩为长英质或基性岩浆岩，它们具有在较高温度下仍能稳定的矿物组合，不易发生变化，故形成较窄的变质晕。此外，围岩的粒度细、孔隙度大、导热性能良好，则容易产生强烈的热变质，因而变质晕就宽。

二、热接触变质作用及其主要岩石类型

热接触变质作用是原岩主要受岩浆侵入体带来的高温烘烤而未发生交代作用所引起的变质作用（视频9）。变质产物主要取决于原岩成分和温度两个因素，压力作用次要，应力影响不明显。因此，在变质过程中主要表现为原岩的重结晶作用，使原岩的粒度变粗，玻璃质和隐晶质转变成显晶质，从而形成各种变晶结构，如角岩结构、花岗斑晶结构和斑状变晶结构，但其成分与原岩基本一致。

视频9　热接触变质岩的形成过程

不同成分的原岩受热变质后可形成不同的矿物组合，同一原岩在不同温度影响下，其矿物成分和结构、构造也可不同。

发生热接触变质的原岩主要有沉积岩中的泥质岩、碳酸盐岩、碎屑岩和各种岩浆岩及其火山碎屑岩类等。因此，与区域变质岩一样，依据原岩的化学类型及其特征，热接触变质岩类可分为泥质接触变质岩、钙质接触变质岩、长英质接触变质岩、镁铁质（基性）接触变质岩以及超镁铁质（超基性）接触变质岩等五大类。

（一）泥质接触变质岩类

原岩主要有沉积岩中的泥质岩、粉砂（砂）质泥岩，有时为中酸性火山凝灰岩类。

泥质岩类主要由各种黏土矿物（高岭石、水云母、蒙脱石等）组成，并含少量石英、绢云母和绿泥石及其他化学成因的杂质。它们的粒度细小，混合也较均匀，表面能大，富含水，化学成分复杂（以富含 Al_2O_3，$K_2O>Na_2O$，CaO、FeO、MgO 含量低为特点）。当温度升高时反应极灵敏，即使受较轻微的热变质，其矿物成分和结构也将发生明显的变化。当泥质岩受不同温度作用时，其变化也各不相同，故在野外常可作为划分变质晕的标准。因此，

深入研究泥质岩的热变质非常重要。根据变质程度不同，泥质岩的热接触变质岩石类型有以下三种。

1. 斑点板岩

斑点板岩（spotted slate），见附录图版49，是泥质岩变质程度最低的热接触变质岩，出现在远离侵入体的外带。原岩只受低温的影响，岩石变化不大，重结晶极微弱，只有一些次要组分（杂质）发生变化。肉眼观察，岩石呈隐晶质，具斑点构造及变余层理构造。显微镜下观察，斑点板岩常见变余泥质结构，重结晶程度极弱，原黏土矿物可部分保留下来，并含绿泥石、绢云母等矿物。斑点多为极细小的炭质或铁质组分的集合体，也有绢云母、绿泥石等细小矿物的集合体，或是红柱石（空晶石）、堇青石母等新生矿物的微小雏晶。具斑点构造的变质岩，因其劈理常呈薄板状，故称为斑点板岩。斑点板岩常含有相对较少、晶粒细小、发育很差的新生矿物，并常具变余泥质结构，可以此与角岩相区别。

2. 瘤状板岩

瘤状板岩（nodular slate）重结晶程度比斑点板岩略高，具瘤状构造，但仍属于低级接触变质的岩石。斑点板岩中的斑点因温度升高而重结晶长大形成红柱石、堇青石、黑云母和绢云母等微小矿物的斑晶或它们的集合体，呈现椭圆形或圆形的小粒状凸起，并被包裹在由石英、绢云母、绿泥石等组成的基质之中。瘤状板岩是按其构造命名的，但当岩石中含有红柱石、堇青石等变质特征矿物时，可进一步命名为红柱石板岩、堇青石板岩，它们都是富铝的泥质岩经热接触变质作用的产物。进一步详细鉴定其矿物组合，有助于恢复其原岩。例如，由单纯富铝的以高岭石为主的泥岩变质形成的瘤状板岩，含红柱石（空晶石）和绢云母（白云母）较多；由含铁、镁的胶岭石为主的泥岩变质形成的瘤状板岩，则含堇青石和绿泥石较多；由富钾的以水云母为主的泥岩变质形成的瘤状板岩，含绢云母（白云母）、绿泥石和黑云母较多。

3. 角岩

角岩（hornfels），见附录图版50、图版51、图版52，是接触变质岩中特有而又常见的岩石，其变质程度较板岩高，原岩中一些组分发生了明显的重结晶或重组合，原岩结构基本消失。岩石具有细粒或显微的等粒粒状鳞片（或鳞片粒状）变晶结构，即典型的角岩结构；当特征变质矿物红柱石（或空晶石）、堇青石等呈变斑晶产出时，可形成斑状变晶结构。肉眼观察，角岩为致密块状构造，可见变余层理构造。角岩是按岩石结构命名的，当含有红柱石、堇青石、十字石、石榴子石等变斑晶时，岩石可按变斑晶矿物成分进一步命名，如红柱石角岩、堇青石角岩、十字石角岩、石榴子石角岩等。若角岩进一步受到应力的影响（靠近岩浆岩体，因岩浆侵入引起的侧压力），云母等片状矿物呈定向分布时形成片状（或片麻状）构造，则形成云母接触片岩（或接触片麻岩）。

（二）钙质接触变质岩类—钙镁硅酸盐接触变质岩类

1. 钙质接触变质岩类

钙质接触变质岩类的原岩主要为碳酸盐岩（石灰岩、白云岩及泥灰岩），其主要由方解石、白云石组成，泥灰岩则含较多的黏土矿物。此外，碳酸盐岩还含少量硅质、铁质或炭质等组分。由于这些岩石具有常温常压下形成的表生矿物组合，因此当温度升高时反应很灵敏，故也常见它们的热接触变质岩。碳酸盐岩在变质作用过程中除发生重结晶使矿物粒度变粗外，还可形成一些新的矿物。碳酸盐岩石经接触变质作用和区域变质作用都可以形成大理岩，它们的矿物成分及组构特征十分相似，肉眼及显微镜下均难以区别，只有根据野外产状才能加以确切区分。钙质接触变质岩类是接触大理岩类（contact marbles），依据原岩成分可分为下列三类接触大理岩：

（1）当原岩为纯的石灰岩时，在低级到高级热接触变质作用过程中仅发生重结晶，矿物成分方解石稳定不变，但晶体颗粒变粗而形成大理岩。因此变质程度的高低仅对粒度变化有一定影响。

（2）当原岩为白云岩或白云质灰岩时，在低级或中级热接触变质作用过程中也仅发生重结晶形成白云石大理岩；在高级变质时，白云石发生分解形成方镁石大理岩，并且方镁石经水化可形成水镁石大理岩。

（3）当碳酸盐岩含 SiO_2、Al_2O_3、FeO、MgO 等杂质时，随着温度的升高，可形成石英、硅灰石、透闪石、透辉石、钙铝榴石、蛇纹石、镁橄榄石等，含有机炭质可出现石墨。根据这些变晶矿物可给接触大理岩进一步命名，如硅灰石大理岩、蛇纹石大理岩、石墨大理岩等（表 8-3）。

表 8-3　碳酸盐岩的主要变质岩特征简表

变质程度	变质条件	新生变晶矿物					结构	构造	岩石类型
		Ca	Mg	Si+Ca	Si+Mg	Si+Al+Ca+Mg+Fe			
低级	低温低压	白云石		石英、方解石、硅灰石、透闪石	蛇纹石、滑石、阳起石、	绿帘石	花岗斑晶、斑状变晶	块状	大理岩、蛇纹石大理岩、滑石大理岩等
		方解石	水镁石						
中级	中温中压	方解石	水镁石	透闪石、阳起石		绿帘石、钙铝榴石	花岗变晶、纤维变晶、斑状变晶	块状	透闪石大理岩、阳起石大理岩等
高级	高温高压	方解石	水镁石	透辉石		钙铝榴石、符山石、斜长石	花岗变晶、斑状变晶	块状	透辉石大理岩、硅灰石大理岩、镁橄榄石大理岩、金云母大理岩等
				硅灰石	镁橄榄石、金云母				

大理岩的特点是具浅色（灰白、灰绿、粉红等），具粒状（花岗）变晶结构、块状构造，主要矿物为方解石或白云石。某些大理岩因其色泽美观，易于加工，可作建筑及艺术在雕刻优质石材。

2. 钙镁硅酸盐接触变质岩类

钙镁硅酸盐接触变质岩主要为钙镁硅酸盐角岩（calc-magnesium-silicate hornfels）。其原岩为泥灰岩、部分钙质碎屑岩（泥岩、砂岩）及其他成分显著不纯的碳酸盐岩，以至于热接触变质重结晶后的岩石中方解石（或白云石）的含量很低、甚至没有时，主要由钙硅酸盐、铝硅酸盐矿物（透闪石、透辉石、斜长石、硅灰石、帘石类）组成，则称为钙硅酸盐角岩。岩石具细粒粒状变晶结构、块状构造。

（三）长英质接触变质岩类

长英质接触变质岩类的原岩主要是沉积岩中的硅质岩、各种砂岩（石英砂岩、长石砂岩、岩屑砂岩）和以酸性为主（部分中性）的侵入岩及其火山岩类。由于原岩成分及其特征的差异，可形成不同的长英质接触变质岩，其中代表性的岩石类型是石英岩和长英角岩。

1. 接触石英岩类

接触石英岩（contact quartzites）的原岩主要为碎屑岩中的各种砂岩（如石英砂岩）和硅质岩，其矿物成分主要为石英、长石等碎屑矿物。原岩中的石英与长石类矿物在热接触变质条件下属较稳定的矿物，一般不易发生变化，而其中的胶结物和泥质杂基反应较灵敏，易于变化。

（1）原岩为硅质胶结的纯石英砂岩或硅质岩，其成分以 SiO_2 经中高级热接触变质重结晶作用而形成石英岩。岩石呈白色、灰白色，因含有铁质呈红褐色，细粒粒状变晶结构、块状构造。当变质较浅时，仍可保留原岩的砂状结构，有时还有变余层理构造和斜层理，可称为变质石英砂岩。

（2）原岩为泥质基质（泥质胶结物、泥质杂基）的石英砂岩，经过热接触变质重结晶作用生成绢云母、绿泥石、红柱石、堇青石、黑云母、白云母等矿物。温度继续升高可出现微斜长石或正长石，形成云母长英角岩或云母石英岩（图8-2）。

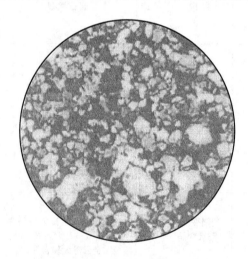

图8-2　石榴子石云母石英岩
岩石显示带状性质，左半部分颗粒较粗且含白云母，
右半部分富含黑云母，（+），2×

（3）原岩为铁质胶结的石英砂岩，其中的铁质胶结物可经热接触变质重结晶而形成赤铁矿或磁铁矿。

（4）原岩为钙质胶结的石英砂岩，其中的钙质胶结物可经热接触变质重结晶而形成方解石、硅灰石、绿帘石、角闪石、石榴子石等矿物。岩石以粒状变晶结构为主，块状构造。

（5）当原岩为粒度细小的粉砂岩时，在热变质过程中可重结晶形成含云母、长石、石英等矿物组成的长英角岩。原岩如为砾岩，经热变质后呈变余砾状结构，胶结物发生重结晶。

2. 长英角岩类

原岩为长石砂岩，其矿物成分主要有石英、长石（钾长石、斜长石）等矿物，其次包含云母类（绢云母、白云母、黑云母）、绿泥石等矿物。岩石以粒状变晶结构为主，块状构造，有时有变余层理构造。低级变质时，具有变余砂质结构，形成变质长石砂岩；中高级变质时，矿物成分除了含有石英、长石、云母等矿物外，有时也有少量的红柱石、堇青石、夕线石、闪石类、辉石类等矿物。

原岩为酸性（部分中性）火山熔岩和火山碎屑岩，经热接触变后常形成由长石、石英和少量云母组成的长英角岩。此种岩石呈浅色致密块状，具典型角岩结构，块状构造也常见残留有长石、石英的变余斑晶。

岩浆岩一般具有高温的矿物组合，所以在发生热接触变质时，变化不显著。但在某些晚期结晶及次生蚀变形成的低温矿物存在的情况下，当温度升高时仍能发生变化，重结晶形成新矿物。另外，由于岩浆结晶过程是随温度下降而进行的，化学反应有时不完全，早期结晶的某些矿物呈"过稳定"状态；当温度再度升高时，可促使反应继续进行，出现比原来矿物较低温（与变质温度相适应）的矿物组合，如辉石的纤闪石化、角闪石的黑云母化等。

此外，因迅速冷凝而成的玻璃质和隐晶质喷出岩变化较显著，随温度升高而发生脱玻化及重结晶。

（四）镁铁质（基性）接触变质岩类

镁铁质（基性）接触变质岩的原岩主要是基性火山岩（玄武岩、玄武质火山碎屑岩）、基性侵入岩（辉绿岩、辉长岩）及基性岩屑砂岩等。各种原岩经热接触变质作用后，形成各种类型的镁铁质角岩（mafic hornfels），也称为基性角岩。岩石具粒状变晶结构，块状构造，也可见因片状矿物定向排列形成的片状构造。具有代表性的岩石类型有灰绿角岩、斜长石辉石角岩、斜长角闪角岩等。灰绿角岩主要是由基性火山岩经中级热变质作用而形成，矿物成分由透辉石、基性斜长石和石英等矿物组成，岩石呈深色致密块状，具典型角岩结构；斜长辉石角岩是原岩经中高级热接触变质作用而形成的，矿物成分主要由基性斜长石和辉石（单斜辉石、紫苏辉石）组成，含少量石英或正长石。岩石相对粒度较粗，具角岩结构。

（五）超镁铁质（超基性）接触变质岩类

超镁铁质（超基性）接触变质岩类以镁质角岩类（magnesian hornfels）为代表，自然界中较为少见。低级热变质条件下形成的镁质角岩主要有滑石角岩、蛇纹角岩、直闪角岩和橄榄石角岩等。其中，直闪角岩主要由直闪石、镁铁闪石组成，相当于角闪岩相中的镁质角岩。高级热变质条件下形成的镁质角岩以辉石角岩为主。

三、接触交代变质作用及其岩石类型

（一）概述

在接触变质作用中，当岩浆侵入围岩时，由岩浆带来的热量及岩浆结晶晚期所析出的挥发组分和热水溶液与围岩发生交代作用，形成新的矿物组合的变质作用，称为接触交代变质作用。此作用主要发生岩浆侵入体与围岩的接触地带。由于具活动性的气、水溶液起了主导作用，因此有人称这种变质作用为气化热液接触变质作用。接触交代变质作用最常出现在中酸性、酸性侵入体与碳酸盐岩的接触带。岩浆侵入体中的 SiO_2、Al_2O_3、FeO 部分带入围岩，而围岩中的 CaO、MgO 等组合转入岩体内，使二者之间发生了物质的交换（称为双交代作用），形成一种新的岩石，称为夕卡岩。因此常把这种作用称为夕卡岩化作用。

（二）夕卡岩类

夕卡岩一名来自"skarns"的译音，最早由瑞典的地质学家首先提出。它是指发育在花岗岩与石灰岩接触带，由透辉石和石榴子石所组成的一套岩石。因此，夕卡岩主要由石榴子石（钙铝榴石—钙铁榴石）、辉石（透辉石—钙铁辉石）及一些其他钙硅酸盐矿物（绿帘石、硅灰石等）组成；此外，还出现少量透闪石、阳起石、石英、方解石等。由于矿物组合不同，岩性变化较大。肉眼观察，夕卡岩呈浅褐、红褐和暗绿等色，具细—粗粒、等粒或不等粒变晶结构；致密块状构造，有时也有斑杂状或带状构造。夕卡岩中还常有一些大小不等的空洞或空隙，呈疏松多孔状，后又被一些不规则状、薄膜状或晶簇状次生矿物所充填。由于夕卡岩中含较多的石榴子石，因而岩石比重较大。按矿物成分的不同，夕卡岩可划分为以下两个类型。

1. 钙质夕卡岩

钙质夕卡岩（calcareous skarn）主要由钙铝榴石—钙铁榴石系列和透辉石—钙铁辉石系列的单斜辉石、硅灰石、符山石等钙硅酸盐矿物组成的一类岩石。它是在浅处或中等深度条件下，由酸性或中酸性岩浆侵入体侵入石灰岩经高温交代作用而形成的，是自然界最常见的夕卡岩。

根据岩石中的主要矿物成分，钙质夕卡岩常见岩石种属有石榴子石夕卡岩、石榴—辉石夕卡岩、辉石夕卡岩、石榴—绿帘石夕卡岩及绿帘石夕卡岩、石榴—符山石夕卡岩及符山石夕卡岩。细粒至粗粒的夕卡岩因组成矿物结晶较好，所以易于辨认；对于某些隐晶质致密状的夕卡岩，只能根据其产状（产于岩体与围岩接触带）、颜色、硬度较大等作出判断，详细鉴定需在显微镜下观察。

2. 镁质夕卡岩

镁质夕卡岩（magnesian skarn）主要是由镁橄榄石、透辉石、尖晶石、金云母和硅镁石、白云母等组成的一类岩石。这是由酸性侵入岩与白云岩或白云质灰岩接触交代形成的夕卡岩。

根据岩石中主要矿物成分，镁质夕卡岩常见的岩石种属有透辉石夕卡岩、镁橄榄—透辉石夕卡岩（蛇纹石化透辉石夕卡岩）、硅镁—金云母夕卡岩、硅镁石夕卡岩、金云母—橄榄石夕卡岩及金云母夕卡岩。

夕卡岩在我国分布很广，其中以长江中下游地区尤其是安徽铜陵一带最具代表性，其他各地区也有夕卡岩产出。夕卡岩是寻找夕卡岩矿床的主要找矿标志，与夕卡岩有关的矿产主要有铁、铜、铅、锌、钨、锡、钼、钴、铍等，此外还有硼、磷、稀土元素及金云母等矿产。

第四节　气液变质作用及其岩石

一、概述

（一）气液变质作用的概念

气液（气水热液）变质作用是指在岩浆冷凝过程中，岩浆期后析出的挥发组分及热水溶液对已经固结的岩浆岩及附近围岩发生交代作用，使原岩的矿物成分和结构、构造发生改变的一种变质作用。由气热变质作用形成的岩石，不论在矿物成分还是化学成分方面，与原岩相比都有明显的变化，故又称为蚀变作用。蚀变作用发生的两个必备条件（要素）：

（1）有流体（气水热液）的参与，是蚀变作用的必备要素。气水热液可以是液相也可以是气相，其来源主要有以下几种：①由岩浆分异作用后析出的富含挥发组分的气水热液；

②与地下热水有关的气水热液；③变质作用过程中原岩脱水所形成的气水热液；④由上述不同来源混合的气水热液；

（2）岩石存在有利于流体赋存或迁移的孔隙和裂隙，是蚀变作用的必备条件。这个条件只有在地壳浅处才具备，所以蚀变作用的范围常较局限，主要发生在浅成或地表的条件下。

（二）气热变质作用的阶段划分

气热变质作用从理论上可以划分为两个阶段，即气化作用阶段和热液作用阶段。水的临界温度为 374℃，当其中含有大量挥发组分时，温度应略升高一些，故一般认为大约在 400℃ 以上时为气化作用阶段，在此阶段中，一些温度很高的、富含挥发组分的气态溶液起主导作用；当温度下降到 400℃ 以下时，为热液作用阶段，在这一阶段中，一些缺乏挥发组分的热水溶液起着主要的作用。但实际上，这两种作用在变质过程中往往是紧密相联的，难以截然分开，故统称为气液变质作用。

岩石的气热变质作用（蚀变作用）很复杂。在研究时，一般应首先确定蚀变岩石的类别和蚀变阶段、每个蚀变阶段都有哪些蚀变作用类型；然后再研究每一蚀变阶段中的岩石类型及蚀变的分带性，在空间上划分蚀变带。在野外，可根据蚀变矿物的共生组合关系划分蚀变带，有时还可以参考蚀变岩石的产状进行划分。除此之外，应研究不同蚀变阶段与成矿作用的关系，如呈面状分布的弥漫型（又叫侵染型）块状蚀变岩，往往是较早的成矿前的蚀变岩；线状分布的脉型蚀变岩，常是较晚的成矿期的近矿蚀变岩（矿床学称围岩蚀变）。

（三）气液变质作用及蚀变岩石的分类命名

气液变质作用及气液变质岩的分类，大多是根据原岩性质、蚀变作用产生的新生矿物组合以及蚀变后的结构、构造等进行分类。气液变质作用的名称，一般是在蚀变岩或蚀变矿物后面加一个"化"字来命名，如蛇纹石化、青磐岩化、云英岩化、夕卡岩化等。气液变质岩的分类命名则是根据蚀变作用产生的新生矿物的含量多少，加上不同形容词来进行，具体命名原则见表8-4。

表8-4 气液变质岩命名法

蚀变矿物含量,%	命名原则	岩石名称	实例
0~5	不参加命名	原岩名称	纯橄榄岩、安山岩、花岗岩
5~15	以蚀变矿物命名	××化+原岩名称	蛇纹石化纯橄榄岩、绿泥石化安山岩
15~50	冠以弱蚀变岩化	弱××岩化+原岩名称	弱蛇纹石化纯橄榄岩、弱青磐岩化安山岩
50~85	冠以蚀变岩化	××岩化+原岩名称	蛇纹石化纯橄榄岩、青磐岩化安山岩
>85	蚀变岩为基本名称，根据蚀变矿物进一步命名	××岩	钠长绿泥青磐岩、电气石云英岩、叶蜡石次生石英岩、叶蛇纹石蛇纹岩

气液变质作用的研究，对了解岩浆作用演化晚期与变质作用之间的联系具有重要的理论意义；同时，各种蚀变作用又和许多矿产有着密切的成因联系，常可作为重要的找矿标志，故又具有极重要的实际意义。

气液变质岩种类繁多，究其原因有两个方面：一方面是由于围岩种类多种多样；另一方面是因为岩浆期后析出挥发组分及热水溶液随岩浆性质而异。不同的气水溶液与不同的围岩作用，就可形成多种多样的气液变质岩。常见气液变质（蚀变）类型及岩石的基本特征见表 8-5。

表 8-5　常见蚀变类型及其岩石的基本特征

蚀变类型	原岩性质	主要被蚀变的矿物	蚀变矿物共生组合		伴生蚀变	有关矿化	常见结构构造	岩石名称（举例）
			主要	次要				
蛇纹石化	超基性岩、部分基性岩及富镁的沉积岩	橄榄石、辉石、白云石	纤蛇纹石、叶蛇纹石、利蛇纹石	滑石、碳酸盐类、透闪石、水镁石、绿泥石、绿帘石、磁铁矿	滑石化、绿泥石化、碳酸盐化	铬、镍、钴、铂、石棉、滑石、菱镁矿	交代假象、网格状、纤维状或鳞片状变晶结构，块状构造	蛇纹石化橄榄岩、蛇纹岩
滑石菱镁岩化	超基性岩及富铁镁的沉积岩	橄榄石、辉石、白云石	滑石、菱镁矿、蛇纹石	方解石、铁白云石、石英、透闪石、绿泥石	碳酸盐化、绿泥石化	金、钴、镍、菱镁矿	交代假象、细粒粒状（片状）变晶结构，块状及片状构造	滑石菱镁岩化纯橄榄岩、滑石菱镁岩
青磐岩化	中—基性火山岩（安山岩为主）	斜长石、辉石、角闪石、黑云母	钠长石、绿帘石、绿泥石、阳起石	碳酸盐类、绢云母、重晶石、纤闪石、沸石、石英	钠长石化、碳酸盐化、绿泥石化	与低温矿脉共生，常形成硫化物（黄铁矿）	粗、细不等粒状柱状、纤维状等变晶结构	青磐岩化安山岩、青磐岩
云英岩化	花岗岩类及成分近似的沉积岩或变质岩	长石及暗色矿物	绢云母、白云母、石英	黄铁矿、绿泥石、碳酸盐类、冰长石、金红石	碳酸盐化	黄铁矿、金矿	变余结构、鳞片花岗变晶结构	黄铁绢英岩化花岗斑岩、黄铁绢英岩
次生石英岩化	中酸性火山岩、次火山岩及火山碎屑岩	长石、暗色矿物及玻璃质	石英、绢云母	明矾石、叶蜡石、高岭石、红柱石、刚玉、电气石、金红石	明矾石化、高岭石化	与有色金属硫化物矿床有关	不等粒变晶结构、花岗变晶结构	次生石英岩化流纹岩、次生石英岩

二、气热变质作用的主要岩石类型

原岩类型是形成本类变质岩的首要的决定因素之一，据此可将气液变质岩划分为以下六种常见的岩石类型。

（一）蛇纹石化及蛇纹岩

蛇纹岩（serpentinite）主要是由富含 FeO、MgO，而 SiO_2、K_2O、Na_2O 等含量较低的超基性岩经岩浆期后低—中温气水溶液交代作用而引起蛇纹石化的产物。蛇纹岩一般呈隐晶质致密块状，质较软，略具滑感；常呈灰绿、黄绿至暗绿色，颜色常为不均匀的斑块而呈蛇纹状，因而得名。矿物成分主要有蛇纹石族矿物，如叶蛇纹石、利蛇纹石及胶蛇纹石等；其次，还常含有镁质碳酸盐、滑石、水镁矿及磁铁矿、钛铁矿、铬铁矿以及少量透闪石、阳起石等矿物。岩石经风化后，由于部分色素离子被带走而呈浅色，最后可变为灰白色土状。蛇纹岩是典型的水热变质产物，完全新鲜的橄榄岩极罕见，多数都遭受不同程度的蛇纹石化（附录图版53、图版54）。

蛇纹石化的温度一般不超过 $300 \sim 500℃$，一般认为 $400℃$ 左右为蚀变的最有利条件，其深度不大，一般不超过 $500m$。超基性岩中的橄榄石及辉石在发生水化反应及碳酸盐化作用时，可形成蛇纹石、滑石、菱镁矿等，其反应式如下：

水化作用　　　　$5Mg_2SiO_4 + 4H_2O \longrightarrow 2H_4Mg_3Si_2O_9 + 4MgO + SiO_2$
　　　　　　　　镁橄榄石　　　　　　蛇纹石　　　移入溶液

硅化作用　　　　$3Mg_2SiO_4 + 4H_2O + SiO_2 \longrightarrow 2H_4Mg_3Si_2O_9$
　　　　　　　　镁橄榄石　　　　　　　　蛇纹石

碳酸盐化作用　$2Mg_2SiO_4 + 2H_2O + CO_2 \longrightarrow H_4Mg_3Si_2O_9 + MgCO_3$
　　　　　　　　镁橄榄石　　　　　　　蛇纹石　　菱镁矿

由以上三种反应可知，变质反应多数是在有 H_2O 参与下进行的。反应中所需的水溶液及溶解于其中的 SiO_2、CO_2 等组分的来源，可能各不相同，主要有以下三种情况：

（1）轻微的蛇纹石化作用所需的热水溶液可能是岩浆结晶后的残余产物，再与已结晶的岩浆岩发生交代作用，故有人称为自变质作用；

（2）有些蛇纹石化作用是附近有后期花岗岩浆的侵入所析出的岩浆期后热水溶液对超基性岩中的橄榄石或辉石作用的结果；

（3）形成大规模的蛇纹岩时，其水溶液可能来源于周围含水的沉积物，或来源于地壳深部上升的其他热水溶液，而与岩浆作用无关。

目前一般认为蛇纹岩的成因具有多样性，既可以是自变质的（水溶液与被交代的岩体是同源的），也可以是属于他变质（后期侵入岩浆析出的热水溶液对前期岩体发生交代作用的结果）。蛇纹石化常可形成许多有价值的矿床，如铬、镍、铂、石棉、滑石、菱镁矿等，也可以用于提取镁。此外，蛇纹岩本身就是一种有用矿产，可用作化肥原料及美观的装饰石材（如铀岩玉）。

蛇纹岩分布较广，我国的内蒙古、祁连山、秦岭以及西藏和云南、四川西部的石棉县是我国著名的石棉产地；河南信阳附近分布有蛇纹石矿床。

（二）滑石菱镁岩化及滑石菱镁岩

滑石菱镁岩（talc magnesitization rock）是由滑石、菱镁矿、白云石、石英及铁的氧化物等矿物组合而成的一种蚀变岩石。它主要是超基性岩或蛇纹岩经过富含 CO_2 的热水溶液交代而形成的，其反应式如下：

$$4(Mg,Fe)_2[SiO_4] + H_2O + 5CO_2 \longrightarrow (Mg,Fe)_3[Si_4O_{10}](OH)_2 + 5(Mg,Fe)CO_3$$
　　　　橄榄石　　　　　　　　　　　　　　　滑石　　　　　　　铁菱镁矿

$$(Mg,Fe)_2[SiO_4] + 2CO_2 \longrightarrow 2(Mg,Fe)CO_3 + SiO_2$$
　　　　　橄榄石　　　　　　　　铁菱镁矿　　石英

上述两反应式中的蚀变产物虽不完全相同，但其实质都是硅酸盐类岩石发生了碳酸盐化，有时还伴有水化。

滑石菱镁岩化作用主要发生在超镁铁质岩体内的近地表到浅成条件的构造破碎带中。滑石菱镁岩的矿物成分主要由菱镁矿、滑石、铁菱镁矿、方解石、铁白云石和石英等矿物组成，有时还可含有蛇纹石、透闪石、绿泥石、磁铁矿、赤铁矿、铬云母、铬尖晶石及一些金属硫化物。滑石菱镁岩用肉眼观察多呈灰白、灰绿、黄绿及粉红等色，具细粒变晶结构，构造多为块状、片状、角砾状及透镜状等。当片理发育时，称为滑石菱镁片岩。

滑石菱镁岩化蚀变带分带明显，一般分为三个带，即蛇纹岩带、滑石菱镁岩带、石英菱镁岩带，如我国陕西略阳的深部为蛇纹岩，中部为透闪石岩，浅部或顶部为滑石菱镁岩和石英菱镁岩，垂直分带非常明显。

滑石菱镁岩与金矿有关。超镁铁质发生滑石菱镁岩化生成滑石+绿泥石、滑石+碳酸盐、滑石+碳酸盐+蛇纹石等组合，并析出金和大量的 SiO_2。这里 SiO_2 为金的运移提供了搬运介质，并为脉体和网脉体提供了石英。我国的四川、陕西、甘肃三省交界地带的蛇纹岩体中的构造变形带内发生了滑石菱镁岩化，并形成了金矿床。

（三）青磐岩化及青磐岩

青磐岩（propylite）是一种呈灰绿至暗绿色，致密块状的水热变质岩，常具变余斑状结构或变余火山碎屑结构（如凝灰结构）。青磐岩（附录图版 55）主要是中性、部分中基性火山岩及火山碎屑岩，在低—中温含 H_2S 及 CO_2 的气、水溶液中交代蚀变的产物。实际上青磐岩化是钠长石化、绿泥石化、绿帘石化和碳酸盐化的综合产物。由于青磐岩化常在安山质火山岩中最发育，故也有人称为"变安山岩"。

青磐岩化是分布较广的热液蚀变作用之一，它不仅可在火山岩区单独出现，也可与次生石英岩伴生，分布于次生石英岩的最外缘。

青磐岩带与一些中—低温的多金属硫化物矿床，如铜、铅、锌和金—银脉状矿床关系密切。我国的河北宣化、安徽芦江有此类铜矿床。

（四）云英岩化及云英岩

云英岩（greisen，附录图版 56）是由酸性及中酸性岩浆岩和部分石英砂岩等富含 SiO_2 而贫铁镁的岩石，经气液变质作用而形成。云英岩外表呈浅灰、灰黄、灰绿或粉红等色，具中粗粒等粒（或花岗）变晶结构或鳞片状变晶结构的块状岩石。矿物成分主要由白云母和石英组成，其中石英含量一般超过 50%，有时可达 70%~80%，通常白云母含量小于 40%；此外，还常含有黄玉、电气石、萤石、绿柱石、锂云母等含挥发组分的矿物；金属矿物常见的有锡石、黑钨矿、辉钼矿、黄铁矿等。

云英岩化作用主要表现为长石发生分解形成白云母和石英的集合体，黑云母转变为白云母或绿泥石，其反应式如下：

$$3K\,[\,AlSi_3O_8\,] + CO_2 + H_2O \longrightarrow KAl_2\,[\,AlSi_3O_{10}\,]\,(OH)_2 + 6SiO_2 + K_2CO_3$$

　　　钾长石　　　　　　　　　　白云母　　　　石英

　　黑云母　→　水白云母　→　白云母　→　绿泥石

云英岩多分布于酸性或中酸性侵入体顶部及边缘部分，或在金属矿脉两侧呈脉状、网状或带状等形态。云英岩化是高温热液矿床的重要找矿标志，常形成钨、锡、钼及某些稀土元素矿床。如我国江西大庾西华山的黑钨矿，矿脉两侧发育有云英岩化；此外，湖南南部和广西等地也有这类矿床的分布。我国南岭地区，如江西、湖南、广东、广西等地花岗岩发育地区都广泛发育有云英岩及与其有关的矿床。

（五）黄铁绢英岩化及黄铁绢英岩

黄铁绢英岩（beresite）外貌呈浅灰、灰白、黄绿或翠绿等色，具微粒至细粒状鳞片粒状变晶结构，块状构造。由于岩石粒度细小，故又称为黄铁细晶岩或黄铁长英岩。主要矿物成分有石英、黄铁矿、绢云母和一些碳酸盐类矿物（方解石和白云石），还可含一些其他硫化物矿物（方铅矿、闪锌矿等），有时可见长石斑晶的残留体。黄铁绢英岩是由中酸性浅成或超浅成小岩体，经中—低温热水溶液交代作用（主要为绢云母化）所形成的岩石。与黄铁绢英岩化有关的矿产有金矿（如斑岩型金矿，含金石英脉）及某些铜、铅、锌、银等多金属矿床。它是金矿的主要找矿标志之一。

（六）次生石英岩化及次生石英岩

次生石英岩（secondary quartzite）是一种浅色致密块状的岩石，具隐晶质或微粒至细粒变晶结构，常见残留原岩的斑状结构和火山碎屑结构；具有块状构造、斑杂状构造等。次生石英岩的主要矿物成分是石英（有时为玉髓）及一些富铝矿物，其中石英含量很高，往往达 70%～80%，富铝矿物有刚玉、红柱石、蓝晶石、叶蜡石、硬水铝石；此外，还常含少量硫酸盐类矿物，如明矾石、硬石膏等。

次生石英岩的主要岩石类型及其特点如下。

1. 红柱石及刚玉红柱石次生石英岩

红柱石及刚玉红柱石次生石英岩的颜色深，成分较复杂，粒度也较粗，很少见变余结构。这种岩石主要由红柱石、刚玉和石英组成，还常含少量明矾石、水铝石、白云母、金红石、黄铁矿及赤铁矿等矿物。

2. 水铝石次生石英岩

水铝石次生石英岩的颜色较深，常具油脂光泽，成分也较复杂，变余结构也少见。这种岩石主要由水铝石和石英组成，前者常部分地被绢云母或明矾所交代。

3. 明矾石次生石英岩

明矾石次生石英岩的颜色较浅，具明显的交代结构。岩石主要由明矾石和石英组成，前者系由长石变化而来，常呈长石的假象，有时也形成不规则团块或分散的鳞片状；此外，还含少量的水铝石和叶蜡石。明矾石次生石英岩是明矾石矿产的主要来源之一。

4. 叶蜡石次生石英岩

叶蜡石次生石英岩呈浅黄或黄绿色，主要由叶蜡石和石英组成，还含少量的水铝石、高岭石及绢云母等矿物。叶蜡石次生石英岩就是叶蜡石矿床，如我国浙江青田的青田石和福建寿山的寿山石。由于其质地细腻、色泽美观，是装饰工艺品及刻图章的优质原料。

5. 绢云母次生石英岩

绢云母次生石英岩具色浅和成分较简单的特点，主要由绢云母和石英组成，二者含量变化很大。绢云母最多时可达 40%～50%，多呈不定向的细小鳞片状，有时可成为长石斑晶的假象。绢云母次生石英岩中其他矿物很少，偶见极少量金红石或黄铁矿。此外也有几乎全部由石英组成的次生石英岩（或仅含极少量绢云母）。

次生石英岩化过程中，原岩中的 K_2O、Na_2O、CaO、MgO 等组分被溶出带走，而较稳定的 SiO_2、Al_2O_3、FeO、TiO_2 等组分则残留下来相对富集，同时还可由溶液带入 H_2O、S、F、Cl 及一些重金属元素，对原岩进行复杂的交代反应而形成各种次生石英岩。如钾长石在 HCl、H_2SO_4 的参与下的蚀变过程及其蚀变产物是：

$$5K[AlSi_3O_8]+2H_2SO_4+4HCl \longrightarrow KAl_3[SO_4]_2(OH)_6+Al_2[Si_4O_{10}](OH)_2+11SiO_2+4KCl$$

　　钾长石　　　　　　　　　　明矾石　　　　　高岭石　　　　石英

$$2K[AlSi_3O_8]+H_2SO_4 \longrightarrow Al_2O_3+6SiO_2+K_2SO_4+H_2O$$

　　钾长石　　　　　　　刚玉　石英

由以上化学反应式可见，钾长石发生蚀变的主要产物是明矾石、高岭石、刚玉和石英等，斜长石在蚀变过程中也有类似的变化。

第五节　混合岩化作用及混合岩

一、混合岩化作用及混合岩的概念

混合岩化作用（migmatization）是介于变质作用和岩浆作用之间的一种地质作用和造岩作用，其最大特征是岩石发生局部的重熔和有广泛的流体相出现。熔融的长英质组分和原岩中难熔的组分，在新的条件下互相作用和混合，形成不同成分和形态的岩石，统称为混合岩（migmatite）。

根据地质成因，混合岩化作用又可分为区域混合岩化作用和边缘混合岩化作用：

（1）区域混合岩化作用，是在地壳深部由区域变质作用进一步发展的结果。在区域变质作用的后期，地壳内部热流继续升高所产生的深部热液和重熔的熔浆对已变质的岩石进行渗透交代和贯入，而使原岩改造为混合岩，这种作用即为区域混合岩化作用。区域混合岩化作用形成的混合岩，常与区域变质岩（片麻岩、斜长角闪岩等）伴生，并在分布上与区域变质带一致，在空间上常呈带状分布。

（2）边缘混合岩化作用，是指在岩浆侵入体周围，由于局部重熔和伴生流体贯入围岩而出现的混合岩化现象。它发生于地壳较浅部位，主要与深部岩浆（包括再生岩浆或熔浆）及其伴生的碱质流体有关。边缘混合岩化作用与区域变质作用没有直接联系，其所形成的混合岩出现于某些深成花岗岩体的边缘部分。

混合岩通常由基体和脉体两部分组成。基体指混合过程中残留的暗色难熔的铁镁质变质岩，主要是片麻岩、斜长角闪岩、变粒岩等区域变质岩，颜色一般较深。脉体指混合过程中由流体相贯入基体中结晶形成的长英质、花岗质、伟晶质、细晶质的部分，颜色较浅。基体和脉体常以不同比例、不同形式混合，形成各种类型的混合岩。

混合岩以普遍发育交代现象而与区域变质岩相区别。随着交代作用的加强，注入的长英质熔浆继续增加，表现在化学组上 K、Na、Si、Al 等组分相对增加，而 Fe、Mg 相对减少，最后通过固体交代作用而形成一种花岗质岩石，其岩性与岩浆成因的花岗岩很难区别。这种固态岩石不经岩浆阶段而就地转变成花岗质岩石的作用，称为花岗岩化作用。花岗岩化作用代表混合岩化作用的最高阶段。随温度的进一步升高、流体相的进一步增加，岩石将进一步重熔而产生"岩浆"，从而进入岩浆作用阶段。

二、混合岩的主要岩石类型

根据混合岩基体与脉体含量比例、基体中交代作用强度、混合岩的构造特征、基体和脉体的物质成分，将混合岩分为三类，即注入混合岩类、混合片麻岩类和混合花岗岩类。

（一）注入混合岩类

这类岩石的特点是脉体含量小于50%，交代作用不强，脉体内体界线清楚。若脉体含量小于15%，原岩只受轻微的混合岩化，交代作用不明显，则称为混合岩化变质岩。这种岩石的命名原则为：脉体性质+混合岩化+原岩名称，如细晶质细脉混合岩化角闪片麻岩。若脉体含量为15%～50%时，交代作用不太强烈，脉体与基体界线一般较清楚，称为混合岩。混合岩的命名原则为：脉体性质+构造+混合岩，如伟晶质条带状混合岩、花岗质网状混合岩等。注入混合岩类按构造可进一步划分如下几种类型。

1. 角砾状混合岩

角砾状混合岩（agmatite）是基体呈角砾状碎块分布于脉体中的混合岩，具特征的角砾状构造。角砾通常是片理不发育或具块状构造的、富含铁镁矿物的岩石（如斜长角闪岩、角闪石岩、辉石岩等）。角砾状基体大小不等，脉体呈"胶结物"状，说明岩石碎裂时是坚硬的，没有遭受塑性变形。角砾的边缘形状有明显的对应性，说明构造运动不十分强烈，但有时角砾以拉长圆化或呈椭圆形，并有一定的方向。角砾状混合岩主要由脉体的注入和注入—交代作用形成的，因而脉体和基体界线一般较清楚，但随着交代作用的加强，角砾的轮廓渐趋模糊。

2. 眼球状混合岩

眼球状混合岩（augen migmatite）具典型的眼球状构造（彩图11）。基体岩石成分是富含黑云母或角闪石等具有良好片理的岩石（如片麻岩），脉体是眼球状的、单个碱性长石交代斑晶或扁平透镜状的长石或长石石英集合体。眼球状或透镜状的脉体大致平行基体的片理分布，随着

彩图11　眼球状构造

"眼球"含量增加，能够逐渐连续而过渡为条带状混合岩。眼球状混合岩主要由注入—交代作用形成（钾交代作用为主），代表中等混合岩化程度的产物。

3. 网状混合岩

网状混合岩（dictyonite）是指脉体呈网状分布于基体中的一种混合岩。基体为块状岩石（斜长角闪岩、变粒岩等）；脉体方位不定。若脉体含量较少，不能切断基体而呈分叉状或树枝状分布时，则称为枝状混合岩。

4. 条带状混合岩

条带状混合岩（striped migmatite）具条带状构造，是脉体呈条带状分布于基体的片理中的混合岩。脉体的厚度比较均匀，而且延伸较远；基体的成分为片岩或暗色片麻岩，脉体成分为花岗岩质的岩石。若条带的厚度不均匀，延伸不远就尖灭，但仍平行基体的片理，这种混合岩称为条痕状混合岩。条带状混合岩一般认为是注入—交代作用形成，代表混合岩化作用程度中等或较低的产物。这类混合岩较为常见。

彩图 12 混合岩肠状构造

5. 肠状混合岩

肠状混合岩（ptygmatic migmatite）是指花岗质或伟晶质脉体呈复杂的肠状揉皱分布在基体中的混合岩（附录图版57，彩图12）。此类混合岩常在其他类型混合岩中，偶有发育，褶皱大小变化范围从几米至几十厘米，少数仅几厘米。脉体厚度越大，褶皱幅度越大，而且在一条褶皱肠体的各个部分厚度大致相等，由褶皱而引起脉体长度压缩率在30%～50%。产于片麻岩中的肠状脉体通常是不规则的，往往受挤压而在小褶皱转折端形成尖锐楔形，说明原岩物质在变形时处于柔性状态。

（二）混合片麻岩类

这类混合岩的特点是基体含量很少，脉体含量大于50%。因强烈交代作用，脉体和基体也无明显的差别和界线。混合片麻岩（migmatitic gneiss）成分与花岗岩相似，但片麻构造还较明显，暗色矿物分布不均匀，较集中时能大致反映受混合岩化的基本轮廓。

（三）混合花岗岩类

混合花岗岩（migmatitic granite）的特点是混合岩化最为强烈，脉体和基体已经分不出来，岩性与岩浆成因的花岗岩极相似，在标本上甚至在露头中都很难区别（图8-3）。岩石总的矿物成分相当于花岗岩或花岗闪长岩，但有些地方具有暗色矿物较集中的斑点、条带或团块，呈不均匀分布，它们都反映交代残留的基本轮廓（附录图版58）。这种结构使岩石具阴影构造，因而称为阴影混合岩（nebulie）。

图8-3　二长混合花岗岩
(+)，38×

第八章小结

混合岩是区域变质作用进一步发展的产物。因此对混合岩的深入研究，将有助于更深入地了解区域构造运动、岩浆活动及区域地质作用的演化和发展；此外，还有助于了解混合岩化作用与区域成矿作用的关系，可用于指导找矿。

第九章　变质岩区的工作方法

第一节　变质相和变质相系的研究

区域（热接触）变质岩发育的地区开展地质研究工作，首先应在野外通过地质填图的方法分析区域变质作用的特点、岩石类型及其矿物组合，并依此划分变质带及变质相，初步确定各种变质岩的原岩性质，然后才能对变质岩区地质环境及其发展历史做出较正确的判断。现仅就变质带、变质相及变质相系的概念及其特征简述如下。

一、变质带、递增变质带的概念及变质带的划分

（一）变质带的概念

在野外岩性不同的变质岩按照变质程度的强弱，在空间呈规律性的带状分布的现象，称为变质带（metamorphic zone）。一定岩性的原岩，由于变质条件（温度、压力）的不同，其变质程度也不相同。不同变质带的连续变化，是由变质条件的改变所决定的；同一变质带内的岩石是在相同变质条件下形成的，其变质程度相同，属于等物理系列岩石。

（二）递增变质带的概念

由于变质岩的矿物成分决定于原岩的化学成分和变质时的物化条件，所以在一个变质地区，化学成分相似的岩石中所含有的矿物成分在空间上的变化，必能更好地反映变质时的温度、压力条件的相应变化。利用等化学系列变质岩中随温度增高新矿物相依序递增出现进行划分的变质强度带称为递增变质带。

（三）变质带的划分

G.巴罗在19世纪末20世纪初对苏格兰高地早生代达尔累丁岩系进行了研究，他以泥质片岩中随变质作用加强时每一种新变质矿物的第一次出现为标志，划分出六个变质带：绿泥石带、黑云母带、铁铝榴石带、十字石带、蓝晶石带、夕线石带。

在我国西藏珠峰地区前寒武纪珠穆朗玛群的变质泥质岩中，也出现与苏格兰高地相同的"巴罗式"变质带，随变质等级由低到高，出现的变质带依次为白云母带、二云母带、铁铝榴石带、十字石带、蓝晶石带、矽线石带。

目前，变质带的划分普遍采用一定原岩类型中首次出现的特征矿物或其矿物组合为标志。由于划分变质带的方法在野外工作时简便易行，且有助于了解变质地区的地质环境与变质程度之间的关系，在一定程度上反映了变质岩形成时的温度、压力变化范围。

温度和压力是随深度变化而变化的，即埋藏越深，变质程度也越高，因而有人把变质带理解为变质深度带，并据此把变质带划分为浅带、中带和深带，其理论基础是地热增温率，

即由深度决定温度、压力的变化。事实上，岩石变质程度的高低与埋藏深度并不是固定关系，深度不能完全决定岩石的变质程度，还需考虑构造运动和岩浆活动等因素的影响。因此，目前一般都放弃了变质深度带的概念。现在广为应用的浅（变质）带、中（变质）带、深（变质）带的概念，主要是指岩石变质带的界线具有等温线的意义。各个变质带的名称可用最初出现的标志矿物或矿物组合来命名。

与上述三个变质带相对应，岩石的变质程度可划分为三个等级，即低级变质、中级变质、高级变质，称为变质级。同一变质级的岩石属于一个变质带，不同变质级的岩石分别属于不同变质带，因此变质级和变质带是一致的。判别它们的标志是利用岩石的矿物共生组合及结构构造特征（表9-1）。

表 9-1　区域变质带的划分及其特征

变质带	变质级	温度℃	静压力	应力	常见矿物组合特征	主要结构、构造
浅带	低级	<300	不大	较强	主要是含(OH)⁻的矿物：绢云母、绿泥石、硬绿泥石、蛇纹石、滑石、白云母等；斜长石多为钠长石	变余结构、纤维变晶结构、鳞片变晶结构、细粒变晶结构，板状、千枚状构造为主
中带	中级	300~500	较大	很强	有含(OH)⁻的矿物：黑云母、白云母、透闪石、阳起石、绿帘石、角闪石；有不含(OH)⁻的矿物：石榴子石、十字石蓝晶石；斜长石多为酸性斜长石	中粒或粗粒变晶结构；片理构造发育，并有片麻状构造
深带	高级	500~900	很大	极弱	主要是不含(OH)⁻的矿物且相对密度比较大的矿物：堇青石、夕线石、石榴子石、紫苏辉石、透辉石、镁橄榄石、碱性长石、中—基性斜长石；有个别含(OH)⁻的矿物：黑云母、角闪石	粗粒变晶结构；片理一般不发育，主要有条状、片麻状、块状，有时有眼球状构造

二、变质相及变质相系

（一）变质相的概念

自从 P. Eskola 建立变质相的概念以来已有 70 多年了。这一概念已被地质工作者所普遍采用，成为研究变质作用的主要内容。所谓变质相（metamorphic facies），是指变质作用过程中同时形成的一套矿物共生组合及其形成时的物化条件。具体地说，是一定温度、一定压力的反映，而一系列化学成分不同的岩石在一定温压范围内所形成的，变质矿物共生组合体，即构成一个变质相。每一变质相的矿物组合在不同的变质地区和不同时代可重复出现，相互之间可以对比。每一变质相都有自己特征的矿物组合，它们所反映的温度和压力可以从实验中确定。

变质相和变质带的主要区别在于变质相包括由不同类型原岩形成的所有变质矿物组合，而变质带则是以单一类型原岩所形成的变质矿物组合为标志。研究变质相的目的，在于查明变质作用过程中矿物共生组合与其化学成分及遭受变质作用时的温度、压力的相互关系：（1）阐明岩石中矿物共生组合与化学成分之间的关系，同一变质相的岩石，其矿物共生组合随着化学成分的变化而变化；（2）阐明岩石中矿物共生组合与温度、压力之间的相互关系，化学成分相同的岩石在不同的温度压力条件下生成不同的矿物组合。

（二）变质相的划分

P. Eskola（1939）首先提出变质相的分类，他划分出 8 个变质相（表 9-2）；Turner（1968）在总结已有资料的基础上提出了 11 个变质相；都城秋穗（1972）在研究变质相系时，采用了 10 个变质相，他主张在接触变质带中同样应用角闪岩相和麻粒岩相，而不用特纳提出的钠长石—绿帘石角岩相和角闪石角岩相。在此基础上，随着对变质作用的深入研究，目前较为公认的变质相分类方案如下。

表 9-2　变质相分类表（据 P. Eskola，1939）

温度→ 压力↓	沸石相			透长石相
	绿片岩相	绿帘角闪岩相	角闪岩相	辉石角岩相
				麻粒岩相
		蓝片岩相		榴辉岩相

1. 接触变质相

接触变质相以温度增高为序依次为钠长石—绿帘石角岩相、角闪石角岩相、辉石角岩相、透长石相。

2. 区域变质相

（1）很低温变质相，沸石相、葡萄石—绿纤石变质硬砂岩相。

（2）低中压变质相，以温度增大为序依次为：绿片岩相、角闪岩相、麻粒岩相。

（3）高压—超高压变质相，以温度增大为序依次为蓝片岩相、榴辉岩相。

上述变质相的温度和压力条件之间的关系如图 9-1 所示。

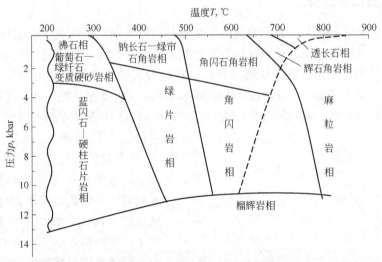

图 9-1　不同变质相的温度压力条件关系示意图（据 Winkler，1987；Den，1971；略修改）

图中的虚线为花岗岩始熔线

（三）变质相的研究方法

研究一个地区的变质相的工作程序如下所述：

（1）首先圈定变质带，然后根据变质带的特点，主要是变质矿物及其共生组合的特点，归并为若干个变质相。

（2）选择标准剖面，进行野外实测并采集每一变质相的基本岩类的标本。

（3）开展岩石标本的室内矿物组合及其化学成分的详细研究，做出每一个变质相的矿物共生图解，即常用的 ACF、AKF 和 AMF 图解（Eskola，1915；Thompson，1957；王仁民等，1989）。

共生图解是指在研究变质相时，为了表示同属于一个变质相的每一种岩石的矿物共生组合与化学成分相互变化关系，常采用图解的方法来表示。

（四）变质级

Winkler（1976）认为，原先几个主要变质相的压力—温度范围太大，而变质相和亚相又没有严格的区别，因而建议取消"相"和"亚相"这两个术语。他提出，根据常见岩石中，反映矿物共生组合重要变质变化的特定矿物反应来划分变质带，称之为变质级（metamorphic grade）。他进一步建议，根据特定的变质反应将整个变质作用的压力—温度范围，按温度递增顺序划分为四个变质级：

（1）很低变质级，相当于沸石相、葡萄石—绿纤石相、蓝闪石片岩相；

（2）低变质级，相当于钠长石—绿帘石角岩相、绿片岩相；

（3）中变质级，相当于角闪石角岩相、角闪岩相；

（4）高变质级，相当于透长石相、辉石角岩相和麻粒岩相。

榴辉岩相以高压为特征，温度包括低温—高温很宽的范围，因而未列于以热峰温度为标志的变质级。每一个变质级内以不同成分常见岩石的特定变质反应为基础，又可划分变质带。

（五）变质相系的概念

在变质相研究的基础上，人们发现一个变质相内部，在近似的变质温度范围内可能有不同的压力类型，并联系地质环境及地热梯度的某些差异，在同一种变质作用条件下有可能形成一系列的变质相。因此，都城秋穗（1961）在他发表的"变质带的演变"一文中提出有关变质相系列，即变质相系（metamorphic facies series）的概念。他认为："在一个变质地区，温度的变化常常以一系列的变质相为特征，因而可以用一系列的变质相来表示，这种系列称为变质相系"。他又提出（1973）："地球各处的地热梯度均不一样，一定温度下的深度从一个地区到另一个地区是不相同的，因此岩石压力也不相同"。都城秋穗（1994）提出了变质相系的最新定义，变质相系是："一个递增变质区域观察到的变质相系列"。它是在特定的温度和压力的比值范围内变质相的系列，也反映了变质作用或变质地区的温压比。都城秋穗提出了三类变质相系（相当于三种压力类型）（图 9-2、表 9-3），它们分别是：低压型（红柱石—夕线石

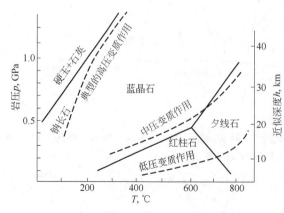

图 9-2　区域变质作用的三种压力类型
（据都城秋穗，1972）

型）；中压型（蓝晶石—夕线石型）；高压型（硬玉—蓝闪石型）。不同的变质相系分别代表了不同的地质构造环境。

表 9-3　区域变质相系的三种类型（据都城秋穗，1973）

压力	特征矿物	常见矿物	常见变质相	伴生的岩浆作用
低压	红柱石	黑云母、堇青石、十字石、夕线石	绿片岩相、角闪岩相、麻粒岩相	有基性到酸性的地槽型火山作用，但通常不多，花岗岩大量存在，有时伴有安山岩和流纹岩
中压	蓝晶石无蓝闪石	黑云母、铁铝榴石、十字石、夕线石	绿片岩相→绿帘石—角闪岩相→角闪岩相→麻粒岩相	有蛇绿岩和花岗岩出现
高压	蓝闪石、硬玉、硬柱石	铁铝榴石、蓝绿钠闪石、黑硬柱石	蓝闪片岩相→绿帘石→角闪岩相，蓝闪片岩相→绿片岩相，葡萄石—绿纤石→蓝闪片岩相	超基性到基性的蛇绿岩大量存在，通常没有花岗岩

1. 低压型相系

低压型相系又称为红柱石—夕线石型相系，其以较低温度时出现红柱石，高温时出现夕线石为特征。它的典型变质相系是：（沸石相）—（葡萄石—绿纤石相）—绿片岩相—角闪岩相—麻粒岩相。注：在括号中的相，可能不发育，下同。

2. 中压型相系

中压型相系又称为蓝晶石—夕线石型相系，其以中温时出现蓝晶石，高温时出现夕线石为特征。它的典型变质相系为：（沸石相）—（葡萄石—绿纤石相）—绿片岩相—角闪岩相—（麻粒岩相）。

3. 高压型相系

高压型相系又称为硬玉—蓝闪石型相系，其以含有蓝闪石为特征。它的典型变质相系为：（沸石相）—（葡萄石—绿纤石相）—蓝片岩相—麻粒岩相。

目前随着对变质相系研究的进展，一般划分为四个变质相系，各相系之间的地热梯度范围和矿物成分特征见下表（表9-4）。

表 9-4　各变质相系的地热梯度和矿物成分特征

相系名称	地热梯度范围，℃/km	矿物成分特征
接触变质相系	≥60	硅灰石、堇青石、红柱石（基本不含夕线石，不含十字石）
低压区域变质相系	60~25	红柱石、夕线石、堇青石（不含硅灰石、蓝晶石，不含十字石）
中压区域变质相系	25~16	浊沸石、蓝晶石、夕线石、十字石（不含红柱石、堇青石、蓝闪石、硬玉）
高压区域变质相系	16~7	硬柱石、蓝晶石、蓝闪石、硬玉（不含夕线石、浊沸石）

变质相系的研究是建立在不同变质岩地区具有特定的地热梯度的基础上的，而地壳内部热流的变化则反映了该地区大地构造、岩浆作用和变质作用之间的联系，即反映了该地区地壳发展演化的特点。因此，研究变质相系不但为不同地区温、压变化提供了对比的依据，还为深入研究区域地质作用指出了新的方向。

(六) 双变质带的概念

双变质带（paired metamorphic belts）是指并排分布的地质时代相近的高压低温变质带和高温低压变质带。如环太平洋沿岸，在中生代的造山带——变质活动带中常出现的两条平行的、变质作用特点完全不一样的变质相系带。其中一带为高压变质相系，另一带为低压变质相系。属于太平洋双变质带的有美国加利福尼亚、智利、俄罗斯堪察加、日本、我国台湾、新西兰等。

关于双变质带的形成，都城秋穗等认为是板块构造运动的结果（图9-3）。大洋板块和大陆板块漂移碰撞，大洋板块俯冲插入岛弧或大陆边缘之下，靠近大洋一侧形成高压变质相系带，在其内侧形成低压变质相系带。大洋板块携带着海沟带里的沉积物俯冲到较深处，构造下降造成异常低的地热梯度，因而沿着俯冲断裂带（剪切带）发生高压（低温）变质作用；在俯冲带的上方，高热的熔融物质大量上涌，带来异常的热流，导致别具一格的低压（高温）变质作用。

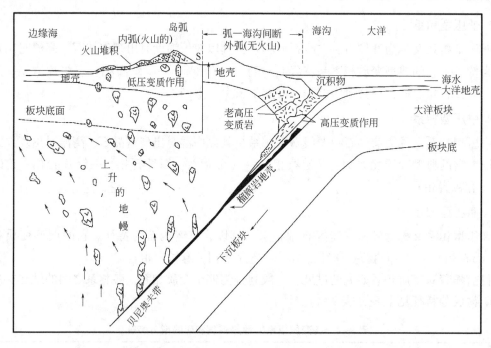

图9-3　渐新世以后日本北东弧双变质带形成示意图（据都城秋穗，1972）

第二节　变质岩的野外工作方法

变质岩的野外工作主要是通过野外露头观察、野外剖面实测与地质填图、典型标本采集等野外工作方法，分析研究变质岩的野外地质产状、分布、发育规模、岩石类型组合、岩石结构构造等特征，为变质岩成因分析、原岩类型恢复及其成矿规律研究等提供良好的理论与数据支撑。

一、动力变质岩的野外工作方法

（一）动力变质岩的野外识别标志

动力变质岩往往分布在断裂带及其两侧，在野外常具如下标志：

（1）动力变质岩常产于（构造）断层带中，在地表常呈狭长的线状、条带状分布，其宽度、长度及延伸变化很大，并常穿切其他岩层。

（2）由于断裂带常穿切由不同岩石组合的地质体，致使动力变质岩的原岩类型十分复杂，可以是自然界中的各种岩浆岩、沉积岩和变质岩。因此，在同一条断层的不同部位或地点所采集的动力变质岩样品，常常是由不同原岩组成的；但是，当断层穿切由单一岩石组成的地质体，其断层角砾也可由单一岩石组成。而破裂岩和糜棱岩均是由单一岩石组成的。

（3）动力变质岩常具角砾状结构、碎裂结构、碎斑结构等典型结构类型，同时常见条带状构造、千枚状构造、糜棱构造等构造类型。

（4）构造断裂带内所形成的动力变质岩岩性变化比较复杂，具有各种类型的碎裂岩，岩石的颜色也复杂多样，如红色、绿色、紫色、黄绿色、黑色等，常混杂在一起。

（5）构造断裂带的次生节理、裂隙、劈理、各个方向的擦痕、断层泥以及构造角砾等均有不同程度的发育。

（6）构造断裂带是气水热液活动最有利的场所，它们通常是热液蚀变带和矿化部位，是有利的成矿地质环境，也是地下水的主要通道。所以构造断层带（尤其是构造角砾岩类和碎裂岩类）也是找矿和寻找地下水的主要地质标志。此外，断层带也是灾害地质监控的重点。由于断裂带内的水及其他溶液的活动性较强，因而变质岩石常出现硅化、碳酸盐化等现象，并形成一些新生矿物，如绿泥石、方解石、绿帘石、绿纤石、叶蜡石、滑石等。

（7）由于构造岩经受后期硅化蚀变作用的叠加，或构造岩的岩性较为坚硬，不易被风化，所以在地貌上也可形成突起的陡崖。同时，由于断裂带穿切不同岩石组合的地质体也可形成断层三角面等陡崖地貌；同时，由于断层破碎带内的构造角砾岩和断层泥等较为松散，在地表条件下容易被风化剥蚀，因而在地表常形成洼沟等负地形。

（8）由动力变质作用形成的绿片岩、蓝闪石片岩等，往往是突然出现，又突然消失，与围岩的岩性很不协调。

（二）动力变质岩的研究意义

动力变质岩观察与分析，对于研究相关构造运动、构造变形作用及动力变质作用的演化历史均具有重要的研究意义。

（1）根据动力变质岩的特点，可有助于确定断层的存在及其性质，也有助于了解构造运动的力学性质、活动方向等，对于工程地质及地震地质工作都具有重要意义。

（2）能够对变质地质体的构造变形和变质作用的演化历史提供十分重要的证据。

（3）由于动力变质作用使岩石破碎而产生大量裂隙，给含矿溶液的活动创造了良好的通道及富集场所，因此动力变质岩又是寻找有关某些金属矿床的一种重要的找矿标志。

（三）动力变质岩带的工作方法

在研究动力变质岩带时，常采用沿断裂带走向追索和垂直断裂带测绘剖面的方法。在具体工作中应注意以下七个方面：

（1）在野外进行岩石的统一分类和命名，这是工作的基础。

（2）确定断裂带的规模、断层性质及产状变化。

（3）确定断裂带的主要走向、延长及主要结构面性质。测量破碎带的宽度，以及破碎带与围岩中节理、岩脉、原生流动构造等的关系，并进行一定数量的节理统计（100~200个），观察新生矿物及矿化情况。

（4）详细观察和研究断裂带内各种碎裂岩的特征及其与原岩性质的关系和空间分布特点，进而查明应力的性质、作用次数、大小等。采集一定数量的标本（包括定向标本），以便室内做显微镜下的观察与研究。

（5）注意观察破碎带的垂直方向的变化，并注意了解不同岩石中矿物受力的变化特征，还应注意观察断裂带内地下水活动情况。

（6）绘制一定比例尺的平面图、剖面图及必要的素描图。

（7）注意断裂带与水、石油及其他固体矿产的关系，同时详细勘查各种矿产的成矿机制和分布规律。

二、接触变质岩的野外工作方法

岩浆侵入体与围岩接触，围岩因受岩浆热及气、水溶液影响而发生复杂的变化。在研究接触变质岩时，应采用野外观察和室内鉴定相结合的工作方法，才能收到好的效果。在野外观察时，应通过穿越接触变质晕的方法，测制若干剖面，并填绘地质图，还应系统采集标本和样品，进行详细研究。野外研究的内容主要有以下六个方面：

（1）研究接触带，一般应采用穿越法和追索法交替进行，对接触带的性质、变质晕的发育情况（包括变质晕的宽度、形状、分带情况等）、岩体产状、围岩性质等进行详细观察研究。

（2）研究围岩的变质程度，划分变质带。初步研究变质岩的矿物成分及共生组合特征，还应注意特征矿物各类及数量变化情况、岩石结构构造特征等。此外，可选择泥质岩或碳酸盐岩作标准层，将变质晕划分变质带（内带、中带、外带）或变质级（低级、中级、高级）。

（3）研究岩性变化、产状特点、接触关系，以便查明各种热变质岩与围岩性质的关系。

（4）研究发生接触交代变质的地段，交代变质岩石的岩性特点（包括矿物成分及其共生组合、结构构造等），观察不同矿物间的交代关系，圈定交代作用的范围、分带现象及空间变化规律。

（5）观察研究接触交代变质岩受原岩岩性和地质构造的控制以及与岩浆岩体的关系，并分析研究交代作用与成矿作用的关系。

（6）在室内，应进行详细的岩矿鉴定和资料整理分析工作。

三、气液变质岩的野外工作方法

（一）围岩蚀变的研究意义及其特征

1. 围岩蚀变的研究意义

1）理论意义

根据蚀变围岩在化学成分、矿物成分上的变化，可了解成矿时的物理化学条件、成矿热液的性质及其变化、矿物沉淀原因、分布的规律等。

2）实践意义

围岩蚀变是重要的找矿标志：围岩蚀变的分布范围远大于矿体的范围；特定的成矿作用常有特定的围岩蚀变伴随；蚀变分带模式（垂直、水平）可指示矿体的空间位置。

2. 近矿体围岩蚀变特征

（1）高温蚀变主要有夕卡岩化、电气石化、云英岩化等。通常中高温近矿围岩蚀变的厚度较大，交代作用强烈；矿体往往呈复杂的脉状、网脉状。

（2）中温蚀变主要有绢云母化、黄铁绢云岩化、绿泥石化、蛇纹石化、石英化等；矿体一般为规则的脉状、透镜状。

（3）低温蚀变主要有高岭土化、明矾石化、碳酸盐化、玉髓化等；矿体一般为规则的脉状、透镜状。

（二）气液变质岩的特征及野外识别标志

气液变质岩的特征及野外识别标志主要有以下四个方面。

1. 气液变质岩的地质产状

气液变质岩多分布于侵入岩体的顶部和内外接触带、火山岩发育区、断裂带及其附近、热液矿体的周围等气水热液活动地区。此种变质岩多呈脉状、透镜状、囊状及不规则状产出，当以充填作用为主时与围岩界限清楚，而以交代作用为主时则与围岩界限不清晰。

2. 气液变质岩的组构复杂多样

气液变质岩的结构主要为各种交代结构，如交代假象、交代残余、交代脉状、交代网状、交代文象结构等，常见交错结构和生长环带结构；当气液变质岩几乎完全由交代蚀变矿物组成时，呈现变晶结构，也可见变余结构。气液变质岩的构造主要为块状构造，常见斑杂构造。而在其形成的矿石中常具有一些特殊的构造，如梳状构造、晶簇构造、对称条带状构造、角砾状构造、同心圆状构造等。

3. 气液变质岩的矿物成分复杂而且成因各异

气液变质岩中的矿物成分较为复杂，常是不同成因、不同阶段形成的。岩石中有原岩的矿物经交代作用形成的蚀变矿物，也有部分是原岩中交代残留的矿物，有的是原岩中矿物在热液交代作用中达到新的平衡的"继承"或"贯通"矿物。如花岗岩发生云英岩化作用，其中的长石和黑云母被交代而形成的新生矿物白云母和石英，同时在其中部分长石为原花岗岩的长石未被交代的残留矿物。气液变质岩成因矿床中的矿石成分主要有金属矿物（以硫化物、氧化物、砷化物及含氧盐等为主）和非金属矿物（有碳酸盐、硫酸盐、含水硅酸盐、石英等）。

4. 气液变质岩常具有空间分带性

气水热液在不断运移中，其化学成分和物化条件在空间上和时间上不断变化，从而导致由热活动中心向外，交代蚀变的矿物常具有明显的分带现象。越接近中心，原岩保留越少，矿物组合越简单。在热液矿化带中，经常有不同类型的气液变质岩组合形成的空间分带现象。如云英岩型矿床的云英岩化类型在水平和垂直方向上均具明显的分带性，自下而上或从外向内，依次为富石英云英岩、正长云英岩、富云母云英岩的岩石组合。在矿体附近这种蚀变分带的规律是重要的找矿标志，也是认识气液变质岩和热液矿床成因的重要研究内容。

第三节 原岩性质的识别与恢复

识别和恢复变质岩的原岩性质，是研究变质作用的重要内容之一。只有深入研究变质岩的原岩性质的一些特点，才有可能进一步了解在某一特定的变质条件下岩石所经历的变化及其组合的规律，以便更好地查明区域地质的发展和演化过程，从而为探明区域矿产的形成、分布规律等提供必要的依据。因此，恢复原岩性质是变质岩研究中的一项基础工作。在工作中，必须采用野外和室内研究相结合，宏观和微观研究相结合，综合研究各种可能的识别标志，以揭示原岩在变质前的形成特点及其可能的岩石类型。

应该指出的是，原岩恢复工作有时成为变质岩研究的一个难题，尤其对某些深变质，甚至是多次变质作用叠加，使得原岩的识别工作更加困难；此外，目前对某些判别标志的可靠性仍有争议。下面仅对识别和恢复原岩性质的一般原则作简要介绍。

一、地质产状及岩石组合

（一）正变质岩的产状及岩石组合

正变质岩的产状大多数呈不规则的封闭形轮廓，或呈脉状穿插围岩，只有极少数岩体呈层状或似层状，但没有韵律性层理。其中，不规则状或脉状岩体经变质后常具有的特征主要表现为以下四个方面：

（1）与不同的围岩呈突变接触或穿插切割围岩；

（2）围岩可有接触蚀变叠加现象；

（3）岩体有冷凝边或捕虏体残存；

（4）岩体在应力作用下因变质分异产生分凝条带构造，但条带内部不显沉积韵律。

（二）副变质岩的产状及岩石组合

副变质岩一般有层理或韵律层理等成层特征，在一定范围内其岩性、厚度较稳定。在岩石组合上，有时表现出很好的沉积旋回及夹薄层或透镜状特殊岩性的特点。如由石英岩、片岩、大理岩组合显示原岩的旋回性，又如在片岩或片麻岩中夹有薄层或透镜状的大理岩或石英岩或石墨片岩等沉积变质岩系，这些都说明原岩为沉积岩类。

二、结构及构造特征

原岩经变质作用后保留下来的结构、构造—变余结构和变余构造，是识别和恢复原岩性质的可靠标志。

正变质岩中，基性岩常见有变余辉长结构及变余辉绿结构、变余杏仁状构造等；中酸性或酸性岩常见有变余花岗结构及变余斑状结构、变余流纹构造，有时可残留不同的岩相带，边缘较细，中间较粗，经重结晶后仍可分辨。

三、矿物成分及矿物共生组合

由于某些岩浆岩与沉积岩在化学成分上有显著差异，因而表现在正、副变质岩中的矿物成分及共生组合上就有很大差别。例如，钙质沉积岩可形成大理岩，并出现一些含钙的特征矿物；泥质、砂泥质沉积岩，则可形成富含铝矿物的片岩；砂岩或硅质岩形成石英岩等。它们不仅反映了原岩矿物成分特征，而且能反映一定的变质程度。

中酸性岩浆岩经变质后变化较少，形成以长石和石英为主的矿物组合，并含少量绿泥石、角闪石、云母，变质较深时可出现少量石榴子石、蓝晶石、夕线石。基性岩经变质后可变成绿片岩，变质较深时形成斜长角闪岩或斜长辉石岩。凡出现辉石+基性斜长石的组合，应是正变质岩的特征。超基性岩变质后，常出现富铁镁的矿物组合，如含角闪石、辉石、蛇纹石、滑石等。

四、岩石化学及地球化学特征

利用岩石化学成分及地球化学特征，通过化学计算和分析图解对不同性质的原岩进行对比的方法已得到广泛应用，特别是对变质较深、利用其他方法难于区别的某些变质岩，利用此法有时能取得较好的效果。目前应用岩石化学恢复原岩的图解很多，限于篇幅，不能一一列举。

有时采用与不同性质原岩的化学成分直接进行对比，就可恢复原岩类型。如表 9-5 中列出的三种岩石样品的化学分析数据，其中岩样号 1 和 2 两种岩石，SiO_2 含量明显与岩浆岩不符（岩浆岩 SiO_2 含量为 35%~78%），故应是副变质岩（原岩为石灰岩及砂岩等）；3 号岩石样品 SiO_2 含量与中性岩浆岩相当，但 Al_2O_3（岩浆岩 Al_2O_3 含量为 15%~18%）和 K_2O 的含量都偏高，CaO、MgO、Na_2O 均偏低，这些与中性岩浆岩差别较大，所以也应是副变质岩（原岩应是泥质沉积岩）。

表 9-5　几个变质岩样化学分析资料　　　　　　　　　　　%

岩样号	岩石名称	SiO_2	Al_2O_3	Fe_2O_3	FeO	MgO	CaO	Na_2O	K_2O	CO_2	H_2O	其他
1	大理石	21.41	1.98	0.96	—	14.91	24.32	—	—	35.71	—	0.80
2	含绢云母石英岩	93.25	4.13	0.10	0.36	0.32	0.32	0.15	0.22	—	0.20	1.28
3	十字石云母片岩	55.26	22.17	2.15	4.89	1.75	1.12	1.43	4.89	—	0.08	4.20

岩石地球化学特征法是利用不同原岩含有不同的微量元素及其含量不同的原则。因此，可利用某些微量元素的比值或含量变化特征等，并通过图解的方法来识别原岩（如 Cr—Mg、Ni—Mg 图解等）。目前，此法还用于判别构造环境、形成条件、来源深度等岩石成因问题。

五、副矿物特征

利用人工重砂法，研究变质岩中某些副矿物特征，也是变质岩原岩恢复的一种重要手段。一般是利用那些来自原岩且在变质过程中较稳定的副矿物，如锆石、独居石、磷钇矿、金红石等。在利用时应综合考虑副矿物的含量、粒度、形态（结晶习性、有无磨损或熔蚀）和颜色等才能收到较好的效果。

综上所述，识别和恢复原岩性质是一项既重要而又复杂的工作，在工作中应尽可能利用各种识别原则及综合应用野外—室内相互结合的方法，通过全面与系统地分析，才能产生良好的效果。

第九章小结

第十章 变质岩油气储集特征简介

第一节 概述

一、国外变质岩油气藏的勘探开发历程及现状

国外最早发现的变质岩油气藏是 1909 年在美国俄亥俄州中部辛辛那提隆起上发现的摩罗县基岩油气藏，随后世界多个国家或地区陆续发现了多个变质岩油气藏。如 1953 年在委内瑞拉马拉开波盆地拉巴斯构造上的 2709m 埋深附近发现了 332m 的基岩含油井段，测试获得日产 620m^3 的高产油流，从而发现了三叠系—侏罗系拉昆塔变质岩潜山油气藏。随后几年又钻探多口井，单井产油量最高可达 1828.4m^3/d，从而使拉巴斯油田迅速成为马拉开波盆地的第三大油田。美国堪萨斯中央隆起带是一个重要的变质岩油气田分布区，包括奥斯油田、林华尔油田和克拉福特—普鲁萨油田等大油田，其中奥斯油田发现于 1933 年，石油产自基岩顶部前寒武纪石英岩裂缝中，日产油最高达到 149.3t；林华尔油田发现于 1949 年，储层为前寒武纪碎裂石英岩，日产油约 30.2t；克拉福特—普鲁萨油田的产油层主要为阿尔伯克白云岩和前寒武系石英岩的裂缝，在 1937—1946 年的 10 年间，在 390 口井中共产出原油 3498×10^{4}t。到 1953 年，在堪萨斯中央隆起上就已发现了 11 个前寒武系基岩油田。阿尔及利亚哈西迈萨乌德油田是阿尔及利亚发现最早、也是最大的油田。1956 年，在撒哈拉沙漠东北部的哈西迈萨乌德背斜上发现了寒武系砂岩变质岩油气藏，含油面积 100km^2，油层有效厚度 120m，单井日产量 954t。

随着高产古潜山油藏被陆续发现，各国开始重视古潜山油藏的勘探开发工作。目前，除上述的几个国家外，俄罗斯、西班牙、澳大利亚、加拿大、埃及、利比亚、伊朗、巴西、摩洛哥、安哥拉、匈牙利、罗马尼亚等国家也多有发现。因此，古老的基岩已成为各国油气勘探的重要领域。国外变质岩油气藏研究成果公开发表的并不多，从查阅文献来看，潜山主要为不整合型潜山油藏，储层主要受岩溶控制，并且主要集中在风化壳。整体上，国外对于变质岩油气藏的研究整体比较薄弱，而更多的是注重对储层进行研究。

二、我国变质岩油气藏的勘探开发历程及现状

我国最早发现的变质岩油气藏是 1959 年在酒泉西部盆地鸭儿峡背斜构造中发现志留系变质岩系潜山油藏，产油层为志留系中部泉脑沟组轻度变质的千枚岩、板岩和变质砂岩。随后，在渤海盆地辽河坳陷、冀中坳陷等地区变质岩油气藏的勘探中取得了重大突破。1970 年海 1 井首次在辽河坳陷中央凸起揭露了太古宇鞍山群变质岩储集层，随后沿海外河—大洼断层钻探了多口深井，均见到良好油气显示；1971 年在辽河凹陷西部兴 213 井钻遇太古宇变质岩系古潜山风化壳油气藏，日产天然气 803m^3、凝析油 120t；进入 20 世纪 80 年代，又

于辽河凹陷西部的曙2-3-010井获得了日产97.4t的工业油流，储层是中—新元古界的变质石英砂岩，不久又在大民屯凹陷东胜堡古潜山第一口探井中，喜获高产工业流气流，从而揭开了渤海湾盆地变质岩古潜山找油的序幕；1984年在东营凹陷所钻郑4井，发现了以太古宇花岗片麻岩为储层的高产油气田，单井日产油上千吨的井就有3口；2010年辽河坳陷兴隆台变质岩潜山整体上报亿吨探明储量。因而，辽河油田变质岩勘探研究成果，为基岩油气藏理论奠定了重要基础。2011年在冀中坳陷南部辛集凹陷所钻探晋古1井成功钻遇到太古宇变质岩型油气藏。

由以上典型的变质岩油气藏实例，目前我国已发现的变质岩油气藏均属于以太古宇—元古宇变质岩系为储层的大—中型古潜山油气藏，主要集中分布于我国东部中—新生代断陷盆地中，油源主要来自中—新生代油岩系。储集条件受制于古风化壳的形成、演化和埋藏历史。变质岩古潜山油气藏无论在岩石类型、储集条件、储集结构演化和油气聚集、分布等方面，均与碎屑岩储层、岩浆岩储层有较大差别。

（一）变质岩油气藏的一般特征

我国（尤其是东部）变质岩油气藏的一般特征主要有以下三个方面。

（1）主要储集岩类是太古宇的区域变质岩和混合岩类，尤以裂缝发育和经过碎裂化的刚性变质岩类储集性能最佳，裂缝发育、碎裂化强烈的储集岩主要分布在断裂带及其附近，即构造断裂带控制变质岩储集层的形成、发育和分布。

（2）变质岩古潜山储集性能具极大的非均质性。纵向上可划分为风化破碎带、裂缝发育带和致密带。储层主要分布在前两个带中，而裂缝发育带往往比风化破碎带储集性能更好，更易获高产。三个带的厚度变化由几米到几十米。这三个带在电性上也有良好响应，在井径、中子孔隙度、岩石体积密度和声波时差等曲线上，各带有明显差异。

（3）主要储集空间类型是裂缝孔隙、粒间孔隙、晶间孔隙、溶蚀孔隙和喀斯特溶孔—溶洞。构造裂缝—溶蚀孔隙类型是最佳储集空间类型。

（二）变质岩油气藏研究内容

变质岩油气藏的研究内容主要有以下五个方面：
（1）变质岩储层矿物成分、结构构造及岩性组合特征。
（2）变质岩储层储集空间类型、形成机理及主控因素。
（3）变质岩古潜山内幕储层分析与综合评价。
（4）变质岩油气藏的成藏条件、主控因素及富集规律。
（5）变质岩古潜山油气藏的成藏模式。

第二节　变质岩储层的岩性特征

我国已发现的以变质岩为储集层的油气藏，其岩石类型以遭受多期变化的混合岩类为主，其次为片岩、片麻岩、变粒岩等区域变质岩类和碎裂变质岩类（表10-1）。这类岩层在我国西部塔里木和东部胶辽古陆及燕山一带也常见，并构成覆盖区的基底岩系，故在东西部各油田的钻孔中屡见不鲜，有一部分则成了储集岩。

表 10-1　中国变质岩油气藏（据刘孟慧等，1994，略有修改）

油田	地质时代	储集岩类型	典型油气藏名称
玉门	古生代志留纪中统	千枚岩、板岩	鸭儿峡志留系古潜山油气藏
辽河	元古宙	变质石英砂岩	杜家台元古宇古潜山油气藏
	太古宙鞍山群	混合岩类、区域变质、碎裂岩类	兴隆台—马圈子、东胜堡、静安堡、边台、齐家、冷家、杜家台—胜利塘、牛心坨、茨榆坨等古潜山油气藏
胜利	太古宙泰山群	碎裂状片麻岩、混合岩和变粒岩	王庄太古宇古潜山油气藏
渤海	元古宙	花岗质混合岩类	锦州 20-2 构造太古宇古潜山油气藏
冀东	太古宙	花岗质混合岩类	冀东太古宇变质岩油气藏
华北	太古宙	区域变质岩类	辛集太古宇古潜山油气藏

　　辽河坳陷太古宙变质岩基岩（古潜山）油气藏比较发育并具有一定的代表性。李理（2012）、康武江（2014）研究认为，变质岩基岩（古潜山）油气藏在三大凹陷（大民屯、东部、西部）及中央凸起中均有分布，储集岩主要为区域变质岩、混合岩及动力变质岩等变质岩类（表 10-2），岩性复杂多样。由储层物性分析可知，以浅色矿物为主的构造角砾岩、混合花岗岩、浅粒岩等岩类的储集性能较好，而暗色矿物含量较高的角闪岩、煌斑岩等岩类的储集性能较差。

表 10-2　辽河坳陷变质岩储层岩性特征（据李理，2012，略有修改）

时代	变质岩类	变质岩亚类	变质岩类
太古宇（元古宇）	区域变质岩	片麻岩类	黑云二长片麻岩、黑云斜长片麻岩、角闪斜长片麻岩
		长英质粒岩类	黑云母变粒岩、角闪斜长片麻岩
		石英岩类	石英岩
		角闪岩类	角闪岩、斜长角闪岩
	混合岩类	混合岩化变质岩类	混合岩化(黑云母)钾长片麻岩、混合岩化(黑云)二长片麻岩、混合岩化变粒岩
		注入混合岩类	长英质黑云斜长片麻岩条带状混合岩
		混合片麻岩类	斜长混合片麻岩、二长混合片麻岩
		混合花岗岩类	钾长混合花岗岩、二长混合花岗岩
	碎裂变质岩	构造角砾岩类	构造角砾岩
		碎裂岩类	碎裂混合花岗岩、碎裂片麻岩、长英质碎斑岩、碎裂岩
		糜棱岩类	糜棱岩、千糜岩

　　由于各类变质岩储层岩石的分布特征主要受变质作用类型和变质程度的控制，所以不同变质岩的储层特征存在较大的差异性。如混合岩变质程度深，岩性混杂，一般无明显分带性；区域变质岩根据变质程度划分为浅、中、深三个带，各带中变质岩的成分、结构、构造、产出状态及储集性能有较大差异，其最大特征具有一定成层性；碎裂（动力）变质岩主要受动力变质作用控制，分布在断裂带或破碎带附近；变质石英砂岩具变余砂状结构和良好成层性，仍具碎屑岩的储集特点；绿色片岩系无明显分带性，其中变形构造发育，储集性能主要受片理化程度的控制。

第三节　变质岩的储集空间类型及其控制因素

根据已有勘探和研究结果，无论在国内还是国外，基岩（或古潜山）油气藏主要为裂缝型储层，导致表现为较强的非均质性。油井产能与地层裂缝发育程度有密切的关系。裂缝系统成为变质基岩油气成藏的重要控制因素。据统计，我国裂缝型油气藏的储量占已探明油气储量的三分之一左右，我国四分之三的可用油气储量在低渗透致密裂缝型油田中。非常规油气藏的勘探开发日益受到重视，其中要解决的一个主要地质问题就是裂缝的评价问题。

一、变质岩的储集空间类型

变质岩的储集空间类型主要包括缝、孔、洞等三大类，一般以裂缝为主，搞清各类储集空间类型、成因机制及其特征是重要的研究内容。变质岩储集体中的储集空间按成因可划分为变晶、构造、物理风化和化学淋溶等四种成因类型（表10-3），在此分类基础上可进一步识别与划分出多种的储集空间类型。

表10-3　变质岩储集体中常见的储集空间及其特征（据刘孟慧，1994）

成因分类	储集空间	特征
变晶成因	变晶间孔隙	变晶矿物间的孔隙，明显见于结晶程度较粗的矿物
	变余粒间孔隙	在变质程度较低岩石中保留的原生孔隙，也见于残余的原碎屑岩中的粒间孔隙
	解理缝隙	沿矿物解理所形成的缝隙，这类裂隙广泛见于各类有解理的矿物，受力或受风化而成
构造成因	构造裂隙	在岩石内呈平面或曲面延伸，有的集中成带状或扇形
	破碎粒间孔隙	因受应力作用造成的岩石破碎，在矿物、岩石碎屑之间形成的孔隙
物理风化成因	风化裂隙	当岩石暴露于地表，因风化、剥蚀作用产生的裂隙
	风化破碎粒间孔隙	因温差、冰冻等物理因素造成岩石的破碎、崩解，在碎块之间形成的孔隙
化学淋溶成因	溶蚀孔隙	在前期形成的孔隙，诸如变晶间、变余粒间、破碎粒间、矿物晶体内，经溶蚀作用形成的孔隙
	溶蚀缝隙	在前期形成的裂隙，由于溶蚀扩大或充填的裂隙再溶蚀，常见到的有解理溶蚀缝、构造溶蚀缝

（一）结晶成因的储集空间

此类储集空间是指区域变质岩、混合岩等变质岩系在成岩期因重结晶、变质结晶、交代重结晶等过程中形成的储集性空间。储集空间类型主要有变晶间孔隙、变余粒间孔隙、解理缝隙及双晶结合面间缝隙等。

（二）构造成因的储集空间

在储集体中，因构造作用在岩石或矿物间产生的储集空间，主要有构造裂隙（如微破碎条带裂隙、碎裂缝）、破碎粒间孔隙等。

（三）物理风化成因的储集空间

此类储集空间是指由于温差、冰冻、层裂等作用方式，岩体发生碎裂所产生的储集空间，主要有风化裂隙和风化破碎粒间孔隙。

物理风化成因与构造成因的孔隙主要区别在于：前者发育在潜山风化破碎部位，破碎粒间充填大量泥质，从上向下泥质含量逐渐减少，破碎堆积无分选性；而后者主要发育在各种压碎岩中，受断层破碎控制，其部分矿物颗粒可见到应变特征。但有时在风化破碎堆积物中也有大量构造成因的孔、缝隙，此时二者往往难于区别。

（四）化学淋滤成因的储集空间

此类储集空间是由化学淋滤（溶蚀）作用产生的孔、缝隙。由地表水、地层水、天水的直接冲刷渗流作用，对岩石矿物发生了强烈的反应，不仅使部分岩石或矿物（包括次生矿物）发生了溶解和水解，而且存在岩石或矿物与水溶液发生了交代反应现象。化学淋滤（溶蚀）作用直接结果是部分被溶解、水解的物质成分被带出，在原部位则形成各种形态的储集空间。

化学淋溶成因的储集空间，多是各种不同作用产生的复合型孔、缝隙，一些结晶成因、构造成因、物理风化成因产生的各种孔、缝隙及一些后生蚀变、易溶的抗力差的岩石矿物均是促使化学淋溶成因孔、缝隙发育的良好基础。常见的化学淋溶成因的孔、缝隙有：变晶间溶蚀孔隙、变余粒间溶蚀孔、碎裂溶蚀缝、破碎粒间溶蚀孔隙、晶内蚀变溶蚀孔隙、缝中溶蚀孔或缝等。上述各类淋溶孔、缝隙的共同特点是：孔隙、缝隙的边缘极不规则，具有明显的溶蚀特征，缝隙的开度变化大。

二、储集空间组合类型及其特征

变质岩储层的储集空间由于受到变质岩储集体岩性、发育部位的影响与制约，可形成多种储集空间组合类型，并具有不同的物性、含油性特征。

（1）长英质变质岩其储集体为碎裂（破碎）+淋滤型储集空间组合，为高渗透性储层，易形成高产油气流。发育在风化破碎带与裂隙发育储集带的浅粒岩、均质混合岩及暗色矿物少的其他混合岩类，主要储集空间为构造、物理风化及化学淋滤成因的各种孔、缝，其储集空间组合为碎裂（破碎）+淋溶型。该类储集空间组合的储集体具有较高的孔隙度和渗透率。从部分岩心物性分析资料来看，其孔隙度变化在 $0.2\% \sim 18.4\%$ 之间，渗透率变化较大（储集性不均一），最高渗透率可达 $880 \times 10^{-3} \mu m^2$。从所解释的油层试油情况来看，大部分获得了工业性油流及高产油气流。

（2）处于风化破碎储集带及裂隙发育带的，岩性为暗色矿物较多的斜长混合花岗岩、二长混合花岗岩等。其储集空间有破碎粒间孔隙、碎裂缝（长石、黑云母解理裂缝十分发育）以及化学淋滤成因的孔隙，为碎裂（破碎）+结晶+淋溶型储集空间组合。这种储集体中储集岩石与储集空间组合具有较高的孔隙度与渗透率，易获较高工业油气流。从对东营凹陷郑家地区王庄油田郑 4-2 井岩心所做的物性分析来看，孔隙度在 $0.4\% \sim 7\%$ 之间，渗透率在 $(0.03 \sim 50) \times 10^{-3} \mu m^2$ 间。试油结果表明，大部分射孔井段获得较高的工业性油流。

（3）角闪质岩石、变粒岩类储集体为结晶+微碎裂（破碎）+淋溶型储空组合。为低渗透性储层，也可获得一定的工业性油气流。如辽河凹陷东胜堡古潜山油田的胜 11-7 井的角闪斜长变粒岩孔隙度为 7.8%，但试油后也获低产工业油气流。最发育的储集空间为变晶间缝隙及晶体溶蚀孔隙，占总孔隙的 50%~60% 左右。据物性分析结果表明，具有较大的孔隙度和较低的渗透度。试油结果证实，也能获得工业性油流，但其产能明显较低。

三、变质岩储集空间的控制因素

变质岩储层储集空间形成和演化主要受变质作用、构造作用、古物理风化作用、化学淋滤作用、矿物充填作用及原岩性质等因素的影响和控制。

（一）变质作用

原岩在遭受复杂变质作用过程中，由于重结晶、变质结晶、变质分异和交代等变质作用，使原岩矿物成分、结构、构造发生一系列变化，并有孔隙和缝隙等储集空间的形成。在超变质过程中，随着液体物质的参与及大部分固态岩石的重熔，由各种变质作用形成的孔、缝发生液体相物质渗入、充填，最后结晶而堵塞了缝隙。因此，变质作用对于储集空间表现出建设性和破坏性双重影响作用。

（二）构造作用

构造作用是促进储集空间形成与演化的一种有利因素。它是古潜山变质岩储层发育的主导因素。在地壳浅部，由于温度和压力较低，许多岩石具有较大的脆性，当所受应力超过一定限度时，就会发生碎裂变质作用，从而形成次生孔隙和裂缝等储集空间类型。碎裂对于基岩储集与运移油气具有十分重要的影响。碎裂作用的强度主要取决于应力的性质、强度、作用时间的长短等因素。如果是受压扭性应力，作用强度又大，就会使岩石碎粒化或糜棱化，甚至重结晶，引起裂缝堵塞，影响油气的储集和运移；在张应力作用下造成岩石呈角砾结构和碎裂结构，斜长石双晶截然断开或略弯曲，岩石的张开缝特别发育，使其成为油气储集的有利场所和运移的良好通道。

构造作用所成裂缝的重要意义不仅在于形成主要的储集空间，而更重要的意义还在于能形成酸性水溶液和油气运移的通道。这些通道还可能会把其他储集体与基岩储集体连通起来，形成长期高产稳产的油藏。

（三）古物理风化作用

古物理风化作用过程是岩石由致密向储集空间发育演变的过程。在地质历史时期，长期裸露地表的岩石经物理风化作用，遭到剥蚀和破碎，特别是构造裂缝发育部位及抗力性差的岩石中，物理风化作用更显著，使岩石破碎程度加大。在古潜山顶部和平缓的山坡上易形成厚度很大的岩屑型风化壳，在风化壳的残余物中发育大量有具储集能力的空间。

（四）化学淋滤作用

化学淋滤作用是继构造作用和物理风化作用之后，有利于储集空间良好发育的另一重要因素。淋滤的结果加大了缝隙的开度，使储层岩石的孔隙度、渗透性良好，有利于油气的储存和运移。例如，东营凹陷郑家地区的结晶基岩，在吕梁和喜马拉雅两期大构造运动中遭受风化淋滤侵蚀，吕梁期形成的孔隙在长期深埋期间经过了充分改造，因而难于保存；而喜马拉雅期基岩暴露地表时，在大气水和温度剧变等因素的影响下，产生了一定数量的淋滤孔隙和粒间孔隙。该岩层到始新世又开始下降时，因其上部和侧面被沙河街组生油岩系所覆盖，因而使孔隙保存下来，成为基岩储层储集空间的组成部分。

（五）矿物充填作用

岩石中形成的储集空间常被充填，对岩石储集物性产生不利影响，使岩石的孔隙度、渗透率变差。常见的充填物有自生石英（硅质）、碳酸盐矿物、绿泥石和黄铁矿等。

（六）原岩性质

原岩对形成储集空间起着重要作用，无论结晶成因、构造成因或化学淋滤成因的孔、缝隙，无一不受原岩类型的控制。这主要与原岩的矿物成分、变质程度、混合岩化程度等有关。由于上述因素的差异，在岩石及部分造岩矿物中储集空间发育程度表现出极大的不均一性。如辽河坳陷中央凸起南部的潜山油气藏，以裂缝为主要储集空间，而裂缝的形成主要受到岩石类型（内因）、构造应力（外因）两个因素控制，并且在相同构造应力条件下，脆性成分高的岩石比脆性成分低的岩石更容易形成裂缝，因此其裂缝的发育程度由好到差依次为混合花岗岩、黑云斜长片麻岩、辉绿岩（康武江，2014）。

第四节　变质岩储集体特征

变质岩储集体划分主要取决于裂缝系统的发育程度及分布特征。一个相互连通的裂缝系统即为一个储集体，裂缝系统的大小决定了变质岩储集体的连续性。风化壳可能构成变质岩的特殊储集体，应单独给予识别和划分，一般在测井曲线上易于识别。储集体之间和内部裂缝发育程度的变化决定了渗透率的变化，使储层具有较强的非均质性。裂缝网络密度（间距）和开度的估计和描述是评价渗透率非均质的基础。变质岩潜山储层多以裂缝型、裂缝—孔隙型为主，具有岩性变化复杂，储集类型多样、物性变化大、非均质性强等特点。以东营凹陷王庄油田太古界泰山群古潜山储集体为例，该储层由于受古地形、构造等因素的影响及风化作用的参与，使储集空间的发育表现出极大的不均一性，无论在横向上还是在纵向上均有显著的差异。在纵向上可分为三个带，即风化破碎带、裂隙发育带和致密带（图10-1），前两个储集带为油气储集的重要部位，尤其是裂隙发育带往往更易获得高产。变质岩风化破碎带、裂隙发育带和致密带在电性特征上有明显不同。

裂缝性储层测井评价主要包括储层裂缝识别和裂缝参数定量解释两部分内容。研究储层裂缝识别主要有直接地质描述法、常规测井法、成像测井分析法和偶极子声波测井解释等方法。利用测井方法探测裂缝其分布规律，是依据裂缝与基岩具有不同的地质地球物理特征。当基岩中存在裂缝时，就会引起不同的测井响应，根据这些响应的变化规律，便可以识别和分析裂缝。

一、风化破碎带

风化破碎带为物理风化、构造碎裂复合作用而成的一个连续的岩石破碎带。风化破碎带的化学淋滤作用相当强烈，岩石较疏松，储集空间发育，但不均一；岩石破碎程度大，部分地段破碎颗粒糜棱化，或粒间含有较多的似泥质充填物。糜棱化强的部位及碎屑颗粒细小的

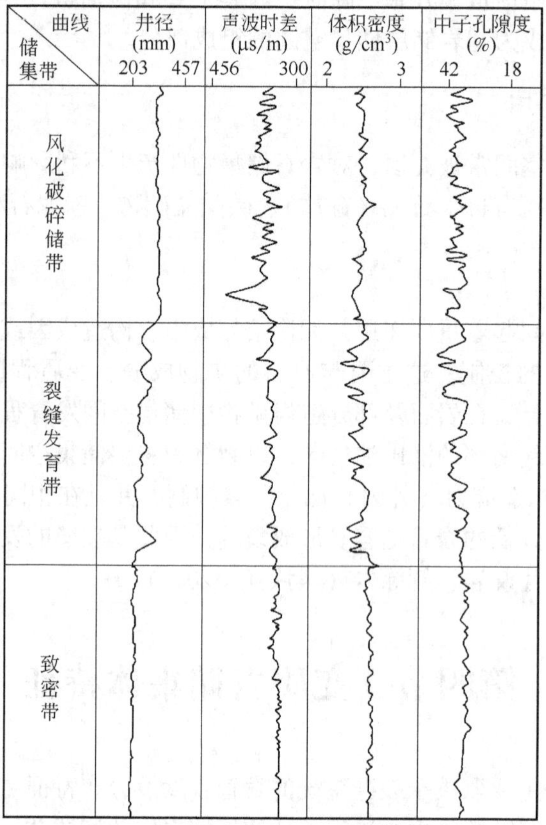

图 10-1 变质岩储集体分带及其测井响应示例

部位储集空间不发育，被碳酸盐矿物充填的缝隙较多。常见到的储集空间类型为物理风化及构造成因的碎裂缝隙和破碎颗粒间孔隙，化学淋滤成因的孔隙也极其发育。风化破碎带的电性特征有以下四点：

（1）井径曲线幅度大，为连续的大井径段，为致密带井径的 2~3 倍。

（2）中子孔隙度曲线向数值增大的方向变化，呈锯齿状，为连续的高孔隙度段。但其值变化有明显的差异性，一般在 1%~35% 之间，最大可达 42%。

（3）岩石体积密度曲线呈短小锯齿状，幅度向数值减少的方向变化，为一个连续的低密度段，一般在 2.3~2.5g/cm³，最小密度近于 2g/cm³。

（4）声波时差曲线呈短小锯齿状，幅度变化较大，一般在 215~330μs/m 之间，最大可达 460μs/m。

二、裂缝发育带

裂缝发育带处于物理风化破碎带的下部，受断层破碎带控制，其发育程度除和构造作用有关外，还与岩石类型关系密切。该带破碎部位在剖面上是不连续的，表现出多处破碎部位组合的特征。在裂缝发育带上，每处破碎部位厚度不一，每井该带发育程度也不一样。储集空间主要为构造成因的微破碎条带缝隙、碎裂缝隙和破碎粒间孔隙及化学淋滤成因的缝隙。该带的电性特征如下：

（1）井经曲线表现出高、低幅度交替变化的特点，说明该带中井径变化较大而且不规则，呈高幅度部位为大井径段，是岩石破碎发育部位；曲线低幅度部位为小井径段，为岩体受构造作用破碎程度轻微部位。

（2）中子孔隙度曲线幅度变化大。在岩石破碎较弱部位，曲线趋于平直，其值在 0%~3% 之间；而在破碎发育部位曲线幅度加大，其值增加。在单层破碎部位的曲线，其形态呈锯齿状，幅度变化频率较大，一般值为 15%~20%，最大部位达 40%。在部分破碎部位，由于裂隙内充填次生矿物中子孔隙度值变化较小，一般在 3%~9% 之间。

（3）岩石体积密度曲线的幅度在碎裂部位向密度减少的方向变化，其形状呈刺刀状，一般数值在 2.2~2.5g/cm³ 之间，最小密度值低于 2g/cm³。而在碎裂不发育部位，曲线幅度变化不大，其数值在 2.5g/cm³ 以上。

（4）声波时差曲线呈短小锯齿状，幅度变化不等，其值差异较大。在岩石破碎部位，声波时差一般在 180~230μs/m 之间，最大数值可达 328μs/m，而在没破碎或破碎较弱部位，一般数值在 165~200μs/m 之间。

三、致密带

岩石致密带中岩石较为致密，没发生破碎或具局部极轻微破碎，构造成因的储集空间不发育。该带的电性特征如下：

（1）井径曲线幅度变化小，呈平直状，为小井径发育部位。井径规则，一般等于或接近于钻头直径。

（2）中子孔隙度曲线呈平直状态，或因岩性变化而略有起伏。其数值为低值，一般趋于 0%~3% 之间。

（3）岩石体积密度大，一般在 2.5g/cm³ 以上。

（4）声波时差曲线幅度变化不大，趋于平直，一般在 165~200μs/m 之间。

第五节　变质岩油气藏形成条件及富集规律

基岩油气藏是指盆地基底之上的烃源岩形成的油气进入基底地层而形成的油气藏。基底的差异构造运动和差异剥蚀可以形成潜山，也可以形成无幅度的平底，因此基岩油气藏也可具有多种古地貌形态特征。同时，依据变质岩油气聚集部位，可分为顶部风化壳型油气藏和潜山内幕型油气藏两种类型。

关于基岩（basement rock）的概念，首次见于威尔特（Waltery）于 1953 年在 AAPG 发表的论文。Landes（1960）提出了基岩和基岩油气藏的定义，认为其可以是前寒武、古生代，甚至是中生代等多个地质年代的变质岩和火成岩类。但潘忠祥等（1982）则认为基岩油气藏除了形成于古老的变质岩和火山岩类中油气藏外，应该把年轻生油岩系底部不整合面之下的下古生界和中—新元古界的碳酸盐岩和其他沉积岩类中的油气藏也涵盖进去。

本书讨论的仅是基岩（古潜山）油气藏中以变质岩为储集层的油气藏。通过查阅大量文献，前人对变质岩基岩（潜山）油气成藏理论进行了大量的科研工作与积极探索，他们的研究内容主要有变质岩基岩（古潜山）油气藏的形成条件（生、储、盖、运、聚、保等）、富集规律、主控因素以及其成藏模式等方面，研究成果与认识较为显著。

一、变质岩潜山油气藏形成条件及主控因素

变质岩潜山油气藏作为非常规油气藏的一种，其能否成藏以及成藏的规模主要受烃源岩、储层、盖层以及输导等成藏条件的共同控制，但由于潜山油气藏的特殊性，油气在潜山圈闭中聚集成藏需要的条件更为苛刻，因而变质岩潜山油气藏的形成是一系列成藏要素时空匹配的综合结果。

（一）烃源条件

烃源岩为潜山油气藏的形成提供物质基础，因而良好的烃源岩条件是潜山油气藏形成的必备条件。前人（赵会民等，2011；李军生等，2010；郑荣才等，2009）研究认为，充足的油源古潜山油气藏形成的物质基础和关键因素。如辽河坳陷太古宇、元古宇变质岩潜山油气藏，变质岩地层本身不具备生烃条件或生烃条件很差，其油气主要来源于新生界古近系烃源岩，因此属于新生古储型油气藏。

（二）储集条件

烃源岩中生成的油气只有经过运移，在优质储层中聚集才可能形成油气藏，因而储集条件是控制潜山油气藏富集规模的关键因素。如辽河坳陷远古宇中的石英砂岩、变余砂岩等变质岩，因发育构造裂缝储集空间，具有良好的储集条件，而形成中型基岩油气藏（李理，2012）。

（三）输导条件

油气在烃源岩中生成以后，只有借助于一定的通道发生运移后，遇到合适的圈闭才能聚集成藏。油气的运移需要一定的动力条件，生成的油气是在浮力、构造应力或是异常压力作用下发生运移，这是一个复杂的问题。变质岩潜山（基岩）油气的运移通道可以是断层、不整合面或内幕储层，但主要还是上述输导要素的集合体，它们共同构成输导体系，使油气在其中发生运移。如辽河坳陷的疏导体系可分为断裂型、不整合型、内幕储层型以及复合型等四种类型。

（四）保存条件

油气生成后通过断层、不整合面或潜山（基岩）内幕储层等发生运移，并非遇到所有的储层都能聚集成藏，只有储层所在的圈闭有良好的保存条件时，油气才可能在其中聚集，形成油气工业规模的潜山油气藏。赵会民等（2011）认为封闭性良好的盖层是隐蔽型潜山油气藏保存的必要条件。吕修祥（1999）在对东营凹陷八面河地区潜山进行研究时，通过调研国内外众多潜山油气藏认为，盖层是潜山油气成藏的要素之一，但不是主要控制因素。辽河坳陷变质岩油气藏的保存条件主要包括垂向上的盖层（隔层）封闭条件和侧向上的断层、非渗透层封挡条件。垂向上的盖层（隔层）封闭包括泥岩盖层物性封闭、泥岩盖层超压封闭、变质岩内幕隔层封闭（如辉绿岩、煌斑岩等致密的侵入岩岩脉）等；侧向上的断层、非渗透层封挡。

二、变质岩潜山（基岩）油气藏的成藏模式

油气成藏模式是对油气藏中油气来源、注入方向、运移通道、运移过程、运移时期、聚集机理及赋存地质特征的高度概括，同时也包括油气藏形成后的保存和破坏过程，是各种成藏控制因素综合作用的结果（孟卫工等，2007）。"新生古储"型成藏组合是变质岩油气藏的共同特点。由于变质岩油气成藏条件特征及其之间时空配置关系的复杂性、油气富集规律多样性以及成藏部位的差异性，造成了变质岩油气藏具有复杂多样的油气成藏模式。现以渤海湾盆地不同地区变质岩油气藏为例，下面着重介绍几种典型变质岩油气成藏模式及其发育特征。

（一）源—储关系成藏模式

"新生古储"型成藏组合是变质岩油气藏的特点。烃源岩与变质岩储层之间关系的复杂性，以及变质岩储层特征和成藏部位的差异性，形成了变质岩油气藏形成模式的多样性（李理，2012）。通过对辽河坳陷变质岩内部油气成藏研究，依据烃源岩与储集层之间相互关系，提出了源—储关系成藏模式。根据烃源岩与变质岩储层的位置关系，结合油气运移特征的差异性，可以进一步分为源下型、源边型和源外型三类基岩油气成藏模式（表10-4）。

表10-4　辽河坳陷不同类型基岩油气藏得的成藏特点（据李理，2012）

成藏模式类型 油藏参数	源下型	源边型	源外型
源—储接触关系	直接接触	直接接触	间接接触
油气运移方向	垂直向下	侧向上方	侧向上方
主要运移动力	异常高压	异常高压+浮力	浮力
油气进入方式	顶部直接向下倒灌	直接侧向	长距离运移侧向

1. 源下型变质岩成藏模式

源下型变质岩成藏模式指变质岩被一定范围的烃源岩覆盖，烃源岩生成的油气从上面通过异常高压迫使油气倒灌进入基岩中而形成。该模式适合于埋藏深、幅度较低的基岩油气藏。源下型变质岩成藏模式具有广泛性；在很多不具有突起特征的基岩区，常可形成源下型成藏组合。

2. 源边型变质岩成藏模式

源边型变质岩成藏模式指烃源岩与变质岩通过断面或者不整合面侧向接触方式，烃源岩生成的油气顺着断面或者不整合面进入储层中而形成的油气藏。一般来说，该类型的潜山位于生油凹陷周边，紧邻生油凹陷，埋藏深度适中，是油气运移的主要指向，有利于油气的聚集。坳陷已发现的油气藏大多数属于该种类型，如西部凹陷的齐家潜山油气藏、中央凸起的赵古潜山油气藏、大民屯凹陷的法哈牛潜山油气藏等。

3. 源外型基岩成藏模式

源外型基岩成藏模式指变质岩与烃源岩存在一定距离，需要通过一定距离的输导体系运移，而形成的源储分离的基岩油气藏。这类油气藏，多为远离生烃凹陷的变质岩油气藏，来

自生烃洼陷的油气或通过不整合型输导，或通过断层—不整合型输导运移到储层。该类型的潜山一般位于较高部位，如西部凹陷胜利塘潜山、东部凹陷茨榆沱潜山、大民屯凹陷的前进潜山和曹台潜山等。

（二）源—储—导油气成藏模式

叶涛（2013）通过对渤海湾盆地束鹿凹陷主要潜山油气藏的研究，结合典型潜山油气藏解剖结果，建立了不同富集样式潜山油气藏的形成模式。根据潜山油气藏的分布位置以及烃源岩与潜山圈闭的位置关系，并结合其成藏的主控因素，将渤海湾盆地潜山油气藏形成模式划分为源下深凹储—导双控型、源外斜坡源—导共控型以及源间凸起源—储双控型三大成藏模式，分别对应于凹内型潜山油气藏、凹缘型潜山油气藏以及凹间型潜山油气藏。

（三）深—浅运聚成藏模式

邹先华等（2015）通过对辛集凹陷凸起带太古宇变质岩潜山油气成藏规律及油气主控因素的研究，提出了深层侧向运聚成藏模式和浅层垂向运聚成藏模式。

深层侧向运移聚成藏模式是指成熟烃源岩垂直向下排烃进入不整合面输导体，油气在浮力作用下沿基底顶面岩向上倾方向运移，汇聚于鼻状构造的轴部。在优势运移路径上，离烃源岩区近的反向断鼻、断块圈闭优先捕集油气并成藏。

浅层垂向运聚成藏模式是指由于油源距离潜山圈闭较远，主要依靠连通性好的一级断层垂向输导。在凹陷陡坡带，成熟烃源岩横向排烃，油气沿新河断层输导通道发生垂向运移到达潜山顶面，后沿岩溶缝洞输导体向上倾方向横向运移，最终在潜山圈闭中聚集成藏。

（四）源—储接触关系与基岩结构的综合油气成藏模式

卓壮（2010）在研究辽河坳陷兴隆台太古宇变质岩潜山油气藏过程中，根据国内外的油气成藏模式的调研，建立了基岩潜山成藏模式的分类方案：

（1）依据距离油源的远近，以及圈闭、油源、输导层及储层的配置关系可将成藏模式划分为源内倒置型成藏模式、源边侧向接触式成藏模式、源外断面或不整合面远距离输导型油气成藏模式；

（2）依据基岩的结构以及油气赋存状态可将成藏模式划分为单元结构成藏模式、多元结构成藏模式。

如辽河坳陷兴隆台太古宇变质岩潜山带油气藏为源内倒置型多元结构成藏模式，即埋藏于烃源岩之下的基岩潜山油气藏，基岩潜山上面直接覆盖烃源岩，或上覆虽有隔挡层，但通过断层断开上覆隔层，使烃源岩与基岩潜山大面积直接接触或通过断面与基岩潜山直接接触。

（五）依据油气藏油气聚集部位的油气成藏模式

依据变质岩油气藏的油气聚集部位及其相应的控制因素，变质岩古潜山油气藏的成藏模式又可分为上部风化壳型成藏模式和下部内幕型成藏模式（康武江，2014）、顶生式成藏模式和内幕成藏模式（季蕾，2012）以及山头风化壳型成藏模式和潜山内幕型成藏模式等。

通过以上分析可知，由于研究区域、地层、构造以及相应成藏主控因素的差异，变质岩基底（古潜山）油气藏也将存在多种类型的成藏模式，所以在研究过程中应该具体目标具体分析，建立适合于研究区目的层油气成藏模式。

第十章小结

参 考 文 献

北京大学地质系岩矿教研室，1979.光性矿物学.北京：地质出版社.

北京大学地质系，1980.岩石和岩体野外工作方法.北京：地质出版社.

查瓦里茨基 A H，1959.火成岩.蔡毅，等译.北京：地质出版社.

常丽华，陈曼云，金巍，等，2006.透明矿物薄片鉴定手册.北京：地质出版社.

常丽华，曹林，高福红，等，2009.火成岩鉴定手册.北京：地质出版社.

成都地质学院岩石教研室，1987.岩石学简明教程.北京：地质出版社.

陈汉林，杨树锋，董传万，等，1997.塔里木盆地二叠纪基性岩带的确定及大地构造意义.地球化学，26（6）：77-87.

陈欢庆，胡永乐，闫林，等，2016.徐东地区营城组一段火山岩储层综合定量评价.特种油气藏，23（1）：21-24.

陈立官，1983.油气田地下地质学.北京：地质出版社.

陈曼云，金巍，郑常青，等，2009.变质岩鉴定手册.北京：地质出版社.

陈树民，2015.中国东、西部火山岩油气藏运聚成藏机理.天然气工业，35（4）：16-24.

都城秋穗，1973.变质作用与变质带.周云生译.北京：地质出版社.

范存辉，2015.准噶尔西北缘中拐凸起石炭系火山岩储层综合研究.成都：成都理工大学：118-129.

冯子辉，王成，邵红梅，等，2015.松辽盆地北部火山岩储层特征及成岩演化规律.北京：科学出版社.

福尔 G，1985.同位素地质学原理.潘曙兰，等译.北京：科学出版社.

高有峰，刘万洙，纪学雁，等，2007.松辽盆地营城组火山岩成岩作用类型、特征及其对储层物性的影响.吉林大学学报（地球科学版），37（6）：1252-1257.

郭宝罗，钟增球，李志忠，1987.断裂构造岩分类初探.地球可续.中国地质大学学报，1：31-38.

贺同兴，1980.变质岩岩石学.北京：地质出版社.

贺同兴，卢兆亮，李树勋，等，1988.变质岩岩石学.北京：地质出版社.

胡玲，刘俊来，纪沫，等，2009.变形显微构造识别手册.北京：地质出版社.

季蕾，2012.台安—大洼基岩油气成藏条件及模式研究.大庆：东北石油大学：1-62.

贾炳文，1994.岩浆岩及变质岩简明教程.北京：煤炭工业出版社.

姜常义，张蓬勃，卢登蓉，等，2004.柯坪玄武岩的岩石学、地球化学、Nb、Sr、Pb 同位素组成与岩石成因.地质论评，50（5）：492-500.

姜洪福，师永民，张玉广，等，2009.全球火山岩油气资源前景分析.资源与矿产，11（3）：20-22.

卡迈克尔 I S E，1982.火成岩岩石学.丛柏林，等译.北京：地质出版社.

康武江，2014.中央凸起南部潜山成藏主控因素研究.大庆：东北石油大学：1-55.

库兹涅佐夫 E A，1962.岩浆岩.关广岳，等译.北京：中国工业出版社.

乐昌硕，1984.岩石学.北京：地质出版社.

李昌年，2010. 简明岩石学. 武汉：中国地质大学出版社.

李洪颜，黄小龙，李武显，等，2013. 塔西南其木干早二叠世玄武岩的喷发时代及地球化学特征. 岩石学报，29（10）：3353-3368.

李军生，庞雄奇，崔立叶，等，2010. 烃源条件对古潜山油气藏形成的控制作用：以辽河断陷大民屯凹陷太古宇古潜山为例. 特种油气藏，17（6）：18-21.

李理，2012. 辽河坳陷变质岩内幕油气藏成藏研究. 大庆：东北石油大学：2-46.

李不龙，张善文，王永诗，等，2003. 多样性潜山成因、成藏与勘探：以济阳坳陷为例. 北京：石油工业出版社：8-23.

李石，王彤，1981. 火山岩. 北京：地质出版社.

李铁军，2003. 大民屯凹陷变质岩潜山储层综合评价研究. 大庆：东北石油大学：1-41.

李晓光，郭彦民. 大民屯凹陷隐蔽型潜山成藏条件与勘探. 石油勘探与开发，2007，2（2）：135-141.

李勇，苏文，孔屏，等，2007. 塔里木盆地塔中—巴楚地区早二叠世岩浆岩的 LA-ICP-MS 锆石 U-Pb 年龄. 岩石学报，23（5）：1097-1107.

黎彤，饶纪龙，1963. 中国岩浆岩的平均化学成分. 地质学报，43（3）：271-280.

厉子龙，励音骐，邹思远，等，2017. 塔里木早二叠世大火成岩省的时空特征和岩浆动力学. 矿物岩石地球化学通报，36（3）：418-431.

刘英俊，1986. 元素地球化学. 北京：科学出版社.

林伍德 A E，1981. 地幔的成分与岩石学. 杨美娥，等译. 北京：地质出版社.

路凤香，桑隆康，等，2002. 岩石学. 北京：地质出版社.

卢良兆，林强，刘招君，等，2004. 成因岩石学. 长春：吉林大学出版社.

马尚伟，罗静兰，陈春勇，等，2017. 火山岩储层微观孔隙结构分类评价：以准噶尔盆地东部西泉地区石炭系火山岩为例. 石油实验地质，39（5）：648-654.

马杏垣，1982. 论伸展构造. 地球科学（武汉地质学报），3（18）：15-22.

孟卫工，李晓光，刘宝鸿，2007. 辽河坳陷变质岩古潜山内幕油藏形成主控因素分析. 石油与天然气地质，5（28）：584-1589.

牛来正夫，1983. 火成论. 林强，等译. 北京：地质出版社.

邱家骧，1985. 岩浆岩岩石学. 北京：地质出版社.

邵铁全，朱彦菲，靳刘圆，等，2015. 塔里木西南缘棋盘河乡玄武岩锆石 U-Pb 年代学和地球化学研究. 地质科学，50（4）：1120-1133.

孙鼎，1985. 火成岩岩石学. 北京：地质出版社.

孙善平，刘永顺，2001. 火山碎屑岩分类评述及火山沉积学研究展望. 岩石矿物学杂志，20（3）：313-317.

孙岩，韩克从，1979. 试论构造岩的命名和分类. 南京大学学报（自然科学版），2：83-100.

孙岩，韩克丛，1985. 断裂构造岩带的划分. 北京：地质出版社.

台尔纳 F J，1963. 变质岩矿物和构造演变. 邵克忠，等译. 北京：中国工业出版社.

唐华风，徐正顺，王璞珺，等，2007. 松辽盆地白垩系营城组埋藏火山机构岩相定量模型及储层流动单元特征. 吉林大学学报（地球科学版），37（6）：1075-1080.

王德滋，1982. 火山岩岩石学. 北京：科学出版社.

王德滋，周金城，2005. 大火成岩省研究进展. 高校地质学报，11（1）：1-8.

王嘉荫，1957. 火成岩（增订本）. 北京：地质出版社.

王嘉荫，1978. 应力矿物概论. 北京：地质出版社.

王洛，李江海，师永民，等，2015. 全球火山岩油气藏研究的历程与展望. 中国地质，4（5）：1610-1620.

王璞珺，陈树民，刘万洙，等，2003. 松辽盆地火山岩相与火山岩储层的关系. 石油与天然气地质，24（1）：18-27.

王璞珺，吴河勇，庞颜明，等，2006. 松辽盆地火山岩相：相序、相模式与储层物性的定量关系. 吉林大学学报（地球科学版），36（5）：806-812.

王仁民，1989. 变质岩岩石学. 北京：地质出版社.

王岩泉，边伟华，刘宝鸿，等，2016. 辽河盆地火成岩储层评价标准与有效储层物性下限. 中国石油大学学报（自然科学版），40（2）：13-20.

卫管一，1994. 岩石学简明教程. 北京：地质出版社.

威廉斯 H，特讷 F J，吉尔勃特 C M，1964. 岩石学岩石薄片研究指导. 董瑞，等译. 北京：中国工业出版社.

温克勒 H G，1976. 变质岩成因. 张旗，周云生译. 北京：科学出版社.

伍友佳，刘达林，2004. 中国变质岩火山岩油气藏类型及特征. 西南石油学院学报，26（4）：2-4.

肖渊甫，郑荣才，邓江红，等，2009. 岩石学简明教程. 3 版. 北京：地质出版社.

谢恭俭，1981. 酒泉盆地西部鸭儿峡变质基岩油藏的形成条件. 石油学报，2（3）：23-29.

徐义刚，钟孙霖，2001. 峨眉山大火成岩省：地幔柱活动的证据及其熔融条件. 地球化学，30：1-9.

徐义刚，何斌，罗震宇，刘海泉，2013. 我国大火成岩省和地幔柱研究进展与展望. 矿物岩石地球化学通报，32（1）：26-35.

杨树锋，陈汉林，厉子龙，等，2014. 塔里木早二叠世大火成岩省. 中国科学：地球科学，44（2）：187-199.

叶利谢夫 H A，1965. 变质作用. 钟元昭译. 北京：科学出版社.

叶涛，2013. 渤海湾盆地潜山油气藏形成条件及主控因素研究. 青岛：中国石油大学（华东）：1-74.

俞学惠，2004. 钾霞橄黄长岩：火成岩石学中一个新的研究热点. 现代地质，18（4）：219-228.

张洪安，李曰俊，吴根耀，等，2009. 塔里木盆地二叠纪火成岩的同位素年代学. 地质科学，44（1）：137-158.

张旗，王焰，王元龙，2003. 埃达克岩与构造环境. 大地构造与成矿学，27（2）：101-108.

张旗，许继峰，王焰，2004. 埃达克岩的多样性. 地质通报，13（9）：959-965.

张旗，王焰，李承东，等，2006. 花岗岩的 Sr—Yb 分类及其地质意义. 岩石学报，22：2249-2269.

张树业，1982. 火成岩结构构造图册. 北京：地质出版社.

赵澄林. 1997. 特殊油气储层. 北京：石油工业出版社.

赵会民，刘雪松，孟卫工，等，2011. 曙光—雷家地区隐蔽油气藏及其成藏动力学特征. 吉林大学学报（地球科学版），41（1）：21-28.

赵静，白练德，2016. 松辽盆地南部火山岩优质储层主控因素. 特种油气藏，23（3）：52-56.

郑荣才，胡诚，董霞，2009. 辽西凹陷古潜山内幕结构与成藏条件分析. 岩性油气藏，21（4）：10-18.

卓壮，2010. 兴隆台太古界变质岩潜山储层测井评价研究. 大庆：东北石油大学：1-63.

邹才能，陶士振，杨智，等，2012. 中国非常规油气勘探与研究新进展. 矿物岩石地球化学通报，31（4）：313-320.

邹先华，陈江贻，闻达，2015. 束鹿凹陷潜山油气成藏规律及分布. 长江大学学报（自然版），12（5）：19-22.

Anderson R N, Delong S E, Schwarz W M, 1980. Dehydrtion asthenospheric convection and seismicity in subduction zones. Geology, 88：445-451.

Barth T F W, 1952. Theoretical Petrology. 2nd ed. NewYork：John Wiley and Sons Inc.

Bowen N L, 1922. The reaction principle in petrogenesis. Journal of Geology , 30：177-198.

Bowen N L, 1928. The evolution of the igneous rocks. Princeton：Princeton University Press.

Brognairt A, 1827. Classification et Caracteres Mineralogique des Roches Homogenes et Heterogens. Paris：F. G. Levrault.

Bullard F M, 1976. Volcanoes of the Earth. Texas：University of Texas Press.

Carswell D A, 1990. Eclogite faicies rocks. New York：Blackie and Son ltd：396.

Chappell B W, White A J R, 1974. Two contrasting granite types. Pacific Geology, 8：173-174.

Coffin M F, Eldholm O, 1993. Large igneous provinces. Scientific American, 269（4）：42-49.

Coffin M F, Eldholm O, 1994. Large igneous provinces：Crustal structure, dimensions , and external consequences. Reviews of Geophysics, 32（1）：1-36.

Coleman R G, Lee D E, Beatty L B, et al. , 1965. Eclogites and eclogites：Their differences and similarities. Geological Society of America Bulletin, 76：483-508.

Condie K C, 1973. Archean magmatism and crustal thickening. Geological Society of America Bulletin, 84（9）：2981-2992.

Condie K C, 1976. Trace-element geochemistry of archean greenstone belts. Earth Science Reviews, 12（4）：393-417.

Daly R A, 1933. Rocks and Depth of the Earth. NewYork：McGrow-Hill.

Defant M J, Drummond M S, 1990. Derivation of some modern arc magmas by partial melting of young subducted lithosphere. Nature, 347：662-665.

Dickinson W R, 1974. Plate tectonics and sedimentation. Society of Petroleum Engineers , Special Publication, 22：1-27.

Dickinson W R, Snyder W S, 1978. Plate tectonics of Laramide Orogeny. Geological Society of America Memories, 151：355-366.

Eskola P, 1915. On the relation between the chemical and mineralogical composition in metamorphic rocks of the Orijarvi region. Bulletin of Geological Community of Finlande, 44: 109-145.

Eskola P, 1939. Die metamorphen gesteine//Tom F W. Die entstehung der gesteien. Berlin: Julius Springer: 263-407.

Ernst R E, 2014. Large igneous provinces. Cambridge: Cambridge University Press: 1-653.

Ernst W G, 1976. Metamorphism and Plate Tectonic Regimes. Dowden: Hutchinson&Ross.

Forster H J, Tischendorf G, Trumbull R B, 1997. An evaluation of Rb vs. (Y+Nb) discrimination diagram to infer tectonic setting of silicic igneous rocks. Lithos, 40: 261-293.

Hill R I, 1992. Mantle plumes and continental t ectonics. Science, 256: 186-193.

Hyndman D W, 1972. Petrology of Igneous and Metamorphic Rocks. New York: McGraw-Hill Company.

Landers K K, 1960. Petroleum resource in basement rocks. Bull of AAPG, 44 (10): 1682-1691.

Larson R L, 1964. Geology and mineralogy of certain manganese oxide deposites. Economic Geology, 59: 54-78.

Mebkncy A R, 1980. Mixing and Unmixing of Magma, J Vol Geotherm Res, 7.

Middlmost E A K, 1972. A Simple Classification of Volcanic Rocks. Bull. Volcan, 2.

Miyashiro A, 1961. Evolution of metamorphic belts. Journal of Petroleum Science and Engineering , 2: 273-311.

Miyashiro A, 1972. Pressure and temperature conditions and tectonic significance of regional and ocean - floor metmophism. Tectonophysics, 13: 141-159.

Miyashiro A, 1994. Metamorphic Petrology. London: London University College Press: 404.

Pankhurst R J, Leat P T, Sruoga P, et al. , 1998. The Chon Aike province of Patagonia and related rocks in West Antarctica: A silicic large igneous province. Journal of Volcanology and Geothermal Research, 81: 113-136.

Pitcher W S, 1982. Granite type and tectonic environment// Hsü K J. Mountain building processes. London: Academic Press, 19-40.

Pitcher W S, 1983. Granite: typology, geological environment and melt relationship//Atherton M P, Gribble C D. Migmatites. Nantwich: Shiva Publishing Limited: 277-285.

Pitcher W S, 1997. The Nature and Origin of Granite. 2nd ed. London: Chapman and Hall.

Ritlmann A, 1973. Stable Mineral Assemblages of Igneous Rocks. Berlin: Springer Verlag.

Sibson R H, 1977. Fault rocks and fault mechanisms. Geological Society of America Bulletin, 133: 191-213.

Spry A, 1969. MetanlorphicTextures. Oxford: Pergamon Press.

Tuttle O F, Bowen N L, 1958. Origin of granite in the light of experimental studies in the system $NaAlSi_3O_8 - KAlSi_3O_8 - SiO_2-H_2O$.

Turner F J, Verhoogen J, 1960. Igneous and Metamorphic Petrology. NewYork: McGraw-Hill Company.

Wignall P B, 2001. Large igneous provinces and mass extinctions. Earth-Science Reviews, 53 (1-2): 1-33.

Wilson J T, 1965. A new class of faults and their bearing on continental drift. Nature, 207 (4995): 343-347.

Wyllie P J, 1967. Ultramafic and Related Rocks. NewYork: John Wfiey and Sons Inc.

附录 常用图版

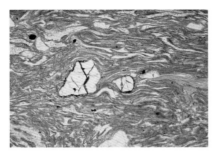

图版1 流纹岩中的流纹构造

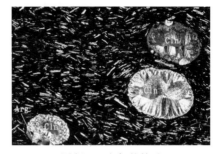

图版2 杏仁状构造

矿物成分为玉髓（Cln）、文石（Arg），$d=2mm$

图版3 柱状解理（云南腾冲）

图版4 火山口

图版5 熔岩流

图版6 辉长结构（据葛文春）

（+），$d=4.8mm$

图版7 辉绿结构（据葛文春）

辉绿岩，（+），$d=4.8mm$

图版8 间粒结构

玄武岩，斜长石呈板状构成格架，架间是辉石，
孔隙内是方解石，辽河油田热24井2140.4m

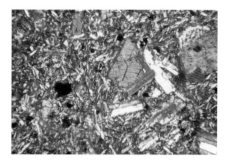

图版 9　拉斑玄武结构

普通辉石，拉长石，中长石斑晶少量，赤铁矿，基性玻璃，基质由长石和斜长石搭成格架，基质具拉斑玄武结构，中间充填玻璃质、赤铁矿，（+），10×4

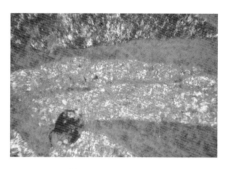

图版 10　流纹岩之一

马尾状收缩缝，具清晰的流动构造，徐深 2 井，井深 4100m，（−），10×6.3

图版 11　流纹岩之二

溶蚀缝，霏细岩，细晶方解石交代泥晶方解石，流纹岩中泥晶方解石交代石膏，徐深 2 井，井深 3956m，（+），10×6.3

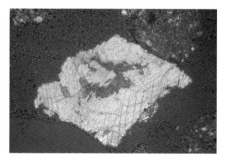

图版 12　霏细岩

白云石化，方解石化，徐深 2 井，井深 4013m，（+），10×16

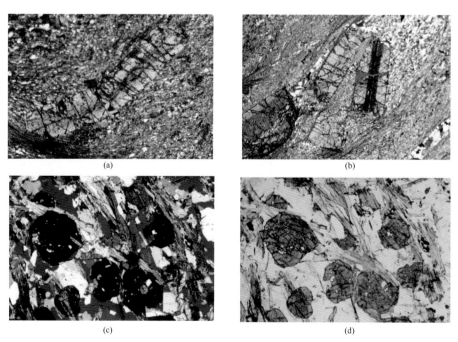

(a)　　　　　　　　　　　　(b)

(c)　　　　　　　　　　　　(d)

图版 13　斑状变晶结构（据葛文春）

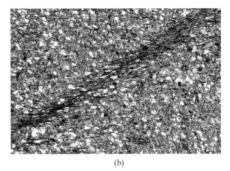

(a)　　　　　　　　　　　　　(b)

图版 14　细粒斑状鳞片变晶结构（据葛文春）

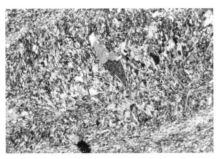

图版 15　细粒纤维状变晶结构　　　　图版 16　中粒纤维状粒状
　　（据孙广义）（-）　　　　　　　　　变晶结构（据孙广义）

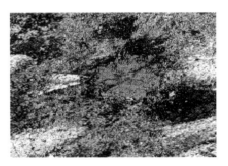

图版 17　糜棱结构（据孙广义）　　　　图版 18　斑点构造（据孙广义）

　　　　　　　　　　　　　　　青石斑点角岩中董青石为雏晶、基质为变余泥状
　　　　　　　　　　　　　　　　　结构，（-），$d=2.3mm$

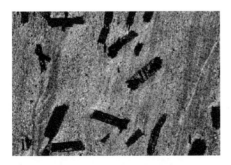
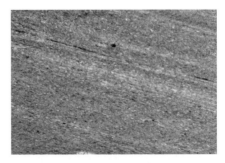

图版 19　硬绿泥石板岩（据孙广义）（+）　　图版 20　千枚状构造之一（据孙广义）

　　　　　　　　　　　　　　　千枚岩中细小石英、方解石、绢云母、绿泥石
　　　　　　　　　　　　　　　　呈紧密起伏的片状排列，（+），25×

287

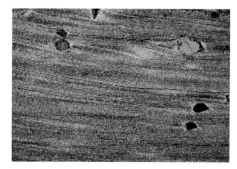

图版 21　千枚岩（据孙广义）（+）

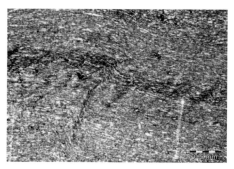

图版 22　皱纹状构造
千枚岩，（+），25×

图版 23　十字石片岩（据孙广义）
角闪岩相—十字石带，（+）

图版 24　夕线十字石片岩（-）

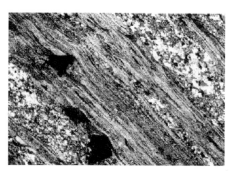

图版 25　石榴黑云母片麻岩（据 孙广义）

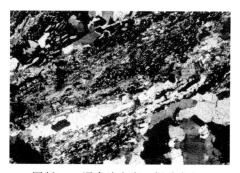

图版 26　混合片麻岩（据孙广义）

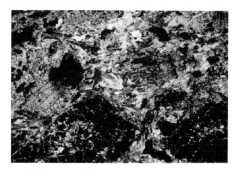

图版 27　石榴十字石蓝晶片麻岩（+）

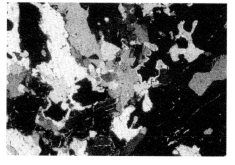

图版 28　石英岩（+）

288

图版 29 磁铁石英岩（+）

图版 30 眼状片麻岩（+）

图版 31 硬玉片麻岩（+）

图版 32 紫苏花岗变粒岩（+）

图版 33 长石变粒岩（+）

图版 34 方柱石大理岩（+）

图版 35 透闪石大理岩
矿物成分主要为方解石（Cal）和透闪石
（Tr），（+），$d = 2.8\text{mm}$

图版 36 透辉石金云母大理岩（+）

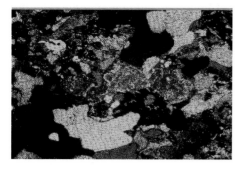

图版 37　滑石大理岩（+）

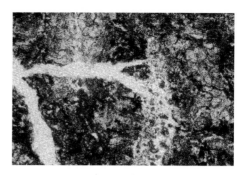

图版 38　绿片岩（－）

图版 39　绿帘石角闪岩（+）

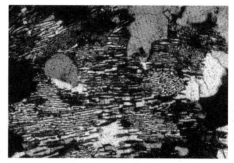

图 40　蓝方石麻粒岩（+）

图版 41　石榴角闪辉石麻粒岩（－）

图 42　榴辉岩（－）

图版 43　蓝闪石榴辉岩

图版 44　硬绿泥石片岩（－）

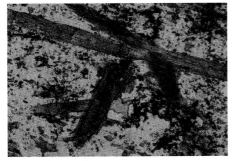

图版 45　阳起石片岩（－）

图版 46　绿帘石阳起石片岩（＋）

图版 47　绿帘石角闪岩（－）

图版 48　橄榄糜棱岩（＋）

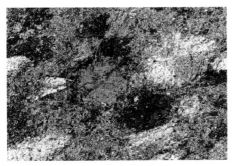

图版 49　斑点板岩（＋）

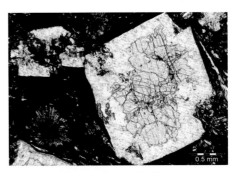

图版 50　红柱石角岩（－）

图版 51　橄榄角岩（＋）

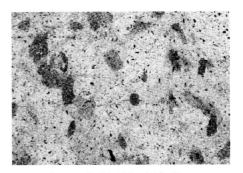

图版 52　绿泥石黑云母角岩（－）

291

图版 53　蛇纹岩（+）

亚绿片岩相

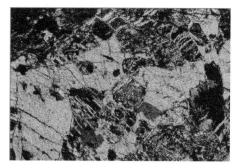

图版 54　蛇纹岩化变质橄榄岩（+）

麻粒岩相

图版 55　青磐岩（-）

图版 56　云英岩（+）

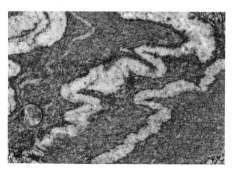

图版 57　肠状混合岩

图版 58　混合花岗岩

微斜长石交代斜长石，使后者呈残留状被分割包围，

（+），$d = 2.3mm$